PAINTING PARADISE

世界园林艺术史

500年经典绘画中的园林全书

[英] 凡妮莎 · 雷明顿（Vanessa Remington）　潘莉莉 译

华中科技大学出版社
http://press.hust.edu.cn
中国 · 武汉

有书至美
BOOK & BEAUTY

目录

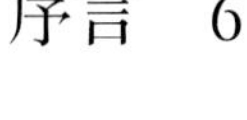

序言

毫无疑问，园林隶属于艺术与权力的对话范畴。建造一座园林意味着将自然界囿于一方水土，并通过对园中花草树木的选择、配置和培育对其进行定义。无论是在基督教还是伊斯兰教的传统世界里，最初的园林都是以经书中所描绘的天堂为蓝本，被视为人世间的乐园，而园林本身在很多情况下也演变为整个国家的缩影。

在英格兰古典神话文学中，将王国比喻为花园的手法颇为常见。其中最著名的就是诗人安德鲁·马维尔（Andrew Marvell）在17世纪50年代写下的诗句：

> 噢，你这座亲爱的、欢快的小岛，
> 往昔的世界花园。

这种修辞在20世纪伊始的英国文学中仍然十分流行，例如作家、诗人鲁德亚德·吉卜林（Rudyard Kipling）在他那首著名的《花园赞歌》（*The Glory of the Garden*）开篇写道："我们英格兰是一座花园……"

英国园林的发展可根据其与皇室的关系分为两个阶段，以皇家园林陆续向公众开放的维多利亚时期为分界线。在这一时期，继海德公园（Hyde Park）和肯辛顿花园（Kensington Gardens）向公众开放之后，邱宫（Kew Palace）被改造成皇家植物园（Royal Botanic Garden，即邱园），圣詹姆士宫（St James）则成为伦敦著名的公共公园。此外，汉普顿宫（Hampton Court）也成为访客络绎不绝的历史古迹。自此以后，归皇室私有而非服务于公众的皇家花园，现存的就只有奥斯本庄园（Osborne House）、巴尔莫勒尔城堡（Balmoral Castle）、桑德林汉姆府（Sandringham House）、皇家庄园（Royal Lodge）以及海格洛夫庄园（Highgrove House）了。这些庄园和宅邸代表着英国王室在宫廷花园消亡之后对隐私的重新追寻。

这些园林在英国古代贵族政治的权力更迭中也曾占据重要位置。早在亨利八世（Henry VIII）统治时期，汉普顿宫及其内部的白厅宫（Whitehall Palace）即成为新兴的都铎王朝的神化象征。汉普顿宫原属红衣主教沃尔西（Cardinal Wolsey）的私产，后被充公归王室所有。在对这处宫殿进行扩建时，亨利八世命人在建筑和园林中设置了大量象征都铎王朝的纹章，以彰显其王室血统及王朝的统治权。汉普顿宫为此后皇家园林的建造奠定了基调。自此以后直至内战爆发，英国皇家园林皆作为国家和王朝的缩影而存在。

英国内战平息之后，皇家园林的厄运接踵而至，整个英联邦境内的皇家园林几乎全部被摧毁。1660年，流亡海外的查理二世（Charles II）回到伦敦继承王位。在这位奉行享乐主义的"快活王"统治之下，皇家园林的复兴成为必然。但这一次，王朝纹章在重建的皇家园林中丧失了一席之地。如火如荼的造园运动背后，是新任国王重树皇室权威的雄心，此外园林的设计也兼具了便捷的实用功能。查理二世的四处主要园林——白厅宫、汉普顿宫、格林威治御苑（Greenwich Park）以及温莎城堡（Windsor Castle）——制式十分雷同，几乎为彼此的复制版。这四座园林的设计都基于一个前提，那就是所有的透景线，不管是步行道、马道还是水道，最终都汇聚于国王的宅邸，即象征王权的王座所在地。这种园林风格起源于文艺复兴时期的意大利，后由法王路易十四（Louis XIV）的首席园林景观设计大师安德烈·勒·诺特赫（André Le Nôtre）引入英格兰。勒·诺特赫也正是格林威治御苑的设计者。这些园林为刚刚复辟的王朝提供了一个个舞台，王公大臣们（以白厅宫为例，只有拥有国王御赐金钥匙者方能入内）经由步行道、马道或水道来此集合议事，有时还能在途中邂逅国王本人，因为国王很热衷步行这项运动。这种园林风格彰显了严格的等级制度、秩序和对称感，而这些特征也正是当时最新流行的装饰性花坛所注重的。

在同为园林发烧友的威廉三世和玛丽二世（William and Mary）共同主政时期，英国园林的发展达到了高潮。在这一时期，全国兴起了规模只能用"不计后果"来形容的造园运动。园林设计大师乔治·伦敦（George London）和亨利·怀斯（Henry Wise）为肯辛顿宫设计了一处新的花园，并将汉普顿宫的花园进行了改造，目的就是使法国国王的园林黯然失色。也正是在这时，大量表现皇家园林的版画首次成为国家宣传机器的一部分。

对姐夫威廉三世并无好感的安妮女王（Queen Anne）即位后开始实行财政紧缩政策。在此后的汉诺威王朝统治时期，英国园林的角色再次发生转变，由此前的王权象征演变成为启蒙运动时期新语言、新对话的组成部分。此时园艺也逐渐成为君主配偶的兴趣所在，例如乔治二世（George II）的卡罗琳王后（Queen Caroline）、威尔士亲王弗雷德里克（Frederick Prince of Wales）的遗孀奥古斯塔（Augusta），以及乔治三世（George III）的夏洛特王后（Queen Charlotte）。在为这些王室成员修建花园时，园林设计大师查尔斯·布里奇曼（Charles Bridgeman）、威廉·肯特（William Kent）和"全能"布朗（'Capability' Brown）摒弃了以往热衷的正式风格，在其中设计了一系列景观，旨在令人想起古罗马诗人奥维德（Ovid）、维吉尔（Virgil）、普林尼（Pliny）的诗作或法国风景画家克劳德·洛兰（Claude Lorraine）的绘画作品中所描绘的极乐世界。设计师们采取的造景手法包括对园区地面进行改造，加入具有象征意义的建筑，以及设置常绿和落叶乔木及灌木，并开始采用来自美洲的新植物品种。

多亏了卡罗琳王后，我们如今才能在海德公园欣赏到蛇形湖（Serpentine Lake）的美景。但遗憾的是，她命人在里士满御苑（Richmond Park）修建的融古典传统与新兴自由思想于一体的园林今天却荡然无存。在她那座被称为“归隐居”（Hermitage）的洞窟式建筑里，卡罗琳王后设置了一座书斋，并摆放了包括牛顿在内的几位思想家的半身石像。而在以英国神话人物梅林（Merlin）命名的哥特式神龛“梅林之穴”（Merlin's Cave）里，卡罗琳王后在推崇自由思想的同时，也在纪念梅林发出的都铎王朝以及汉诺威王朝将掌权的预言。邱园现存的佛塔和残存的罗马拱门均为奥古斯塔王妃时期的遗迹。王妃命人在当时的邱园修建了三十余座充满异域风情的建筑，访客在这里可以感受到孔子的东方儒学思想、中世纪基督教以及第二个大英帝国的建立等各式内容，从侧面反映了奥古斯塔王妃对当时盛行的启蒙运动思想的尊崇。在丈夫乔治三世因精神疾病来到位于弗罗格莫尔（Frogmore）的温莎城堡休养时，夏洛特王后下令在城堡领地内建造的花园成为王后本人和女儿们免受国王疯病折磨的避难所。

对国王乔治四世（George IV）来说，园林在某种意义上为他提供了在国事公务之外享受幽静生活的好去处。乔治四世热衷于创造各种奢华的奇物妙景，这些盛景可与后来的巴伐利亚国王路德维希二世（King Ludwig）兴建的城堡园林相媲美。如果你来到位于布莱顿的皇家行宫英皇阁（Royal Pavilion），你将仿佛置身于想象中的神秘东方世界；而在弗吉尼亚景观湖（Virginia Water）园林中，不仅矗立着见证了罗马帝国辉煌历史的断柱残垣，还悬挂着丁零作响的中国式庙铃，更有装饰华丽的中国式楼船漂浮在水面上，向人们展示远方古国的异域风情。乔治四世曾命人在温莎大公园（Windsor Great Park）的皇家庄园里建造一栋布满鲜花装饰的农居，希望在这里尝试一种“简单的生活”，并将白金汉宫（Buckingham Palace）的后花园扩建成了一座由湖岸包围、能将国王行踪隐藏其间的“地堡”。

王室成员的这一避世传统在维多利亚女王与阿尔伯特亲王（Victoria and Albert）时期得到延续。直到19世纪90年代，皇家花园派对应运而生，而王室躲避公众关注、享受私人生活的势头也得以扭转。在查理二世的白厅宫被大火焚毁后，白金汉宫花园取代白厅宫成为英国皇家最大的宴会场所，并持续至今。为了使自己的长子、未来的国王爱德华七世（Edward VII）远离她认为“腐化堕落”的伦敦社交圈，维多利亚女王为其购买了桑德林汉姆的乡间庄园并重新设计。但女王的计划失败了，因为爱德华七世登基后时常邀请朋友在桑德林汉姆庄园进行大规模的周末狩猎活动，也正是在这里，孀居的亚历山德拉王后（Queen Alexandra）通过寄情花园来打发漫长的孤独时光。

本书收录了大量艺术作品，足以向读者呈现英国园林风格由古至今的变迁。有时候，某些历史人物收藏的艺术品能为我们揭示其不为人知的一面。例如，我们熟知安妮女王讨厌黄杨木的味道，并因此下令拆除了汉普顿宫花园的巨型花坛。但她收藏了花卉和静物画家玛丽亚·凡·奥斯特维克（Maria van Oosterwyck）和雅各布·博格达尼（Jakob Bogdani）的大量作品，这表明安妮女王是一位花卉绘画的爱好者。威廉四世（William IV）曾被认为是最不可能对园艺感兴趣的英国君主，但他几乎将园艺作家托马斯·希尔（Thomas Hyll）、里奥纳德·马斯卡尔（Leonard Mascall）、杰维斯·马克姆（Gervase Markham）以及草本植物画家约翰·杰勒德（John Gerard）早期出版的所有作品收入囊中。威廉四世收藏了文艺复兴时期意大利修道士弗朗切斯科·科隆纳（Francesco Colonna）所著的《寻爱绮梦》[*Hypnerotamachia (Polyphili)*]。这本书对后世影响深远，其内附有精美的木刻插画，被认为是装饰性花坛的灵感来源。在英国王室浩若烟海的园林主题藏品中，伊丽莎白王太后（Queen Elizabeth The Queen Mother）贡献了藏品的重中之重，包括英国植物学家约翰·帕金森（John Parkinson）所著的《植物剧场》（*Theatrum Botanicum*）、英国作家约翰·伊夫林（John Evelyn）所著的《森林志》（*Sylva*）以及由切尔西造瓷厂生产的一套“丰饶”主题瓷器。此外，也正是在伊丽莎白王太后与乔治六世国王（George Ⅵ）时期，英国王室收藏了著名肖像画家戈弗雷·内勒（Godfrey Kneller）绘制的亨利·怀斯肖像以及画家里奥纳德·奈夫（Leonard Knyff）所绘的汉普顿宫花园鸟瞰图。不管是泥金装饰手抄本，还是俄罗斯珠宝巨匠卡尔·法贝热（Carl Fabergé）设计的珠宝，花园和植物元素总是出其不意地出现在藏品中。所有的一切都在向我们说明，园林能够极大地激发艺术家的想象力和创造力。

罗伊·斯特朗爵士（Sir Roy Strong），2015年

第一章

天堂式乐园 1

“如果人间也有天堂，

那么它就在这里，就在这里，就在这里。”

——刻于为莫卧儿帝国皇帝贾汉吉尔

（Emperor Jahangir，1569—1627年）于克什米尔修建的

夏利玛庭院（Shalamar Bagh）中的

黑石亭（Black Marble Pavilion）上

人间乐园（Paradeisos）：波斯猎苑

根据历史记载，全世界最早的园林出现在古波斯。早在造园传统于西欧得以确立的数个世纪之前，波斯帝国的创建者居鲁士二世（King Cyrus II The Great，卒于公元前530年）就已经将干燥的伊朗高原改造成了自己的猎苑。居鲁士大帝的这座沙漠园林融合了宗教经典中描述的“天堂”所具备的决定性要素：高耸的围墙、繁茂的果树、雅致的凉亭，以及从远处高山上引来的潺潺流水。当有关这座苑囿的信息传来，惊艳不已的古希腊作家色诺芬（Xenophon，约公元前430—前354年）在波斯语“*pairidaeza*”（*pairi*意为“在周围”，*diz*意为“形成或筑成”）[1]的基础上创造了“Paradise”（或*paradeisos*）一词来为其命名。后来古希腊人将波斯皇家园林的第一手信息传播到了西方，并在公元前3世纪的《圣经·旧约》（*Old Testament*）首批希腊文翻译版中采用了“Paradise”一词来形容《圣经》中的“伊甸园”（Garden of Eden），这个词汇在后世产生了深远的影响。[2]

四座园（Chaghar bagh）：伊斯兰园林

居鲁士大帝这座带有围墙的猎苑为波斯后来兴建的所有园林充当了模板。这座被称为“人间天堂”的苑囿采用了两条呈直角相交的中轴线，进而分隔出规整的几何布局，这种格局在当时被奉为标准的园林制式。这种制式被称为“*chaghar bagh*”，即“四座园”：两条中轴线通常为运河或水渠，中间的交点处则会被设置成水池、洼地或喷泉。7世纪，信奉伊斯兰教的阿拉伯人入侵波斯帝国并赢得了统治权。对于这些新的统治者，“四座园”的园林格局使他们联想到《古兰经》（*Koran*）中所描绘的天堂景象：树木郁郁葱葱，喷泉徐徐喷涌，四条分别流淌着水、奶、酒、蜜的河流缓缓流淌。于是，在接下来的几个世纪里，在伊斯兰教影响所及之处，尤其是在安达卢斯（Al-Andalus）和莫卧儿帝国（Mughal India），“四座园”的园林制式得到了大力推广。[3]11世纪至14世纪，波斯花园的图像开始通过许多不同形式的伊斯兰艺术传入欧洲，如瓷砖、马赛克和地毯等。但直至16世纪末和17世纪初，当波斯细密画被一小部分欧洲藏家和艺术爱好者收入囊中之后，西欧的人们才得以一睹波斯园林的芳容。

第8页图：《花园中的七对情侣》（细节图），约绘制于1510年，英国皇家收藏编号1005032，fol. 6r。该图收录于阿里希尔·纳沃伊创作于1492年的《纳沃伊五行诗集》（*Hamse-i-Neva'i*）。

波斯和莫卧儿细密画：“纸上花园”

从14世纪开始，波斯细密画中开始出现大量的园林场景，这不仅体现了波斯人对园林的热爱，同时也以艺术为载体第一次全面地向世人展示了丰富多彩的园林图像。在多种体裁的波斯文学中，不管是历史故事、诗歌，还是神话传说，例如波斯著名诗人菲尔多西（Ferdowsi）所著的民族史诗《列王纪》（*Shahnameh*），几乎都无一例外地涉及了园林场景的描写。在这些文学作品中，园林生活的方方面面都被描绘得栩栩如生：王子们在花园里召见幕僚、接见外使、听取民意；学者和诗人们在花园里高谈阔论；恋人们在花园里打闹嬉戏。任何可能的花园场景都在波斯细密画中得到了尽情展现。相信如果这无数被画笔封印的“可爱画中人”能够自由活动的话，那么他们一定会“气定神闲地在纸上花园里游走起来”。[4]

在波斯细密画的全盛时期，帖木儿（Timurid）帝国的统治者拜桑格赫（Baysunghur，1411—1432年在位）在首都赫拉特（Herat）建立了专门的画坊。在这里，抄书吏、画师和金匠共同合作，采用从古代流传下来的技艺制作细密画。绘有园林场景的细密画通常为纸本水彩，上有题字装点，并被装裱于精美的画框之中。在帖木儿王朝（1370—1506年）和萨非王朝（Safavid，1501—1732年）统治期间，波斯细密画创作技法得到了进一步提升，并在当时的布哈拉（Bukhara）、设拉子（Shiraz）和大不里士（Tabriz）等中心城市得以推广。1526年，帖木儿帝国王子巴布尔（Babur，1483—1530年）入侵印度并建立了莫卧儿帝国。巴布尔的后任莫卧儿帝国统治者［即印度皇帝阿克巴（Akbar，1556—1605年在位）；贾汉吉尔（1605—1627年在位）；沙·贾汉（Shah Jahan，1628—1658年在位）］在宫廷中设置了细密画作坊，将波斯细密画制作技艺进行了完善，并发展出了独特的莫卧儿风格。

波斯和莫卧儿细密画中描绘的园林

在英国皇家收藏的所有藏品中，年代最早的伊斯兰泥金装饰手抄本是杰出作家、诗人阿里希尔·纳沃伊（Mir ‘Ali Sir Neva’i，1440—1501年）

左图及第12—13页细节图：图1
《花园中的七对情侣》，约绘制于1510年，收录于阿里希尔·纳沃伊创作于1492年的《纳沃伊五行诗集》。
纸本手稿，洒金纸本，设色（不透明）
34.4厘米×23.0厘米（书页尺寸）
23.5厘米×15.1—15.3厘米（细密画尺寸）
英国皇家收藏，编号：1005032, fol. 6r

所著的《五行诗集》(*Hamse*)。纳沃伊来自帖木儿帝国首都赫拉特，是当时的帝国统治者苏丹侯赛因·贝卡拉（Sultan Husayn Bayqara，1469—1506年在位）的御用文人之一。这本诗集共有三百个对页，由纳沃伊在1492年创作于赫拉特。16世纪早期，该诗集的手抄本流传到了布哈拉，并在这里被增添了六幅手绘插图，其中包括一幅名为《花园中的七对情侣》(*Seven Couples in a Garden*，见图1）的细密画，大约在1510年由一名布哈拉画派的画师绘制完成。

图中的花园具备传统波斯园林许多最为重要的特征，但没有采用规整的“四座园”布局。位于花园中央的是一处铺有瓷砖的六边形水池，由白色大理石铺就的小径包围。在水池边的法国梧桐树下（位于全图的中心处），一名女子正用金杯向自己的爱人敬酒，而栖息在树枝上的夜莺也正欢快地歌唱（见图1，细节图）。夜莺是波斯诗人最钟爱的鸟类，因为夜莺的鸣叫预示着春天的到来，因此夜莺的叫声也被波斯人称为“gul-bang”，即“花的呐喊”。除了夜莺，画家还在图中添加了多种其他鸟类：夜莺的附近栖息着几对鹦鹉和鸽子，一只苍鹭和一只白鹭在梧桐树最顶端的枝头小憩，几只野鸭则在下方的水池里悠哉地戏水，这些小生命的加入使得整个画面变得生动有趣。梧桐树是波斯和莫卧儿园林绘画中经常出现的落叶乔木，它的出现暗示着其生长环境雨水丰沛。该图中的梧桐树枝与波斯文学艺术中象征永恒的常绿丝柏（*Cupressus sempervirens*）的树枝交互缠绕在一起。

这一时期的波斯细密画中也出现了很多开花植物，其中有限的一部分已被今人识别。像乔木中的丝柏与梧桐一样，桃树和杏树是这一阶段的画作中经常描绘的果树。这幅图中反复出现一种风格化的开花植株，其原型为扁桃属（*Amygdalus communis*）或夹竹桃属（*Nerium oleander*）植物，表现方式采用了16世纪的布哈拉技法。水池边散落于情侣之间的植物或为蓝花琉璃繁缕（*Anagallis*），图中央金杯下方是一株正在盛放的鸢尾花，但也可能是萱草（*Hemerocallis*）。但该图只展现了这一时期波斯细密画中经常出现的部分典型花卉，蜀葵、玫瑰和郁金香等更具装饰性的园林花卉在这个花园中则明显地缺失了。此外，这幅图中不甚严谨的植被铺排与从中央水池引出的蜿蜒蛇形水渠并非孤例，在展现波斯园林的其他绘画作品（见图2）中也偶有出现。因此，我们可以推测，此类花园场景至少在部分程度上是画家基于自身所熟知的某些园林进行艺术加工的结果。15世纪的赫拉特不仅是波斯帝国的第一个图书制作中心，同时还因诗人阿里希尔·纳沃伊的赞助人——苏丹侯赛因·贝卡拉下令兴建的精美园林而享誉海内外。纳沃伊同时代的帖木儿帝国王子巴布尔对赫拉特的园林赞赏有加，他在自己的回忆录中描绘了包括“鸦园”(*Bagh-i-Zaghan*)、“华美世界之园”(*Bagh-i-Jahan Ara*）在内的多处

图2:《年长摔跤手力克劲敌》（*The Old Wrestler Defeating a Young Opponent*），约创作于1567—1568年，收录于波斯著名诗人萨迪的诗集《蔷薇园》。手抄本，26.7厘米 × 15.4厘米现存于伦敦大英图书馆，编号：Ms Or 5302, fol. 30a

著名园林。这两处园林占地超过100英亩（约合404686平方米），内部种满了郁金香和玫瑰。1506年，乌兹别克人（the Uzbeqs）进攻赫拉特并摧毁了这座城市，于是当时的很多顶级画家不得不从赫拉特迁往布哈拉。这些画师们带走的不仅是细密画的制作技法，还有对他们不得不抛在身后的精美园林的记忆。

泥金装饰画《花园中的七对情侣》中所刻画的人物来自不同的社会阶层，但根据头饰及衣着打扮，右上角女子和左上角男子的社会地位最为显赫，其中女子身着察合台汗国（Chaghatai）公主的传统服饰。这里环境宜人，衣食无忧，情侣们尽情悠闲享乐：他们吟诗作对、互喂酒食，在铺有瓷砖和花纹地毯的精致凉亭里享受着欢乐时光。然而，图中描绘的并不仅仅是一幅宫廷花园的景象。该图配有察合台语文字，描述了经书中的“审判日”（Day of Judgement），以及那些有幸受到神慷慨眷顾的人们。这里的图文，再加上这本手抄本中另一幅展现“复活”（Resurrection）场景的描金画，都强烈地暗示着这里的花园即“天堂”（Paradise）。[5]这座花园体现了《古兰经》中描绘的天堂景象：“碧绿碧绿的牧场；汩汩流水从两处喷泉喷涌而出；棕榈树随风摇摆，石榴果挂满枝头；少女们个个貌美如花，举止得体；绝色佳人正在凉亭里翘首以待。”[6]这幅图将现实与理想完美融合，用细腻的笔法描绘出了一幅活色生香的乐园图景。

泥金装饰手抄本的制作用料讲究，耗时费力，所以成品极为珍贵，这也使它们成为战乱年代最为人觊觎的战利品。1526年，巴布尔率军攻陷德里（Delhi），并在印度建立莫卧儿王朝。而本文提到的这本手抄本从16世纪中期的布哈拉辗转落入巴布尔手中，则是再自然不过的结果了。手抄本的卷首题款页（见图3）盖有巴布尔之子胡马雍皇帝（Emperor Humayan，1508—1556年）之妻哈米达·巴努·贝古姆（Hamida Banu Begum）的私章，以及沙·贾汉和奥朗则布（Aurangzeb，1658—1707年在位）两位皇帝的书斋钦印（见图3，细节图），其中后者呈泪珠形，并装饰以碎花纹样。在1605至1606年，该手抄本被收藏于贾汉吉尔皇帝的书斋，并被贾汉吉尔视

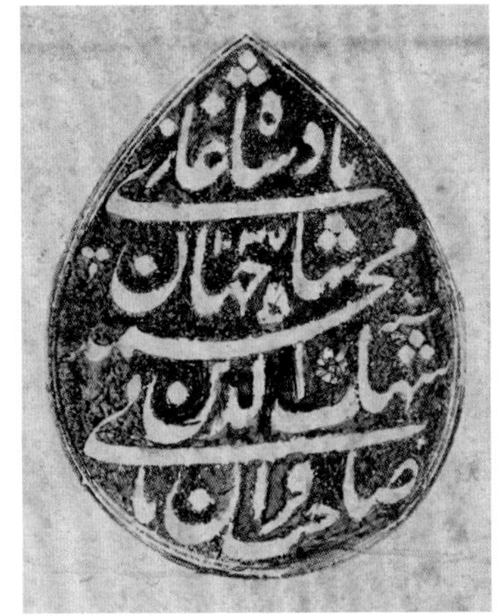

右三张图：图3
阿里希尔·纳沃伊创作于1492年的《纳沃伊五行诗集》。
洒金纸本手稿，（34.4厘米 × 23.0厘米）
英国皇家收藏，编号：1005032, fol. 1r

右图：哈米达·巴努·贝古姆印章（细节图）

最右图：奥朗则布皇帝书斋印（细节图）

图4：《巴布尔视察挚诚园布局》（*Babur supervising the laying out of the Bagh-i-Vafa*），由比尚达斯创作于约1590年。纸本洒金水彩，22.2厘米×13.8厘米
现存于伦敦维多利亚与阿尔伯特博物馆（Victoria and Albert Museum），编号：I. M. 276A-1913

为“珍贵的藏书之一”，当时价值1000个阿什拉菲（ashrafi）金币。[7]贾汉吉尔皇帝在他亲手书写的一则题款中写道：“图成于朕之画坊”（见图3），而画作下方洒金纸留白处的另一则题跋则指出，该画为“纳尔辛之作”（Work of Narsing），即由莫卧儿王朝宫廷画师阿克巴·纳尔辛（Akbar Narsing）所作。纳尔辛的传世作品表明，其擅长人物肖像的刻画。但事实上，纳尔辛在这幅作品中的实际贡献已经很难评估，因为画中人物的面部都经过了后人的重新润色。[8]

莫卧儿王朝的宫廷画坊由巴布尔之子胡马雍皇帝创立，却是在胡马雍的继任者、大力弘扬艺术创作的阿克巴、贾汉吉尔和沙·贾汉统治时期达到全盛。阿克巴皇帝招募了上千名技艺高超的泥金画匠、抄书吏、画师和金匠，通过这些波斯顶尖艺术家，确立了莫卧儿风格的基础。此外，由皇室委托制作的手抄本的选材范围也得到了极大拓展。除了备受波斯书法家和画家青睐的神话传说和诗歌，1589年，在阿克巴皇帝的宫廷史官阿布尔·法兹尔（Abu'l Fazl）的委托下，一些历史探险故事也被制成了泥金装饰手抄本，例如根据先知穆罕默德（Prophet Muhammed）叔父的生平创作的《哈姆扎的史诗》（*Hamzanama*，约成书于1562—1577年），讲述截至回历1000年（即1591—1592年）伊斯兰世界里第一个千年历史的《千年史》（*Tarikh-i-Alfi*，1582年），以及记录阿克巴皇帝统治时期历史故事的《阿克巴之书》（*Akbarnama*）。在皇室的大力支持下，莫卧儿帝国的泥金装饰手抄本得到了进一步发展，出现了神话或宫廷故事里以花园为背景的装饰画。1589年至1598年，巴布尔特意为其孙阿克巴创作了记录自身传奇经历的《巴布尔回忆录》（*Baburnama*）。对园林艺术充满兴趣的巴布尔在书中描绘了他在游历和征战期间曾经一睹风采的园林美景，也记录了他自己在喀布尔（Kabul）和印度建造的一些花园。而在这本书的装饰插画里，莫卧儿帝国的宫廷画坊第一次得以全面准确地展示这些园林盛景。

1508年，根据巴布尔自己的设计建造而成的喀布尔“挚诚园”（Bagh-

左图及第18页细节图：图5
《花园中的四青年》，莫卧儿风格，约创作于1610年。
洒金纸本，设色（不透明色、金色）装订成册
32.8厘米×22.2厘米（书页尺寸）
21.9厘米×10.6—10.7厘米（细密画尺寸）
英国皇家收藏，编号：1005069, fol. 19r

i-Vafa），是最令巴布尔流连忘返的一座园林，他在回忆录中也对其进行了饱含深情的描绘。在第一版《巴布尔回忆录》中，负责“挚诚园”绘画工作的画师比尚达斯（Bishandas）在忠实于巴布尔叙述的基础上，对花园美景进行了艺术重现（见图4）。绿树与石榴果树倚墙而种，与巴布尔1523年到访此园时看到的情景相符：“当时正是石榴成熟的季节，一个个通红的石榴果挂满枝头。绿油油的橙子树长势喜人，结满了无数的果实，但是最好的橙子还未成熟。朕曾多次亲临挚诚园，但此次经历最为愉快。”[9]显然，创作此画的目的是在尺寸和视角允许的范围内，尽可能准确地再现挚诚园的风采。比尚达斯以及其他创作同类绘画的顶尖画家们极有可能曾经随同皇帝到访喀布尔，并亲眼看见那些著名园林的美景。[10]

巴布尔的造园兴趣由其曾孙贾汉吉尔继承。贾汉吉尔皇帝不仅热爱自然历史、园林和花卉，而且大力资助《巴布尔回忆录》一书的传播，将园艺大师和赞助人两个身份完美地融为一体，而他本人也成为“推广莫卧儿园林艺术的主要倡导者”。[11]巴布尔曾在喀布尔和印度阿格拉（Agra）兴建园林，而最彰显贾汉吉尔雄心壮志的园林则位于克什米尔。自1586年在战争中吞并克什米尔地区以来，贾汉吉尔就一直对该地钟爱有加，在位期间几乎每年都要到此巡游。“克什米尔像一座四季如春的花园……长满了令人赏心悦目的各色花卉”，贾汉吉尔在回忆录中如此描述。目前存世的贾汉吉尔时期兴建的园林，包括位于达尔湖（Lake Dal）湖畔的夏利玛庭院，园林本身与其周围的山色美景相得益彰，浑然一体。[12]在位于首都拉合尔（Lahore）的宫廷画坊中，目前已知贾汉吉尔皇帝至少有一位名为曼瑟（Mansur）的御用画师。曼瑟曾作为皇帝的随从前往克什米尔，他擅长自然历史绘画，为当时该领域技艺最为精湛的画家，尤以描绘野生生物和花卉闻名于世。他的代表画作曾被装订成册，供皇帝的书斋收藏之用，但现已散佚。[13]

此后，花园继续作为叙事场景出现在莫卧儿文学和艺术作品中。《花园中的四青年》（*Scene of Four Young Men in a Garden*，见图5）约创作于1610年，彼时莫卧儿宫廷画坊制作的细密画已较此前精美许多。这幅作品收录于一本编纂于18世纪的图册，但图册各页之间风格迥异，因此该画作的创作者和主题无从考证。近年来，有学者认为图中描绘场景可能为巴布尔在回忆录中曾提到的“八重天宫”（*Hasht Bihisht*）。[14]“八重天宫”是波斯文学作品中描绘的著名园林，首次出现于诗人阿米尔·库斯洛（Amir Khusro）创作于约1302年的同名五行诗中。《八重天宫》本质上是一部民间故事，讲述了英雄巴赫拉姆·古尔（Bahram Gur）的探险经历，一则则历险故事以《一千零一夜》的讲述方式通过七位公主的口吻徐徐展开。诗中的“八重天宫”使人联想起伊斯兰教经典中描绘的拥有八座宫门的“天堂”，同时也为故事的展开构建了框架。在《花园中的四青年》一图中，凉亭上层的门楣上有四块牌匾装饰，内部刻有波斯文字，凸显了花园本身的天堂特征：“你的香草园……就像天女的仙境”，暗示图中描绘的园林应该与天堂乐园有某种联系。[15]

这座天堂式园林由四部分组成，呈传统的“四座园”格局，四周筑有高墙，以一个凸起的大理石水池为中心。图中描绘的场景中，四个年轻人谈笑风生，惊扰了专心干活的园丁。大理石池中盛满了水，水中央装饰着一处喷泉，水流从莲花状的黄铜管中喷涌而出，一枚小金球在水柱上方随着水压的变化欢快地跃动，落下的流水则在水面激起层层涟漪。波斯早期即出现了跨越浩瀚沙漠从遥远山区引水灌溉花园、果园和农田的暗渠，图中为喷泉提供持续水压的机械装置即由暗渠灌溉系统发展而来。但与暗渠不同的是，图中的水源来自左上方的波斯水轮车。在巴布尔的建议下，工人们用水轮车将水压入跨越围墙的石质水渠中，进而将水送入园中：“流水匮乏为印度斯坦族的一大缺陷。朕落脚之处，应立水轮车以造流水。”[16]水池四周围绕着波斯园林中不曾出现的形制规整的花坛。在杂乱而炎热的印度平原建造莫卧儿风格的园林时，巴布尔特意强调了对称布局和设计感：“在无趣且混乱的印度平原兴建园林时，我们彰显了秩序感和对称感，制定了合适的边界，在每一个角落和每一条边界都设置了花坛，并在花坛中精心布置了玫瑰和水仙。”[17]图中出现的花卉经过了画家的完美设计。为了使观者能够识别这些花卉——因为它们大多不是本地物种，而是在1550年前后经由西班牙和葡萄牙从墨西哥引入印度——画家对每一株植物都进行了精心描绘，以强化各自的特色。散发甜香味的晚香玉（*Polianthes tuberosa*）、色彩明亮的百日菊（*Zinnia elegans*）、万寿菊（*Tagetes erecta*）以及以红叶闻名的一品红（*Euphorbia pulcherrima*），这些花卉的种植表明图中所绘并非普通花园。在17世纪中期的欧洲园林艺术中，异域物种的引入是园林地位和重要性的体现。同理，在图中这座17世纪早期的莫卧儿园林中，奇花异草的出现使得这座珍稀美园当之无愧地成为“八重天宫”的代表。

花园中耸立着一座两层高的凉亭。凉亭内外贴满了瓷砖，两旁分别种植一棵挂满秋日红叶的梧桐和一棵常绿的垂叶榕（*Ficus benjamina*）或樟树（*Cinnamomum camphora*）。花园中的凉亭，或铺以瓷砖，或以油漆粉刷。而在此类凉亭出现之前，园主们多在凸起的石台之上以临时搭建的布质凉篷遮风避雨（见图6）。凉亭内部则为主人的娱乐和宴请提供了空间。图中园林“强烈的建筑味”是莫卧儿园林绘画的一大特色，此类作品大多着重刻画围墙、石径以及砖瓦筑就的凉亭。

图6：《华盖下端坐的年轻王子》，据传由画家拉尔创作于约1590—1600年。
纸本，设色（水彩、金色、墨色、不透明色），装裱于装饰纸上，装于涂金画框内。装饰纸上有题字。
37.0厘米×23.8—23.9厘米（书页尺寸）
15.7厘米×8.4厘米（细密画尺寸）
英国皇家收藏，编号：1005047

这一特征在画家马诺哈尔（Manohar）作于1602年并收录于《阿米尔·哈桑·达哈拉威诗集》（*Diwan of Amir Hasan Dihlawi*，见图7）的一幅园林场景图中也有所体现。[18]这种对园中建筑风格而非景色或植物的重点刻画不仅反映在当时的图像素材中，在同时期的文学作品中亦是如此。[19]尽管因版面限制，图中的四座园制式园林的比例被缩减，但莫卧儿园林的基本准则——对称布局、石径、中央水景以及种有珍奇花卉的规整花坛——都得以精心体现，是准确再现莫卧儿园林美景的佳作之一。

波斯细密画中的诗歌和园林

我们对莫卧儿王朝16世纪艺术活动的认知部分来自记录阿克巴皇帝统治时期的官方史书——《阿克巴治则》（*Ain-i-Akbari*），该书由宫廷史官阿布尔·法兹尔于1589年委托编纂。拉尔（La'l，活跃于1580—1600年）是阿克巴皇帝宫廷画坊的顶尖画师之一，同时，从其数量众多的存世作品来看，也是当时高产的宫廷画师之一。英国皇家收藏了三幅被认为是拉尔所绘的细密画作品，其中包括《华盖下端坐的年轻王子》（*A Young Prince Seated under a Canopy*，图6）和《谈诗论道的两位年轻王子》（*Two Young Princes Discussing Poetry*，图8）。这两幅作品约创作于1590年至1600年，即画家职业生涯的晚期。画作轮廓分明，施以淡彩，被装裱于饰以花草鸟兽纹样的金笺之上。拉尔的绘画技法以融合了西方影响而著称。1580年，随着耶稣会传教士第一次到达莫卧儿帝国，欧洲的水彩画和彩色版画技术也被传入阿克巴宫廷。而在这两幅画作中，拉尔以其精湛的技艺展现了这种全新的绘画形式。[20]

在第一幅画中，年轻的王子正在向他的两位同伴读诗，周围有仆从随侍奉酒，歌女欢快奏乐。他们一行人头顶华盖，脚踩精美地毯，旁边还有一座装饰有喷泉的八角形水池。[21]此画装裱于大理石纹样的背景纸上，上书察合台语题字，意为“友情时光”。[22]第二幅画中，在一座双层凉亭的门廊外，两位王子在方格大理石地板上席地而坐，谈诗论道。他们身旁有白发的老年仆从相伴，身后立着记注官。画面的远景处矗立着以波斯传统方式绘就的高山，一排红色的栅栏将花园与远处的山景分隔开来。栅栏外侧分别栽种着一株大蕉（*Musaxparadisiaca*）和一棵印度七叶树（*Aesculus indica*），而栅栏内侧的凉亭墙根处，一棵开满花的杏树则在挺拔的青柏身旁迎风摇曳（见图8及细节图）。在画面的近景里，两只鸭子正在八角形水池里悠哉地戏水。

图7：《诗人向心爱之人行吻足礼》（*The poet kisses the foot of his beloved*），收录于作家阿米尔·库斯瓦·杜哈拉维（Amir Khusrwa Duhlavi，卒于约1328年）与抄书员米尔·阿布·阿拉赫·卡拉比（Mir'Abd Allah Katib Katib）创作于1602年的《阿米尔·哈桑·达哈拉威诗集》。
纸本水墨，31.5厘米×20.5厘米
现存于马里兰州巴尔的摩沃尔特斯艺术博物馆（Walters Art Gallery），编号：W.650.113A, fol. 113A

右图及细节图：图8
《谈诗论道的两位年轻王子》，据传由画家拉尔创作于约1590—1600年。
纸本，设色（水彩、金色、墨色），装裱于装饰纸之上，外框涂金
36.8—36.9厘米×23.8厘米（书页尺寸）
17.0—17.1厘米×10.8—10.9厘米（细密画尺寸）
英国皇家收藏，编号：1005039

图9：《花园中的苏菲派诗人》（*Sufi poets in a garden*），据传由卡西姆·阿里（Qasim'Ali）创作于1485—1486年，收录于诗人阿里希尔·纳沃伊的手稿。
手稿，20.6厘米×14.0厘米
现存于英国牛津博德利图书馆（Bodleian Library），编号：MS. Elliott 339, fol. 95v

在这些细密画作品里，花园充当了王公贵胄们吟诗、赏乐以及谈天说地的自然背景。事实上，诗歌与花园这种密不可分的联系已经在波斯文化里存在了数百年。早在13世纪，波斯就出现了一系列将诗人与神秘主义者放置在花园背景中的绘画作品（见图9），前文所述的细密画作品都是这一系列画作的延伸。波斯中世纪诗人——来自设拉子的萨迪（Sa'di，约1213—1292年），其最著名的诗集被命名为"*Gulistan*"（《蔷薇园》）和"*Bustan*"（《果园》）；11世纪的著名诗人菲尔多西（约940—1020年）的名字则来自波斯语"firdaws"，意为"花园"或"天堂乐园"。神秘主义诗人法洛西（Farrokhi，卒于1037年）和尼扎米（Nizami，卒于1202年）的诗作出现在装饰有《谈诗论道的两位年轻王子》一画的书页中，他们将当时波斯人对花园和自然的热衷与人们对心爱之人的爱恋做类比：

> 我已心有所属/她的脸庞/即使在寒冬腊月/也如开满鲜花的玫瑰丛和紫荆树一般美丽芬芳/不管春天是否到来/她脸上的花朵永远不会凋谢/她的面颊/对我来说/就是一座另类花园/如此与众不同/从不会因时间流逝而黯然失色。[23]

有时候，诗人甚至会借用一种更为具体的植物来比喻爱人，当然前提是这种修辞要符合波斯古典诗歌严格的文学传统。例如，高大的松柏常被用来形容爱人的身姿，其中最令人印象深刻的即是法洛西《诗集》（*Divan*）中的描绘：

> （悲伤的爱人）泪如雨下/如此悲痛/以致松柏无一不悲恸哀鸣/它们在我耳边轻诉/来我们这里吧/你将内心安宁/我们与你的爱人一样/繁荣茂盛/她虽高挑/你更挺拔英俊/我对松柏低叹/你虽高大繁盛/但若我只需一吻/你又有何用？[24]

波斯诗歌，尤其是浪漫抒情诗（即波斯诗歌形式*ghazal*），常常充满了与花园有关的意象，而玫瑰、郁金香、风信子、紫罗兰、水仙和茉莉等花卉则被赋予最为丰富的诗意联想。[25]对这些满载花香的诗句来说，花园是默念、诵读和创作它们再合适不过的场所。尽管诗歌与园林之间的联系在同时代及其后的其他国家或地区文学中也出现过，但只有波斯细密画将这种联系进行了如此全面细致的展现。

波斯天堂式乐园的影响

尽管自希腊化时代起，波斯天堂式乐园的概念就已经流传至西欧，但波斯园林图像在西欧产生的影响却难以评估。史书明确记载，从9世纪起，信奉伊斯兰教、犹太教和基督教的学者们来到安达卢西亚（Andalusia），开始相互交流植物学知识，交换相关著述手稿。然而，绘有波斯园林图像的装饰性细密画传至西欧的进程却极为缓慢。史书中对18世纪以前流传至西方的波斯和莫卧儿细密画或莫卧儿画册仅有寥寥几处记载。[26]由于藏家的关系，某些波斯细密画珍品曾一度备受追捧，但这一体裁的园林图像对西方园林设计产生的整体影响十分有限。[27]曾有人在波斯园林与欧洲中世纪用围墙圈起的花园之间找到相似性，例如位于中央的凉亭或者由玫瑰覆盖的藤架，但从伊斯兰教统治时期的格拉纳达（Granada）、科尔多瓦（Cordoba）和塞维利亚（Seville）保存至今的园林遗迹来看，伊斯兰园林对其产生的影响远超波斯细密画。[28]

15世纪早期，以花园为背景的圣母像（见图17）作为一个全新的绘画体裁得到极大发展。这一艺术形式最早兴起于威尼斯，而后传播至意大利北部、德国以及荷兰。学者们在此类绘画中发现了与波斯细密画"惊人的相似之处"：缀满鲜花的平坦草地、装饰性纹饰的大量使用，以及炫目的蓝色背景。[29]饰满鲜花的西方挂毯（见图10），尽管在设计时进行了创新，但其中还是密密麻麻地织满了与波斯园林图像中类似的装饰纹样。这种相似很难归为巧合，因为当时的波斯细密画极有可能经由开辟已久的贸易航线到达意大利北部，尤其是威尼斯。因此，尽管繁荣的波斯园林艺术未能在西欧的园林设计领域产生重大影响，但它的确在西方园林艺术初期成型的过程中发挥了作用。

图10：《庄园生活（沐浴）》[*Manorial Life (The Bath)*]，由尼德兰南部画家创作于约1510—1520年。
羊毛丝绸挂毯，287.0厘米×265.0厘米
现存于法国巴黎国立中世纪博物馆（Musée de Cluny），
编号：Cl. 2180

第二章 2
神圣园林

在这座如此令人醉心的园林中，
有一座扇形的装饰花园，
简直可与天堂相媲美，
香气扑鼻的鲜花遍植其内。

——斯蒂芬·霍伊斯
（Stephen Hawes，生于约1474年，卒于1511年之前）
《快乐的消遣》（*The Pastime of Pleasure*，1509年）[1]

除了位于西班牙格拉纳达阿尔罕布拉宫（Alhambra）和赫内拉里菲宫（Generalife）的伊斯兰风格园林，建造于公元800年至1500年的中世纪园林无一能以原貌保存至今。这一时期的大多数园林，包括修道院花园，主要为小规模的工作区，专门种植约二百二十五种具有药用和食用价值的草本植物。但随后的中世纪艺术却发展出令人感官愉悦的欢乐园景象，这些图像的现实版本是一种不再一味重视实用性的全新园林。此类园林被称为“herber fayre”，内部种植观赏性植物以愉悦感官，而对养护的高要求则使得这类园林成为王公贵胄的专属。因此，除了少数特权人士，大部分人均无缘一览此类园林的芳容。

纵观整个中世纪时期，在西欧流传的大部分园林图像都出自修道院缮写室制作的泥金装饰手抄本。这些手抄本以宗教主题为主，在当时备受世人珍视，其中绝大部分花园图像也都基于经书描绘所创。15世纪中期，为了满足人们对宗教主题之外世俗内容的需求，泥金装饰手稿工作坊逐步突破了修道院的地理限制。这种趋势在当时的勃艮第（Burgundy）和佛兰德斯（Flanders）地区最为明显。但即使在这一时期，手稿中所描绘的园林，包括爱情主题的中世纪诗歌和散文中出现的花园，仍然是概念性的，即为作者想象的产物，而非基于现实存在进行的刻画。随着印刷技术的出现以及第一批印刷书籍在15世纪的面世，流传的园林图像数量得以大幅度增加，但这些图像的创作背景却未发生实质性改变。[2]

14世纪晚期，意大利北部和神圣罗马帝国出现了一种描绘“围园”（*hortus conclusus*）的绘画体裁。当时，无论在宗教还是世俗主题的艺术中，加入寓言式的园林图像变成了一种根深蒂固的传统，而这种图像直至16世纪才被根据实景创作的花园作品所取代。

《圣经·旧约》中的花园：伊甸园

众所周知，在因违背神的意志被驱逐之前，亚当和夏娃居住在一座人间天堂——伊甸园之中。《创世纪》（*Book of Genesis*）一书中对伊甸园进行了描绘。中世纪时期，在西方基督徒们所熟知的、由《希伯来圣经》（*Hebrew Bible*）翻译而来的拉丁文圣经《武加大译本》（*Latin Vulgate*）中，共有八句小诗（《创世纪》：2:8—15）描绘了这座乐园的地形和外观：

> 神在东方的伊甸立了一个园子，把所造的人安置在那里。神使各样的树从地里长出来，可以悦人的眼目，其上的果子好作食物；园子当中又有生命树和智慧树。有河从伊甸流出来滋润那园子，从那里分为四道。第一道名叫比逊，就是环绕哈腓拉全地的，在那里有金子；并且那地的金子是好的；在那里又有珍珠和红玛瑙。第二道河名叫基训，就是环绕古实全地的。第三道河名叫底格里斯，流在亚述的东边。第四道河就是幼发拉底河。神将那人安置在伊甸园，让他修理看守。

这段描绘如此简略，以至于早期教堂的神父们都无法向信众形容这座缺乏鲜花点缀的乐园。此外，这座乐园形状如何，其中生长何种植物，更重要的是，它坐落于什么位置，这些疑问直至中世纪也未得到解答。[3]于是，包括罗马帝国时期圣奥古斯丁（Saint Augustine）主教在内的神学家开始根据《圣经》中的伊甸园故事发展出自己的寓言式解读。例如，园子中的生命树（Tree of Life）被解读为耶稣本人，果树为圣人，四条河流则为四福音书。[4]《创世纪》的记载，再加上此后延伸出来的生命树、智慧树（Tree of Knowledge）以及四条河的寓言意义，为中世纪的艺术家们创作伊甸园图像提供了明确的框架。

纽伦堡人文主义学者哈特曼·舍德尔（Hartmann Schedel）在他具有里程碑意义的著作《纽伦堡编年史》（*Liber chronicarum*，也称*Weltchronik*或*Nuremberg Chronicle*，创作于1493年）中描述了世界自上帝创世至15世纪90年代的发展历程，其中收录了一幅严格根据《创世纪》记载而创作的伊甸园插图（见图11）。这本早期的印刷书籍中共包含了超过六百幅木刻版画，均由当时纽伦堡著名的版画家迈克尔·沃尔格穆特（Michael Wolgemut，约1434/1437—1519年）和威尔海姆·普莱登沃夫（Wilhelm Pleydenwurff，约1460—1494年）制作而成。该书最初为拉丁文版，后被翻译为德文，两个语言版本都在1493年出版面世。这幅以伊甸园为背景的插图名为《亚

第26页图：《伊甸园中的亚当和夏娃》，由佛兰德斯画家
扬·勃鲁盖尔创作于1615年。
英国皇家收藏，编号：405512

对页图：图11《亚当和夏娃被逐出伊甸园》，收录于《纽伦堡编年史》，
由纽伦堡人文主义学者哈特曼·舍德尔创作于1493年。
木刻版画，49.6厘米×35.8厘米
英国皇家收藏，编号：1071477，fol. vii recto

上图：图12《龙血树》（*Dracaena*），由生于德国斯派尔（Speyer）的版画家彼得·德哈赫（Peter Drach）创作于约1490—1495年，收录于柏图斯·克雷桑迪（Petrus de Crescentiis，约1233—1320/1321年）所著的《事农有益》（*Ruralia Commoda*）。
木刻版画，29.0厘米×20.8厘米
现存于英国皇家收藏，编号：1057436，fol. Liiiii recto

对页图及细部：图13《亚当和夏娃》（*Adam and Eve*），由尼德兰绘画大师扬·戈塞特（Jan Gossaert，约1478—1532年）绘制于约1520年。
木板油画，169.2厘米×112.0厘米
现存于英国皇家收藏，编号：407615

当和夏娃被逐出伊甸园》（*Expulsion of Adam and Eve from the Garden of Eden*）。在图的右方，夏娃从知善恶树（Tree of Knowledge of Good and Evil）上摘下了一颗果子，而图的左下方则展现了她这一行为所招致的堕落和被驱逐。《圣经》中"夏娃的诱惑"（Temptation of Eve）章节并未明确这种长满果实的知善恶树的具体品种，因此早期的伊甸园图像中知善恶树经常以不同的形式出现，有时为无花果树，有时为欧洲花楸，有时又变成了香橼。但更多时候，尤其自16世纪以来，它通常被描绘为苹果树（*Malus sylvestris*）。[5]这幅图中也是如此。

知善恶树生长于花园中央，两侧分立两树，其中左侧为高大的椰枣树（*Phoenix dactylifera*）。根据该书文字介绍，椰枣树主要负责为伊甸园提供营养。右侧为生命树，对知善恶树呈俯瞰状，表明生命树具有更大的象征意义。从广义上说，生命树被视为全宇宙的生命象征，而具体来说，它则意味着耶稣创造生命的力量。[6]在哥特（Gothic）和罗马式（Romanesque）艺术中，生命树经常以树枝繁茂、硕果累累的形象出现。但在这幅画中，它被刻画成一株极具特色的龙血树（*Dracaena*）。在此之前，龙血树从未与《圣经》发生过关联，但这并不妨碍它成为15世纪晚期和16世纪早期在宗教艺术中反复出现的艺术形象。博洛尼亚学者柏图斯·克雷桑迪（Petrus de Crescentiis，约1233—1320/1321年）曾出版一本关于农业和园艺的著作《事农有益》（*Ruralia Commoda*），该书中收录了描绘龙血树的木刻版画（见图12，细节图）。1478年之后的欧洲艺术家们或许正是通过这本书才熟知了龙血树的外形。毫无疑问，拥有奇异外形的龙血树强化了《圣经》中所描绘的伊甸园的异域风情。此外，龙血树分泌的红色树脂（即所谓的"龙血"）被认为具有止血功能。正是这一特性使人们将其与上帝造人联系在一起，也使其成为这一时期宗教艺术中具有重要象征意义的形象。[7]

图中的伊甸园树木葱茏，四面被流水环绕。左侧的远山背景中，溪水蜿蜒流淌；右侧的生命泉（Fountain of Life）汩汩流动，最终通过画面前景中花园围墙上的泄洪门喷涌而出，并分流成为《圣经》中所描绘的四条河流。水被视为伊甸园中滋养生命的基本力量。园中的四条河流（分别为底格里斯河、幼发拉底河、比逊河以及基训河）代表上帝对人类的恩典。因此在这幅收录于《纽伦堡编年史》的插图中，这四条河占据了绝对重要的位置。《圣经·旧约》和《圣经·新约》中多处出现将上帝比作"活水泉"[《耶利米书》（*Jeremiah*），2:13]和"生命泉"[《诗篇》，（*Psalms*），36:9]的表达，以歌颂上帝施人恩典的美德。正因为如此，尽管《创世纪》中并未涉及对伊甸园的描绘，但生命泉还是成为伊甸园图像的重要组成部分。在这幅图中，生命泉以花园喷泉的形式出现，泉水徐徐流入方形水池中，然后进入花园。

图14：《伊甸园中的亚当和夏娃》，由扬·勃鲁盖尔绘制于1615年。
铜板油画，48.6厘米×65.6厘米
英国皇家收藏，编号：405512

然而，生命泉通常以更为复杂的艺术形式出现。基督教徒们相信，上帝的恩典能够通过洗礼这一仪式传达至世人，因此从基督纪元早期起，圣洗池就已经按照喷泉的形状和式样塑造。[8]艺术作品中花园喷泉的外形也越来越精致。

晚期的哥特式泥金装饰手稿、绘画和版画作品中，花园喷泉的形式十分接近中世纪时期装饰华丽的圣洗池，这被视为通过洗礼重获权力的象征。佛兰德斯绘画大师扬·戈塞特（Jan Gossaert，约1478—1532年）所作的《亚当和夏娃》（*Adam and Eve*，约创作于1520年，见图13）的背景中，生命泉被设置成尖塔形的哥特式喷泉。在这座伊甸园中，生命树和知善恶树枝干光秃，不见树冠，因此哥特式喷泉样式的生命泉就成为这座花园的决定性特征。历史记载表明，中世纪时期建造的花园中，但凡引水所及之处，均会设置小池塘、铅制蓄水池或水井，从而进一步强化经常在这一时期艺术中出现的华丽喷泉的象征意义。[9]

在《纽伦堡编年史》收录的插图中，伊甸园四周高墙环绕，围墙上建有具备防卫功能的高塔和城垛。亚当和夏娃被从上方装饰有拱形花格窗的院门驱逐出园。这里的伊甸园并非开放式的公园，而是由高墙围起的封闭性空间。这表明，在中世纪时期，人们心中的伊甸园是一座高墙环绕的封闭园林（围园，*hortus conclusus*）。[10]在土地开阔、猛兽四处出没的封建社会，人们对安全坚固的封闭式围园的诉求是显而易见的。对北欧艺术家来说，他们最熟悉的园林样式即拥有回廊或围墙的修道院花园，这在当时被称为"天堂乐园"。[11]

"所有的存在都像安逸的梦"

直至16世纪，神圣园林，尤其是伊甸园，仍然是艺术家园林绘画创作的焦点。随着文艺复兴早期对古典主义的复兴，艺术家对《创世纪》所描绘内容的忠实程度开始动摇。在这一时期的伊甸园形象中，知善恶树、生命树、四条河，甚至亚当和夏娃，都逐渐脱离了中心地位，伊甸园越来越多地融入了黄金时代（Golden Age）的经典神话。古希腊诗人赫西俄德（Hesiod）首次提出了人类的五个时代：黄金时代、白银时代（Silver Age）、青铜时代（Bronze Age）、英雄时代（Age of Heroes）以及黑铁时代（Iron Age），黄金时代是其中第一个，同时也是最完美的时代。那个时代社会和谐安定，人们生活幸福，自然物资充沛。随后古罗马时期的诗人贺拉斯（Horace）和奥维德用文学作品歌颂黄金时代的美好：那个时代的居民"深受上帝庇佑，平静祥和地生活在牛羊成群的家园"。[12]

《伊甸园中的亚当和夏娃》（*Adam and Eve in the Garden of Eden*，创作于1615年，见图14）只是佛兰德斯画家扬·勃鲁盖尔（Jan Brueghel，1568—1625年）在约1594年至1615年以"伊甸园风景"为主题创作的一系列作品之一。[13]在绘制这些作品时，勃鲁盖尔逐渐脱离了像早期版画师那般对《圣经》文字内容的依赖，也摒弃了扬·戈塞特和卢卡斯·克拉纳赫（Lucas Cranach，1472—1553年）等16世纪的佛兰德斯和德国画家所遵循的绘画传统。他将亚当、夏娃和知善恶树转移至一片开阔风景的远景处，而在近景处设置了种类极其丰富的飞鸟走兽，以突出天堂物产的丰饶。这个动物王国囊括了本土动物（牛、猎犬、兔子）和珍禽异兽（大象、豹、豪猪、天堂鸟）中的几乎所有种类。勃鲁盖尔的动物园版伊甸园之所以能够描绘得如此生动准确，主要归功于他对动物进行的近距离观察和科学研究。作为曾服务于奥地利首席大公阿尔布雷希特（Archduke Albert）和西班牙公主伊莎贝拉（Infanta Isabella）的宫廷画家，勃鲁盖尔极有可能参观过他们在布鲁塞尔命人养殖的各色动物，或许还在1604年参观过神圣罗马帝国皇帝鲁道夫二世（Rudolf II）位于布拉格的著名动物园。16世纪早期，随着世人所认知的自然物种迅速扩充，自然历史图录首次面世，其中包括瑞士博物学家、目录学家康拉德·格斯纳（Conrad Gesner，1516—1565年）的《动物史》（*Historia animalium*，1551—1558年创作于苏黎世），以及博洛尼亚科学家乌利塞·阿尔德罗万迪（Ulisse Aldrovandi，1522—1605年）出版的一系列自然历史专著（1599—1648年出版于博洛尼亚）。勃鲁盖尔以其卓越的绘画技巧和坚实的科学知识为基础创作的作品，为这些自然历史图录提供了视觉补充，所产生的意义与书籍本身不相上下。

学者们认为，在创作这些作品时，勃鲁盖尔并未借助当时最新出版的自然历史出版物中收录的插图来扩充自己通过观察所得的动物学知识，也未向其艺术创作的伙伴及合作者彼得·保罗·鲁本斯（Peter Paul Rubens，1577—1640年）借阅作品寻求灵感，但他或许从二者所记录或描绘的动物行为模式中受益。然而，这幅图中所展现的最为引人瞩目的动物行为却有悖于自然规律：所有动物和谐共处，前景中猎豹与牛群打闹嬉戏，野兔也在食肉动物附近怡然自得。勃鲁盖尔不仅描绘了"狼与羊共处一室，猎豹与孩童栖息一处"[《以赛亚》（*Isaiah*），2:6]这一《圣经》中记载的理想场景，也反映出了强调自然界的和谐与秩序感的古典主义传统。而自然界，尤其是动物之间的和谐，也是人间乐园的决定性特征。[14]画中描绘的地方，气候适中，阳光雨露充足，远处的山谷植被茂盛，树上果实累累，一切都弥漫着一种古典的诗意氛围，这也意味着这片土地就是"所有的存在都像安逸的梦"的天堂乐园。[15]此外，这幅作品还洋溢着乐观主义精神。画家所处的尼德兰南部（Southern Netherlands），在经过了与荷兰共和国（Dutch Republic）多年的冲突之后，终于第一次迎来了和平与繁荣，因此勃鲁盖尔将这种状态注入了所绘的伊甸园中。

《圣经·新约》中的花园：基督园

《圣经·旧约》中关于伊甸园的简短描绘为艺术家们探索这座乐园的风貌提供了空间。同样，《圣经·新约》中的部分故事也是以伊甸园为背景发生的。耶稣受难发生在位于橄榄山（Mount of Olives）的客西马尼园（Garden of Gethsemane），他在这里遭受了背叛和囚禁。

耶稣被钉死在十字架之后，他的遗体被埋葬在亚利马太的约瑟（Joseph of Arimathea）的花园里。据《约翰福音》（*St John's Gospel*）记载，正是在这个花园里，抹大拉的玛利亚（Mary Magdalene）遇到了复活之后的耶稣，但将他错认为园丁。亚当是上帝设置在伊甸园中的第一个园丁，职责为"修理和看守（伊甸园）"（《创世纪》2:15），但之后被驱逐出伊甸园，因此与天堂生活无缘。耶稣以园丁身份出现，暗示着人类通过耶稣复活重获返回伊甸园的机会。

这段故事后来成为艺术家们钟爱的创作题材。很多画家选择重现耶稣一边说着"不要碰我，我还未升天见我的父"（《约翰福音》21:17），一边从玛利亚面前躲闪开来的瞬间。在绘画大师伦勃朗·凡·莱因（Rembrandt van Rijn，1606—1669年）的《坟墓旁的基督和抹大拉的圣玛利亚》（*Christ and St Mary Magdalene at the Tomb*，创作于1638年，见图15）中，玛利亚的目光先是被一束光吸引，然后转头看见一位园丁模样的人站在她面前，当时的她尚未意识到这就是复活之后的耶稣。对于这一题材中人物形象的处理，15世纪的泥金手稿制作工匠和版画师已经形成了固定模式：他们描绘的耶稣通常手握一柄铁铲，有时还头戴宽檐园丁帽。在阿尔布雷特·丢勒（Albrecht Dürer，1471—1528年）创作于1510年的一幅木刻版画中，耶稣的形象就遵循了这一传统（见图16）。或许丢勒在创作该图时借鉴了伊斯拉埃尔·范·麦肯能（Israel van Meckenem，约1450—1503年）的作品，后者是第一个在创作中展现此类园丁帽的版画师。[16]伦勃朗在他的作品中进一步添加了细节，在园丁的腰间别了一把园艺用修枝刀。但伦勃朗画中最能突出故事发生在花园场景中的细节，却是画家设置在画面前景左下方那些修剪得整齐划一的黄杨木绿篱。画面背景处矗立的或许是金碧辉煌的耶路撒冷圣殿。但正是画面前景中草木葱茏的荷兰式花园向17世纪早期的观众传达了这幅画的真实用意，即园丁耶稣将帮助人们从人间的花园升至天堂中的乐园。[17]

对页图：图15《坟墓旁的基督和抹大拉的圣玛利亚》，由绘画大师伦勃朗·凡·莱因创作于1638年。
木板油画，（61.0厘米×49.5厘米）
英国皇家收藏，编号：404816

下图：图16《耶稣出现在抹大拉的玛利亚面前》（*Christ Appears to Mary Magdalene*），由绘画大师阿尔布雷特·丢勒创作于1510年。
木刻版画，（12.6厘米×9.7厘米）
现存于伦敦大英博物馆，编号：1895,0122.536

围园:《雅歌》和圣母园

将“圣母领报”(Annunciation)这一著名基督教事件，或圣母与圣子，设置在由围墙圈起的花园场景中，是最早于1390年前后出现的一种宗教艺术体裁。这幅《圣母子与圣凯瑟琳和圣芭芭拉》(*The Virgin and Child with Saints Catherine and Barbara*，见图17)就是范例之一。至少从公元7世纪起，《圣经·旧约》中《雅歌》(*Song of Solomon*)提到的“围园”就已经与圣母紧密地联系在一起。《雅歌》中所描绘的充满肉欲的意象被解读为耶稣对他的新娘，也就是教会的爱恋；圣母玛利亚的子宫被视为一座由高墙围起的花园，里边生长着名为耶稣的果实。直至13世纪早期，围园的概念才首次获得视觉呈现，而这一主题的木板油画和蛋彩画直到1390年之后才开始在威尼斯、意大利北部、德国以及尼德兰南部地区出现。[18]

对页图：图17《圣母子与圣凯瑟琳和圣芭芭拉》，根据佛兰德斯画家霍赫斯特拉滕大师(Master of Hoogstraten)创作于约1520—1530年。
木板油画，51.3厘米×38.1厘米
英国皇家收藏，编号：407812

下图：图18《花园中的圣母和圣子》，由德国雕刻家、画家马丁·施恩告尔(Martin Schongauer，约1435/1450—1491年)创作于1469—1491年。
柠檬板油画，30.2厘米×21.9厘米
现存于伦敦国家画廊，编号：NG723

这一艺术形式之所以获得发展，原因之一是随着贸易中心的出现，绘有园林场景的泥金装饰手卷从东方的波斯流传至欧洲(见第一章)。但它随后得以迅速传播开来，还是得益于当时北欧地区的文化发展，越来越多的王公贵族为了追求享乐开始建造自己的私家园林。[19]

这类图像最早期的呈现媒介通常为挂毯，而且经常融入从《雅歌》中提取、与圣母关系密切的一系列象征符号，其中包括“密封的喷泉”(sealed fountain)。[20]到了15世纪中期，此类图像发展成熟，模式也变得更为简化，但保留了两处用以识别圣母围园的特征：围墙或篱笆，表明这是一处封闭空间；圣母脚下的花毯或“鲜花点缀的草地”(flowery mead)，其象征意义在不同作品中有所不同。这两个元素在《圣母子与圣凯瑟琳和圣芭芭拉》中均得以体现，其中铺有草皮的长凳起到了围墙的作用。波什达特伯爵(Count of Bollstädt)，即德国神学家艾尔伯图斯·麦格努斯(Albertus Magnus，约1200—1280年)在他的专著《植物和蔬菜》(*De vegetabilis et plantis*，约创作于1260年)中首次提到了这幅画中圣母端坐的长凳类型：“高高的长凳，铺有长满可爱花朵的草皮。”[21]这种长凳通常由木板或砖块水平搭建框架，内部填充泥土，上方覆盖草皮，草皮上种有小雏菊、婆婆纳、紫罗兰等野花或洋甘菊等低矮的香草。[22]从英国著名诗人杰弗雷·乔叟(Geoffrey Chaucer)诗中的“我有一座花园/花园的长凳上铺着新鲜的草皮”到1311年温莎城堡中以一千三百块草皮覆盖城堡北部“下区”(Lower Ward)靠近王室私宅的花园长凳，都表明铺有草皮的长凳是中世纪花园的一个基本要素。[23]在这幅画中，除了暗示故事背景以及与圣母相关的象征意义，铺有草皮的长凳还充当了构图框架，它将图左的圣凯瑟琳和她的象征物(尖刺轮和宝剑)以及图右的圣芭芭拉(象征物高塔被设置在了远景处)圈在了同一个空间。[24]圣母园通常被设置在王宫或城堡中皇室私宅的窗下。因此，这幅作品中圣芭芭拉高塔的出现也使图中的圣母园在这座中世纪皇家园林中的地理位置更为合理。苏格兰国王詹姆斯一世(King James I of Scotland，1394—1437年)曾于1413年至1424年被囚禁于温莎城堡。他曾描绘过温莎城堡(长凳草皮为1311年铺就)中的“国王花园”(King's Garden)。詹姆斯一世的囚室位于马歇尔伯爵塔（Earl Marshal's tower）内，而“国王花园”就在他透过囚室铁窗的视线之内。同样，在《圣母子与圣凯瑟琳和圣芭芭拉》这幅作品中，圣母所在的花园与画面右侧的城堡隔着护城河遥相呼应。

在这幅画中，圣母子、圣凯瑟琳和圣芭芭拉脚下缀满鲜花的草皮经过了整体渲染，但仍有一些植物可以识别，例如宝剑剑尖旁的西洋蒲公英（*Taraxacum officinale*）——这种苦菜象征着耶稣受难，以及圣芭芭拉白裙下方的大车前草（*Plantago major*）。西洋蒲公英和大车前草因叶片形状圆润饱满，成为艺术作品中刻画鲜花草毯时最流行的植物品种。此外同样受欢迎的选择还有小雏菊、黄花九轮草、草莓和堇菜等低矮的毯状植物，以及与圣母有某种特殊联系的植物品种。[25]在《花园中的圣母和圣子》（*The Virgin and Child in a Garden*，见图18）一图中，在篱笆围起的花园里，可以识别很多此类植物。这幅画原归英国皇家所有，后于1863年由维多利亚女王转赠给国家画廊。图中圣母脚下左边为野草莓（*Fragaria vesca*），右边为车前草，右下角为着墨颇多的德国鸢尾（*Iris germanica*）。长凳左侧依次为铃兰（*Convallaria majalis*）、香堇菜（*Viola odorata*）、小蔓长春花（*Vinca minor*）和石竹（*Dianthus*），其中圣母手中拿的就是刚掐下来的一枝石竹花。长凳右侧则分别为红色剪秋萝（*Silene dioica*）和具有柳叶刀状叶片及白色花朵的紫罗兰属（*Matthiola*）植物。这些路边常见的野草在当时都被赋予了宗教象征意义，反映了人们对宗教的虔诚和信仰文化的流行。它们中很多都获得了在后来的宗教改革时期被取消的别名，例如，铃兰曾被称为“圣母泪”（Our Lady's Tears），甜堇菜又称“圣母谦”（Lady's Modesty），鸢尾花别名“玛利亚的悲伤之剑”（Mary's Sword of Sorrow），桂竹香被称为“玛利亚之花”（Mary's flower），旋果蚊子草别称“玛利亚的束腰”（Mary's Girdle），百脉根又叫“圣母的拖鞋”（Our Lady's Sleeper），毛地黄别名“圣母的手套”（Our Lady's Gloves），海石竹又名“圣母坐垫”（Our Lady's Cushion），金钱薄荷则被称为“圣母之草”（Herb of the Madonna）等。[26]对于艺术家们，在一幅作品中选择何种草地花卉、草本植物以及春夏开花的季节性植物进行搭配，最关键的考量标准是植物的象征意义与作品主题的契合度。

但总体来说，与圣母玛利亚关系最为密切的象征花卉只有两个：象征圣母贞洁的百合以及代表圣母之爱的玫瑰。查理曼大帝（Charlemagne，? 747—814年）在800年前后颁布的《庄园法典》（*Capitulare de Villis*）中，罗列了要求神圣罗马帝国所有城邦都必须栽种的植物清单，其中百合和玫瑰位列榜首。玫瑰在古典时期曾与爱神维纳斯（Venus）联系在一起，因此相较于百合，当时的民众对于玫瑰作为圣母象征的接受过程较为缓慢。直至12世纪，玫瑰的

上图及左侧细节图：图19
《描绘耶稣受难和其他场景的三联画》之左图（*Triptych showing the Crucifixion and other scenes, left panel*），由意大利中世纪画家、锡耶纳画派创始人杜乔·迪·博尼塞尼亚（Duccio di Buoninsegna，活跃于1278—1319年）创作于约1302—1308年。
木板蛋彩，44.8厘米 × 16.9厘米
英国皇家收藏，编号：400095.c

对页图：图20
《一支百合花》，被认为由列奥纳多·达·芬奇创作于约1475年。
黑粉笔、墨色钢笔、水彩和不透明色，
31.4厘米 × 17.7厘米
英国皇家收藏，编号：912418

上左图：图21
《圣母玛利亚和圣子坐在长满草的长凳之上》，由绘画大师阿尔布雷特·丢勒创作于约1503年。
蚀刻版画，11.5厘米×7.1厘米
英国皇家收藏，编号：800044

下左图：图22
《树边的圣母玛利亚和圣子》，由绘画大师阿尔布雷特·丢勒创作于约1513年。
蚀刻版画，11.7厘米×7.4厘米
英国皇家收藏，编号：800045

上右图：图23
《两个天使加冕圣母玛利亚和圣子》，由绘画大师阿尔布雷特·丢勒创作于约1518年。
蚀刻版画，14.7厘米×10.0厘米
英国皇家收藏，编号：800052

下右图：图24
《浪子盛宴》，根据德国画家汉斯·塞巴德·贝哈姆的画作制作于约1540年。
蚀刻版画，5.2厘米×9.2厘米
现存于伦敦大英博物馆，编号：Gg 4B.61

这一象征意义才被正式接受。[27]圣母百合（*Lilium candidum*）与圣母玛利亚的象征联系则有着更为悠久的历史。英国盎格鲁-萨克逊时代的历史学家尊者比德（the Venerable Bede，673—735年）就曾认为能够在圣母百合的白色花瓣中看到圣母的纯洁无瑕。[28]《圣经》中曾描绘圣母为“荆棘丛中的百合花”（a lily among thorns，《雅歌》2:1），因此在《圣经》中百合是最常用以象征圣母的植物，尤其是在“圣母领报”的场景中（见图19）。

百合在欧洲有着悠久的栽种历史，因此艺术家们能够轻易获得新鲜的百合样本进行创作。但在早期的草本志中，百合也经常作为插图出现，例如古罗马时期希腊药理学家迪奥斯科里德斯（Dioscorides，约40—90年）的《药物志》（*De Materia Medica*）以及阿普列尤斯·柏拉图尼修斯（Apuleius Platonicus）的《植物志》（*Herbarium*）。[29]这幅名为《一支百合花》（*A Lily/Lilium candidum*，见图20）的草图被认为由列奥纳多·达·芬奇（Leonardo da Vinci，1452—1519年）所绘。这幅植物学画作展现了画家对描绘对象进行了极其精细的观察，因此不可能是从手稿或印刷品中的插图临摹而来。该图由黑粉笔和钢笔画出轮廓，然后施以水彩。轮廓线上有针刺痕迹，以备未来将该画转移至其他表面之上，这暗示了这张草图原为一幅圣母图而作，但该圣母图最后或许并未完成，又或许未能存世。这幅草图是现存以圣母百合为主题、杰出的画作之一，画家在作品中对花朵的描绘倾注了心血，尤其是花蕊部分。此外，艺术家对叶片在枝条上的附着方式也进行了精心刻画。

宗教与世俗

来自纽伦堡的艺术家阿尔布雷特·丢勒是16世纪早期欧洲最成功的版画大师。从大约1495年起，丢勒作品中一个反复出现的主题就是“圣母与圣子”，而且他在自己一系列关于这个主题的绘画和版画作品中，都融入了简约版的“围园”这个象征符号。在创作于约1503年的《圣母玛利亚和圣子坐在长满草的长凳之上》（*Madonna and Child on a Grassy Bench*，见图21）中，圣母端坐于由木桩、篱笆包围起来的空间之内。铺有草皮的木质长凳可

左图：图25《大卫与拔示巴》由汉斯·克里斯托弗·斯蒂默制作于约1570—1578年。
木刻版画，11.3厘米×15.3厘米
英国皇家收藏，编号：808440.j

Ssez y fery et
hurtay.
Et maintesfois
je escoutay
Se je orroye leans nulle ame
Le guichet qui estoit de charme
Me ouvrit une pucellette
Qui assez estoit gente et nette
Cheveulx eut blons come ung bassi
La chair plus tendre que ung poussin
Front reluisant sourcilz voultis
Lentreoeil si nestoit pas petis
Ains fut assez grans p mesure
Le nez eut bien fait a droiture
Les yeulx eut vers come faulcons
Pour faire envie a tous hommes
Doulce alaine eut et savouree
La face blanche et coulouree
La bouche petite et grossette
Et au menton une fossette

对页图：图26《欢乐围园》（*The Walled Garden of Pleasure*），由外号“祈祷书大师”的佛兰德斯画家绘制于约1490—1500年，收录于由基洛姆·德·洛利思和让·德·摩恩创作的中世纪著名爱情长诗《玫瑰传奇》。
手稿，39.5厘米×29.0厘米
现存于伦敦大英图书馆，编号：BL. Harley MS 4425, fol. 12v

上图：图27《约克主教的时祷书》（*Cardinal York's Book of Hours*），由让·皮可制作于约1510年。
牛皮纸手卷，设色（金色和不透明色），25.8厘米×17.4厘米
英国皇家收藏，编号：1005087, fol. 3 verso（细节图）

能延伸到了圣母的左侧，但被她铺开的裙摆覆盖。十年后再次就这一主题进行创作时，也就是在《树边的圣母玛利亚和圣子》（*Madonna and Child by the Tree*，见图22）中，以及在1518年创作的《两天使加冕圣母玛利亚和圣子》（*Madonna and Child crowned by two angels*，见图23）中，丢勒都选择了类似的场景。他将不同作品中围园的建筑框架进行了适度的调整，使得观者可以尽情想象自己走入园中的场景。

类似的框架也被运用在了《浪子盛宴》（*The Prodigal Son Feasting*，见图24）的构图中。树荫下人们坐在铺有草皮的长凳之上，面前是摆满佳肴美酒的石桌，而他们身后围着一圈木桩篱笆。这幅版画作品依据德国画家汉斯·塞巴德·贝哈姆（Hans Sebald Beham，1500—1545年）的作品而作。贝哈姆是继丢勒之后纽伦堡新一代的杰出版画家。这幅作品描绘的是《路加福音》（*St Luke's Gospel*）中浪子的寓言故事，画面背景中的葡萄藤（*Vitis vinifera*）暗示着浪子的挥霍无度。

图28：左图为《4月劳作图》（*April*），右图为《6月劳作图》（*June*），
由林堡兄弟绘制，收录于《贝里公爵的豪华时祷书》。
羊皮纸本水粉，27.9厘米×20.3厘米
现存于尚蒂伊城堡（Chantilly）内的孔德博物馆（Musée Condé）

在1525年至1550年的纽伦堡，以宫廷花园为背景讲述圣经故事成为极其流行的一种艺术形式。例如《大卫与拔示巴》(*David and Bathsheba*)等著名的圣经故事都曾以这种方式进行处理。[30]汉斯·克里斯托弗·斯蒂默(Hans Cristoph Stimmer，1549—约1578年)的一幅木刻版画中就描绘了《圣经·旧约》中记载的以色列王大卫与王妃拔示巴的故事(见图25)。画面中的拔示巴正在一座古典风格的喷泉里沐浴，身旁有隧道状的爬藤架遮阴，而大卫则站在石柱廊后观看。《撒母耳记》(*Book of Samuel*)中并未提到拔示巴在围园中的喷泉里沐浴一事，斯蒂默的这幅作品中采用的是15世纪和16世纪对这一主题进行艺术处理时拔示巴典型的出场方式。[31]

中世纪园林的特征(铺有草皮的长凳、隧道状的爬藤架、喷泉)并非宗教艺术专有，它们也会出现在描绘宫廷乐园中宴会享乐场景的图像之中。从13世纪起，意大利文、法文和英文版本的爱情诗歌和散文逐渐流行起来，这也成为描绘世俗园林场景兴盛的原因之一。中世纪最为流行的爱情诗歌非法国浪漫寓言长诗《玫瑰传奇》(*Le Roman de la Rose*)莫属。

《玫瑰传奇》由法国诗人基洛姆·德·洛利思(Guillaume de Lorris)和作家让·德·摩恩(Jean de Meun)从约1230年至约1277年耗时四十余年完成。这部长诗描绘了一位“情人”(Lover)寻找自己爱人“玫瑰”(Rose)的过程。“玫瑰”被关在一座封闭的花园里，并由“嫉妒”(Jealousy)看守。在目前存世的三百卷《玫瑰传奇》手稿中，两百多卷都附有细密画插图，描绘了年轻的“情人”在这座“乐园”(garden of Pleasure)中经历的种种艰险。[32]鉴于《玫瑰传奇》中关于园林的文字表述并未提供太多园艺方面的细节，所以在制作泥金装饰插画时，艺术家们不得不参考当时皇家的宫廷乐园来弥补文字信息的不足。在一份为拿骚和菲安登公爵(Count of Nassau and Vianden)恩格尔伯特二世(Engelbert II，1451—1504年)特制的版本中，插画由外号“祈祷书大师”(Master of the Prayer Books)的佛兰德斯画家制作(约1500年)。在其中一幅插图中(见图26)，“情人”来到乐园围墙的一扇门前，而乐园内一处装饰华丽的喷泉旁，一群王室贵族正在点缀着小雏菊的草坪上奏乐玩乐。草坪旁为碎石铺就的步行道和抬高的花床，一排格子栅栏将这两个区域分隔开来。画面背景处的果树树荫下，设置了铺有草皮的长凳。由此可见，在这幅图中，圣母玛利亚的“围园”变成了一座爱情之园，围墙大门的功能不再是保护内部的人免于遭受外界的危险，而是宣告诱惑已经步入园中。

显然杰弗雷·乔叟是熟知《玫瑰传奇》的，而且可能还参与了英文版的部分翻译工作。作为英王理查二世(Richard II)的御用工程监督员，从1389年至1391年，乔叟负责督造了国王的多处宫殿、御苑和花园。此外，作为理查二世在14世纪90年代的御用林务官，乔叟无疑将自身所学的园艺学知识融入了他负责督造的园林之中，从而创造出了充满诗意的园林美景。《富兰克林的故事》(*The Frankelyn's Tale*)中所描绘的“真正的乐园”(Verray paradys)是乔叟文学作品的众多主线之一。基于这位伟大诗人对乐园美景的生动描述，一系列精美的乐园美景图出现在了泥金装饰手稿和印刷品中。继文学作品中附加园林插图之后，15世纪中期，《时祷书》(*Book of Hours*)中也开始出现花园图像。《时祷书》是供个人使用的祈祷用书，主要记录礼拜仪式和祷告词。此类《时祷书》通常还附有“圣人历”，列出一年中所有的瞻礼日(feast days)和圣徒节(saints'days)。“圣人历”的一大特征是附加了泥金装饰的《月令劳作图》(*Labours of the Month*)，正是在这些图中，园林成为频繁出现的场景。在《时祷书》中一幅由让·皮可(Jean Pichore，活跃于约1501—1520年)于1510年前后在巴黎创作的《4月劳作图》(见图27)中，画家刻画了一对夫妇，他们端坐在铺有草皮的长凳上，身旁卧着一条小狗(象征着忠诚)。他们脚下的草地上长满了小雏菊和水仙，爬藤玫瑰正沿着他们身后的格子藤架奋力攀爬。[33]一个值得注意的细节是，格子藤架木条交接处打结的绳子是用金色线条描绘的。让·皮可在巴黎开设了一家大型泥金装饰手稿制作工坊，他的主要赞助人包括法国天主教红衣主教乔治·丹布瓦兹(Cardinal Georges d'Amboise，1460—1510年)以及法王路易十二(Louis XII，1462—1515年)的首相。丹布瓦兹主教是文艺复兴时期伟大的造园师，曾在1502年至1510年负责盖隆城堡(Chateau de Gaillon)的建造工作。但是这本手稿似乎却是由一位与法国南部多菲内(Dauphiné)的弗朗孔(Françon)家族有联系的赞助人委托制作的。

与众多根据想象中的园林场景——不管是与宗教相关还是世俗场景——创作的细密画相比，有两幅画作显得与众不同。它们也是基于欢乐园(pleasure garden)的丰富元素绘制而成，而且它们的身影也出现在了《时祷书》中。在这两幅画中，我们第一次看到了两处现存中世纪园林的准确再现。它们就是法国泥金装饰手抄本画家林堡兄弟(Paul de Limbourg)在1409年至1416年分别为4月和6月制作的月令劳作图，收录于《贝里公爵的豪华时祷书》(*Les Très Riches Heures, du duc de Berry*，1340—1416年)。这两幅作品(见图28)分别展现了杜尔丹城堡(château de Dourdan)以及巴黎皇宫中被围墙圈起的花园，对两处园林的建筑和构成元素进行了细致描摹。图中对园林的处理方式摒弃了中世纪时期将园林作为宗教或世俗主题的象征性背景的传统，这在当时可算罕见，但它开启了文艺复兴时期描绘实体园林的新风尚。

第三章

文艺复兴时期的园林

所谓“天堂”，
无非就是一处最令人感到身心愉悦的乐园，
那里草木葱茏，果树遍地，流水潺潺，鸟语花香，
总之，它拥有人们内心深处所梦想的一切。

——“伟大的洛伦佐”、洛伦佐·德·美第奇
（Lorenzo de'Medici, Il Magnifico，1449—1492年）[1]

15世纪晚期，正值文艺复兴时期的欧洲出现了一种专注于古典园林风格的造园新理念。在这种新理念指导下建造的园林里，花草树木都以规整的几何布局设置，而这种方式被认为可追溯至古典时期。此外，这一时期的园林中还引入了大量源自古代的图形纹样，极大地丰富了园林内部的装饰元素。于是，这一时期的欧洲不仅创造了无与伦比的精致园林，西方艺术中也第一次出现了对真实园林的准确描摹。与此同时，迷宫、藤架、绿雕和方尖碑等园林建筑元素，以及规整的几何图案绿雕等园林特色，第一次成为在艺术作品中反复出现的图像元素。相对于想象中的园林，此时的艺术家们更热衷于描绘现实中的实体园林，而印刷媒介的发展则使园林图像得以广泛传播。

“王公贵胄”[2]的园林

文艺复兴早期，园林成为皇室成员的身份象征。当时的人们认为，拥有一座园林可以提升一位君主或王子的威望，从而使其在与政敌的角力中占据上风。这一想法一经普遍接受，围绕园林图像的种种限制就迎刃而解。园林图像不再是宗教寓言或文学故事专有，此时也成为王室贵族宣传自身的一种手段。这就是16世纪的欧洲艺术中第一批园林绘画和版画的创作背景，这些作品展示了皇家园林的真实面貌。

英国艺术中第一座可识别的皇家园林是亨利八世白厅宫的“大花园”（Great Garden），出现在《亨利八世全家福》（*The Family of Henry VIII*，见图29及细节图）的背景中，可追溯至约1545年。这幅画是向大获成功的都铎王朝的致敬之作。图中描绘了亨利八世和分列两侧的王后简·西摩（Jane Seymour）及其子威尔士亲王爱德华（Edward, Prince of Wales），以及玛丽和伊丽莎白两位公主。画中人物可能设置在白厅宫“果园画廊”（Orchard Gallery）的大厅中，大厅两侧各有一扇拱门通往刚刚建造完成的大花园。从厅内向外看去，从左侧拱门可以看到玛丽公主闺阁的人字形屋顶，而右侧拱门中浮现的是网球场的一座角楼。这座大型的方形园林有两大特色，一是意大利风格的多层圆形喷泉，二是喷泉附近的方形巨石，上方设置着一架日晷仪。[3]但这两处建筑在该图中并不可见，它们或许是被大厅的背景墙遮挡，也可能在这幅画创作之时尚未完工。画家在作品中着力刻画了花园中砖砌的抬高花床，其内种植着低矮的草本植物，周围由刷着白色和绿色（都铎王朝的标志性颜色）漆的围栏圈起。截至16世纪中期，图中这种不规则排列的抬高花床已经变得过时，由格子围栏进行四等分的分隔方式正在园林设计中流行起来。这种园林的空间安排方式出现于15世纪的意大利，而后在法国流行起来。16世纪30年代，这种方式被引入里士满宫（Richmond Palace）的众多花园以及汉普顿宫的“御花园”（Privy Garden）中，但却未被应用于白厅宫的大花园。大花园里只有一条长长的步行道，穿越一系列长方形或L形的花床。[4]

图中背景花园里最为引人瞩目的是坐于立柱之上的木刻描漆纹章兽。这些立柱以一定的规律遍布园林之中，以彰显新王朝的正统性。此类立柱原为里士满宫的建筑元素，在里士满宫的屋顶之上形成了颇具规模的“立柱纹章之林”。但在这幅图中，它被从天际带回了地面（见图30），而“王之御

第48—49页图及第50页细节图：图29《亨利八世全家福》，由英国画派（British School）画家创作于约1545年。
布面油画，144.5厘米×355.9厘米
英国皇家收藏，编号：405796

兽”（king's beasts）也变成了汉普顿宫和白厅宫皇家花园的最大特色。1531年，工匠约翰·雷普利（John Rypley）受雇为汉普顿宫“制作七种王之御兽，分别为两条龙、两只灵缇犬、一头狮子、一匹马和一匹羚羊，共放置于十八根立柱之上”。[5]1534年，工匠们在汉普顿宫又增设了一百八十根木桩、九十六根立柱和大约878米长的围栏，并都涂上了都铎王朝的象征色——白色和绿色。[6]《亨利八世全家福》一图中共有四种纹章兽，分别为爱德华三世的狮鹫格里芬（griffin of Edward III）、博福特的耶鲁（Beaufort yale）、里士满的白色灵缇犬（Richmond white greyhound），最后一个可能是一头白色母鹿。

大约四十年后，人们在这座花园里仍然可以看到这些（或相似的）纹章兽。德国旅行家利奥波德·冯·威德尔（Leopold von Wedel）1584年到访这里，他看到了“三十四根高大的柱子，上面雕刻着各式各样的精美图案，立柱顶端设置了不同种类的动物木雕，动物的两角都做了镀金处理，并且立柱上也系有带着女王纹章的旗帜”。[7]这些纹章兽不管是在汉普顿宫或白厅宫

的花园里，还是在《亨利八世全家福》的绘画作品里，都充当着都铎王朝最高统治权力的视觉符号。

事实上，白厅宫的大花园只是都铎王朝的君主——亨利七世（Henry VII）和亨利八世——为了装饰他们的宫殿所修建的一系列皇家园林之一。1501年，为了庆祝长子亚瑟王子（Prince Arthur）与阿拉贡的凯瑟琳（Catherine of Aragon）联姻，亨利七世命人在里士满宫建造新的花园；在分别于1525年和1529年从红衣主教沃尔西手中收归王室所有的汉普顿宫和约克所（York Place，后更名为“白厅宫”），大规模的造园工程持续了16世纪整个30年代和40年代。[8]萨里郡（Surrey）的无双宫（Nonsuch Palace）建造于1538年至1547年，亨利八世命人在此建造了一座花园，但现存史料中并无关于这座园林布局的记载，只记录了园中植被的一些细枝末节。[9]在皇家园林（royal garden）系统造园运动如火如荼进行的同时，建造专供享乐之用的王公贵胄乐园（princely garden）这一理念也未被遗忘。德国旅行家托马斯·普拉特（Thomas Platter）到访汉普顿宫为亨利八世建造的园林时，距离该园建成已时隔多年，但他仍然看到了一座充满中世纪欢乐园特征、专为愉悦感官而建的园林："那里有一座御苑，正中央设置了一处迷宫，栽种了各式各样的花草树木，并建造了两处大理石喷泉……（在这里）不仅味觉、视觉和嗅觉得到了满足，而且鸟儿悦耳的歌唱声和喷泉汩汩的流水声也使人的双耳感到愉悦，这的确像一座人间的天堂乐园。"[10]皇家园林与王公贵胄乐园的区别在于，前者不仅仅是一座愉悦感官的欢乐园，还应该成为皇家宫殿恰当的装饰，以及提升君主威望的工具。无双宫的花园由亨利八世命人修建，但最后由约翰·拉姆利爵士（John, Lord Lumley，约1533—1609年）完成。在观赏了这些花园之后，奇姆（Cheam）教区的教区长安东尼·沃特森牧师（Reverend Anthony Watson）在1582年评论道：

> 如果你将目光投向高耸的塔楼、筑有角楼的围墙，眺望远方的悬窗、坚固的灰泥建筑以及精美的雕塑，你将会感到困惑，因为你不知自己到底是身处庄严的皇宫，还是植被充盈的花园。因为它们都呈现了相同的面貌，同样的华丽，也同样的庄严。这份庄严，我们在转瞬即逝的今天对其膜拜欣赏，而在明天则将由子孙后代传承。[11]

15世纪，在法国和勃艮第的宫廷中，园林被认为是王子或贵族合适且恰当的象征，这一理念产生了巨大影响。亨利八世深受法王弗朗西斯一世瓦卢瓦王朝（Valois court of Francis I）造园理念的影响，他利用自己建造的园林来支撑都铎王朝的主张，确立他作为君主的权威。但亨利八世并不是利用园林巩固皇家身份的唯一一位欧洲君主。在大约1570年为策勒城堡礼拜堂（Chapel of Schloss Celle）创作的赞助人肖像画（见图31）中，小威廉四世布伦瑞克-吕讷堡公爵（William IV the Younger，Duke of Brunswick-Lüneburg，1535—1592年）及其妻丹麦的多萝西娅（Dorothea of Denmark，1546—1617年）跪于祭坛之前，他们身侧的远景中分别描绘了策勒城堡和吉夫霍恩（Gifhorn）城堡前方新意大利文艺复兴风格的装饰性园林。公爵一侧的园林呈棋盘式分隔布局，周围设有围栏，异域珍禽在几何形的花床之间闲庭信步；而公爵夫人一侧的花园绿植则呈基础绳结状。由此可见，这个位于德意志北部的宫廷在园林建造方面紧跟当时最为精巧的园林设计风潮，并且这一趋势将随着1587年欧洲顶尖园林设计师汉斯·弗雷德曼·德·弗里斯（Hans Vredeman de Vries，1527—1606年）在沃尔芬比特尔（Wolfenbüttel）受雇为布伦瑞克-沃尔芬比特尔公爵朱利叶斯（Julius, Duke of Brunswick-Wolfenbüttel，1528—1589年）服务而得到延续。[12]

在亨利八世统治早期，曾有人向他进献了一本泥金装饰的唱诗班圣歌谱，其中收录了一幅插图，图中的英格兰被描绘成了一座坚不可摧的海岛花园（见图32）。这是英国第一次出现以花园为隐喻，通过艺术来展现君主权威的艺术理念。这本歌谱大约于1516年在尼德兰南部制作完成，歌谱扉页的插图中将英国刻画成了被坚固城墙包围的"围园"。

花园的主体为一株巨大的三茎玫瑰，玫瑰的花朵采用了都铎王朝的红白玫瑰形式。正如在现实中亨利八世的皇家园林一样，多种纹章元素（例如都铎家族的标志性红龙和加冕狮，以及里士满家族的灵缇犬，这些神兽在亨利七世的王室徽章中通常充当托举兽的角色）的出现使这座花园充满了寓意，传达了都铎王朝的皇室权威和正统性。这幅插图可谓开启了将英国比喻为海岛花园的先河，而对这一比喻最著名的应用无疑就是莎士比亚（Shakespeare）的《理查二世》（*Richard II*，创作于1597年），其中描绘了这座花园被荒野吞没后的苍凉景象：

> 我们这座围墙高耸的海上花园，
> 这整片土地，现在却杂草丛生，最美丽的花朵已经凋谢，果树无人修剪，
> 树篱尽遭破坏，绳结状绿雕已经变得杂乱无章，药草上长满了爬虫。[13]

图30：温莎圣乔治教堂屋顶上的野兽石像

对页图：图31《小威廉四世布伦瑞克-吕讷堡公爵及其妻吕讷堡公爵夫人丹麦的多萝西娅》（细节图），被认为由德国画家路德格尔·汤姆·凌（Ludger Tom Ring，1546—1617年）创作于约1570年。
木板油画，220.0厘米×91.5厘米
现存于策勒城堡的皇宫博物馆(Residenz Museum)

下图：图32《献给亨利八世的圣歌谱》（*Motets for Henry VIII*），由来自尼德兰南部（或安特卫普）的画家创作于1516年。
羊皮纸画，49.5厘米×34.5厘米
现存于伦敦皇家图书馆，编号：Royal 11. E. xi

当亨利八世在白厅宫开展园林工程时，他的手里已经拥有了一本文艺复兴时期最早同时也是最重要的造园手册，正是这本书使得当时的人们对园林建造的态度发生了转变（见图33）。这本极具影响力的著作就是由博洛尼亚富有的退休律师柏图斯·克雷桑迪在大约1304年至1309年为那不勒斯国王查理二世（Charles II of Naples）撰写的《事农有益》。这是一本关于庄园管理和农业生产的全方位指导手册，内容共分为十二章，其中有一章的标题为“如何巧妙地利用树木、绿植和果实打造花园以及其他观赏性事物”。这个章节讲述了打造三种不同类型花园的方法：小型草本园、适合殷实家庭的大中型花园以及王公贵胄的园林。克雷桑迪指出，皇家园林需要至少占地八万平方米，内设步行道和凉亭，并且栽种打理得当的柳树、榆树或者桦树。

克雷桑迪这本著作的意义并不在于文字本身，因为书中大部分材料其实并非作者原创，而是摘自当时存世的古典时期或中世纪文献，其中关于园林的篇章更是与艾尔伯图斯·麦格努斯创作于约1260年的《植物和蔬菜》有着密切关联。这本书的重要性在于它在当时获得了超高人气并得以广泛流传。该书目前存世的手稿就有一百三十三种之多，大多制作于14世纪，涵盖拉丁语、意大利语、法语和德语等各大语言版本。另外，自1471年初版发行之后，该书共出版了约六十个印刷版本。[14]通过这种媒介，园林图像得到了传播。最初的图像传播过程也颇为缓慢，因为绝大部分意大利文手稿都在博洛尼亚大学的缮写室制作完成，其中只有极少数配备了插图。但目前存世的很多法文版手稿都收录了大量精美的泥金装饰细密画，因为这些手稿都是受皇家或贵族赞助人的委托而作。

这些细密画大多由佛兰德斯画家创作而成，他们以北欧15世纪晚期出现的贵族欢乐园为原型创作了书中的园林图像。[15]克雷桑迪认为擅长农业生产与擅于治理国家之间有着密切的联系，因此他的这部著作也成为15世纪欧洲各国皇室和贵族藏书的必要藏品。[16]

1478年以后，《事农有益》的印刷版本开始流传于世，于是木刻版的农业和花园劳作图以及植物和树木插图（见图33）取代了手稿中制作精美但数量稀少的泥金装饰细密画。描绘具体农业或花园劳作的木刻插图中采用了《时祷书》收录的月令劳作图中的形式。得益于该书印刷版本的广泛流传，这些木刻插图也得到了大规模传播。亨利八世手中的《事农有益》为印刷版，大约出版于1490年至1495年，书中标题页的编号表明该书为亨利八世白厅宫的藏书。此外，根据书中更早时期留下的题字，这本书原属亨利八世的牧师理查德·罗森（Richard Rawson）所有。罗森于1543年逝世，这就产生了一种可能，即在白厅宫大花园进行大规模整修之时或者在此之前，该书已被亨利八世收入囊中。[17]

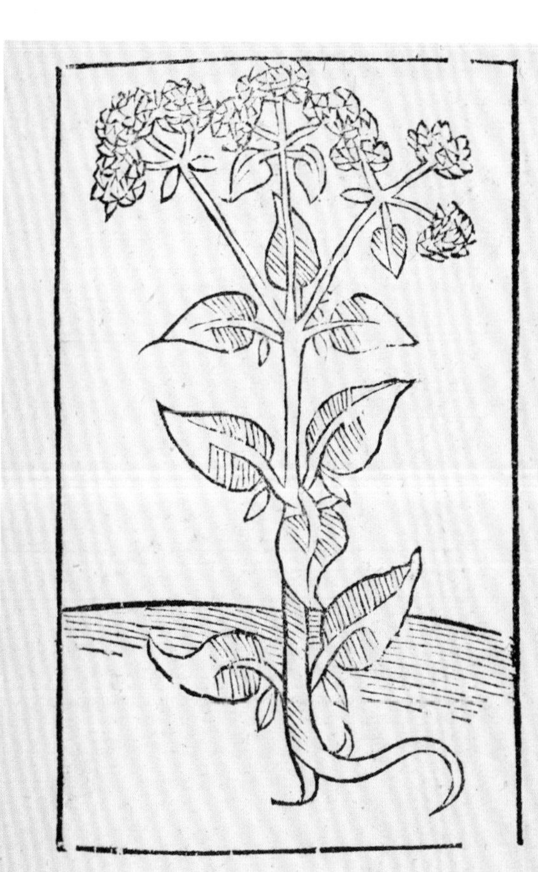

园艺

印刷术的发明使得克雷桑迪这本重量级专著的传播范围发生了变革。随着印刷版本从美因茨（Mainz）传播至巴黎、安特卫普和伦敦，一批新的读者被催生出来，他们通过印刷版图书接触到了与园艺相关的一系列技巧。不管是小康家庭，还是富有的大地主，都希望通过印刷书籍了解园艺知识，于是园艺指导手册的市场需求猛增。16世纪中期的英格兰，第一次出现了价格亲民的四开本园艺手册，并且采用通俗的地方语言而非拉丁语，从而使得书中囊括的园艺技巧被传授给了数量空前的受众。[18]然而，英国早期的园艺指导手册中仅仅收录了非常少的图片。右图（见图34）收录于托马斯·希尔的《大有裨益的园林艺术》（*The Profitable arte of gardening*，1568年）一书中。这是一本面向大众的实用园艺指导手册，在当时十分畅销，从1572年至1608年共再版六次。图中花园应为一户殷实人家所有，花园外围修筑了一圈篱笆，每个角落都种植了果树。园中唯一与水相关的元素并非装饰性喷泉，而是一处配备了滑轮和水桶的家用水井。尽管园中设置了大量中世纪风格的格子栅栏，但呈几何布局的棋盘状花床、中心的绳结状装饰绿篱、由门柱和三角门楣构成的古典风格园门，使这座花园充满了现代性。希尔的最后一本书是在他死后以假名“狄底穆斯山”（Didymus Mountain）出版的《园丁的迷宫》（*The Gardener's Labyrinth*，1577年）。这本书中收录的木刻园林版画超过了他以往的任何作品。这些作品由一位可能来自安特卫普的版画大师所作。大师技艺非常精湛，在画作中精心刻画了园丁们在花园里劳作的场景，包括修剪和引导藤架上的爬藤植物、整理花床，以及用水泵向花床喷水等。《园丁的迷宫》一书在当时大受欢迎，直至1651年才停印。这些园丁在花园劳作的场景图，尽管数量十分稀少，但却意义重大，因为它们是普罗大众接触到的最早的园林图像。

16世纪晚期，有关园艺的出版物急剧增多，其中收录的图片也更为丰富，但这些图片大多与园艺活动有关，而非园林本身。通过这些精心制作的插图，播种、剪枝等园艺技巧被传授给广大读者和园艺活动的亲身实践者。里奥纳德·马斯卡尔所著《各种树木的种植方法和艺术》（*Booke of the arte and manner how to plante and graffe all sorts of trees*，1572年首次出版，1592—1599年再版）一书的扉页插图（见图35）展示了当时园丁常用的剪枝刀以及其他园艺工具。其中，钩镰（billhook，带有鸟喙状弯钩的剪枝刀，由古罗马时期的葡萄园丁刀洐化而来）是当时最广泛使用的园艺工具，图中展示了钩镰的几种形态。这种镰刀经双面打磨，用途多样，是修剪爬藤植物、果树和树篱的理想工具。

当园丁从无名小卒到1523年第一次带有确切身份出现在艺术作品（见图36）中时，他所用的钩镰就在身后醒目的位置悬挂着，表明了主人公的职业身份。意大利画家乔尔乔·瓦萨里（Giorgio Vasari，1511—1574年）在他的名著《艺苑名人传》（*Lives of the Artists*，1560年首次出版，1568年再版）中曾提到这幅画的主人公是“在佛罗伦萨菲耶索莱镇（Fiesole）为皮耶尔弗朗切斯科·迪·洛伦佐·德·美第奇（Pierfrancesco di Lorenzo de'Medici，1487—1525年）服务的代理人和庄园管理者”，从而使我们确认了图中端坐者为雅各布·切尼尼（Jacopo Cennini）。[19]切尼尼的名字曾出现在当时庄园与外界的通信中，但除此之外，我们对他的个人信息一无所知。这幅肖像由被称为弗朗斯毕哥（Franciabigio）的佛罗伦萨画家弗朗

对页图：图33（细节图1—6）收录于博洛尼亚学者柏图斯·克雷桑迪于约1490—1495年所著的农业和园艺学著作《事农有益》。
木刻版画，29.0厘米×20.8厘米
英国皇家收藏，编号：1057436（从左上角起顺时针方向：xciii recto, xvi verso, xxxix recto, xcv recto, lxxii verso, cix recto）

上图：图34 收录于托马斯·希尔出版于1586年的《大有裨益的园林艺术》（首版于1568年出版）。
木刻版画，18.1厘米×13.8厘米
英国皇家收藏，编号：1057482，p.11（细节图）

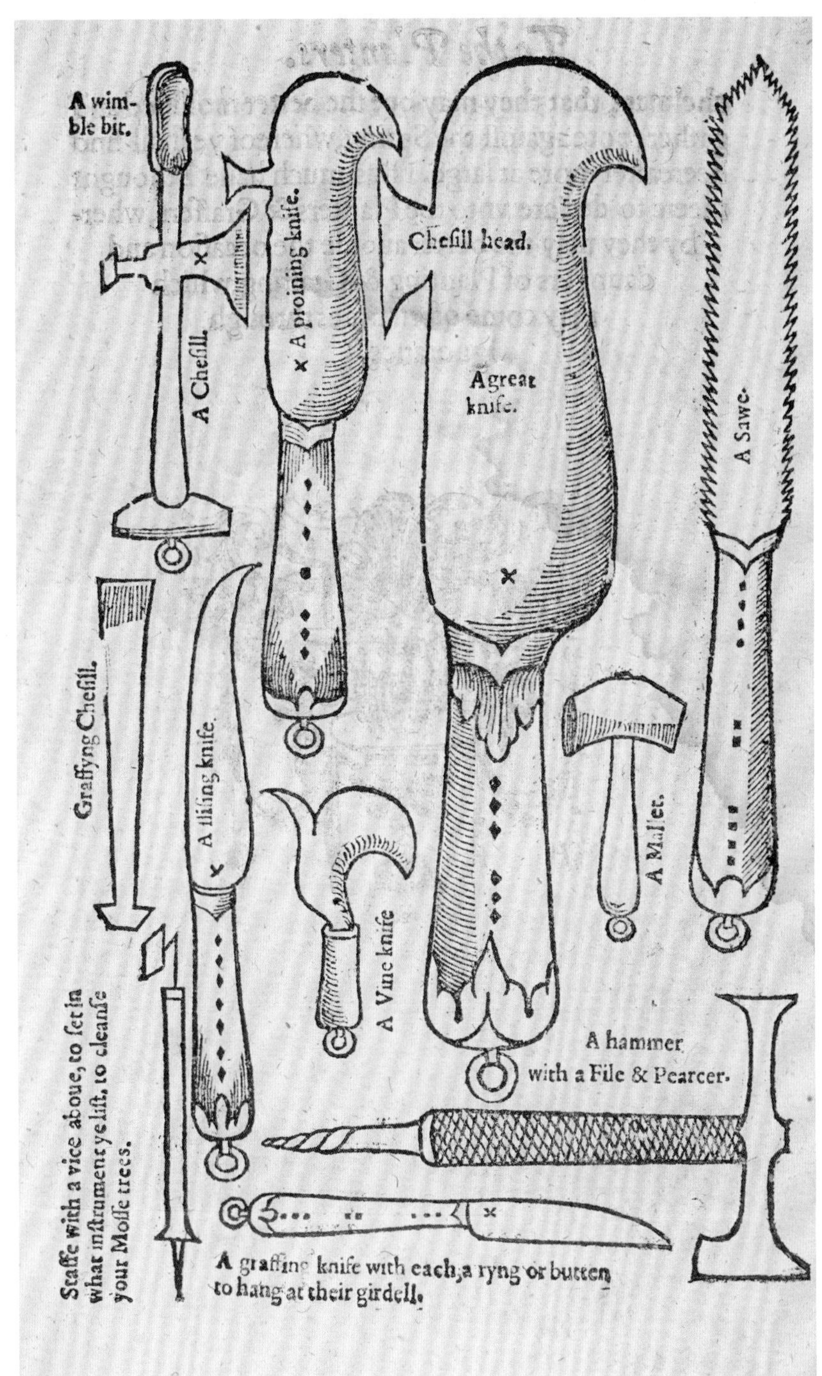

上图：图35 收录于里奥纳德·马斯卡尔所著、出版于1592年的《各种树木的种植方法和艺术》。
木刻版画，17.9厘米×13.8厘米
英国皇家收藏，编号：1057481, p. 1对页

对页图：图36《雅各布·切尼尼肖像》（*Portrait of Jacopo Cennini*），由被称为弗朗斯毕哥的佛罗伦萨画家弗朗西斯科·迪·克里斯托法罗创作于1523年。
木板油画，65.4厘米×49.6厘米
英国皇家收藏，编号：405766

西斯科·迪·克里斯托法罗（Francesno di Cristofano，1484—1525年）所绘。这是16世纪意大利肖像画中刻画普通社会地位主人公的早期作品，也是现存最早的职业园丁肖像画。[20]画中的一串钥匙表明切尼尼深受美第奇家族的信任，而以他的职责范围之广，他可能还同时负责管理美第奇家族在菲耶索莱的葡萄园、橄榄林、采石场，以及皮耶尔弗朗切斯科在那里继承的小别墅。这栋建筑区别于意大利文艺复兴时期建筑师米开罗佐（Michelozzo）著名的设计作品——美第奇别墅（Villa Medici）和圣吉罗拉莫宫（Palazzo di San Girolamo），后二者在美第奇家族的账册中曾零星提及。在当时，园丁和庄园管理员两个职责是不可分割的。两个世纪以前，克雷桑迪已经明确提出，农业生产和园艺种植不应被视为两个单独的学科。[21]在那个园林“设计师”尚未出现的历史时期，正是庄园管理员肩负起了在住宅周围规划和建造供主人游玩的乐园的职责，并且负责园内植物的培育和养护。切尼尼能够被画像并且作品得以保存下来，说明他的美第奇主人十分重视他的作用，而这位主人自己也醉心于各大乡间田产的管理工作，而非在佛罗伦萨的上流社会和政治舞台抛头露面。这幅画将切尼尼与其他大多数默默无闻的园丁们区别开来，他们为后世所知的就只有13世纪的账册和史料中留下的姓名而已。[22]

文艺复兴时期园林中的奇幻与现实

在文艺复兴时期的园林中，奇幻与现实是密切联系在一起的。基于从古典神话和当代文学作品中汲取的灵感，意大利是很多精彩奇绝的园林景观效果的发祥地，这些景观效果被全欧洲园林争相效仿。文学作品中涉及的园林要素，即使再光怪陆离，也总能在现实中找到依据，因为对园林的幻想正是现实的投射。除了常见园林特征（藤架、绳结状绿篱等）的引入，文艺复兴时期的园林还出现了各种奇幻非凡的园林要素（水迷宫、复杂的绿雕或带有巨型基座的方尖碑）。

在所有古典文学作品中，古罗马诗人奥维德的神话作品《变形记》（*Metamorphoses*）为16世纪的园林提供了一个尤为丰富的图案和理念素材库。奥维德作品中人物的变形过程都发生在虚构的奇异背景中，而这种令人大开眼界的视觉效果也正是16世纪的造园者们所追求的。尽管《变形记》的文字中并未提及园林，但当时的画家们将书中所描绘的人造奇幻景观转化成为雕塑遍布、绿篱成行的意式园林图景（见图37）。显然，这一时期的欧洲园林力图复制奥维德在文学作品中所营造的意境。一位曾到访亨利八世无

双宫的访客描述园中密林里的一条小径“宛若为林中仙子和神兽而造”，而位于意大利蒂沃利（Tivoli）的埃斯特别墅（Villa d'Este）对奥维德作品的参考就更为明显，英国作家约翰·伊夫林曾描绘，这里的喷泉步行道采用了来自奥维德《变形记》中的浮雕装饰。[23]

但是对文艺复兴时期的园林影响最为深远的文学作品却是同样诞生于文艺复兴时期的浪漫爱情奇书《寻爱绮梦》（见图38），该书通常认为由意大利天主教多明我会（Dominican）修道士弗朗切斯科·科隆纳所著。图中所示这卷《寻爱绮梦》出版于1499年，共收录了200幅木刻插图，为当时威尼斯顶级出版社阿尔杜斯·马努提乌斯（Aldus Manutius）精良的制作之一。据悉，本卷共有数个意大利文版、一个法文版（1546年）以及一个英文版［英文标题为*The Strife of Love in a Dream*，由罗杰·达灵顿（Roger Dallington）翻译，1592年］。在科隆纳营造的梦境中，主人公普力菲罗（Poliphilo）在一座花园式的海岛——维纳斯的诞生地希腊塞西拉岛（Cythera）——寻找他的爱人宝莉拉（Polia）。尽管塞西拉岛从根本上来说仍是一座中世纪花园，但它有别于此前的浪漫爱情文学中所描写的任何园林，因为该书的作者并未像前辈作家那样着重刻画园中冲击人们感官的气息和声音，而是利用文字和插图重点描绘了普力菲罗在寻爱旅程中所遇到的园林的古典特色。书中的园林复兴了古代的建筑形式（方尖碑、金字塔和藤架等），在绘画等装饰元素和整体风格的选择上也偏好古典元素（绿篱等），并且作者从文字和图像两种途径对这些元素进行了细致刻画，对后世影响深远。一些古典形式在书中园林的应用有时候甚至达到了极致或奇幻的程度。若要论奇幻，相信与水迷宫相比，无出其右者。《寻爱绮梦》的早期版本曾如此描绘道，“一池水被玫瑰丛和果实累累的树木团团围住”，这一景象在1546年出版的法文版本中被以插图形式呈现。[24]

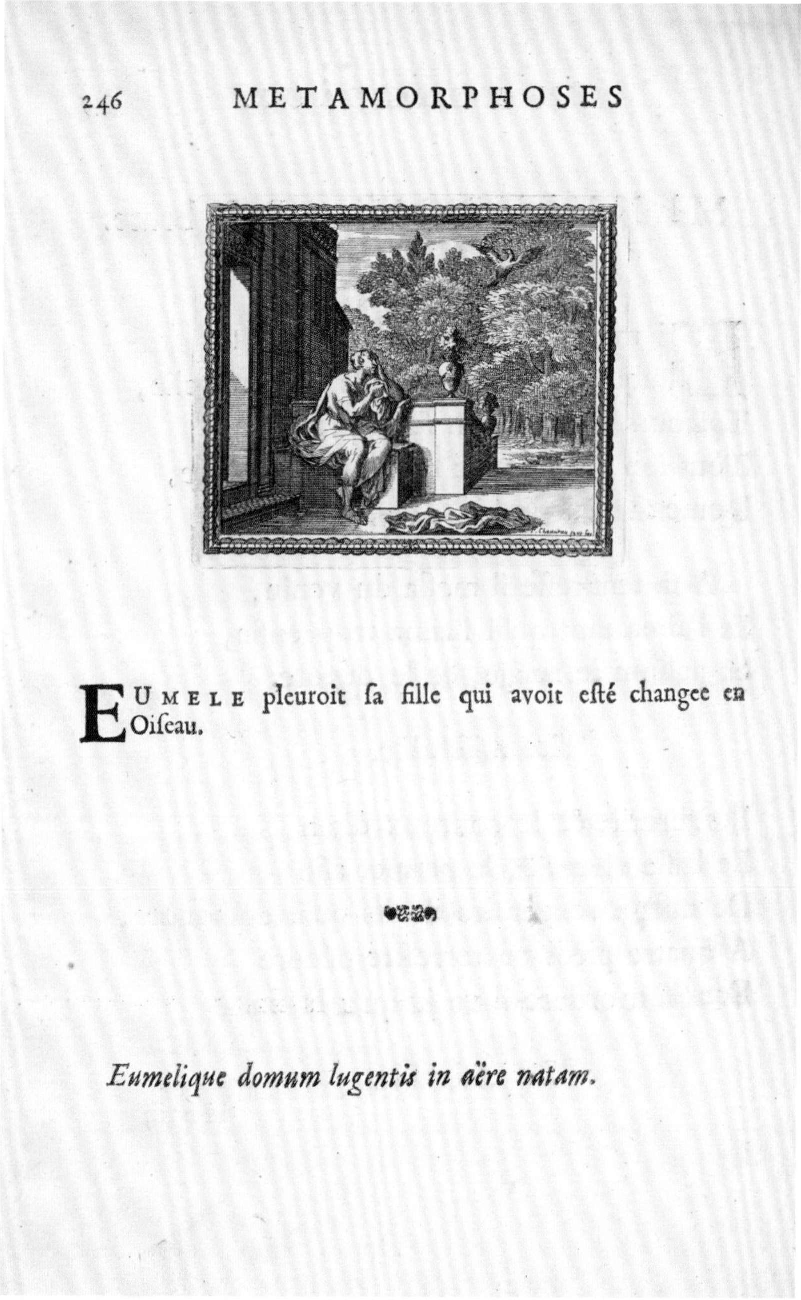
246 METAMORPHOSES

EUMELE pleuroit sa fille qui avoit esté changee en Oiseau.

Eumelique domum lugentis in aëre natam.

“迷宫的致命诱惑”[25]

迷宫是一个在古代就已出现的概念，由多个不同直径的同心圆组成，每个圆上预留一个缺口，形成唯一一条从最外圈走入圆心的通道。水迷宫就是对迷宫这一古代概念的升级版。英文里与迷宫相对应的单词有两个，分别为“maze”和“labyrinth”，虽然前者可为进入迷宫的人提供备用路线，而后者强调通道的唯一性，但二者通常可以交替使用。

基督教教义认为，人类只有一条道路通往上帝，这也被认为是古典神话中迷宫的起源。由石块堆砌而成的迷宫就曾出现在11世纪和12世纪的法国天主教堂，而在14世纪的园林里，迷宫则演变成为一个更具有装饰作用的元素。[26]对水迷宫进行最细致刻画的艺术品（事实上也是现存早期描绘园林迷宫的绘画作品之一）要数佛兰德斯画家路德维克·突博特（Lodewijk Toeput，约1550—1605年）在大约1579年至1584年创作的《迷宫乐园》（*Pleasure Garden with a Maze*，见图39）。[27]来自佛兰德斯的突博特还给自己取了一个意大利文名字——波索塞拉图（Pozzoserrato），他可能曾在1575年前后加入了“威尼斯画派三杰”之一丁托列托（Tintoretto，1518—1594

POLIPHILO QVIVI NARRA, CHE GLI PARVE ANCORA DI DORMIRE, ET ALTRONDE IN SOMNO RITROVARSE IN VNA CONVALLE, LAQVALE NEL FINE ERA SERATA DE VNA MIRABILE CLAVSVRA CVM VNA PORTENTOSA PYRAMIDE, DE ADMIRATIONE DIGNA, ET VNO EXCELSO OBELISCO DE SOPRA. LAQVALE CVM DILIGENTIA ET PIACERE SVBTILMENTE LA CONSIDEROE.

LA SPAVENTEVOLE SILVA, ET CONSTIPATO Nemore euaso, & gli primi altri lochi per el dolce somno che se hauea per le fesse & prosternate mébre diffuso relicti, me ritrouai di nouo in uno piu delectabile sito assai piu che el præcedente. El quale non era de monti horridi, & crepidinose rupe intorniato, ne falcato di strumosi iugi. Ma compositamente de grate montagniole di non tropo altecia. Siluose di giouani quercioli, di roburi, fraxini & Carpini, & di frondosi Esculi, & Ilice, & di teneri Coryli, & di Alni, & di Tilie, & di Opio, & de infructuosi Oleastri, dispositi secondo laspecto de gli arboriferi Colli. Et giu al piano erano grate siluule di altri siluatici arboscelli, & di floride Geniste, & di multiplice herbe uerdissime, quiui uidi il Cythiso, La Carice, la commune Cerinthe. La muscariata Panachia el fiorito ranunculo, & ceruicello, o uero Elaphio, & la seratula, & di uarie assai nobile, & de molti altri proficui simplici, & ignote herbe & fiori per gli prati dispensate. Tutta questa læta regione de uiridura copiosamente adornata se offeriua. Poscia poco piu ultra del mediano suo, io ritrouai uno sabuleto, o uero glareosa plagia, ma in alcuno loco dispersamente, cum alcuni cespugli de herbatura. Quiui al gliochii mei uno iocundissimo Palmeto se appræsento, cum le foglie di cultrato mucrone ad tanta utilitate ad gli ægyptii, del suo dolcissimo fructo fœcūde & abundante. Tra lequale racemose palme, & picole alcune, & molte mediocre, & laltre drite erano & excelse, Electo Signo de uictoria per el resistere suo ad lurgente pondo. Ancora & in questo loco non trouai incola, ne altro animale alcuno. Ma peregrinando solitario tra le non densate, ma interuallate palme spectatissime, cogitando delle Rachelaide, Phaselide, & Libyade, non essere forsa a queste comparabile. Ecco che uno affermato & carniuoro lupo alla parte dextra, cum la bucca piena mi apparue.

对页图：图37 法国诗人、翻译家伊萨克·德·邦赛哈德（Isaac de Benserade，1613—1691年）于1676年根据国王命令翻译的奥维德的《变形记》插图版。
木刻版画，28.4厘米×22.4厘米
英国皇家收藏，编号：1050932, p. 246

上图：图38《寻爱绮梦》，被认为由意大利天主教多明我会修道士弗朗切斯科·科隆纳所作，出版于1499年。
木刻版画，29.9厘米×21.0厘米
英国皇家收藏，编号：1057947, fol. a. vi verso – a. vii. recto

上图：图39《迷宫乐园》，由意大利文名字为波索塞拉图（Pozzoserrato）的佛兰德斯画家路德维克·突博特创作于约1579—1584年。
布面油画，147.4厘米×200.0厘米
英国皇家收藏，编号：402610

对页图：图40《春日景象（5月）》（*Spring Landscape, May*），由佛兰德斯画家卢卡斯·凡·瓦尔肯伯奇创作于1587年。
布面油画，116.0厘米×198.0厘米
现存于维也纳艺术史博物馆（Kunsthistorisches Museum）

年）的绘画工作室，之后在威尼斯附近的特雷维索（Treviso）成为一名独立画家。尽管画面中的水迷宫是虚构而来的，但其中的流水景观却与威尼斯的水域相连接，因为威尼斯市中心的圣马可广场（Piazza San Marco）就位于画面右上角的远景处，而广场左方也可见威尼斯著名的带篷贡多拉。迷宫本身由绿篱组成，呈传统的同心圆形式，每个圆上都有拱形缺口和隧道状的蔓藤架。画面左方的楼船顶层，一支四人乐队正在为船上的王室贵族演奏乐曲。此外，图中还有两拨人正在享受美食盛宴，其中一处在迷宫中央，另

一处位于画面右侧葡萄藤架下的树荫里。迷宫中可见多对情侣的身影，他们或惬意漫步，或拥抱亲热，而在迷宫后方的背景里，一场游猎正在如火如荼地展开。事实上，画家还在这幅作品中暗藏了密码，强调人们的五种感官都在这里得到满足：栖息在葡萄藤架上的鹰代表视觉，因为鹰以敏锐的视力闻名；画面右侧边缘处正在溪边喝水的牡鹿代表听觉；猿猴代表味觉，因为猿猴在其他艺术作品中通常以正在吃水果的形态呈现，但在该图中被设置在了迷宫里；葡萄藤架下的家犬象征嗅觉；在一对正在步入迷宫的情侣中，男士环绕女士腰部的胳膊象征触觉。[28]通过肯定迷宫带给人的感官享受，画家实际上在强调迷宫的魅惑力。在迷宫的诱惑下，人们流连忘返，甚至做出“错误”选择。沉溺于感官享受可能会带来不可避免的伤害，这是同时代寓言插画图册惯常表现的主题之一，例如法国作家格拉姆·德·拉·皮埃尔（Guillaume de La Perrière）的名作《寓言图像集》（*Théâtre des bons engins*，1539年）。[29]

与许多同时代的意大利艺术家一样，波索塞拉图擅长风景画，尤其擅长刻画此类以规整园林为背景的宫廷宴会图景，而迷宫游戏作为宫廷贵族新兴的休闲娱乐方式，也通常被融入此类作品中。[30]许多此类场景的作品都是以月令、季节或元素为主题的系列湿壁画或油画，它们或许是为别墅庄园或宫殿的大型装饰工程而作，波索塞拉图在1590年为位于意大利维琴察（Vicenza）的奇耶里卡提-麦格纳别墅（Villa Chiericati-Magna）创作的一套六幅《月令图》（*The Months*）即属此类范畴。佛兰德斯画家卢卡

上图：图41两个迷宫设计方案，创作于1600年，收录于意大利建筑师塞巴斯蒂亚诺·塞利奥的《塞利奥建筑与透视学著作全集》。
木刻版画，24.8厘米×18.8厘米
英国皇家收藏，编号：1073122, p. 918

对页上图：图42《带有克里特迷宫的一处景观》，由安特卫普版画师海欧纳莫斯·考克于1558年根据马塞斯·考克（Matthijs Cock，约1509—1548年）的作品绘制而成。
蚀刻版画，11.9厘米×28.2厘米
现存于布鲁塞尔比利时皇家图书馆（Royal Library of Belgium），编号：S. 1.11530

对页下图：图43《忒修斯与阿里阿德涅》，由荷兰出版商和雕刻家老克里斯平·范·帕斯创作于约1600年。
钢笔画，7.3厘米×12.9厘米
英国皇家收藏，编号：914976

斯·凡·瓦尔肯伯奇（Lucas van Valckenborch，约1535—1597年）在他创作的一幅类似的寓言式图像中则有创意地将迷宫以迷宫岛的形式呈现。画中描绘了王公贵胄们成双成对地在一处奇幻的园林中散步、野餐的场景。这幅作品的创作年代可追溯至1587年，是瓦尔肯伯奇以“月令”为主题创作的系列作品之一，主要展现5月的景象（见图40）。

到波索塞拉图创作《迷宫乐园》时，附有迷宫设计方案的插图版建筑学专著已经面世，进而将迷宫变成了意大利文艺复兴时期园林中广为接受的一大特征。园林迷宫设计方案第一次在出版物中出现是在佛罗伦萨建筑师安东尼奥·迪·菲拉雷特（Antonio di Filarete，1475—1554年）的《建筑要义》（*Trattato di architettura*，1460—1465年）中。此后，意大利另外一位建筑师塞巴斯蒂亚诺·塞利奥（Sebastiano Serlio）则在他的《塞利奥建筑与透视学著作全集》（*Tutte l'opere d'architettura*，首次出版于1537至1547年，见图41）中附上了两份园林迷宫设计方案。[31]在16世纪的意大利，迷宫已经成为正统花园的一部分。因此，波索塞拉图很可能听说过位于罗马附近蒂沃利的埃斯特别墅，或者维泰博（Viterbo）近郊巴尼亚亚（Bagnaia）的朗特庄园（Villa Lante）中设计的树篱迷宫（用树篱而非矮生植物制成的迷宫）。弗朗切斯科·贡扎加主教（Cardinal Francesco Gonzaga，1444—1483年）位于罗马奎里纳尔宫（Quirinal）的园林，以及米兰斯福尔扎城堡（Castello Sforzesco）的绿地上，也都以迷宫装饰。[32]然而，波索塞拉图在他的作品中并未对当时存在的实体迷宫进行准确复制，反而参考了16世纪晚期北方画家创作的、带有迷宫的版画，例如安特卫普顶尖的版画师海欧纳莫斯·考克（Hieronymus Cock，1518—1570年）在1558年制作的版画作品《带有克里特迷宫的一处景观》（*Landscape with the Cretan Labyrinth*，见图42）。[33]波索塞拉图与考克的作品采用了相似的构图，都将迷宫设置在河谷深处，而后者的版画极容易使人联想起意大利画家洛伦佐·里奥布鲁诺（Lorenzo Leombruno，1489—?1537年）创作的一幅湿壁画作品，这幅画悬挂于意大利曼托瓦（Mantua）德泰宫（Palazzo del Te）的马厅（Sala dei Cavalli）之内。[34]来自曼托瓦的雕刻师乔治欧·祁齐（Giorgio Ghisi，1520—1582年）曾在大约1551年至1556年在安特卫普为考克工作过，或许正是因为这位中间人的缘故，这些迷宫绘画才一路向北，来到了低地国家。[35]

直至17世纪，考克的版画作品还一直是很多艺术家迷宫图案的灵感来源。在为1602年出版的一版奥维德《变形记》创作插图《忒修斯与阿里阿德涅》（*Theseus and Ariadne*，见图43）时，荷兰出版商和雕刻家老克里斯平·范·帕斯（Crispin van de Passe the Elder，约1564—1637年）同样参考了考克的这幅版画作品。

帕斯在画面的前景中加入了忒修斯与阿里阿德涅这两个人物，并对风景做了淡化处理，但他完整保留了原图中被护城河包围的迷宫。在考克、波索塞拉图和帕斯三位艺术家的作品里，水这一元素都营造出奇幻的迷宫氛围，事实上这也与当时世人对水迷宫的描述一致。曾到访赫特福德郡（Hertfordshire）西奥伯德（Theobalds）庄园的德国律师保罗·亨茨纳（Paul Hentzner）在1598年记录道："四周由一条蓄满水的沟渠包围，渠面之宽可以乘船在灌木丛间穿梭游乐；这里树木植被种类繁多，并且还有耗费人力搭建的各种迷宫。"[36]这种对水的运用同样也出现在法国的园林设计中。瓦卢瓦王朝的国王们曾命人修建水上乐园，并将护城河改建为具有装饰性的运河。[37]

蔓藤架

奇幻与现实之间的张力，在园林中最具有功能性的设置——蔓藤架——之中，也同样得到了彰显。早在古罗马时期，人们就开始搭建供蔓藤植物攀爬的架子，以供遮阴纳凉之用。古罗马作家小普林尼在描述他位于托斯卡纳（Tuscany）的别墅花园时就曾提到："一棵蔓藤攀爬在四根克里斯蒂安大理石细柱之上，蔓藤的下方形成了一片阴凉区域，（而这里就摆放着一张）白色的曲面大理石餐椅。"[38]无论是在庞贝（Pompeii）发现的描绘古典园林的湿壁画，还是1614年在罗马的帕莱斯特里纳镇（Palestrina）出土的、可追溯至公元前125—100年的马赛克路面，抑或是在研究古罗马文物的意大利学者卡西亚诺·德尔·波佐（Cassiano dal Pozzo，1588—1657年）曾委托制作的系列水彩画（见图44）中，人们都能发现蔓藤架的身影，它们或为方形，或为拱形，或为木质，或为石质。[39]到了中世纪，园丁们继续在园中的步行道或休息区域搭建供遮阴用的蔓藤架。他们通常先用柳木或榛木条搭出一个平顶或拱顶的框架，而后将木条交叉成格子状，让藤架从长度方向进行延伸，从而形成隧道状效果，最后在藤架侧面栽种玫瑰或忍冬等爬藤植物，从而将藤架覆盖起来。

在15世纪和16世纪的园林中，隧道状蔓藤架的长度显著增加，而且它在园林景观中的重要性也进一步加强。在一些园林中，隧道状蔓藤架呈三面环绕状，而在另外一些花园中，这种蔓藤架则从园中穿越，将园子一分为二。此外，这一时期的隧道状蔓藤架的横切面变得更窄，同时穹顶被进一步抬高，建造得更为繁复精巧。此类蔓藤架规模之大，花费之高，意味着它们只可能出现在精英阶层的花园里，例如1502—1510年在法国中部城市布洛瓦（Blois）为法王路易十二建造的园林，或1459年之后建造的佛罗伦萨夸拉奇花园（Quaracchi Gardens）中。其中，后者内部设置了一座长达90米的桶形蔓藤架。[40]

右图：图44《仿马赛克画尼罗河景：水边蔓藤架下的宴会》（*Nile Mosaic: drinking party under a waterside pergola*），由意大利画派（Italian School）画家在大约1627年根据可追溯至公元前125—100年的尼罗河景马赛克残片创作而成。
钢笔、水彩和不透明色，37.5厘米×48.1厘米
英国皇家收藏，编号：919219

对页图：图45（细节图1—4）《寻爱绮梦》1499版插图，该书作者被认为是意大利天主教多明我会修道士弗朗切斯科·科隆纳。
木刻版画，纸本印刷，29.9厘米×21.0厘米
英国皇家收藏，编号：1057947（左上角图：i. iii verso；左下角图：i. vii recto；右上角图：z. vii recto；右下角图：z. ix verso）

Maius maioribus honorem exhibens, floribus ridet, fructum promittentibus

蔓藤架最初仅为园林中的纯功能性设置，但之后却日益变得繁复精巧，这意味着，凡是出现蔓藤架的15世纪晚期和16世纪的图像作品，图中描绘的均为理想化的园林图景。[41]《寻爱绮梦》（1499年版）中收录了早期展现隧道状蔓藤架的四幅木刻插图（见图45，细节图1—4），这里的蔓藤架呈现了雅致的新古典形态。

在16世纪和17世纪制作的挂毯中，蔓藤架也成为广受欢迎的图案纹样，这主要归因于其与黄金时代图像之间的关系（详见第八章）。但与古典时期的渊源却不是蔓藤架在文艺复兴时期艺术中再现风采的唯一原因。在一幅描绘十二月令中5月景象的16世纪晚期的挂毯（见图46）中，隧道状蔓藤架作为建筑景观的组成部分被呈现出来。但这里的图像符号来源非常特别，蔓藤架的原型来自《时祷书》（见图27）中描绘4月和5月农业劳作或宫廷宴饮的场景图。在这幅挂毯作品中，罗马神话中为众神传递信息的使者墨丘利（Mercury），手持一根开满花的橄榄树枝，正朝一群端坐在椰枣树下的长者走去。画面右方，一座高大宽敞的蔓藤架几乎占据了花园的全部空间，藤架之下，一群人正在赏乐跳舞，而画面前景处一对情侣则一边情意绵绵一边观看对面起舞的人群。艺术品边框上方的铭牌内通常展示赞助人的纹章，但这幅作品中的铭牌却是空白的，因此这幅挂毯到底由谁委托制作，我们并不知晓。此前曾有人将其与被称为史特拉丹奴斯（Stradanus）的佛兰德斯画家扬·范·戴·史特拉特（Jan van der Straet，1523—1605年）联系在一起。史特拉丹奴斯曾于1546年在佛罗伦萨成立的美第奇挂毯制作工坊（Arazzeria Medicea）为科西莫·德·美第奇（Cosimo de'Medici）担任过挂毯设计师。但近年的研究表明，这幅作品很有可能是在法王查理九世（Charles IX，1560—1574年在位）时期由法国繁荣兴旺的挂毯工坊制作而成。[42]此外，隧道状蔓藤架还频繁出现在枫丹白露画派（Fontainebleau school）于1540年前后制作的版画作品中，而法国画家尼古拉·普桑（Nicolas Poussin，1594—1665年）正是基于这些版画作品才在近一个世纪之后创作了著名的《弗洛拉（花神）的王国》（*Realm of Flora*，见图47）。

对页图：图46《十二月令图之5月 —— 挂毯纹样设计草图》（*Sketch for Tapestries of the Twelve Months: May*），由俗称史特拉丹奴斯的佛兰德斯画家扬·范·戴·史特拉特创作于约1568—1578年。
钢笔画，涂有灰色水彩和不透明色
39.7厘米×40.7厘米
英国皇家收藏，编号：906854

右图：图47《弗洛拉（花神）的王国》，由法国画家尼古拉·普桑创作于约1627年。
红粉笔、钢笔和水彩，21.3厘米×29.3厘米
英国皇家收藏，编号：911983

绳结状绿篱

16世纪初，绳结状绿篱开始出现在英格兰的花园中。它们第一次出现可能是在里士满宫，因为1501年的一段记录曾提到："在国王的窗户之下……（有几处）令人赏心悦目的花园，（里边装饰着）由草本植物修剪而成的绳结状绿篱。"[43]绳结状绿篱的概念被引入园林后，园丁们开始在花园里铺设几何布局的苗床，并在其中栽种薰衣草、百里香等常绿植物，而后将其修剪成低矮的树篱。有时候两行常绿植物之间的空间会栽种花卉植物，有时候此类空间会被铺上呈对比色的细沙、地砖等材料，从而使整体设计方案增色不少。[44]花园绿篱的布局最初非常简单，基本由长条形的苗床根据几何图案排列而成，但后来迅速演变为更为繁复优美的图案，例如几何形状的苗床从彼此的下方或上方穿过，从而形成如刺绣中出现的交叉线条或"绳结"。欧洲最早也是唯一的绳结绿篱花园出现在科隆纳的《寻爱绮梦》（1499年版）中，该书中曾附录了几个交叉绳结绿篱的设计方案（见图48）。[45]然而，这些奇幻的设计并非基于意大利的任何实体园林。事实上，早在16世纪晚期绳结状绿篱设计方案在出版物中大量出现以前，这一园林特色就已经在英格兰发展起来了。16世纪20年代后期，沃尔西主教位于汉普顿宫的花园里已经出现了绳结状绿篱，而且"（它们）相互交叉缠绕，有一种难以言说的复杂美感"。[46]

托马斯·希尔在1568年出版的《大有裨益的园林艺术》中曾收录了一批绳结状绿篱设计图，这在英国出版物中尚属首次。此后，希尔在他1577年出版的《园丁的迷宫》中再次添加了绳结状绿篱设计方案。此外，还有其他一些艺术家和作家为补充绳结状绿篱设计库做出了贡献。截至英国作家杰维斯·马克姆在1613年出版的《英国农夫》（*The English Husbandman*）一书中对绳结状绿篱进行详尽分析之时，英国的读者们已经获得一系列可供参考的绳结设计，其中包括"简单方形结"（the Plaine Square）、"直角三角形或圆形结"（Square Triangular or Circular）、"四分之一单结模板"（the Modell of the Quarter Single Knot）、"钻石结"（Diamond Knot）、"四分之一双结"（the Quarter Double Knot）、"直线结"（Knot of Straight Lines）、"简单混合结"（the Plaine Mixed Knot）、"直结和圆结"（Knot Direct and Circular）、"带有圆角和方角的单钻石结"（Single Diamond Knot with rounds and squares）以及"双钻石结"（Double Diamond Knot，见图49）。这些雅致的设计并不仅仅局限于户外装饰之用，它们还可以用于刺绣、镶嵌工艺以及天花板装潢（见图50）。

在都铎王朝统治时期的英格兰，绳结状绿篱第一次出现在了英国微型肖像画家艾萨克·奥利弗（Isaac Oliver，约1565—1617年）于1590年至1595年创作的《树下端坐的年轻人》（*A Young Man Seated Under a Tree*，见图51）[47]一图的背景之中，而此时这种花园装饰风格也达到了流行巅峰。这幅画为小牛皮水彩微型肖像，高度仅为12.4厘米，是艾萨克·奥利弗相对早期的优秀作品。这位著名的微型肖像画家出生于法国，后来在英国詹姆斯一世（1566—1625年）的宫廷中延续了事业的成功，曾担任詹姆斯一世的配偶——丹麦的安妮王后（Queen Anne of Denmark，1574—1619年）

右图：图48《寻爱绮梦》1499年版插图，该书作者被认为是意大利天主教多明我会修道士弗朗切斯科·科隆纳。
木刻版画，29.9厘米×21.0厘米
英国皇家收藏，编号：1057947（细节图5：绳结状绿篱设计图，fol. u. iiii recto）

最右图：图49《英国农夫》1635年版插图，该书作者为英国作家杰维斯·马克姆。
木刻版画，19.0厘米×14.4厘米
英国皇家收藏，编号：1057476（细节图："双钻石结"，pp. 218）

图50：《带有查理一世的内景图》（*An interior with Charles I*），
由英国画派画家创作于约1635年。
布面油画，110.5厘米×147.7厘米
英国皇家收藏，编号：405296

对页图及本页细节图：图51《树下端坐的年轻人》，由英国微型肖像画家艾萨克·奥利弗创作于约1590—1595年。
牛皮纸板水彩，12.4厘米×8.9厘米
英国皇家收藏，编号：420639

的御用肖像画家，以及威尔士亲王亨利·弗雷德里克的专用画家。在艾萨克·奥利弗及其亦师亦友的英国微型肖像画家尼古拉斯·希利厄德（Nicholas Hilliard，1547—1610年）的作品中，鲜有相对大幅的长方形微型肖像流传至今。在为数不多的此类存世作品中，只有一幅出现了规整的园林背景。[48]这些作品的主题无一例外都是都铎王朝上流阶层的人物坐像，但这幅作品中主人公的身份至今不明。这幅微型肖像第一次出现在历史记载中是在大约1725年，由艺术鉴赏家和委托人乔治·弗图（George Vertue，1684—1756年）记录在案。

画中的年轻人身着黑色和金色丝线织成的紧身上衣，脚着长筒皮靴以及蕾丝边的长筒袜。但相对于他的穿着，画中的花园背景才是解读其身份的关键。弗图认为，画中展示的是威尔特郡（Wiltshire）著名的威尔顿庄园（Wilton House）中的园林场景，而其中端坐的就是军人诗人菲利普·西德尼爵士（Sir Philip Sidney，1554—1586年），此时的他正在构思献给妹妹——威尔顿庄园女主人彭布鲁克伯爵夫人（Countess of Pembroke）——的长诗《阿卡迪亚》（*Arcadia*）。但事实证明，弗图这一套基于园林背景识别主人公身份的理论只是他的臆想，因为画中装饰有绳结状绿篱的花园、蔓藤架长廊以及带有圆顶塔楼的古典风格建筑，在现实中都找不到依据。事实上，这些都是奥利弗直接从当时最具影响力的园林设计图书——汉斯·弗雷德曼·德·弗里斯于1568年在安特卫普出版的《艺术中的透视：选材多样的第一书》（*Artis Perspectivae...multigenis Fontibus...Liber Primus*）——中直接引用的。奥利弗很有可能是从老马库斯·吉拉特（Marcus Gheeraerts the Elder，生于约1520/1521年，卒于1586年或之后）处借阅的这本书（见图52）。老马库斯·吉拉特曾是奥利弗的邻居和朋友，后来成为他的岳父。

画中忧郁青年所处的树荫下开满了野花，此景与英国著名诗人埃德蒙·斯宾塞（Edmund Spenser，？1552—1599年）在1590年（与这幅微型肖像的创作时间大致相同）创作的史诗作品《仙后》（*The Faerie Queene*）中所描绘的“阿多尼斯的花园”（Garden of Adonis）高度契合：

右图：图52《艺术中的透视：选材多样的第一书》插图，该书作者为园林设计师汉斯·弗雷德曼·德·弗里斯。
蚀刻版画，17.4厘米×25.1厘米
现存于伦敦维多利亚与阿尔伯特博物馆，编号：17376

Emblemata. 873

Buxus.

EMBLEMA CCVIII.

PERPETVO viridis, crispóq; cacumine Buxus;
Vnde est disparibus fistula facta modis.
Delicijs apta est teneris, & amantibus arbor:
Pallor inest illi, palles & omnis amans.

COMMENTARII.

I. *Buxi descriptio.* BVXVS paruæ arboris similitudine assurgit, caudice subinde humani cruris, rarò femoris crassitudine: ramosa est, & ad topiaria opera accommodatissima: folia verò habet ferè myrti magnitudine, duriora tamen & crassiora, rotundis longiora, læuia & resplendentia. Materies ligni durissima & densissima quidem, sed ad quæuis opera tractabilis, colore luteo pallescens; cariem ac teredinem non sentit. Et quia ex hoc ligno multiforatiles tibiæ & pyxides fiunt, huc eadem appingi placuit D. Pignorio.

II. *Ex buxo tibiæ fiũt.* BVXVS in folijs perenni est virore, in ligno autem exangui pallore, quo tamẽ harmonicæ tibiæ excauantur, ad amatoria carmina suauiter personanda; & alia multa ludicra pueris apta, & puellis amatis gratissima. Sic & amatores viuaci amoris calore, iuuenili vigore virent, biliosis affectibus suffusi pallescunt: voce autem & sermone sunt blando & suauiloquente De hac

最左图：图53《寻爱绮梦》1499年版插图，该书作者被认为是意大利天主教多明我会修道士弗朗切斯科·科隆纳。
木刻版画，印刷纸本，29.9厘米×21.0厘米
英国皇家收藏，编号：1057947（细节图5：绿雕设计图，fol. t. iiii verso）

左图：图54《寓言图像集》1621年版插图，该书作者为意大利作家安德烈亚·阿尔恰托。
木刻版画，纸本印刷，22.8厘米×17.0厘米
英国皇家收藏，编号：1052280（'Buxus, EMBLEMA CCVIII', p. 873）

在那一片浓密的树荫下，
有一座漂亮的蔓藤架，
它并非人工搭建，
而是由倾斜的树枝天然形成，
其上长满了各色鲜花，
都是由往日的哀伤情侣幻化而来。[49]

正如斯宾塞的诗作所传达的，通过将虚构的规整园林与年轻人身处的充满天然美的树荫并置，这幅微型肖像表达出了艺术与自然之间不同诉求所形成的张力。但这并不是画家将绳结状绿篱花园融入画作的唯一考量。身处规整花园外部一棵高大绿树的树荫下，青年呈现出了经典的忧郁姿势。[50]在身侧和脚下点缀着的勿忘我（*Myosotis sylvatica*）和三色堇（*Viola tricolor*）的陪伴下，他陷入了沉思。他身后背景处的花园也并非空无一人，一对情侣正从敞开的大门进入园中，他们挽手并肩漫步在绳结状绿篱之间（见图51）。画中身份不明的青年正大胆地注视着欣赏这幅画作的观众，似乎在邀请他们进入这片"快乐的小天地"。

绿雕

1世纪，古罗马作家小普林尼建于托斯卡纳的庄园花园里，就设置了精美的绿雕："黄杨木树篱被修剪成各式造型……例如面面相对的动物绿雕……步行道两旁的灌木也被修剪成不同的形状。"小普林尼花园的草地上种植着"被修剪成无数造型的黄杨木，其中有些被修剪为字母状，并拼写出园丁或花园主人的名字"。[51]

古典时期人们对绿雕的热爱在文艺复兴时期的意大利得到了复兴，其中

对页图：图55《露台上的人们》，由荷兰巴洛克风格画家小亨德里克·范·史汀威克创作于约1615年。
铜板油画，直径11.9厘米
英国皇家收藏，编号：404718

上图：图56《艺术中的透视：选材多样的第一书》1604年版插图，作者汉斯·弗雷德曼·德·弗里斯。
手稿
18.4厘米×28.3厘米（插图尺寸）
现存于伦敦大英图书馆，编号：37. L 35/12

部分归因于科隆纳《寻爱绮梦》的流行以及其中收录的精美绿雕插图（见图53）。对这一时期钟爱绿雕的园丁来说，他们可以从多种途径获得灵感。例如意大利作家安德烈·阿尔恰托（Andreas Alciati，1492—1550年）的《寓言图像集》（*Emblemata*）等收录寓言类插画的图册，其中也会包含一些植物修剪的图样（见图54）。阿尔恰托书中所描绘的三层黄杨木绿雕被称为“高台”（*estrade*），这种绿雕形式出现于中世纪时期，后来被更为繁复的造型取代。

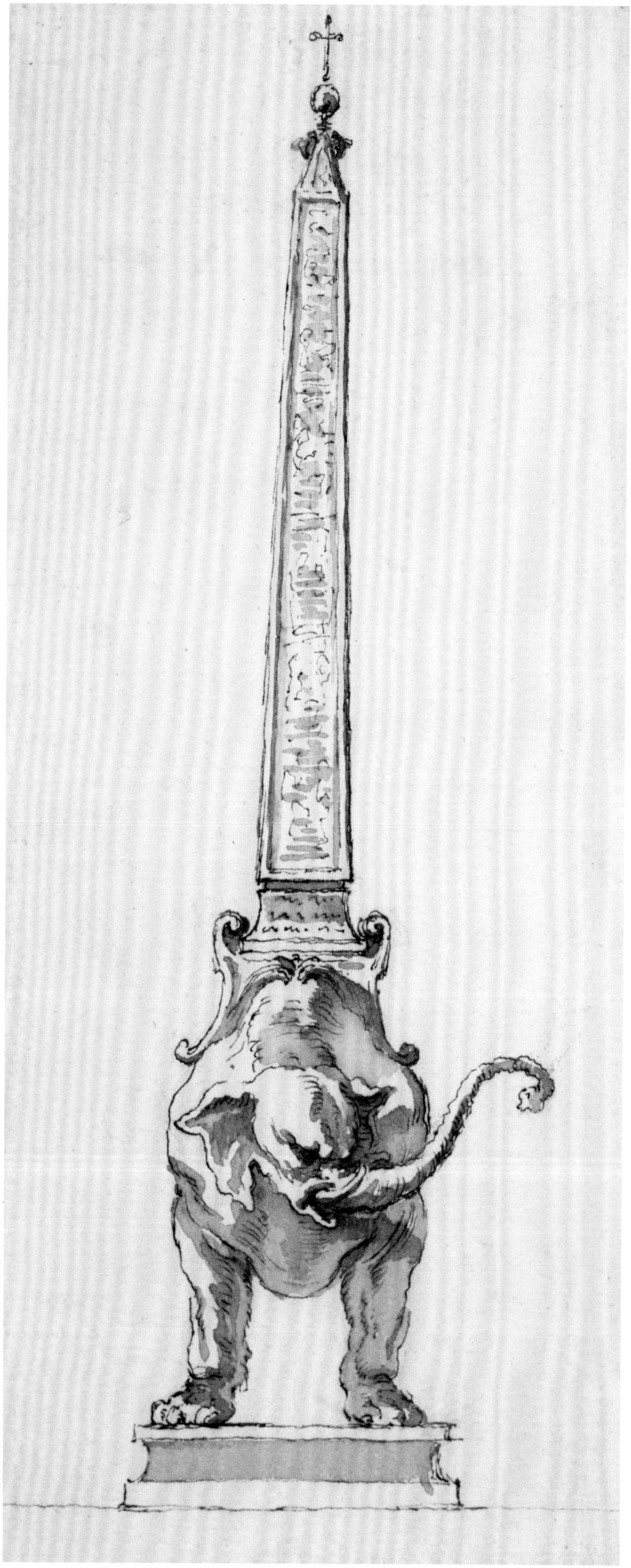

最左图：图57《象驮方尖碑纪念碑设计稿》（*Design for a monument of an elephant with an obelisk*），由意大利建筑家、雕塑家乔凡尼·洛伦佐·贝尼尼创作于约1632年。
黑粉笔、钢笔和水彩，27.3厘米×11.6厘米
英国皇家收藏，编号：905628

左图：图58《寻爱绮梦》1499年版插图，该书作者被认为是意大利天主教多明我会修道士弗朗切斯科·科隆纳。
木刻版画，29.9厘米×21.0厘米
英国皇家收藏，编号：1057947 fol. b. vii verso（细节图）

到了16世纪中期，意大利、法国和英国花园里出现的绿雕在范围和种类上已经远远超出了出版物中收录的设计造型。佛罗伦萨夸拉奇花园的绿雕曾经采用过以下造型："圆球、门廊、庙宇、花瓶、瓮、猿猴、驴、牛、熊、巨人、男人、女人、士兵、哈耳庇厄（希腊神话中的鹰身女妖）、哲学家、教皇和主教。"[52]1510年，法国盖隆曾出现过修剪为船、马、鸟及其他动物造型的黄杨木和迷迭香绿雕。[53]英国园艺界的绿雕热开始于16世纪40年代。安东尼·沃特森牧师曾在1582年如此描述萨里郡无双宫皇家花园里的景象："（栩栩如生的）鹿、马、兔子和狗，似乎毫不费力地越过青翠的草地，肆意奔跑。"[54]单个绿雕后来被与建筑中的浮雕装饰带类似的绿雕群所取代。英国作家威廉·罗森（William Lawson）在《崭新的花果园》（*A New Orchard and Garden*，1618年）中曾建议："你的园丁可以将重量较轻的灌木打造成为马上即可参加决斗的戎装战士，或是正在奋力奔跑的灵缇犬；抑或将香草灌木修剪成灵动的猎犬，不断地追鹿逐兔。这种狩猎既不会浪费你的粮食，也不会浪费你的精力。"[55]

方尖碑

方尖碑这种建筑形式起源于古埃及，但古罗马时期的意大利也建造了数量众多的方尖碑。16世纪，在意大利进行的一些考古挖掘工作使得这些方尖碑中的一部分得以重见天日。欧洲文艺复兴时期，方尖碑作为古罗马图像元素的一部分，回归园林设计。在画作《露台上的人们》(*Figures on a Terrace*，见图55）中，荷兰巴洛克风格画家小亨德里克·范·史汀威克（Hendrick van Steenwyck the Younger，约1580—1649年）描绘了一片设计规整的园林露台，并在其上设置了三座大理石方尖碑。画面的前景处，几位王公贵族正在欣赏一位鲁特琴手弹奏的美妙乐曲，其他人则在镀金的喷泉周围以及藤架形成的长廊下悠闲踱步。这幅创作于黄铜之上的圆形微型油画作品营造了一种如梦境般空灵的质感，而画面上涂抹的一层清漆则使整个景象产生了一种似由蜘蛛网丝织就的效果，或许画家意在暗示，画中人们所享受的世俗快乐是转瞬即逝的。[56]

然而，在当时欧洲最为夸张的实体园林中，却能找到与这幅画相似的奇幻特质。英国莱斯特伯爵（Earl of Leicester）罗伯特·达德利（Robert Dudley，1532—1588年）在1563年至1575年建造的凯尼尔沃思城堡（Kenilworth Castle）中，就设置了一座充满古典隐喻的超大型意式园林。丝绸商人罗伯特·莱恩哈姆（Robert Laneham，约1535—1579/1580年）曾在1575年对这座园林进行了描绘，其中记录了英国建造的首个露台（一处漂亮的露台，约3米高、3.6米宽），并提到这片露台"形制规整，上设石质方尖碑、圆球和白熊，均坐落于形式各样的基座之上，并带有漂亮的木质装饰"。[57]这里的白熊意指莱斯特家族纹章中的"熊与粗粝木桩"（the bear and ragged staff），而将古典风格的方尖碑与纹章兽并置，则展现了具有英式特色的文艺复兴与中世纪的混搭风格。据莱恩哈姆记载，花园里还有另外四座顶部装饰有圆球的方尖碑，"由硬质斑岩铸造而成，工艺极为精巧"，其中的砂岩质圆球在20世纪的考古挖掘中被发现。[58]尽管小亨德里克·范·史汀威克画中的园林与当时欧洲大陆现实存在的实体乐园存在相似之处，但他的园林理念（寻求奇幻效果），还是通过汉斯·弗雷德曼·德·弗里斯的奇幻建筑元素和园林设计方案渗透进了英格兰。弗里斯曾是小亨德里克的父亲老亨德里克·范·史汀威克（Hendrick van Steenwyck the Elder，约1550—1603年）的老师，所以他极有可能在1617年来到伦敦之前在安特卫普欣赏过史汀威克父子的作品。弗里斯在他的《艺术中的透视：选材多样的第一书》(1604年，见图56）一书中就收录了与小史汀威克画中类似的、带有方尖碑的露台插图。

文艺复兴时期的欧洲园林中，以凯尼尔沃思城堡中的方尖碑和白熊为代表的古典形式与野生动物塑像的结合其实并不罕见。意大利建筑家、雕塑家乔凡尼·洛伦佐·贝尼尼（Giovanni Lorenzo Bernini，1598—1680年）在大约1632年为一座园林提供的纪念碑设计方案中，就设计了一座大象基座，背驮埃及风格的方尖碑（见图57）。这份方案最初是为教皇乌尔班八世（Pope Urban VIII，1568年受洗，1644年逝世）下令建造的罗马巴贝里尼宫（Palazzo Barberini）而设计，但该方案最终却是在多年以后的1665年于罗马弥涅耳瓦广场（Piazza Minerva）得以落实。贝尼尼的设计灵感来自科隆纳的《寻爱绮梦》，书中的一幅插图（见图58）曾展现了大象与方尖碑的奇妙组合。古罗马时期的文学巨擘老普林尼（23—79年）曾记录了罗马协和神殿（Temple of Concord）中由黑曜石制成的奥古斯都大象，这也是大象与方尖碑奇幻组合最初的灵感来源。[59]此外，还有一些文艺复兴时期的园林以大型动物石像为特色，这些动物塑像有些来自神话传说，有些凶猛无比。例如意大利博马尔佐园（Bomarzo，俗称怪物公园）就在园内被称为"圣林"（Sacro Bosco）的树林入口处设置了巨型的非洲战象、狮子、熊和龙的石质雕像。[60]园林里出现的动物形象，不管是绿雕还是石雕，都是为了强调大自然野性的一面，同时也试图拉近这些世俗园林与伊甸园的距离。

"世间最美的园林"[61]

即使在规模最大、景象最为壮观的文艺复兴时期的园林中，上述这些园林要素也并非一应俱全。但这些元素在艺术作品中的不断出现，说明它们见证了文艺复兴时期采用或复兴的园林装饰元素范围之广，也表明造园者技能的日益精进，以及园林视觉效果的日益繁复精巧。而多元素一旦组合在一起，就能够创造出文艺复兴时期园林的图像学框架。[62]

但这些图像学范式也只有在文学、考古或视觉证据的参照下才能被充分理解或"解读"。无论如何，文艺复兴时期的园林艺术已经反复向我们展示了16世纪和17世纪早期造园者们的高超技艺、雄心壮志以及无穷的创造力，同时也使我们了解，自然与人工如何以一种前所未有的方式结合在一起，古典时期和当时的文学作品中所描绘的奇幻园林世界又如何幻化成为令人叹为观止的现实。

第四章

植物园

4

The BOTANIC GARDEN

当天使的号角将世人从睡梦中叫醒，
一场大火将从地面升腾起来，
彻底改变整个世界，
也将把人们现有的园林改造成为天堂乐园。

——英国博物学家、收藏家和旅行家老约翰·特拉德斯坎特
（John Tradescant the Elder，约1570—1638年）
及儿子小约翰·特拉德斯坎特
（John Tradescant the Younger，1608—1662年）墓志铭，
二人的墓地位于伦敦兰贝斯区（Lambeth）的
圣玛丽教堂（St Mary's Church）

16世纪和17世纪早期，新植物品种爆炸式地涌入西欧。在这一时期，欧洲培育的植物物种达到此前两千年所栽种品种总和的二十倍之多，因此欧洲的园林文化得到了极大丰富，这不仅彻底改变了欧洲园林的面貌，而且变革了艺术家们看待和描绘植物的方式。[1]这些新植物物种部分来自非洲以及航海发现的新大陆（New World），另外一些则是在16世纪中期奥斯曼帝国（Ottoman Empire）与神圣罗马帝国实现和平之后，从巴尔干半岛、土耳其和东亚经由维也纳传入欧洲大陆。当时的学者和收藏家们对培育这些外来物种产生了浓厚兴趣，于是促成了植物园的建立、植物学的发展以及植物插画的产生。随着植物插画的大量出现，一个新的图书门类，即花卉图册，也开始流行起来。当时沉醉于研究、采集和培育植物品种的学者主要集中在荷兰共和国。于是，随着花卉经济的日益繁荣，荷兰画派的画家发展出了一种新的绘画体裁——花卉静物写生。

世界上第一批植物园

在整个中世纪时期，人们对植物的研究与种植主要局限于修道院花园里栽种的药用植物。然而，新物种的到来使当时的人们对植物衍生出了另一种兴趣，这种兴趣当然首先受到这些新物种所具备的药用等潜在价值的激发，但同时也来自人们对这些新物种以及它们美丽外表的痴迷。随后，这种对植物的浓厚兴趣发展成为采集、分类和研究任何新出现物种的驱动力。此时欧洲的大学里开始出现植物学教职人员，正是在他们的支持下，世界上最早专门用于培育和观察植物的植物园开始在以下意大利北部城市陆续出现：比萨（Pisa，1543年）、帕多瓦（Padua，1545年）、佛罗伦萨（1550年）以及罗马（约1566年）。此后，欧洲其他国家也相继建立植物园：荷兰莱顿（Leiden，1587年）、英国牛津（Oxford，1621年）和法国巴黎（皇家植物园，1635年，见图60）。

帕多瓦植物园（The Botanical Garden at Padua）整体为圆形布局，其中分为四个扇形区域，分别代表当时已知的四个大陆（欧洲、亚洲、非洲和美洲），内部分别种植来自相应大陆的植物样本。[2]但是，“植物园”［“botanical garden”这一术语在1600年前后被广泛接受，在此之前的此类花园都被称为“草药园”（gardens of simples），simple意为草药］的典型布局由多个长条形的苗床构成，这种结构更方便人们播种和培育植物。这种操作事实上起源于农业种植中垄沟相间（ridge and furrow）的耕地模式，后来被首先应用于修道院内的花园，再后来则被植物园沿袭下来。[3]这种植

上图：图59根据霍罗思版画复制的特拉德斯坎特父子位于伦敦兰贝斯区圣玛丽教堂的墓碑及肖像，由英国出版商内森尼尔·史密斯（Nathaniel Smith）出版于1793年。
蚀刻和点刻版画，21.9厘米×16.7厘米（版画尺寸）
英国皇家收藏，编号：662837

对页图：图60《在巴黎近郊的圣维克多修道院俯瞰皇家植物园》（*View of the Botanic Garden in the Fauxbourg St Victor*），由法国画家亚当·贝哈尔（Adam Perelle，1640—1695年）创作于约1660—1695年。
蚀刻版画，18.6厘米×27.9厘米（版画尺寸），18.3厘米×27.6厘米（刻板尺寸）
英国皇家收藏，编号：703639

第78页图：《无名郁金香、普通远志和双瓣白花毛茛》（*Unnamed tulip with common milkwort and white buttercup,double cultivar*）细节图，由亚历山大·马歇尔创作于约1650—1682年。
英国皇家收藏，编号：924303（细节图）

物园布局在一幅重要的早期钢笔水彩作品中被记录下来。

这幅画描绘的是一处米兰或伦巴第风格的乡村别墅中被围墙圈起的花园（见图61）。该作品归列奥纳多·达·芬奇的得意门生、助手及继承人弗朗西斯科·梅尔齐（Francesco Melzi，1493—1570年）所有，在17世纪晚期被英国皇家收藏。在这幅画的正中央，可以看到梅尔齐收藏时的库存编号——193。

这幅画的创作时间肯定早于1570年，或许在1550年前后。因此，对此时更注重装饰效果的意大利园林来说，这幅作品中的园林布局开始显得有些过时。在这一时期，更受欢迎的园林布局为“棋盘式”块状分隔，即在一块大的长方形区域内，几何形状的苗床以一种复杂但又富有平衡感的方式组成令人赏心悦目的各式图案。作品描绘的这座围园的正中央设置了一处喷泉，尽管该作品只展现了这座围园的四分之一，但其中长条形的苗床暗示这其实是一座“草药园”。[4]这幅画的原型可能是16世纪中期意大利的某座草药园，也或许是一座风格多样的别墅花园中的草药培植区域。16世纪的意大利讽刺作家安东·弗兰西斯科·多尼（Anton Francesco Doni，1513—1574年）曾在他关于别墅建造的专著中强调，即使最高规格的别墅花园，也应该单独辟出两块区域，一块用于栽种粮食作物，另一块则用于培育草药。[5]这幅作

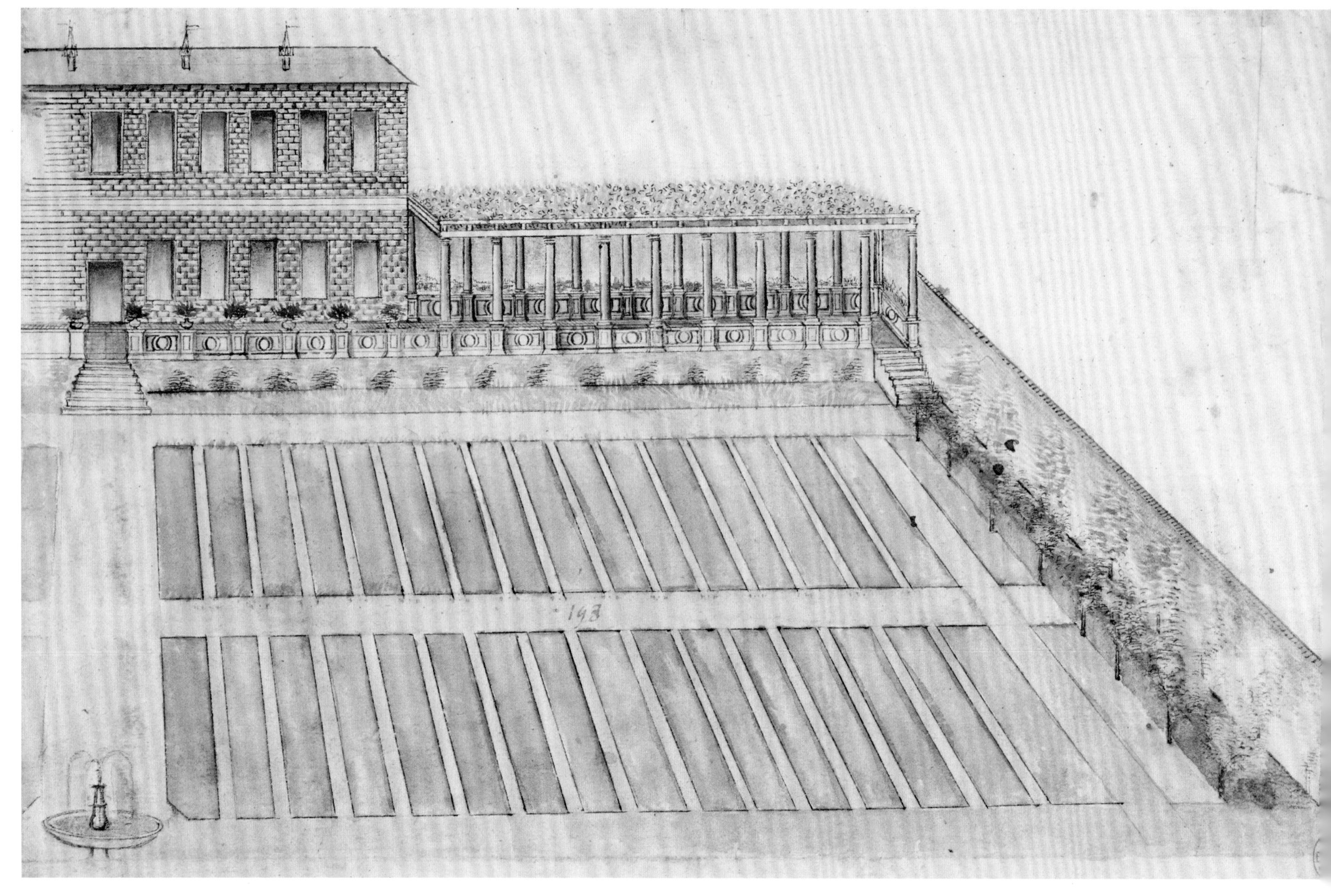

上图：图61《带有柱廊的乡村别墅建筑立面以及被围墙圈起的花园》（*The façade of a villa with a rusticated colonnade and a walled garden*），作者身份不详，创作时间约为1550年。
红粉笔、水彩，17.4厘米×27.0厘米
英国皇家收藏，编号：912689

品所描绘的园林中，一排果树倚墙而种，另一排果树则沿着步行道搭建柱廊的一侧种植。由于画集在创作时采用了从高处俯瞰的视角，观众在欣赏作品时能够对园中景象一览无余。

此外，画中柱廊廊顶铺满了草皮或者栽种了矮生草本植物，这种并不常见的廊顶设计成为该作品的一大亮点。此类绿色廊顶的出现显然早于16世纪晚期北欧版画作品中所描绘的、被绿植覆盖的蔓藤架（见图51和图52）。另外也有一些证据表明，在这幅作品创作之时，意大利此类带有绿植屋顶的花园即使没有被落实建造，也一定已经被设计出来了。[6]

这幅描绘“草药园”的绘画作品，既非建筑师的设计图，也非艺术家的奇思妙想，但却可以说这是在意大利文艺复兴时期，第一次有艺术家尝试对实体园林进行准确描摹。[7]作品中所采用的鸟瞰角度直至17世纪末都一直是意大利园林绘画中所采用的标准模式。这种模式在佛兰德斯画家基欧斯

图·乌滕斯（Giusto Utens，1558—1609年）描绘美第奇家族弦月形别墅庄园的一系列绘画作品中被运用得淋漓尽致。[8]

植物艺术的诞生

在植物园出现以后，园中培育的植物品种不断增多。为了辨别这些数量激增的植物品种，对其进行准确描摹的植物画像便应运而生。然而，识别植物只是当时人们倾向于采用更为科学的模式处理植物图像的众多原因之一。无论如何，在当时的植物画像中，精准、确切和真实成为指导标准，于是植物写生成为实现这一标准的基本途径。

在整个中世纪时期，手抄本中的植物图像成为人们获取植物知识的主要来源。但为手抄本创作插图的画师们后来却不再仔细研究大自然中的真实植物，其结果是，几个世纪下来，手抄本中的泥金装饰插画变得日益单调重复，毫无新意。到了14世纪晚期和15世纪早期，在佛兰德斯画家扬·凡·艾克（Jan van Eyck，活跃于1422—1441年）和雨果·凡·德·古斯（Hugo van der Goes，卒于1482年）的绘画作品以及出自佛兰德斯、法国的手抄本插图中，植物形态的刻画逐渐被一种新近萌芽的自然主义所掌控。[9]而在阿尔布雷特·丢勒创作于16世纪前十年的一系列充满细节描绘的植物水彩画中，这种自然主义喷涌而出，一发而不可收。丢勒的这些作品中，其中一些是为油画创作所画的草图，另外一些则是画家纯粹出于个人兴趣而记录植物自然习性的小品画。[10]在同一时期，列奥纳多·达·芬奇则在佛罗伦萨创作了一组植物手绘草图，这些作品被视为“有史以来第一批真正的现代植物绘画”。[11]

英国皇家收藏中现存的十三幅达·芬奇植物绘画作品展示了这位大师对认知植物结构和生长的意愿，而这仅仅是达·芬奇的众多兴趣之一，他对支撑整个自然界运转的科学力量都抱有广泛的兴趣。乔尔乔·瓦萨里在他的《艺苑名人传》中曾如此描述达·芬奇的相关兴趣之广：“他兴趣众多，其中之一就是研究大自然；他醉心于研究植物的习性，观察天空的变化，例如月亮和太阳的运行轨道。”[12]达·芬奇一组创作于1482年的作品中包括了多幅花卉写生图，想必托斯卡纳阿尔诺河谷（Arno valley）生长的本土植物为年轻的达·芬奇研究以及用纸张记录植物提供了充足的素材。[13]事实上，达·芬奇一生中获得了多次研究园林植物的机会，其中包括很多来自异域的珍奇品种。在他职业生涯的早期，达·芬奇的佛罗伦萨赞助人洛伦佐·德·美第奇就曾邀请他到佛罗伦萨的美第奇家族花园中进行植物研究和绘画。[14]后来，他曾在位于米兰瓦普欧达（Vaprio d'Adda）的梅尔齐别墅（Villa Melzi）大花园中流连忘返数月之久。在1514年定居罗马之后，达·芬奇被认为曾进入梵蒂冈花园，进一步探寻和研究植物。

达·芬奇创作于约1510年的《薏苡》（*Coix lacryma-jobi*）钢笔画（见图62）描绘了这一新近从东亚引进的植物品种，而这一品种在1576年出现在被誉为“郁金香之父”的佛兰德斯植物学家卡罗卢斯·克卢修斯（Carolus Clusius，法文名Charles de L'Écluse，1526—1609年）出版的著作之前，在欧洲从未被正式记载。[15]达·芬奇的作品中描绘了这种植物的茎秆由于种子的重量，呈拱形下垂状。画家的兴趣在于找出支撑和改变植物形态背后的力量，而非仅仅考虑它的表象。激发达·芬奇对自然界进行探寻的不仅是植物的形态和结构，更是它的生长以及与自然条件的应对，而这也正是画家在他的植物绘画中所力图展现的内容。因此，每当达·芬奇在他的绘画作品中融入植物元素时，都力图确保这些植物在发挥图像装饰作用的同时，准确呈现它们的生长习性等属性特征。

英国皇家收藏中的部分达·芬奇植物绘画作品与他的名作《丽达与天鹅》（*Leda and the Swan*）有关。达·芬奇最早在1503年前后开始构思《丽达与天鹅》，却在多年以后才着手创作（但该作品于1700年前后被损毁）。而藏品中的另外一些作品，例如这幅《两种灯芯草植物（藨草和莎草）的种子穗》（*The seed-heads of two rushes*: *Scirpus lacustris* and *Cyperus* sp.，见图63），则未完成它“为日后创作做筹备工作”的使命。这幅作品类似达·芬奇绘制的解剖学插图，上附详细备注：

> 这是第4种灯芯草属植物的花，也是灯芯草中植株最高的品种，最高可生长至1.5米至2.0米，接近地面的茎秆与手指粗细相当。它的茎秆呈规整的圆柱形，颜色翠绿，花朵为浅黄褐色。此类灯芯草属植物生长于沼泽湿地，从种穗里开出的小花是黄色的。
>
> 这是第3种灯芯草属的花。这种植物的高度约为0.375米至0.5米，茎秆约为三分之一手指粗细。但是该植物茎秆切面为等边三角形，植株和花朵颜色与上一种植物相同。

达·芬奇附在绘画作品上的这些备注或许说明他有意撰写一本关于植物学的专著，而像这幅作品一样具有调研性质的植物手绘图则可作为插图收录在书中。但直至1519年去世，达·芬奇这部植物学专著的计划也未得到实施。[16]

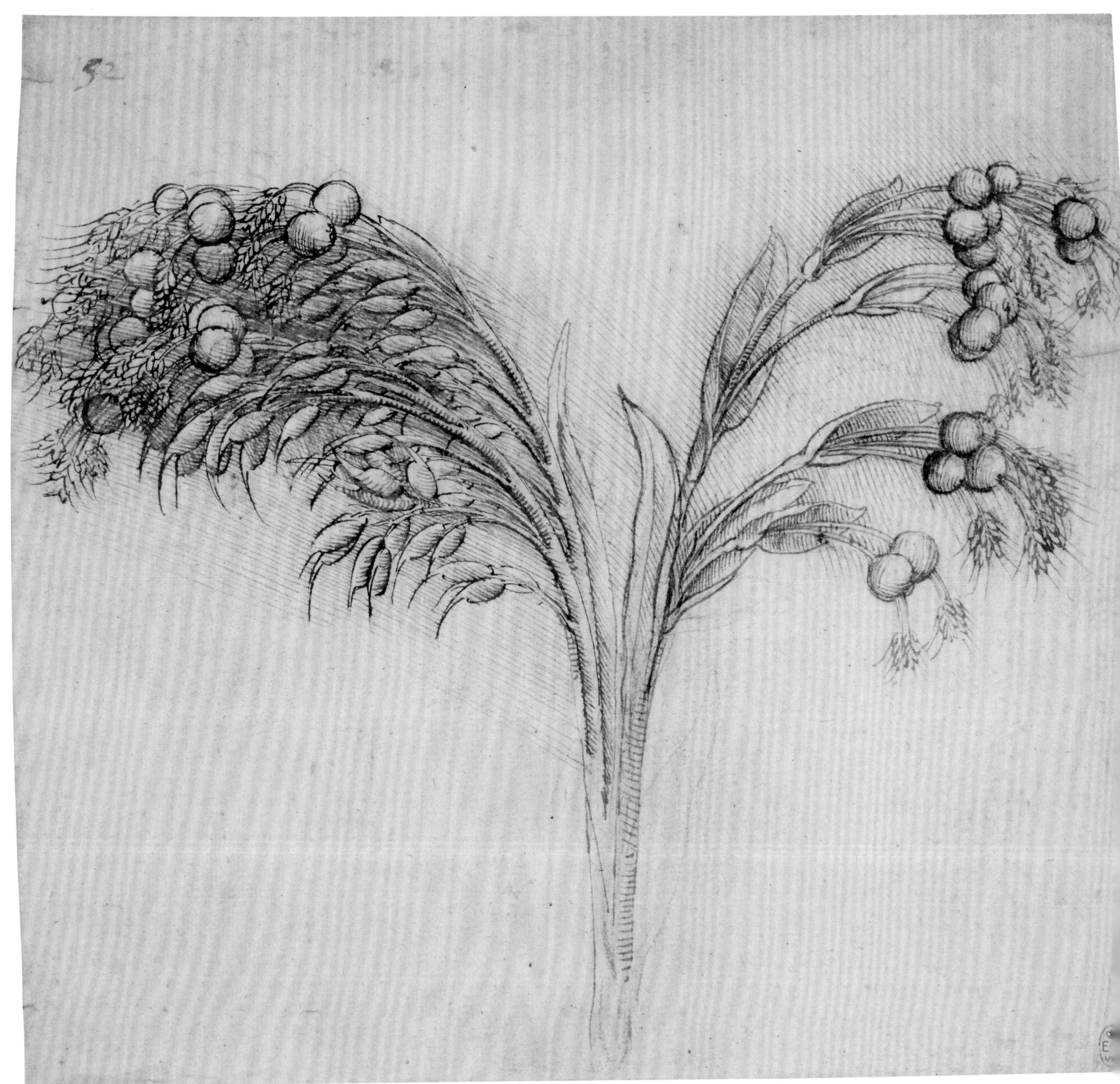

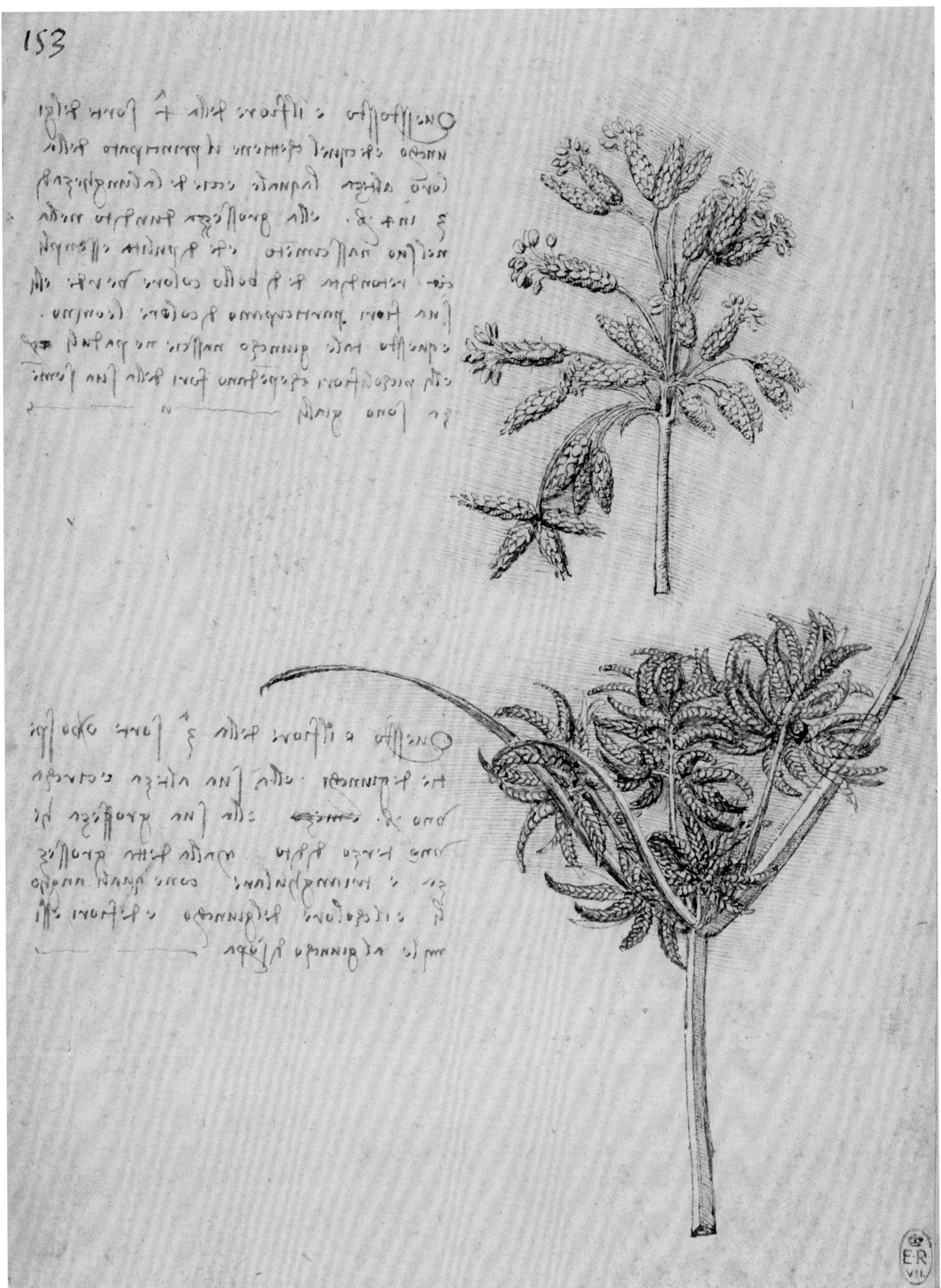

对页图：图62《薏苡》，由列奥纳多·达·芬奇绘制于约1510年。
黑粉笔、钢笔、水墨，21.2厘米×23.0厘米
英国皇家收藏，编号：912429

左图：图63《两种灯芯草植物（藨草和莎草）的种子穗》，由列奥纳多·达·芬奇绘制于约1510年。
钢笔、水墨，19.5厘米×14.5厘米
英国皇家收藏，编号：912427

上左图：图64《珍稀植物史》一书内页，该书由著名植物学家卡罗卢斯·克卢修斯出版于1601年。
标题页版画，36.1厘米×23.7厘米
英国皇家收藏，编号：1057452

上右图：图65《植物志》一书内页，由伦敦园艺家约翰·杰勒德出版于1636年。
标题页版画，35.2厘米×25.5厘米
英国皇家收藏，编号：1057467

植物木刻版画

中世纪时期，手抄本书籍是人们获取植物相关知识的主要来源，也为医师和药剂师提供植物药用价值等相关信息。这些手抄本的原版书籍大多可追溯至古典时期，主要包括亚里士多德（Aristotle）的弟子古希腊哲学家、科学家泰奥弗拉斯托斯（Theophrastus，约公元前372—约前287年）

的《植物志》(*Enquiry into Plants*)、古罗马时期希腊药理学家迪奥斯科里斯创作于60年前后的《药物志》,以及古罗马博物学家老普林尼的《博物志》(*Historia Naturalis*)等。1569年,一位大使曾在君士坦丁堡发现了6世纪的《维也纳博尼法克斯法典》(*Codex Vindobonensis*)以及一本《药物志》的手抄本,并将其送回了维也纳。

这些早期的书籍珍本中收录的插图已经展现出自然主义的风格。然而,在经历了几个世纪的反复描摹之后,这些泥金装饰手抄本中的植物插图质量急剧下降,最后几乎丧失了识别植物的参考价值。在文艺复兴早期,基于鲜活植物研究的精确绘图技术得到振兴,于是此前对植物形态的认知和描绘所陷入的停滞期终于宣告结束。[17]附有木刻插图的印刷图书更是极大地促进了精确绘图的复兴,这尤其要归功于来自安特卫普的早期图书出版人和植物学书籍制作人克里斯托弗·普朗坦(Christopher Plantin,约1520—1589年)。普朗坦曾经建立了一个拥有大量精确植物绘图的素材库,其中多数作品出自佛兰德斯画家彼得·范·德·博特(Peeter van der Borcht,1545—1608年)之手。这些素材后来在普朗坦制作的植物学图书中被多次使用。[18]

普朗坦签约的植物学图书作者包括当时欧洲最有影响力的植物学家卡罗卢斯·克卢修斯。克卢修斯既是一位学者,也是一位骨灰级的旅行家。在为德国奥格斯堡的富格家族(the Fuggers of Augsburg)和神圣罗马帝国皇帝马克西米利安二世(Emperor Maximilian II,1527—1576年)等欧洲顶级赞助人服务期间,克卢修斯建立了广泛的人脉。1593年,他开始担任新近建立的莱顿植物园园长,并最终在莱顿定居。克卢修斯曾将多部旅行和自然历史图书翻译成拉丁文,并亲自撰写了三本图书:第一本记录了他在西班牙和葡萄牙旅行期间发现的植物(1576年);第二本展示了他对奥地利和匈牙利植物群进行的调研(1583年);第三本就是《珍稀植物史》(*Rariorum Plantarum Historia*,1601年,见图64)。在《珍稀植物史》的标题页上,克卢修斯向两位植物学的奠基人泰奥弗拉斯托斯和迪奥斯科里斯、第一位园丁亚当以及象征智慧和科学的所罗门分别致敬。书中收录了一些珍稀的植物新物种。克卢修斯在欧洲游历的过程中,通过与其他植物收藏家进行大量的通信交流,比其他任何人都要不遗余力地在全欧洲普及有关这些植物的知识。最重要的是,正是在克卢修斯的主导下,花贝母、风信子、毛茛和郁金香的球根被从亚洲引入欧洲,从而彻底改变了低地国家、英国、法国以及神圣罗马帝国的园林面貌,为这些国家的花园增添了一抹此前从未出现过的亮丽色彩。

克卢修斯曾在1571年至1581年三次到访英国,并且与伦敦的园艺界人士建立了良好的关系。其中,约翰·杰勒德就是克卢修斯熟识的伦敦园艺家之一。杰勒德身兼数职,不仅是理发师和外科医生,还在照顾自己位于伦敦霍尔本区(Holborn)的花园之余,负责伯格利爵士威廉·塞西尔(William Cecil, Lord Burghley,1521—1598年)位于赫特福德郡的西奥伯德庄园的管理工作,以及医学院(College of Physicians)草药园(Physic Garden)

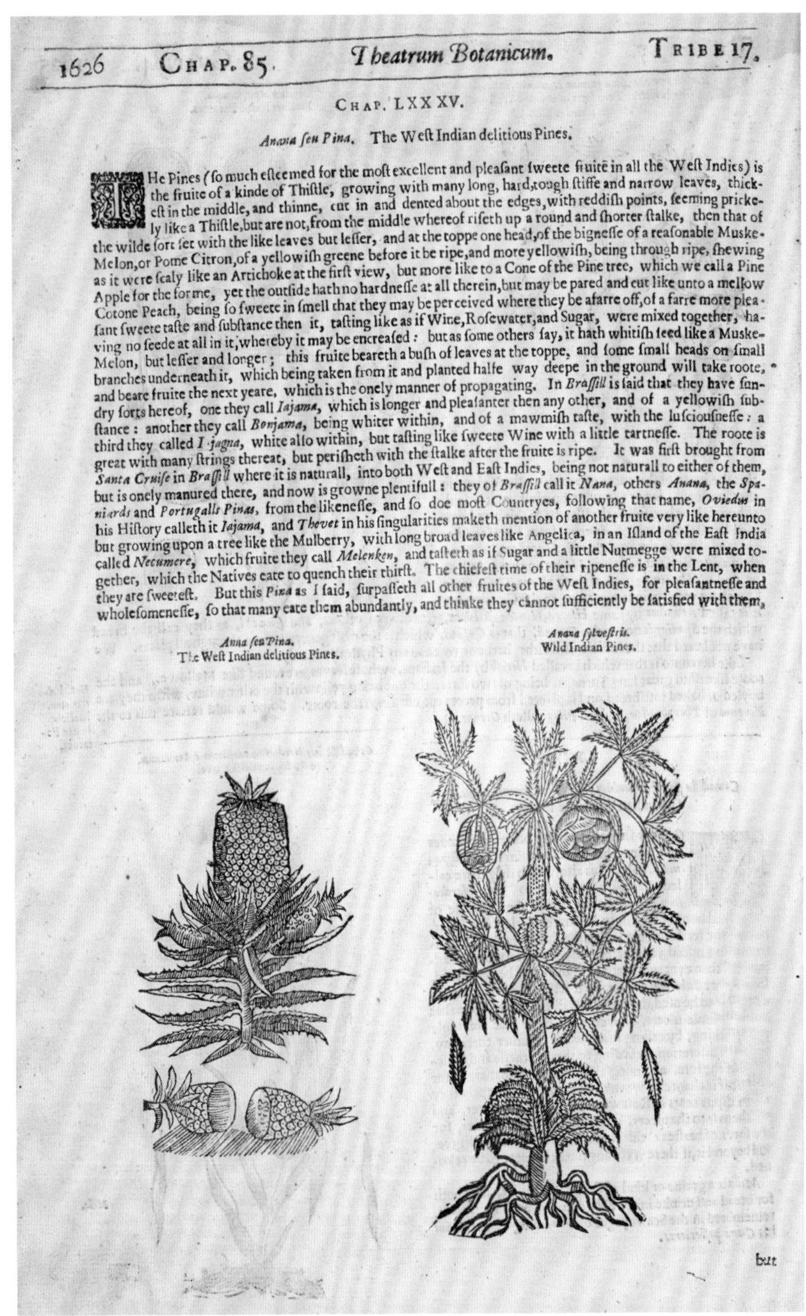
1626　CHAP. 85.　*Theatrum Botanicum.*　TRIBE 17.

CHAP. LXXXV.

Anana ſeu Pina. The Weſt Indian delitious Pines.

THe Pines (ſo much eſteemed for the moſt excellent and pleaſant ſweete fruite in all the Weſt Indies) is the fruite of a kinde of Thiſtle, growing with many long, hard,tough ſtiffe and narrow leaves, thickeſt in the middle, and thinne, cut in and dented about the edges,with reddiſh points, ſeeming prickely like a Thiſtle,but are not,from the middle whereof riſeth up a round and ſhorter ſtalke, then that of the wilde ſort ſet with the like leaves but leſſer, and at the toppe one head,of the bigneſſe of a reaſonable Muske-Melon,or Pome Citron,of a yellowiſh greene before it be ripe,and more yellowiſh, being through ripe, ſhewing as it were ſcaly like an Artichoke at the firſt view, but more like to a Cone of the Pine tree, which we call a Pine Apple for the forme, yet the outſide hath no hardneſſe at all therein,but may be pared and cut like unto a mellow Cotone Peach, being ſo ſweete in ſmell that they may be perceived where they be afarre off,of a farre more pleaſant ſweete taſte and ſubſtance then it, taſting like as if Wine,Roſewater,and Sugar, were mixed together, having no ſeede at all in it,whereby it may be encreaſed: but as ſome others ſay, it hath whitiſh ſeed like a Muske-Melon, but leſſer and longer; this fruite beareth a buſh of leaves at the toppe, and ſome ſmall heads on ſmall branches underneath it, which being taken from it and planted halfe way deepe in the ground will take roote, and beare fruite the next yeare, which is the onely manner of propagating. In *Braſſill* is ſaid that they have ſundry ſorts hereof, one they call *Iajama*, which is longer and pleaſanter then any other, and of a yellowiſh ſubſtance: another they call *Bonjama*, being whiter within, and of a mawmiſh taſte, with the luſciouſneſſe: a third they called *Iajagna*, white alſo within, but taſting like ſweete Wine with a little tartneſſe. The roote is great with many ſtrings thereat, but periſheth with the ſtalke after the fruite is ripe. It was firſt brought from *Santa Cruiſe* in *Braſſill* where it is naturall, into both Weſt and Eaſt Indies, being not naturall to either of them, but is onely manured there, and now is growne plentifull: they of *Braſſill* call it *Nana*, others *Anana*, the *Spaniards* and *Portugalls Pinas*, from the likeneſſe, and ſo doe moſt Countryes, following that name, *Oviedus* in his Hiſtory calleth it *Iajama*, and *Thevet* in his ſingularities maketh mention of another fruite very like hereunto but growing upon a tree like the Mulberry, with long broad leaves like Angelica, in an Iſland of the Eaſt India called *Necumere*, which fruite they call *Melenken*, and taſteth as if Sugar and a little Nutmegge were mixed together, which the Natives eate to quench their thirſt. The chiefeſt time of their ripeneſſe is in the Lent, when they are ſweeteſt. But this *Pina* as I ſaid, ſurpaſſeth all other fruites of the Weſt Indies, for pleaſantneſſe and wholeſomeneſſe, ſo that many eate them abundantly, and thinke they cannot ſufficiently be ſatisfied with them,

Anna ſeu Pina.
The Weſt Indian delitious Pines.

Anana ſylveſtris.
Wild Indian Pines.

but

上图:图66《植物剧场》一书内页,该书由伦敦药剂师约翰·帕金森创作于1640年。
木刻版画,34.6厘米×23.0厘米
英国皇家收藏,编号:1167737, p. 1626

的展陈事宜。据说，杰勒德在他自己的花园里种植了“各种奇怪的树木、草本植物、根茎植物、花卉作物以及其他一些稀有物种”。1596年发行的一本杰勒德花园植物图录中记录了超过一千种植物物种，其中包括（第一次在英国种植的）土豆。[19]

杰勒德所著的《植物志》（*Herball*）是英国第一本同时也是最受欢迎的植物志类图书。该书于1597年首次出版，1633年修订后再次出版，并于1636年重印（见图65）。尽管书中的某些文字参考了早期著作，但杰勒德加入了自己的有趣评论，并且备注了可以发现书中收录的某些植物的英国地名。植物的“美德”，即营养价值或药用价值，仍然是该书的重要内容。例如，在强壮红门兰（也叫早紫兰，*Orchis mascula*）的备注中，杰勒德这样写道：

> 据说，如果男性食用强壮红门兰的饱满根茎，他们的妻子会生出男孩；如果女性食用干枯的强壮红门兰根茎，则会生出女孩。当然，这只是某些医生的一家之言。也有人说，在古希腊的色萨利（Thessalia），若女性将强壮红门兰的幼嫩根茎与山羊奶同食，则有助于她们提升性欲，若选择干枯根茎则会产生相反效果。[20]

杰勒德《植物志》的标题页出现了英国印刷书籍中最早的线雕版画之一。这幅作品由当时卓有成就的版画师威廉·罗杰斯（William Rogers，活跃于1584—1604年）制作，作品描绘了53岁的杰勒德。书中收录的其余插图均为木刻版画，主要由克里斯托弗·普朗坦收藏的两千六百七十七块刻版印刷而来，另外部分插图则来自对此前一份出版物的再利用。[21]这本《植物志》中不仅收录了最新引进的异域花草，还记录了许多此前从未被记载的本土物种。因此，该书的影响力一直持续至18世纪。

在杰勒德大受好评的《植物志》重印期间，伦敦药剂师约翰·帕金森正在准备向市场推出他的植物学著作。他的这本《植物剧场》（*Theatrum Botanicum: the theatre of plants*，1640年）延续了此前出版的《园艺大要》（*Paradisi in Sole Paradisus Terrestris*，1629年）的成功，而后者是英国出版最早的园艺学专著。帕金森曾以药剂师的身份觐见詹姆斯一世，并被查理一世（1600—1649年）封为“首席植物学家”（Botanicus Regius Primarius）。他在威斯敏斯特的长亩街（Long Acre）有一座花园。像杰勒德一样，帕金森雇用植物采集者并委托伦敦的商人朋友为他搜集新的植物品种，并在自己的花园里培育栽种。[22]这些新植物物种中的一部分十分脆弱，帕金森在培育这些植物的过程中积累了十分实用的经验，并将这些经验写入了《植物剧场》一书中。此外，该书共收录了二十八种此前在英国从未被记载的植物物种（见图66）。这本书的书名意在告诉读者，不管是植物园、植物采集者的私人花园，还是这些花园里通常会陈列的博古架，它们通常都是为了呈现吸引观众的美妙景观。[23]帕金森的著作以出版物的形式概括了这些花园所承担的教化和娱乐的双重功能。

《花卉细密画图集》（*Erbario Miniato*）

相反，17世纪早期的意大利植物绘画图册《花卉细密画图集》的出版并非是为了娱乐大众，而是供学者们研究之用（见图67和图68）。这本书的目标受众很窄，出版目的旨在通过基于直接观察而创作的精确植物画像，使17世纪早期那些最优秀的学者进一步增长他们的科学知识。事实上，“基于知识作画”是早期的科学机构（例如比萨植物园）大力倡导的理念，这些机构为当时的艺术家们提供植物学和动物学样本，以供他们绘画时参考。[24]而该书收录的植物图像是为了帮助学者进行植物分类，即对植物物种进行准确的命名和分类，这也是欧洲“首个现代科学院”——意大利猞猁之眼国家科学院（Accademia dei Lincei，因猞猁视觉敏锐而命名为猞猁之眼）——成员的首要任务。[25]猞猁之眼国家科学院1603年成立于罗马，成员包括天文学家伽利略（Galileo，1564—1642年）和著名的文物研究者及收藏家卡西亚诺·德尔·波佐。正是卡西亚诺委托制作了该书中收录的植物绘画。卡西亚诺在他的一生中收集了涵盖多个学科门类的绘画作品，并将其与他的朋友和学者同人分享。该书收录的绘画作品只是卡西亚诺浩如烟海的收藏品中极其微小的一部分。

《花卉细密画图集》中收录的精美插画出自哪位或哪些艺术家之手，目前我们尚未知晓。[26]图67是一幅在铅笔画轮廓基础上绘制的南欧芍药（*Paeonia mascula*）水彩图，笔法娴熟流畅。画家精心地刻画了芍药花头的主要组成部分——雄蕊、雌蕊和柱头，以及花瓣上的纤细纹脉，所有组成部分的形状结构都与现实别无二致。但是这株植物的根部却属于另外一个芍药物种——药用芍药（*Paeonia officinalis*），应该是为了画面完整而从别处剪切粘贴过来的。芍药是南欧的本土物种，但风信子（*Hyacinthus orientalis*，见图68）却是16世纪中期从奥斯曼帝国引入欧洲的新物种。根据历史记载，风信子首次在欧洲种植是在1545年成立后不久的意大利帕多瓦植物园中。图68所描绘的为一株早期的单瓣风信子样本，花茎修长，花朵娇小，呈蓝色铃铛状。随着风信子的种植在花农中成为一种时尚，半双瓣和双瓣的风信子品种也逐渐被培育出来。这些新品种的出现改变了风信子的花序结构，使得花

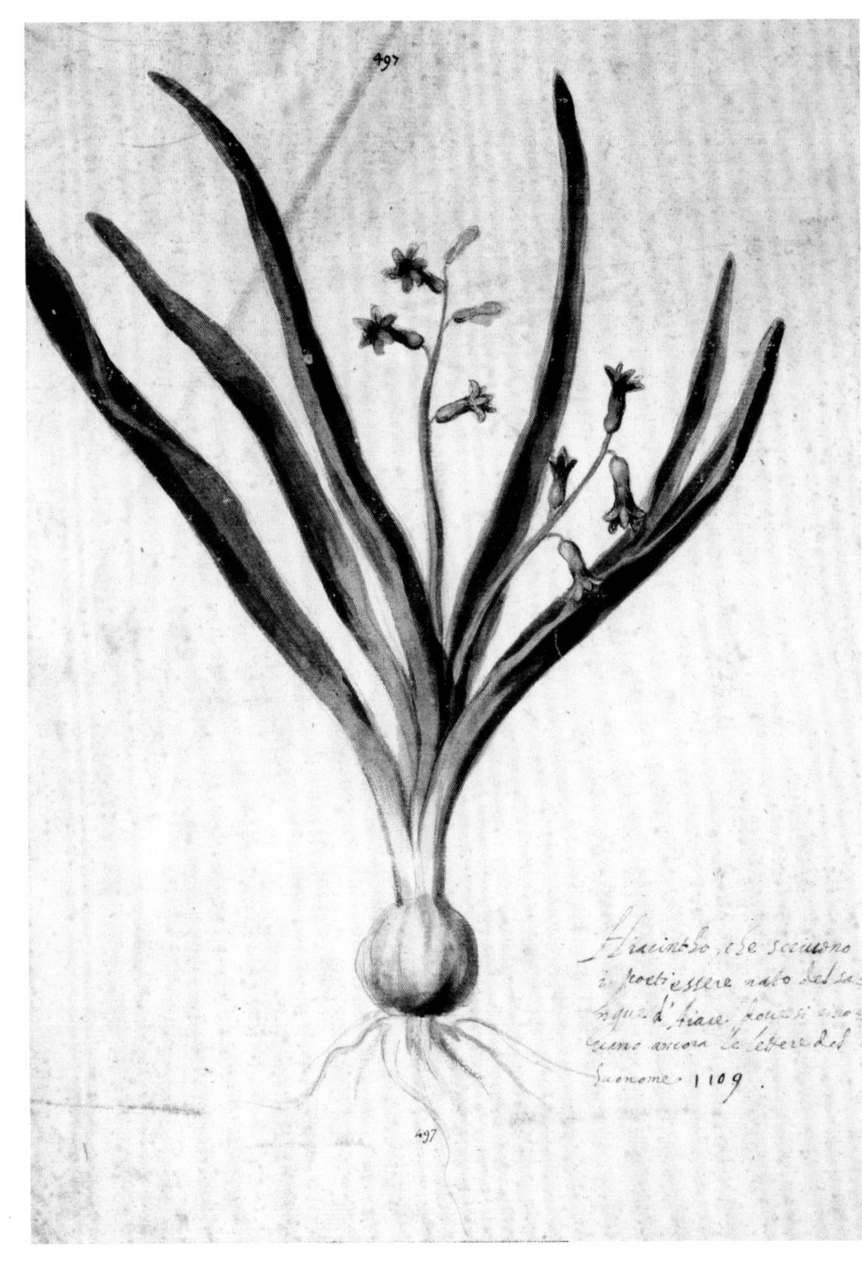

茎上花朵之间的间距缩短，并逐渐形成了我们今天所熟知的穗状花序。[27]这幅风信子水彩画的右下角附有文字注释，可翻译为："风信子/根据诗人们的记载/由埃阿斯（Ajax，希腊神话人物，以勇气和力量著称）的血液幻化而成/直至今日/人们仍然可以在风信子的花朵中发现埃阿斯的名字"。这段注释基于一则古典神话，即埃阿斯死后，被他的血染红的土地上长出了一株风信子。

上左图：图67《带有药用芍药根部的南欧芍药》，由意大利画派画家创作于约1610—1620年。
黑粉笔、水彩和不透明色，36.2厘米×27.0厘米
英国皇家收藏，编号：919401

上右图：图68《风信子》，由意大利画派画家创作于约1600—1625年。
铅笔、水彩，36.9厘米×26.1厘米
英国皇家收藏，编号：919414

植物图册的发展演变

16世纪和17世纪，大批新植物物种被引入欧洲，当时的人们对这些植物萌发了浓厚的兴趣。这种对新植物的兴趣催生了一系列衍生品，其中最为重要的衍生品之一，即为植物图册的诞生和发展。植物图册（florilegium），顾名思义，就是基于某植物收藏或某花园中的植物物种而创作的一系列植物图像。提到此类植物图册，人们第一个想到的便是佛兰德斯版画家阿德里安·科拉特（Adriaen Collaert，1560—1618年）于1590年在安特卫普制作的一本印刷版植物图像集。随着大批新物种在欧洲种植培育，16世纪与17世纪之交的欧洲大陆出现了多本著名的印刷版植物图册，而阿德里安·科拉特制作的这本植物图像集就是其中之一。[28]为了给自己的珍稀植物收藏留下永恒的记录，一些赞助人或植物收藏家会委托艺术家制作手绘版植物图册（通常为纸本水彩或牛皮水彩）。法国版画家尼古拉斯·罗伯特（Nicholas Robert，1614—1685年）在法国宫廷创作的手绘植物图册，记录了巴黎皇家植物园的珍稀植物品种，是此类作品中的奢华代表。另外也有一些植物图册并非由赞助人委托创作，而是艺术家出于自身兴趣、为了充实自己的个人收藏而制作。

英国唯一现存的17世纪手绘版植物图册出自园艺家、昆虫学家亚历山大·马歇尔（Alexander Marshal，约1620—1682年）之手。这部伟大的作品耗时超过三十年，凝聚了创作者的心血。马歇尔并非职业画家，而是一名对植物怀有浓厚兴趣的业余画手，因此这部作品被归类于创作者为充实个人收藏而制作的植物图册范畴。马歇尔被同时代的人们称为他所生活的时期“最伟大的花卉学家之一”。1653年，有人向马歇尔出价300枚金币购买他的植物图册，被他拒绝，此后马歇尔继续向这本植物图像集中充实他所创作的作品，这一过程一直持续至1675年之后。[29]现在我们已知，马歇尔至少曾在两处花园培育和研究植物，其中一处为他自己位于伦敦伊斯灵顿（Islington）的花园，另一处则位于北安普敦郡（Northamptonshire）。据悉，后一处花园有可能位于第三代北安普敦伯爵詹姆斯·康普顿（James Compton，1622—1681年）的阿什比城堡（Castle Ashby）之中。此外，马歇尔还与当时的植物爱好者圈子保持着密切的联系，并在他的植物图册中收录了在他所熟知的其他花园中创作的植物图像，其中就包括富勒姆宫（Fulham Palace）花园。这处花园最初由马歇尔的朋友、伦敦主教亨利·康普顿（Henry Compton，1631/1632—1713年）打理，发展到后期已经培育了“超过一千种来自异域的奇花异草”，而马歇尔也正是在这里度过了他人生中最后的时光。[30]

毫无疑问，马歇尔在植物学界最重要的联系人就是植物采集先驱老约翰·特拉德斯坎特（见图59）之子——园艺家小约翰·特拉德斯坎特。这对父子曾游历低地国家、法国、俄罗斯、非洲和北美洲，在此过程中采集了大量植物样本并带回英国。这些新物种中有很大一部分都是在特拉德斯坎特父子位于伦敦南部兰贝斯区的家中设置的苗圃中开始培育而后传播开来的。而据我们所知，马歇尔1641年也住在这里，并在1650年之前的某个时间于此处完成了一本描绘“特拉德斯坎特先生最钟爱的花卉和植物”的精美牛皮纸手绘图册。[31]马歇尔的植物图册中第77页中描绘了老约翰·特拉德斯坎特从美国弗吉尼亚州引入的一种新植物物种（见图69）。这种植物名为无毛紫露草（*Tradescantia virginiana*），尽管早在此前一个世纪已经被欧洲人所熟知，但它在英国开始种植却是从老约翰·特拉德斯坎特开始。马歇尔将粉色和紫色两种无毛紫露草样本并不十分规整地呈现在同一幅图中，并在下方绘制了另外两个新引入的植物品种：由英国植物学家约翰·古德耶（John Goodyer，约1592—1664年）于1621年在汉普郡（Hampshire）彼得斯菲尔德（Petersfield）附近的德洛斯福德（Droxford）首次记录下来的西班牙黑种草（*Nigella hispanica*），以及1578年在英国已有种植的双瓣黑种草（*Nigella damascena 'Flore pleno'*）。在这些新植物物种的画像旁边，马歇尔加入了至少从10世纪开始就已经在英国种植的法国或兰卡斯特蔷薇（*Rosa gallica*），以及新近引入的玫瑰变种——匈牙利千叶玫瑰（*Rosa centifolia 'Hungarica'*）。马歇尔在画中呈现的都是他所看到的植物样本的原样，所以有时候这些植物的模样并不完美。例如在图69中，法国蔷薇的花瓣已经凋零，右边黑种草的一个花头也已经从花茎上脱落。

尽管马歇尔在他的植物图册中也收录了锈红蔷薇（*Rosa rubiginosa*）和普通远志（*Polygala vulgaris*）等英国本土物种（见图70和图71），但他的描绘重点却是花匠和植物爱好者们所钟爱的舶来物种。他的这本植物图册中共收录了六十个郁金香品种、六十个康乃馨品种以及三十八个报春花品种，足见这些新植物物种在当时所受到的追捧。在欧洲引入的所有新植物中，郁金香可谓最珍贵的物种。欧洲出现的第一枚郁金香球茎是由奥地利驻奥斯曼帝国大使奥吉尔·德·布斯贝克（Ogier de Busbecq）经由君士坦丁堡从土耳其带入的，于1559年在奥格斯堡首次栽种，随后在整个欧洲迅速传播开来，并于1578年前后传入英国。一位名为詹姆斯·贾瑞特（James Garret，卒于约1610年）的英国药剂师，据称是“郁金香之父卡罗卢斯·克卢修斯的挚友”，在他位于伦敦城阿尔德盖特（Aldgate）附近的花园里成功培育了郁金香。[32]

马歇尔植物图册第36页所描绘的无名品种的郁金香（见图70）是他尤为引人瞩目的作品之一。图中的郁金香拥有“火焰般”扭曲的花朵，并呈现出令人意想不到的条纹状色彩。此类郁金香的这一外形特征受到了17世纪植物鉴赏家们的热烈追捧，尽管他们并不理解郁金香产生此类变异背后的原因。事实上，

图69:《上趴一只无名蜗牛的无毛紫露草、属名不详的蔷薇、西班牙黑种草、双瓣黑种草、匈牙利千叶玫瑰和法国或兰卡斯特玫瑰蔷薇》，由亚历山大·马歇尔创作于约1650—1682年。
水彩、不透明色，45.9厘米×33.0厘米
英国皇家收藏，编号：924344

图70:《无名郁金香、普通远志和双瓣白花毛茛》，由亚历山大·马歇尔创作于约1650—1682年。
水彩、不透明色，45.9厘米×33.0厘米
英国皇家收藏，编号：924303

这种现象是由蚜虫传播的一种病毒导致的。受到感染的原色郁金香球茎在第二年有可能开出一种完全不同、呈现“破碎”色彩的花朵。而这种“破碎”的特征一旦形成，就会被保留下来。这种“破碎”特征赋予了郁金香高昂的价格，也是导致17世纪上半叶低地国家、法国和英国产生郁金香泡沫的原因之一。

英国诗人安德鲁·马维尔曾在他的诗作《花园里的锄草人》（*The Mower Against Gardens*，1681年）中如此讽刺这种现象：

> 郁金香原本洁白无瑕的脸颊，
> 却被创造出了色差，
> 而它洋葱般的球茎，
> 如今能买下整块草坪。[33]

在“郁金香狂潮”的鼎盛时期，最受追捧的郁金香品种的单个球茎竟然能以4400荷兰盾（当时人们平均年收入的十倍以上）的价格易手。这场基于郁金香球茎的金融投机风潮在1637年席卷荷兰，导致很多投资者倾家荡产。[34]在这场由郁金香导致的严重经济危机结束一个时代以后，马歇尔以画笔展现了这种花卉绚丽夺目的致命诱惑。

这本植物图册第13页描绘了另外三种舶来品种（见图72）：与郁金香一样经由维也纳从君士坦丁堡引入欧洲、并因引入维也纳后栽种于皇家植物园而得名的花贝母（*Fritillaria imperialis*），以及两种水仙花——从西巴尔干半岛引入的半花水仙（*Narcissus radiiflorus*）和至少从16世纪早期就被英国人熟知的红口水仙（*Narcissus poeticus*）。此外，该图册的第13页和第97页（见图73）均呈现了绒毛报春花（*Primula × pubescens*）。尽管报春花的个头很小，但在当时却是极为昂贵和稀有的植物品种，只有在顶级的花园里才能看到。马歇尔这幅图中所展示的花瓣带有凹痕的报春花品种在当时尤为珍贵。

在马歇尔的植物图册中，占据主体地位的是当时的花匠们钟爱的、拥有绚丽色彩和繁复结构的舶来花卉品种。与之形成鲜明对比的，是苏格兰女书法家埃丝特·英格利斯（Esther Inglis，1570/1571—1624年）在她所编纂的诗集中，采用了朴实无华的路边野花和本土植物来装饰诗集的书页（见图74）。英格利斯是从法国逃至爱丁堡的新教胡格诺派（Huguenots）的后代。她跟随母亲学习了书法艺术，并在自己长达四十年的誊写员职业生涯中，留下了近六十部手稿。图74是英格利斯在职业生涯的晚期专注于花卉装饰时期的作品。她在这一时期制作了大约十本四行诗（该图中为八行诗）装饰诗集。图中的诗句来自法国诗人安特瓦·德·拉·罗什·钱迪奥（Antoine de la Roche Chandieu，1534—1591年）的《为世界的无常与虚幻而作的八行诗》（*Octonaires sur la Vanite et Inconstance du Monde*），旁边附有毛茛、蓟和锈红蔷薇等本土花卉的水彩装饰图像。许多此类手稿都以刺绣装饰的丝绒进行装订，人们认为装订工作也是由英格利斯亲自完成的。而后这些制作精美的手稿被呈递给皇室或贵族成员以及书籍献词中提到的其他重要人士。

上图：图71《郁金香和锈红蔷薇》，由亚历山大·马歇尔创作于约1650—1682年。
水彩、不透明色，45.9厘米×33.2厘米
英国皇家收藏，编号：924313

图74所属的手稿是英格利斯向威尔士亲王亨利呈递的四部作品之一。据推测，该手稿或于1607年作为新年礼物被进献给亨利。亨利是詹姆斯一世与丹麦的安妮王后的长子，也是王位的继承人，但可惜在1612年英年早逝。在1604年之前，亨利一直在爱丁堡生活，后来才回到英国。因此人们推测，英格利斯可能曾在爱丁堡担任过亨利的保姆。[35]

图72:《半花水仙、红口水仙、花贝母和绒毛报春花》，由亚历山大·马歇尔创作于约1650—1682年。
水彩、不透明色，45.7厘米×33.1厘米
英国皇家收藏，编号：924280

图73:《绒毛报春花》，由亚历山大·马歇尔创作于约1650—1682年。
水彩、不透明色，45.7厘米×32.9厘米
英国皇家收藏，编号：924281

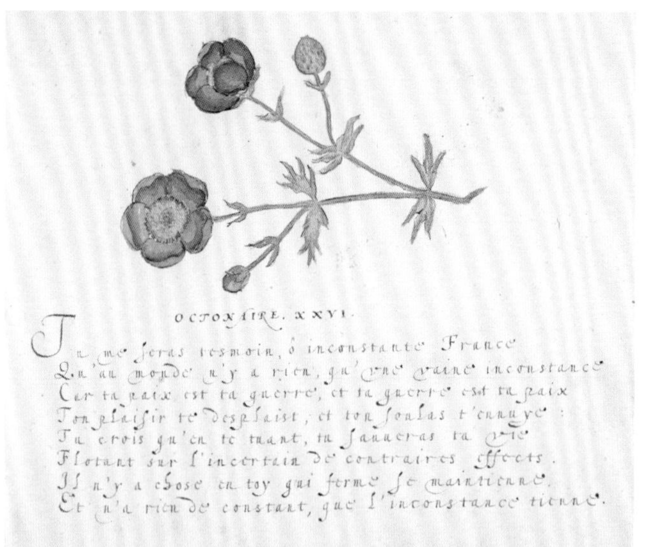

上图：图74《50首为世界的无常与虚幻而作的八行诗》，由埃丝特·英格利斯于1607年誊写和绘制，并于同年作为礼物进献给威尔士亲王。
纸本手稿，水彩、金漆和棕色墨，12.0厘米×16.6厘米
英国皇家收藏，编号：1047001（上图fol. 29 recto，下图fol. 3 verso）

花卉静物写生

17世纪初，整个欧洲掀起了一场搜集植物的热潮。随着荷兰海上贸易的繁荣，荷兰各省区积累的财富迅速增加，这意味着荷兰尤其拥有开发和欣赏舶来植物物种的资本。荷兰的精英阶层开始在全国以前所未有的规模兴建大型乐园：奥兰治亲王们（Princes of Orange）在洪斯拉贺斯戴（Honselaarsdijk）、豪斯登堡（Huis ten Bosch）以及其他庄园和府邸修建了重要的园林；拿骚-锡根的约翰·毛里茨亲王（Prince Johan Maurits van Nassau-Siegen，1604—1679年）在克利夫斯（Cleves）建造了著名的园林群（见图99）；其他地区的贵族庄园园林也如雨后春笋般大量出现。[36]在这些大型园林中，会有一块专门的区域被用于栽种和培育来自异域的花草，这些奇花异草通常被栽种在盆或缸中。当时的精英阶层们希望为他们珍贵的植物品种留下视觉记录，于是创作于纸张或更昂贵的小牛皮纸上的花卉水彩画便在这一市场需求下应运而生。

然而，荷兰共和国大为流行的全新绘画体裁——花卉静物油画的诞生和发展，却并非由于这些王公贵胄的出资赞助，而是基于17世纪前十年中产阶级新贵形成的大众市场。虽然花卉第一次成为艺术家创作的主题，但在这些静物画中，花瓶里精心排列摆放的花束，却并不是受自豪的花匠的委托而作的植物样本肖像画。事实上，鲜有证据表明这些静物作品中描绘的花束曾经在荷兰任何家庭的室内，包括权贵阶层的宅邸内出现过。[37]这些作品中所刻画的花卉通常拥有不同的花期，因此很难同时出现。另外，绘画中出现的花卉都拥有极高的经济和审美价值，将这些珍贵的鲜活植物剪下来，缩短它们的开花时间，这种想法在当时的文化下是完全不能被接受的。于是，包括德国静物画家雅各布·马瑞尔（Jacob Marrell，1613—1681年）在内的一些花卉画家，将他们的职业生涯与花卉贸易结合在一起，并由此获得接近珍稀花卉品种的机会。在实际操作中，很少有画家能够买得起他们作品中所刻画的昂贵花卉，而有时为了记录本地难以见到的植物物种，很多画家不得不进行长途旅行。

画家们也会将自己创作的草图与其他同行交流分享。当需要创作由不同花期的花卉组成的木板或布面油画时，对于那些不处于开花期的花卉，画家就可以参考他们之前创作的写生草图。当时的花卉静物画市场已经十分成熟，这些绘画成品会直接或通过中间商从画家的工作室售出，买家主要为当时荷兰的资产阶级阶层。

曾有学者对这一时期花卉静物画市场的大规模扩张进行了细致研究，并指出，整个17世纪荷兰花卉静物画的人气持续高涨，其背后有多种原因。[38]

首先，随着宗教图像热度下降和加尔文主义（Calvinism）的兴起，人们急需一个世俗的艺术主题；另外，花卉静物图像被赋予了生命转瞬即逝的象征意义，也被新兴的资产阶级视作抚慰心灵的安慰剂。

当然，当时荷兰社会的各个阶层所沉迷的花卉文化，也是催生花卉静物画的原因之一。只有在这样的经济和文化环境下，来自阿姆斯特丹的丝绸商人、郁金香爱好者亚伯拉罕·德·戈耶（Abraham de Goyer，约1580—1653年）才能够购买八幅花卉静物画悬挂于家中。[39]

17世纪早期，花卉绘画的创作传统很快得以确立，但当时的审美标准与21世纪的观念是背道而驰的。当时静物画中花瓶里的花束并非被任意摆

上图：图75《春天》（*Spring*），依照荷兰版画师小克里斯平·范·帕斯的作品风格而作，收录于1614年编纂于荷兰阿纳姆（Arnheim）的《绿园：园林版画作品集》（*Hortus Floridus*）。
纸本印刷版画，14.5厘米×21.0厘米
伦敦皇家园艺学会（Royal Horticultural Society）林德利图书馆（Lindley Library），编号：0009236

第98页图：图76《花卉和蝴蝶静物画》，由荷兰花卉画家玛丽亚·凡·奥斯特维克创作于1686年。
木板油画47.3厘米×36.8厘米
英国皇家收藏，编号：405626

第99页图：图77《花卉、昆虫和贝壳静物画》，由荷兰花卉画家玛丽亚·凡·奥斯特维克创作于1689年。
47.4厘米×36.5厘米
英国皇家收藏，编号：405625

放，相反，最初的花卉画家会一丝不苟地创造出对称的构图，从而使得每一朵花都清晰可见，没有任何一朵花会受到别的花朵遮挡。这也反映了当时的植物样本在花园里的种植情况。为了使每一株花卉都能作为单一个体被从各个角度欣赏，花园里栽种这些植物样本时通常会设置较宽的间距（见图75）。荷兰画家们练就了对植物细节进行高度还原的技巧，并将这一技巧应用至其他绘画题材，例如在海景画里刻画船的桅杆，或者街景画中再现砖墙立面。但在花卉静物画中，一位权威人士曾指出，高度还原植物细节“不可能”：

> 不被视为画家为使自己的作品物有所值而做出的努力。如果一片郁金香花瓣价值超过50荷兰盾，而画家在描摹郁金香火焰般的花瓣时，画笔小小地抖动一下，那么这幅画的价值就可能下跌10荷兰盾。花卉狂热爱好者们对不同品种之间的细微差别非常敏感，忽视这些差别的画家是很难取悦大众的。[40]

玛丽亚·范·奥斯特维克是当时一名成功的花卉画家。她来自代尔夫特（Delft）附近的诺特多普（Nootdorp），师从著名的安特卫普静物画家扬·戴维茨·德·希姆（Jan Davidsz de Heem，1606—1683/1684年）。奥斯特维克是17世纪在荷兰从事花卉绘画创作的第三代画家，而在这一时期，那些约束早期花卉画家的创作传统也变得没那么严苛。德·希姆是第一位从上下两个角度探索花卉作品的画家，并为他所创作的作品引入了一种动感。奥斯特维克在她于1686年创作的《花卉和蝴蝶静物画》（*Still Life with Flowers and Butterflies*）中延续了老师的传统，位于画面中心的一朵白玫瑰面朝后方，而一枝矮生金莲花则呈螺旋状向右下方延伸（见图76）。在这里，曾经于17世纪早期垄断花卉创作主题的名贵花卉——郁金香、风信子和花贝母，让位给了玫瑰，以及药用蔷薇罗莎曼迪（*Rosa mundi*）。对奥斯特维克现存珍稀作品的一份研究表明，她喜欢在作品中用野生花卉品种搭配培育品种。例如在这幅画中，野花白色矢车菊（*Centaurea*）就与花园中常见的飞燕草（*Consolida ambigua*）、蜀葵、德国鸢尾浑然一体。在其他的一些作品中，奥斯特维克也曾将峨参（*Anthriscus sylvestris*）和蔓长春花（*Vinca major*）与一些花匠们钟爱的花园花卉搭配在一起。

奥斯特维克的父亲是一位牧师。根据曾在1718—1721年发表第一份荷兰艺术评论的阿诺德·胡布拉肯（Arnold Houbraken）的描述，奥斯特维克很“谦逊并且极为虔诚”。[41]她的很多作品都可被视为对生命转瞬即逝的解读。在图76中，生命的短暂通过壁架上飘落的几片玫瑰花瓣展现出来，而两只蝴蝶（耶稣复活的象征）的引入则传递出画家对生命和死亡的思考。但在另一幅作品《花卉、昆虫和贝壳静物画》（*Still Life with Flowers, Insects and a Shell*，见图77）中，一枚贝壳出现在了画面的显著位置，而这引发的是对物质性而非生命无常的审视。画中出现的此类贝壳由荷兰商船从东印度和西印度群岛带回，并在全欧洲成为收藏家们争相竞购的藏品。当时很多著名的园艺家都非常珍视此类贝壳，将其与采集而来的植物样本一起收入囊中。例如，特拉德斯坎特父子在兰贝斯的收藏中就包括了超过120种贝壳（见图78）。1633年，查理一世派驻布鲁塞尔的代理人巴耳沙撒·吉伯尔（Balthasar Gerbier）也注意到了这股由贝壳和花卉引发的热潮，他曾提出“郁金香和贝壳爱好者”的“缓缓增加”，暗示着与郁金香一样，贝壳交易在存在商业价值的同时，也带有投机性。[42]在当时的欧洲，贝壳是昂贵的奢侈品，价值丝毫不逊于最受追捧的郁金香球茎。因此，奥斯特维克在作品中加入贝壳，使整个画面传递出富足的意味。

图76和图77拥有相似的背景设置和平衡构图，而在《花卉、昆虫和贝壳静物画》中，一枝旋花属植物藤蔓从玻璃花瓶中延伸出来，枝头搭落在下方的壁架之上。这幅画创作于1689年，比《花卉和蝴蝶静物画》的创作时间晚了三年。根据历史记录来看，这两幅画是奥斯特维克最晚期的作品。在职业生涯的后期，奥斯特维克已经在业内享有盛名，而且她的影响力不仅局限于阿姆斯特丹。据胡布拉肯记载，英国国王威廉三世曾一掷900荷兰盾只为求得奥斯特维克的一幅作品，而据传这幅作品就是奥斯特维克在1687年访问英国前一年创作的《花卉、昆虫和贝壳静物画》。[43]包括法王路易十四、神圣罗马帝国皇帝利奥波德一世（Leopold I，1640—1705年）和波兰国王奥古斯特二世（King Augustus of Poland，1670—1733年）在内的一些皇室贵胄也都曾购买过奥斯特维克的作品。

在热衷园林的威廉三世购买奥斯特维克这幅作品时，她的花卉静物写生画在英国皇家的收藏中尚属罕见的绘画体裁。尽管此前荷兰最饱受赞誉的花卉画家西蒙·韦雷斯特（Simon Verelst，1644年受洗，1710/1717年卒）已经于1669年在众望所归中定居伦敦，但他早期的成功却只是昙花一现。在抵达伦敦之后，韦雷斯特的花卉作品一度一画难求，然而他后来却将自己的绘画天才转移到了宫廷肖像画领域。更为不幸的是，17世纪80年代，韦雷斯特出现了精神崩溃的情况，而这也彻底影响了他的艺术创作。

英国皇家收藏中唯一一幅韦雷斯特享有盛名的静物作品是查理二世购得的《一串葡萄》（*A Bunch of Grapes*，见图79）。这幅画绘制于韦雷斯特定居伦敦后不久，彼时的他正在创作自己最好的作品。画家在这幅画中摒弃了以往静物画中将构图置于壁龛或壁架上的传统，而是刻画了一枝被剪下来的葡萄藤，葡萄藤悬挂在画面并未明示的阴暗之处，画面前景重点描绘了藤

上的一串葡萄。在这幅作品中，装饰元素与象征意象融为一体：处于亮光中的欧洲粉蝶（*Pieris brassicae*）、如实刻画的枯萎藤叶，以及叶片上带有的柄锈菌（*Puccinia*）锈斑，都在提醒观者季节在不停变换，生命也是转瞬即逝。

上图：图78《小约翰·特拉德斯坎特、罗杰·福润德以及来自异域的贝壳收藏》（*John Tradescant the Younger with Roger Friend and a Collection of Exotic Shells*），据传由托马斯·德·克里茨（Thomas de Critz，1607—1653年）创作于1645年。
布面油画，107.0厘米×132.0厘米
现存于英国牛津阿什莫林博物馆（Ashmolean Museum），编号：F667

第102页图：图79《一串葡萄》，由荷兰花卉画家西蒙·韦雷斯特创作于约1670—1675年。
布面油画，46.4厘米×36.0厘米
英国皇家收藏，编号：405506

第103页图：图80《花环装饰的神像相框》，由佛兰德斯静物画家丹尼尔·西格斯创作于约1640—1649年。
铜板油画，87.0厘米×60.9厘米
英国皇家收藏，编号：405617

花环绘画

来自安特卫普的天主教画家扬·勃鲁盖尔是致力于推广花卉静物画的第一代花卉画家之一。勃鲁盖尔曾广泛游历意大利，在米兰红衣主教费德里

上图：图81《玫瑰花环装饰的浮雕相框》，由佛兰德斯静物画家丹尼尔·西格斯创作于约1640—1649年。
木板油画，75.4厘米×53.8厘米
英国皇家收藏，编号：405615

科·博罗梅奥（Cardinal Federico Borromeo，1564—1631年）的赞助下进行艺术创作（见第二章）。或许正是在博罗梅奥主教的示意下，1608年前后，勃鲁盖尔发展出了一个全新的花卉画类型：围绕宗教场景的花环图像。在这种绘画类型中，通常由紧密排列的花朵组成花环，环绕着中间的圣母和圣人肖像。勃鲁盖尔开创此类绘画类型的灵感或许来自文艺复兴时期意大利雕塑家卢卡·德拉·罗比亚（Luca della Robbia，1399/1400—1482年）和安德烈亚·德拉·罗比亚（Andrea della Robbia，1435—1525年）叔侄创作的釉色陶质花环，生活在意大利的勃鲁盖尔有可能对此类艺术品十分熟悉。此外，佛兰德斯艺术家为泥金装饰手卷设计的花纹边框也为勃鲁盖尔提供了灵感。[44]多位花卉画家追随勃鲁盖尔的脚步，对花环绘画这一艺术形式进行了继承和发扬，其中就包括勃鲁盖尔的学生、佛兰德斯静物画家丹尼尔·西格斯（Daniel Seghers，1590—1661年）。西格斯在1625年被耶稣教会授予神职。为了自己的传教使命，西格斯用尽毕生精力在安特卫普创作了大量花环绘画以及用花环装饰的神像相框作品。鉴于西格斯在业内的盛名，他的工作室也被很多外国王公显贵频繁光顾。在1649年流亡低地国家时期，查理二世曾拜访西格斯的工作室，或许还在西格斯的推荐下观赏了这幅《花环装饰的神像相框》（*A Cartouche Embellished with a Garland of Flowers*，见图80）。

作为一名专业的花卉画家，西格斯在创作此类花环绘画的时候离不开与其他画家的合作，后者负责绘制花环内相框中的人物肖像。这些画家包括西格斯在罗马游历期间（1625—1627年）结识的意大利巴洛克风格画家多美尼基诺（Domenichino，1581—1641年）和法国画家尼古拉·普桑，以及在返回安特卫普后开展合作的彼得·保罗·鲁本斯和伊拉斯谟·奎利鲁斯二世（Erasmus II Quellinus，1607—1678年）。尽管图80中的相框是空白的，但花环上半部分所选用的花卉（鸢尾花、耧斗菜、铃兰、石竹、三色堇）都是传统意义上与圣母具有密切联系的植物品种，表明画家原本打算在相框里放置的是一幅圣母像，这在西格斯同时期创作的完整版作品《玫瑰花环装饰的浮雕相框》（*A Relief Embellished with a Garland of Roses*，见图81）中得到了证实。这幅画可被视为中世纪晚期圣母像体裁的继承之作。画家在象征圣母的传统花卉之中添加了具有异域风情的奢华花卉品种。在信奉加尔文主义的中产阶级钟爱的花卉静物画中长期占据主体地位的火焰郁金香和风信子，被用来装饰本欲放置圣母像的相框。西格斯开创的此类花卉绘画模式在当时受到了各界赞誉，1651年，奥兰治亲王弗雷德里克·亨德里克（Prince Frederick Henry of Orange，1584—1647年）的遗孀艾玛丽娅·凡·索尔姆斯（Amalia von Solms，1602—1675年）就曾从西格斯处订购了一幅《七苦圣母图》（*Mater dolorosa*）。[45]

玛丽亚·西比拉·梅里安（Maria Sibylla Merian）

当时欧洲有一群收藏家，他们四处搜集来自异域的新奇植物品种，并将其视若珍宝地培育在自己的私家花园里。正是由于这群收藏家的存在，价格昂贵的植物插画图册应运而生。玛丽亚·西比拉·梅里安（1647—1717年，见图82）就是将作品定位于这一市场的杰出艺术家之一。梅里安曾研习花卉绘画，但她最著名的作品却是《苏里南昆虫变态图谱》（*Metamorphosis Insectorum Surinamensium*，1705年）——一部研究苏里南（荷兰位于南美的殖民地）当地昆虫的里程碑式著作。这是一部重要的早期自然科学著作，而非仅仅是植物学著作，其中收录了60幅插图，展示了梅里安于1699年至1701年在苏里南游历期间所观察到的昆虫的生命周期。梅里安在插图中所描绘的昆虫都是以它们所食用的植物为背景，并且在敏锐观察的基础上对这些植物进行了细致刻画。

梅里安的生父老马特乌斯·梅里安（Matthäus Merian the Elder，1593—1650年）是德国一名成功的出版商，他于1642年将岳父约翰·西奥多·德·布里（Johann Theodor de Bry，1528—1598年）的植物图册进行了重印。在老梅里安去世之后，梅里安的母亲再婚嫁给了静物画家雅各布·马瑞尔。正是在继父马瑞尔位于法兰克福的工作室里，梅里安学习了静物画绘画技巧，并且可能接触到了阿尔布雷特·丢勒等大师的植物水彩作品。[46]由于终日沉浸在花卉绘画的创作氛围中，梅里安出版的前两部作品均为花卉图像作品集：1675年出版的《花卉图鉴》（*Florum fasciculus primus*）和1680年出版的《新花卉图鉴》（*Neues Blumenbuch*）。然而，尚处于职业生涯早期的梅里安展示出最浓厚兴趣的领域却不是植物学，而是昆虫学。从1685年起，梅里安迁居荷兰弗里斯兰（Friesland），在这里，她非常享受外出至荒野和沼泽地观察昆虫的出游机会。此外，她也前往阿姆斯特丹研究珍稀昆虫的标本收藏。但她始终认为，实地考察是观察和记录本土物种生命周期的唯一途径，于是决定在1699年前往苏里南进行一场不寻常的探险。

事实上，梅里安的此次旅行劳神费力至极：“它几乎要了我的命，这也是我为什么不能再待下去的原因。所有人都对我竟然能活着回来感到不可思议，因为大部分人都因为酷热死在了那里”，安全返回后的梅里安曾如此描述道。[47]她在此次游历期间创作了大量昆虫手绘作品，并在1701年将其带回阿姆斯特丹，一同带回的还有游历途中所作的记录以及收集的标本。[48]梅里安此后将这些手绘作品进一步完善成为60幅插图，每一幅插图都以某种昆虫惯常食用或栖息的植物为背景，展示其完整的生命周期。她敏锐地捕捉到了赞助人们的商业需求，而她的这些构图巧妙、刻画生动的手绘作品与此前

上图：图82《玛丽亚·西比拉·梅里安》，由荷兰版画家雅各布斯·胡布拉肯根据梅里安的女婿格奥尔格·格赛尔（Georg Gsell，1763—1740年）的作品创作于1717年。
蚀刻版画，17.0厘米×12.6厘米
英国皇家收藏，编号：670216

第106页图：图83《酿酒葡萄（*Vitis vinifera*）藤枝与成虫、幼虫和蚕蛹时期的天蛾》，由玛丽亚·西比拉·梅里安创作于约1705年。
小牛皮纸水彩画（外加不透明色、阿拉伯胶和蚀刻轮廓），37.4厘米×28.1厘米
英国皇家收藏，编号：921190

第107页图：图84《成熟的菠萝和幼虫、蚕蛹、成虫时期的绿袖蝶（*Philaetria dido*）以及一只甲虫》，由玛丽亚·西比拉·梅里安创作于约1705年。
小牛皮纸水彩画（外加不透明色、阿拉伯胶和蚀刻轮廓），43.5厘米×28.8厘米
英国皇家收藏，编号：921154

刻板的昆虫插图大相径庭。在梅里安描绘颜色绚丽的天蛾（见图83）的作品中，她首先正确地选择了葡萄藤作为画面的背景，因为雌性天蛾正是将卵产于这种植物上。（梅里安还精心写实地刻画了葡萄藤的藤蔓，它们几乎充斥了画面的各个部位。此外，画家还在细心观察的基础上对天蛾的长鼻进行了准确再现，而蓝紫色的翅膀则与亮晶晶的紫色葡萄在画面中交相辉映。）

这些插画被刻板印制在质量最上乘的纸张之上，有些上色（上色工作由梅里安本人或其女儿们完成），有些未上色，而后被作为高级商品出售给达官显贵们。例如，1717年，俄国沙皇彼得大帝（Tsar Peter the Great of Russia，1672—1725年）曾以3000荷兰盾的价格购买了两卷梅里安的著作。[49]英国王室收藏中收录的梅里安插图并非她为准备《苏里南昆虫变态图谱》一书绘制的草图，而是在蚀刻轮廓的基础上创作于小牛皮纸上的水彩作品（或许创作于梅里安昆虫图谱一书出版之前的几年间）。画家一共制作了几套此类水彩作品，准备作为《苏里南昆虫变态图谱》的豪华版出售，王室收藏收录的作品为其中一套。[50]这套作品由当时尚为威尔士亲王的乔治三世（1738—1820年）于1755年从伦敦的著名收藏家、鉴赏家理查德·米德（Richard Mead，1673—1754年）医生死后的藏品售卖中购得。米德或许曾直接委托梅里安创作水彩画，也可能是通过欧洲大陆的代理人购买了这些作品。

菠萝："水果之王"[51]

在梅里安画下这幅菠萝图（见图84）时，菠萝在欧洲还是一种极为罕见和珍贵的水果。在之后的18世纪末和19世纪初，菠萝成为餐桌的主要装饰元素，这种样式的餐桌也成为当时的流行风尚。菠萝原产于南美洲，主要分布于热带地区。1687年，梅里安的赞助人之一、名为阿戈内塔·布洛克（Agneta Block，1629—1704年）的富有园林爱好者（见图85），在她位于

右图及细节图：图85《阿戈内塔·布洛克与家人在维沃霍夫的夏日别墅》（*Agneta Block and her family at her summer house Vijverhof*），由荷兰画家扬·维尼克斯（Jan Weenix，1642—1719年）创作于1694年。
布面油画，84.0厘米×111.0厘米
现存于阿姆斯特丹博物馆（Amsterdam Museum），编号：A 20359

图86：《向查理二世进献菠萝》，由英国画派画家创作于约1677年。
布面油画，96.6厘米×114.5厘米
英国皇家收藏，编号：406896

图87：银质方桌，由伦敦银匠安德鲁·摩尔打造于1698—1699年。
白银、橡木
85.0厘米×122.0厘米×75.5厘米
英国皇家收藏，编号：35301

阿姆斯特丹附近的维沃霍夫（Vijverhof）的私人植物园中，第一次在欧洲成功地培育出了能够结出果实的菠萝树。

布洛克之所以能够成功种植菠萝树，主要归因于17世纪80年代欧洲温室设备的发明。此类温室配备了火炉，从而为这些热带植物度过北方的寒冬提供了必需的热量。然而，这些温室设备造价十分高昂（威廉三世位于洪斯拉贺斯戴庄园里的橘园温室耗资3万荷兰盾），因此直至17世纪末，这些热带水果的培育种植一直是荷兰权贵阶层的专属特权。[52]

当玛丽二世与威廉三世在1689年登基成为英国的共治君主后，荷兰的菠萝栽培技术以及菠萝树种被引入英国。1692年，威廉三世的宠臣——第一代波特兰伯爵汉斯·威廉·本廷克（Hans Willem Bentinck，1649—1709年）——将一位经验丰富的荷兰果农培育的所有菠萝树种带入汉普顿宫，但直至二十多年后，英国才首次成功地用种子培育出菠萝树苗。[53]事实上，在此之前，英国人也并非对菠萝一无所知。至少从1640年起，从异域引进的新奇水果就一直是人们好奇的对象。约翰·帕金森曾在《植物剧场》中如此描绘道："第一眼看上去，（菠萝）拥有菜蓟一样的鳞片状表皮，但它其实更像松果（pine cone），因此我们根据形状将它称为pineapple。"（见图66）[54]

在一幅名为《向查理二世进献菠萝》（*Charles II Presented with a Pineapple*）的早期系列肖像画中，菠萝成为绘画的主题，而这并不常见。这幅作品的背景设置在一处规整的园林里，但画家并未明示这座花园属于哪座宫殿或庄园。这座园林或许位于荷兰，也可能在英国本土，有学者曾试图将其与萨里郡的多尼宫（Dorney Court，见图86）联系在一起。英国艺术评论家霍勒斯·沃波尔（Horace Walpole，1717—1797年）曾从园林设计大师、英国顶尖的苗木培育人乔治·伦敦（约1650—1714年）的继承人处购买了这幅作品的其中一个版本。[55]沃波尔认为，画中呈现的是查理二世的园丁约翰·罗斯（John Rose，1619—1677年）向国王进献第一枚英国本土菠萝时的场景。然而，早在英国培育出能够结出果实的菠萝树之前，查理二世和罗斯都已去世。因此，画中的菠萝应该是由荷兰西印度公司（Dutch West Indian Company）从加勒比海引入的进口果实。根据画中人物的服装以及国王刮掉胡子的面庞，学者推测这幅作品的创作时间在1677年前后，而在1677年之前，查理二世对这种新奇的水果已经十分熟悉了。英国作家约翰·伊夫林曾记录，他早在1661年就第一次见到了"从巴巴多斯（Barbados）带回进献给陛下的这种著名水果"。而在1668年为接待法国大使举行的一次宴会上，伊夫林还有幸应查理二世的邀请，从国王的盘中品尝菠萝的味道。[56]由此可见，这幅作品中所描绘的，向国王进献英国第一枚菠萝的场景完全是虚构的。

这幅作品的几个已知版本都并非由英国王室委托所作，而该作品可能的创作时间则意味着它或许与1677年约翰·罗斯的去世具有某种联系。这一系列的第一个版本极有可能是由罗斯的侄孙乔治·伦敦委托所作，目的并非为了记录一个历史事件，而是向自己恩师的一生以及所取得的成就致敬。其他版本或许是为了向其他园丁表达敬意而制作的复制品。这些园丁中包括亨利·怀斯（1653—1738年）。在17世纪最后的二十多年中，乔治·伦敦曾在英国负责建造了多座重量级园林，并在此过程中与亨利·怀斯建立了良好的合作关系。[57]尽管这幅作品描绘的显然是一个具有重要意义的庄严时刻，但画面却透露着17世纪六七十年代荷兰家族肖像画中常见的非正式基调。将菠萝作为绘画主题，则展示了这种水果在当时具备的重要意义。

1699年，威廉三世派人为肯辛顿宫的会客室（Drawing Room）定制了一张银质方桌（见图87），而菠萝在这张方桌上成为主要的装饰元素，这更进一步证实了菠萝这种水果在当时具有的重大象征意义。在斯图亚特王朝统治晚期，银质家具风潮从路易十四的凡尔赛宫传播至英国，而这张方桌就是那一时期留存至今的、最为精美的银质器物之一。[58]这张桌子由四条坚固的银质桌腿和一扇橡木桌面组成，桌面上铺着厚厚的银箔，整个作品带有伦敦布莱德威尔（Bridewell）的银匠安德鲁·摩尔（Andrew Moore，1640—1706年）的浓重风格。据传，该方桌由法国建筑师、家具设计师丹尼尔·马洛特（Daniel Marot，1661—1752年）设计，马洛特曾为威廉三世的汉普顿宫担任园林设计师。马洛特在此加入菠萝元素或许仅仅是因为它是刚刚在英国培育成功的珍贵水果，并且拥有讨喜的外形，可以展示主人的热情好客。在17世纪初的欧洲，尤其是德国，银匠就流行在作品中加入松果图案作为装饰元素，而菠萝则可被视为异域风情版的松果。但如果更深入地理解，菠萝元素的加入也可能是为了暗示荷兰领先法国的现实，而这并不仅仅体现在园艺方面。在威廉三世委托制作这张方桌时，他刚刚与法国签署了结束英法战争的条约，并迫使路易十四承认威廉三世为英国的合法国王。英法战争耗资巨大，1689年，法国国王不得不将自己的银质家具熔化以筹集军费。而对威廉三世来说，定制自己的银质家具，并将意指"太阳王"的"太阳之果"——菠萝放置在桌面下方横梁的交会处（在相同制式的同时代木质方桌中，这一部位通常不会设置任何装饰物），由此获得的满足感肯定是巨大的。[59]然而，利用从南美洲开采和进口的白银锻造以原产于该洲的植物为外形的器具，这种做法并未得以持续，因为当时银质家具的风潮已经处于衰退之中。当菠萝再次以装饰元素出现时，它主要被运用在餐具上（见图274）。

第五章

巴洛克风格园林

他们称之为天堂乐园的装饰花坛

——1662年6月9日，英国作家约翰·伊夫林
如此评论汉普顿宫花园[1]

在17世纪早期的意大利和法国，形制规整的正式园林得到大力发展。从这一时期开始至18世纪中期，欧洲建造的几乎所有园林都采用了这种规整的园林风格。而这一阶段的欧洲艺术正是以巴洛克风格为主导。这一时期建造的园林呈现出以往难以想象的规模。为了开拓出一望无际的视野，以便欣赏远处的景观，大片的土地被填平或抬高，成片的树木被砍伐。造园者们颇具雄心地对空间进行调控，将园林与其周围景观融为一体，而以往如此大规模的空间调整只可能发生在城防建设或城市规划中，应用于园林设计尚属首次。在这些规模巨大的新建园林中，形状规范的装饰性花坛占据了主体地位，这些花坛通常是由树篱摆放而成，或者由修剪成固定形状的草皮组成。此外，园中还设置了长长的步行道，步行道两旁栽满树木或摆放着绿篱；流水被改道引入园中以营造水景，于是园中出现了规模壮观的运河、水池和喷泉。流水、景观轮廓，甚至地平线本身，如若园主需要，都可做出调整，而大自然被重塑的程度也成为造园者权力和地位的直观反映。

在这一时期的欧洲艺术中，园林景观开始作为独立的绘画主题出现。因为园林本身具有足够的趣味性，艺术家们不再仅仅将园林作为宗教绘画或人物肖像的背景来呈现。规整园林采用的轴对称布局和开阔视野能够营造出极致的纵深感，而通过对文艺复兴早期发展出的一点透视绘画技巧的灵活运用，这种纵深感在二维的图像平面上也能够得到再现，甚至可能创造出更为强烈的视觉效果。装饰性花坛通常呈规范的对称布局，不管是从地面平视，还是从高处俯瞰，都令人赏心悦目，而这也成为版画或油画中再现园林美景的标准模式。此外，园林中还充满了各种可供艺术家创作的设计，例如圆形露天剧场、（古希腊式）半圆形建筑立面、水景、雕塑、室外花瓮、珍禽异兽以及鸟舍（aviaries）。园林的设计和细节为艺术创作提供了丰富的素材，在此基础上园林图像的潜力最终被挖掘和实现。自14世纪起，精致的园林一直被视为王公贵胄的地位象征，但直至17世纪晚期的法国、荷兰和英国，园林图像才第一次成为宣告君主权力的强大工具。

法式园林

在位五十四年间（1661—1715年），路易十四下令建造的一众园林以其宏大的规模和壮观的景致惊艳了整个欧洲，也反映了他作为专制君主的统治权。路易十四在登基后不久即开启了改造凡尔赛宫建筑和园林的计划。凡尔赛宫此前仅为路易十三（1601—1643年）狩猎时下榻的居所。经过几个阶段的改建之后，一条壮观的林间通道被沿着西轴线开辟出来，于是形成了历史上最长的园林运河，总长度超过1800米。在城堡建筑和一望无际的西部园林景观之间坐落着一座碧水园（Parterre d'Eau），其中有两座装饰以雕塑群的圆形喷水池：勒托池（Bassin de Latone）和阿波罗池（Bassin d'Apollon）。路易十四的宫廷画师夏尔·勒·布伦（Charles Le Brun，1619—1690年）在凡尔赛宫中设计了一系列具有寓言意义的雕塑，两个喷水池的精美雕塑群即属其中之一，意在赞美太阳神阿波罗，亦即赞颂太阳王路易十四。

这张展现凡尔赛宫园林的鸟瞰图（见图88）被认为由法国画家让-巴蒂斯特·马丁（Jean-Baptiste Martin，1659—1735年）绘制于1700年前后。该作品呈现的是1668年之前凡尔赛宫园林的主要景观，而从这一年开始，沿西部运河顺流而下的大片景观被逐步开发起来。画家采用了由南向北、从高处俯瞰的视角。占据画面中景主体的露台所属建筑即为橘园。橘园由法国建筑师路易·勒沃（Louis Le Vau，1612—1670年）设计并建造于1662—1663年，后在1684—1686年根据另一位建筑师儒勒·哈杜安-孟萨尔（Jules Hardouin-Mansart，1646—1708年）的方案进行了扩建。画面中央两排壮观的台阶之间就是南方花坛（Parterre du Midi），由法国景观设计师安德烈·勒·诺特赫打造，共包括六处由修剪成形的草皮组成的花坛和一座圆形喷水池（见图88细节图）。南方花坛前紧挨着瑞士湖（Pièce d'Eau des Suisses）的湖畔。1679年至1682年，一个团的瑞士士兵被派遣至此挖凿人工湖，许多士兵在作业期间因沼泽释放的毒气丧生于此，因此该湖被命名为瑞士湖以纪念这些士兵。[2]画面前景处刻画了一群正在狩猎的王公贵族，为首的是路易十四的孙子勃艮第公爵法兰西的路易（Louis' duc de Bourgogne，1682—1712年），他们一行人正沿陡峭的山坡策马而上，来到画面前景处的平缓区域。如此一来，整个构图将这幅作品的真正主题——园林盛景——远远地抛在了中景处。马丁的老师佛兰德斯画家亚当-弗朗索瓦·凡·德尔·莫朗（Adam-François van der Meulen，1632—1690年）非常擅长使用这种构图方式，他最著名的战争全景图通常就采用此类构图。事实上，马丁和莫朗在创作中都借鉴了佛兰德斯前辈画家们创立的悠久绘画传统，这可以追溯至佛兰德斯画家基欧斯图·乌滕斯开创的园林景观鸟瞰图，甚至卢卡斯·凡·瓦尔肯伯奇描绘的宫廷花园场景（见图40）。这对师徒在一系列颂扬路易十四在军事、建筑和园林方面取得的丰功伟绩的大幅油画作品中都采用了这种构图模式。1688年，马丁创作的四幅描绘凡尔赛宫园林景象的油画作品被悬挂在了凡尔赛宫西北部的大特里亚农宫（Grand

第112页图：《凡尔赛宫的猎鹿赛》（*Stag Hunt at Versailles*），
被认为由法国画家让-巴蒂斯特·马丁创作于约1700年。
英国皇家收藏，编号：406958（细节图）

左图及下方细节图：图88《凡尔赛宫的猎鹿赛》，被认为由法国画家让-巴蒂斯特·马丁创作于约1700年。
布面油画，120.0厘米×180.4厘米
英国皇家收藏，编号：406958

Trianon），到路易十四去世之时，马丁一共被委托绘制了36幅此类风景画，用以装饰大特里亚农宫的内庭。[3]这些绘画作品的功能远远不止装饰墙壁这么简单，它们更被用来展示国王对他所处环境的绝对控制权。

路易十四非常清楚这些壮美园林可能对前来参观的朝臣和访客产生的巨大影响，他甚至亲自设计了一条供高级访客专用的参观路线，列出了一条可以从最好的角度欣赏园中各式景致的理想路线。但随着凡尔赛宫园林壮美盛景的声名远播，慕名而来的访客越来越多，路易十四为了躲避公众关注，开始寻求一个更具私密性的宅邸。1679年，他终于选定了马尔利（Marly）附近茂林中一处与世隔绝的山谷，并亲自在此督造了一处全新的宫殿以及精美的园林，此处园林的耗资仅次于凡尔赛宫园林。在这幅名为《马尔利宫的游猎赛》（*A Hawking Party at Narly*）的绘画作品里，一群正在打猎的王公贵族集合在山腰处，而他们身后则是马尔利城堡的开阔景色（见图89）。城堡坐落在一片巨大盆地的头部，两侧各设置六座绿意盎然的亭台。虽然马尔利城堡的建设工作早在1679年之前就开始启动，但直至17世纪90年代后期，这里的工程还在进行大规模的改建，说明路易十四把这里当成了自己最爱的御所，而且待在这里的时间也越来越长。这幅作品展示的马尔利城堡园林为1689年之前的设计方案，亭台下方的"上层露台"（Upper Terrace）处设置了两排由高大的榆树构成的拱廊。此外，画中还展现了从远处山谷尽头奔泻而来、流向城堡的急流，这条名为"那条河"（La Rivière）的人工河最终于1699年完工。正如凡尔赛宫一样，为这条急流以及马尔利城堡花园中无数喷泉提供动力的水利工程非常具有挑战性，而画中描绘的喷泉喷涌而出的水柱只是艺术家的理想化表达而已。为了满足凡尔赛宫和马尔利宫喷泉的用水需求，造园者们设计了体积巨大且造价高昂的水轮车，即"马尔利机"（Machine de Marly），想将塞纳河水抽送到这两座园中，但这项工程设计只能说在部分程度上获得了成功。最初还能喷涌而出的水柱后来变成了汩汩而出的细流，而两座园林的工作者们不得不严格计算时间，只在国王巡视花园的时候才启动喷泉表演。但这幅画作展现的却是人们对大自然毫不费力的掌控，无论是在沼泽湿地密布的山谷修建排水系统，还是为营造水景而兴建水利工程，又或者是为创造开阔视野而清空整个山谷河床，而为建造这座园林所耗费的巨大人力在这幅画中却丝毫未有提及。

左图：图89《马尔利宫的游猎赛》，被认为由法国画家让-巴蒂斯特·马丁创作于约1700年。
布面油画，120.0厘米×180.6厘米
英国皇家收藏，编号：406957

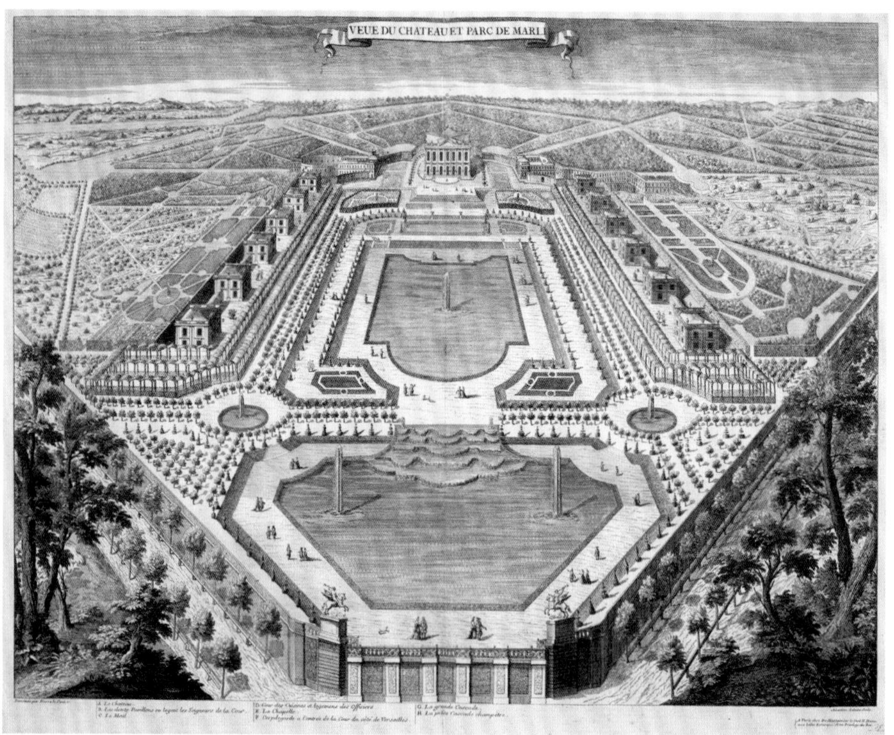

Fontaine de la Renommée dans le Jardin de Versailles.

顶部图：图90《马尔利宫城堡和园林景观图》(*View of the Château and Park of Marly*)，由塞巴斯蒂安·安特瓦内（Sebastian Antoine，1687—1761年之后）模仿法国版画家皮埃尔·勒·博特尔的作品创作于约1710—1720年。
蚀刻版画，51.7厘米×66.5厘米（页面尺寸），49.0厘米×63.3厘米（刻板尺寸）
英国皇家收藏，编号：703359

上图：图91《凡尔赛宫园林中三座喷泉景观》(*View of three Fountains in the Garden of Versailles*)，由伊斯雷尔·西尔维斯特创作于1684年。
蚀刻版画，51.1厘米×70.1厘米（页面尺寸），37.6厘米×50.0厘米（刻板尺寸）
英国皇家收藏，编号：703939.a

顶部图：图92《凡尔赛宫花园中的水景剧场》(*The Water Theatre in the Gardens of Versailles*)，由伊斯雷尔·西尔维斯特创作于1680年。
蚀刻版画，48.7厘米×63.2厘米（页面尺寸），37.2厘米×50.3厘米（刻板尺寸）
英国皇家收藏，编号：703939.b

上图：图93《凡尔赛宫花园中的菲墨喷泉》(*Fountain of Fame in the Garden of Versailles*)，由伊斯雷尔·西尔维斯特创作于1682年。
蚀刻版画，51.0厘米×70.0厘米（页面尺寸），37.8厘米×50.0厘米（刻板尺寸）
英国皇家收藏，编号：703939.d

尽管马尔利宫在规模上开始赶超凡尔赛宫，但路易十四成功地将其打造为个人的私有圣地。这里的私家园林不允许官方访客访问，因此国王和他的宠臣们得以在此安然享乐（他们经常玩一种名为*Mail*、类似高尔夫的球类游戏，以及名为*roulette*的轮盘赌博游戏）。

而那些未能有幸亲临马尔利宫的人们，则只能通过这张依照法国版画家皮埃尔·勒·博特尔（Pierre Le Pautre，1659—1744年）的作品制作的版画（见图90）等图像作品来赞叹马尔利宫园林的壮美景色。以此种方式展现园林美景的创作风格起源于法国著名建筑师雅克·安德鲁埃·迪塞尔索（Jacques Androuet du Cerceau，?1520—1585/1586年），他出版了第一批包含园林景观的版画，并收录在《法国最美的建筑》（*Les Plus Excellent Bastiments de France*，1576—1579年）一书中。[4]随着路易十四的园林声名远播，这些展现园林美景的版画作品也逐渐打开了国际市场。与路易十四宫廷，尤其是皇家出版社（Imprimerie Royale）有密切联系的版画师和出版商们开始加紧工作，以满足这种市场需求。伊斯雷尔·西尔维斯特（Israel Silvestre，1621—1691年）是当时最顶尖的平面设计师，1662年被任命为路易十四的御用制图师和制版师，并从1664年起负责制作了一系列展现皇家园林美景的版画作品。西尔维斯特作品中展现的凡尔赛宫园林景色，可以使观众如身临其境般跟随国王制定的御用参观路线，游遍园中的主要特色景观，并如亲临现场的访客一般赞叹园林的宏大规模、痴迷园中的精美装饰。在一套创作日期可追溯至1680—1684年的版画作品中，西尔维斯特将凡尔赛宫花园“密林”（bosquets）中的隐藏景观一一展现在观众眼前。这些令人叹为观止的景观都由安德烈·勒·诺特赫设计，其中位于露台之上的三座喷泉（Trois Fontaines），细小水流形成的拱形水圈和喷涌而出的垂直水柱依次出现，蔚为壮观（见图91）；水景剧场（Theatre d'Eau）这片中空的场地配备有舞台和铺有草皮的阶梯座席，观众在此可以欣赏到附近运河以及中部细流带来的壮丽水景（见图92）；为歌颂路易十四军事力量而设计、以希腊神话中的名望女神而命名的菲墨喷泉（Fontaine de la Renommée）——菲墨女神的雕像高举火炬，一股水流从火炬喷涌而出，雕像两侧坐落着由哈杜安·孟萨尔设计的亭阁（见图93）。

然而，以上所述园林美景的震撼程度，却无一能够超越路易十四在园林中组织的娱乐活动。在1664年、1668年和1674年，路易十四的宫廷宴会曾延续数天数夜，宾客不眠不休，纵情歌舞。这些宫廷宴会之奢华，或许只有皇家出版社在17世纪70年代陆续出版的一系列装订豪华的《宴会之书》（*livres de fêtes*）才能与之相匹敌。[5]伊斯雷尔·西尔维斯特和让·勒·博特赫（Jean Le Pautre，1618—1682年）为这些《宴会之书》制作的版画作品表

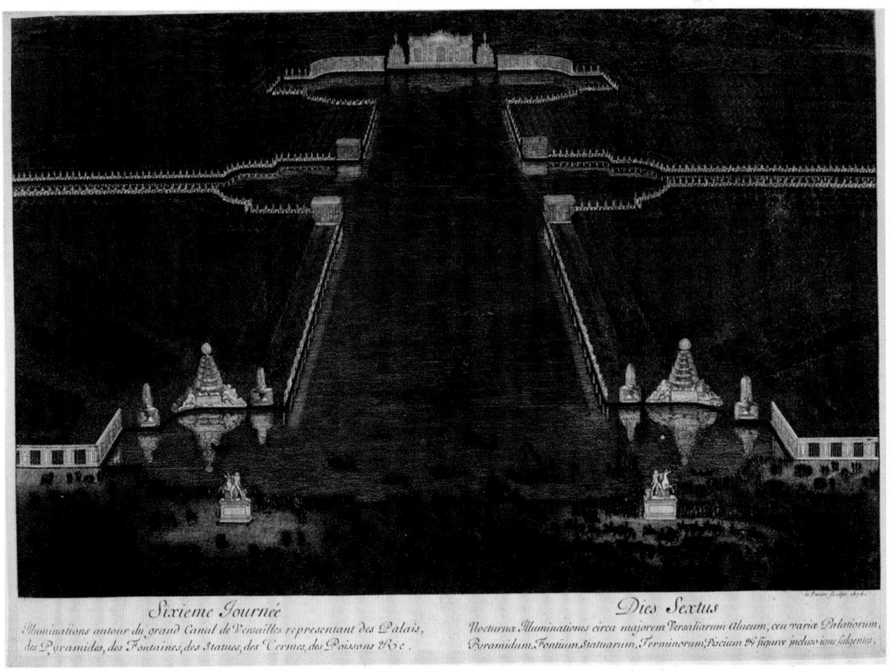

顶部图：图94《第五日：凡尔赛宫运河上的烟花美景》（*Fifth Day. Fireworks on the Canal at Versailles*），由版画师让·勒·博特赫创作于1676年。
蚀刻版画，30.2厘米×42.4厘米（页面尺寸）
英国皇家收藏，编号：703959.e

上图：图95《第六日：凡尔赛宫大运河周围的灯光美景》（*Sixth Day. Illuminations around the Grand Canal of Versailles*），由版画师让·勒·博特赫创作于1676年。
蚀刻版画，30.5厘米×42.5厘米（页面尺寸）
英国皇家收藏，编号：703959.f

明，当时的凡尔赛宫是有史以来最为精致的园林剧场：壮观的户外景观被设置在园林空间之中，并以此为背景上演大规模的表演活动。勒·博特尔创作的图94和图95分别展示了1674年以大运河为背景的凡尔赛宫园林烟花盛景和夜间灯光美景。为了庆祝路易十四攻克弗朗什-孔泰（Franche-Comté），此时园内的节日氛围已经达到高潮。[6]

路易十四非常明智地利用他建造的法国园林来颂扬自己的统治，并不断地通过油画或版画等艺术形式输出园林图像，作为支撑王朝政权的宣传工具。但路易十四也绝非一个对园林全然无感的挑剔型造园者，随着年龄的增长，他从植物和花卉中获得的乐趣和抚慰也日益增加。

凡尔赛宫一处并不起眼的宫殿——大特里亚农宫周围的装饰花坛，并不是由传统的树篱和彩色石块组成，而是由新鲜盆花堆叠而成，这在当时名噪一时。据悉，修整凡尔赛宫的装饰花坛共耗费了两百万盆花。圣西蒙公爵路易·德·鲁弗鲁瓦（Louis de Rouvroy，1675—1755年）曾记述道，这些盆花被设置在苗床中，但排列方式变换频繁，“不止一天一次，如果需要的话甚至一天两次”。[7]在17世纪90年代，路易十四下令在马尔利宫栽种了大量球茎植物，并打算在此建立一座异域植物园，但后因该地阴冷潮湿的气候而不得不作罢。尽管路易十四建造的园林在规模和耗资上似乎都无可匹敌，但在17世纪晚期的皇家造园运动中，还存在一位强有力的竞争者，他向路易十四创造世间最高等园林的雄心发出了挑战。这位热爱园林的王室成员就是路易十四的宿敌——奥兰治的威廉亲王：他1650年出生即为奥兰治亲王，1672年成为荷兰共和国联合省执政，1689年继位成为英国国王。

荷式园林

威廉三世将造园和打猎视为毕生两大爱好。在1698年写给近臣汉斯·威廉·本廷克的信中，威廉三世说道：“我希望你很快就能够打猎，并且能够游览园林，你知道这是我的两大爱好。”[8]作为奥兰治亲王，威廉三世从祖父荷兰执政、奥兰治亲王弗雷德里克·亨德里克那里继承了对园林的天然亲近感。亨德里克曾将法国园林设计师安德烈·穆雷（André Mollet，卒于1665年）招入麾下，并令其设计了自己位于比伦（Buren）和洪斯拉贺斯戴的庄园园林。此外，威廉三世对建造园林的热忱也通过他在1677年与詹姆斯二世（James II，1633—1701年）之女玛丽公主（Princess Mary，1662—1694年）的联姻而得到进一步加强。或许是受好友兼保护人伦敦主教亨利·康普顿的影响，玛丽从小就对花卉和来自异域的物种充满了浓厚的兴趣。于是，

威廉和玛丽迅速成为一众热爱园艺的王公贵族的领头人，这个团体的成员包括威廉三世的前侍从和谋士，即后来的第一代波特兰伯爵汉斯·威廉·本廷克、后来的第一代阿尔伯马尔伯爵阿诺德·佑斯特·范·凯佩尔（Arnold Joost van Keppel，1670—1718年）、扬·范·阿内姆男爵（Baron Jan van Arnhem，1636—1716年）以及威廉三世的远亲拿骚-锡根的约翰·毛里茨亲王。[9]在这些王公贵胄的推动下，最初于意大利和法国发展起来的新古典风格园林开始在荷兰出现。但鉴于荷兰独特的地形条件——地域狭小、水源供应充足、乡村地带平缓开阔——造园者们在实际操作中也进行了因地制宜的调整。[10]

结果就形成了采用与法国和意大利园林相同的构成元素，但规模上没有那么宏大，每座园林都可被视为荷兰本国缩影的荷式园林风格。荷兰园林就像“一座漂亮的蔓藤架，处处充满了令人眼前一亮的装饰”。[11]

荷兰黄金时代画家鲁道夫·德·勇（Ludolf de Jongh，1616—1679年）作品中所描绘的形制规整的园林（见图96）是当时荷兰普遍流行的园林风格。尽管画家在作品中并未明示园林所处的位置，但它肯定属于17世纪70年代在阿姆斯特丹附近，尤其是费赫特河（River Vecht）沿岸如雨后春笋般出现的大批新宅邸的花园之一。画面前景中，在一堵高大的树墙下，一群贵妇人似乎正在窃窃私语，她们漫步而来的道路就是英国作家约翰·伊夫林所说的“封闭步道”——在一座封闭围墙圈起的花园内部设置的宽阔道路。[12]画面右侧的园丁——他所戴的宽檐帽揭示了其身份——无心理会妇人们的私密会谈，正在心无旁骛地整理其中一条砾石铺就的步行道，一条水柱从园丁附近海豚状的喷泉口中喷涌而出。装饰性花坛中曲折环绕的纹样设计抵消了整座园林由直线切割形成的块状布局带来的严肃感。若夜幕来临，花园的夜灯亮起，照在博尔盖塞角斗士（Borghese Gladiator）大理石雕像上，将使整座花园弥漫着诗意的氛围。然而，造园者在考虑创造诗意氛围的同时，也运用了数学原理。树篱、长方形装饰花坛，甚至用来与后方金字塔形树木形成对应的橘子树，这些元素形成了一个几何图案网络。通过这个网络的建立，德·勇意在暗示数学原理的运用在荷兰园林设计中至关重要。此外，画家也在强调当时荷兰社会普遍认同的一种文化侧重性，例如在当时的荷兰，

左图：图96《一处形制规整的园林中被一位绅士打扰的三位贵妇人》（*A Formal Garden: Three Ladies Surprised by a Gentleman*），由荷兰黄金时代画家鲁道夫·德·勇创作于约1670—1679年。
布面油画，60.1厘米×70.7厘米
英国皇家收藏，编号：400596

法国建筑师、园林设计师丹尼尔·马洛特最重要的身份被认为是“一位天才数学家”。[13]德·勇在刻画园林时将装饰花坛设置在了显眼位置，并在步行道沿途放置了一系列雕像，这使人联想起荷兰画家扬·范·德·海登（Jan van der Heyden，1637—1712年，见图97）在1665年前后创作的豪斯登堡宫花园图像。豪斯登堡夏宫由荷兰建筑师彼得·波斯特（Pieter Post，1608—1669年）为奥兰治亲王弗雷德里克·亨德里克的妻子艾玛丽娅·凡·索尔姆斯设计并建造。德·海登作品中描绘的是夏宫园林在1645年至1652年的旧布局。1686年，威廉三世下令对豪斯登堡宫花园进行改建，加入了仿造安德烈·勒·诺特赫为法国尚蒂伊城堡花园设计的大型全新装饰性花坛。此时的威廉三世正力图将古典的法式园林风格引入荷兰的皇家园林，豪斯登堡宫的花园改建即是他为此做出的努力之一。

拿骚-锡根的约翰·毛里茨亲王（见图98）是这种新古典主义园林风格的主要倡导者之一。在1647年被任命为克利夫斯（时属荷占领土）总督之后，毛里茨亲王以克利夫斯的高山和密林为背景建造了一系列著名的新古典园林。尽管这些园林如今并不为人所知，但它们在当时却占据重要地位，并因此成为现存最早的一批描绘园林美景的布面油画的创作主题。这套从不同角度描绘克利夫斯园林美景的系列油画最早出现在历史记载中是在1677年，彼时的这些作品正悬挂在约翰·毛里茨亲王位于克利夫斯的亲王府中，由此我们推测它们或许是在这座官邸于1671年开始建造时由亲王委托画家创作的。毛里茨亲王于1679年去世，而在他去世后不到十年，这套作品据记载曾在温莎城堡悬挂。[14]

建造克利夫斯园林的指导原则是，在树木葱茏的山坡上开辟出一条条呈放射状的狭长视觉通道，使人们即使处于园内，园林周围的美景和当地地标也能映入他们的眼帘。《从北向南看到的克利夫斯蒂尔加滕园林中的圆形露天剧场》（*View of the Amphitheatre in the Tiergarten, Cleves, from the North*，见图99）中的圆形露天剧场位于园中最长的一条远景通道上，坐南朝北，身侧是一条600米长的人工运河（开凿于1660年），对面伫立着艾登

上图：图97《海牙豪斯登堡》（*The Huis ten Bosch at the The Hague*），由荷兰画家扬·范·德·海登创作于1665—1675年。
橡木板油画，21.6厘米×28.6厘米
现存于伦敦国家画廊，编号：NG 1914

右图：图98《毛里茨皇家美术馆创办人、拿骚-锡根的约翰·毛里茨亲王肖像》（*Portrait of Johan Maurits 1604—1679, Count of Nassau-Siegen, Founder of the Mauritshuis*），由荷兰肖像画家扬·德·班（Jan de Baen，1633—1702年）创作于约1668—1670年。
布面油画，151.5厘米×114.5厘米
现存于荷兰海牙毛里茨皇家美术馆（Mauritshuis）

上图及细节图：图99《从北向南看到的克利夫斯蒂尔加滕园林中的圆形露天剧场》，由荷兰画派画家创作于约1671年。
布面油画，222.4厘米×335.9厘米
英国皇家收藏，编号：406170

山（Eltenberg）。但我们这里研究的是从山脚下回望圆形剧场直至山顶的壮观景象。圆形剧场所在的这座山被称为星宿山（Sternburg），因为它统辖着共十二条视觉远景通道。处于山坡正中央的就是著名的圆形露天剧场，由荷兰建筑师雅各布·范·坎彭（Jacob van Campen，1595—1657年）根据意大利文艺复兴时期杰出建筑师安德烈亚·帕拉第奥（Andrea Palladio）的建筑风格设计并建造。远处的山顶上有一座立柱支撑的亭阁，建筑顶部采用了中国传统的庑殿式，这似乎预示了一个世纪后中国风建筑在欧洲园林中的大规模流行。如果画中刻画的亭阁的确为实物，则该建筑或许是受荷兰旅行家约翰·纽霍夫（Jan Nieuhof）出版的《荷使初访中国记》[全译为《荷兰东印度公司使团觐见鞑靼可汗（清顺治皇帝）纪实》，*Gezantschap… aan den*

左图：图100《克利夫斯宫圆形露天剧场》（*The Amphitheatre at Cleves*），由荷兰画家扬·范·戈尔创作于约1675—1685年。纸本钢笔画、水彩画，17.8厘米×27.4厘米现存于阿姆斯特丹荷兰国立博物馆（Rijksmuseum），编号：RP-T-1889-1-1917

grooten Tartarischen Cham］启发而设计建造。该书记载和描绘了荷兰使团于1654年至1657年访问中国朝廷期间的见闻。[15]或者，该建筑的设计灵感也可能来自荷兰人在巴西建造的木质岗楼，因为约翰·毛里茨亲王曾于1637年至1644年担任荷属巴西总督。[16]

圆形露天剧场下方坐落着一条运河，逐级而下直至山脚处分别设置了几座圆形喷水池。处于画面中心的第一座喷水池中央伫立着由佛兰德斯雕塑家老亚图斯·奎利纳斯（Artus Quellinus the Elder，1609—1668年）设计的智慧女神弥涅耳瓦的大理石雕像。该雕像由阿姆斯特丹市在1660年赠予毛里茨亲王，以此表达像毛里茨亲王这样有能力的统治者通过军事力量以及对和平的追求，成功地为人民提供了护佑。[17]但这幅画中画家选取的角度未能将最下方、同时也是最壮观的喷水池米兰达喷泉（Fontana Miranda）以及战神玛尔斯雕像囊括进画面之内。这里的战神雕像或可称之为立柱之上的"钢铁侠"（Iron Man），建造于1653年。另一位画家扬·范·戈尔（Jan van Call，1656—1703年）创作于约1675至1685年的作品（见图100）则对立柱和雕像进行了展现。然而，这根本意用来倡导和平的立柱，却是园中陈列的少数通过战争获得的战利品之一，这种自相矛盾的设置，在颂扬园林创立者毛里茨亲王的英雄主义和军事实力的同时，也的确发人深省。[18]

当第一次被记录在皇家收藏的藏品名册中时，这幅作品被归入一位名为"Oldenburgh"的画家名下。但这个名字有可能为笔误，画家真名或为"Uylenburgh"，即荷兰风景画家格里特·乌伦博格（Gerrit Uylenburgh，1625—1679年）。乌伦博格来自荷兰载伊德柯克（Zeiderkerk），于1676年迁居英国并成为查理二世的绘画藏品管理人（Picture Keeper）。[19]此外，还有不计其数的艺术家曾造访克利夫斯园林并留下了绘画作品，画中左下角正在用画笔记录眼前美景的艺术家（见图99细节图）或为画家本人的自画像，但画家设置这一细节也可能是为了反映这些奇异独特的园林在当时引起的广泛兴趣。[20]1679年，在约翰·毛里茨亲王去世后不久，威廉三世来到了克利夫斯园林，而且肯定受到了这些园林美景的影响，而他的宫廷画师们也毫无疑问从克利夫斯这些巴洛克风格的园林中汲取了创作灵感。在17世纪晚期荷兰新建的一众园林中，这幅画中的圆形露天剧场及其立面设置的弧形凹陷成为反复出现的特色，最直观的展现就是汉斯·威廉·本廷克位于佐弗利特（Zorgvliet）乡村庄园中半圆形结构的橘园以及为威廉三世兴建的罗宫（Palace Het Loo）的弧形凹陷。

威廉三世在荷兰造园的雄心在建造罗宫时达到了极致。1684年，威廉三世将罗宫原址作为猎宫购买下来，在他1689年登基成为英国君主之后，便将罗宫及其花园改建成为更为舒适的皇家宫殿。罗宫原址最初的布局形成于17世纪80年代，后来在威廉三世的造园总监本廷克的指挥下，包括胡格诺派新教徒丹尼尔·马洛特在内的建筑师团队对这里进行了彻底重建。马洛特首先为罗宫设计了“下花园”，其中包括八座装饰性花坛。从1692年至1694年，设计师在“下花园”的基础上又增建了“上花园”（Upper Garden），从而在上下花园之间形成了一条长长的南北轴线，轴线外侧设置有半圆形的柱廊。整座园林之中共有超过五十种形态各异的喷泉和水景装饰。此外，鉴于法国园林中曾以雕塑将路易十四比作法国的太阳神阿波罗，罗宫的花园里也设置了一系列雕像，将威廉三世歌颂为荷兰的大力神海格力斯（Hercules）。17世纪90年代，威廉三世的御医沃尔特·哈里斯（Walter Harris）曾留下了一段关于罗宫花园的记录，他写道：“整体来看，这几座园林极为宏大壮观，是为与如此伟大君主可堪匹配的佳作。整座工程耗资巨大，装饰之多变新奇，令人叹为观止。众多能工巧匠辛苦劳作九年之久。这座工程早于几年前即已完工，各个方面都实为尽善尽美。”[21]

这座为了巩固威廉三世君主统治地位而开展的奢华工程得到了详细记录。当时的艺术家们制作了大量关于罗宫以及其他皇家宅邸的版画，以供皇室宣传之用。来自阿姆斯特丹的贝特斯·斯汉克（Petrus Schenk，1660—1713年）和罗梅恩·德·胡格（Romeyn de Hooghe，1645—1708年）等版

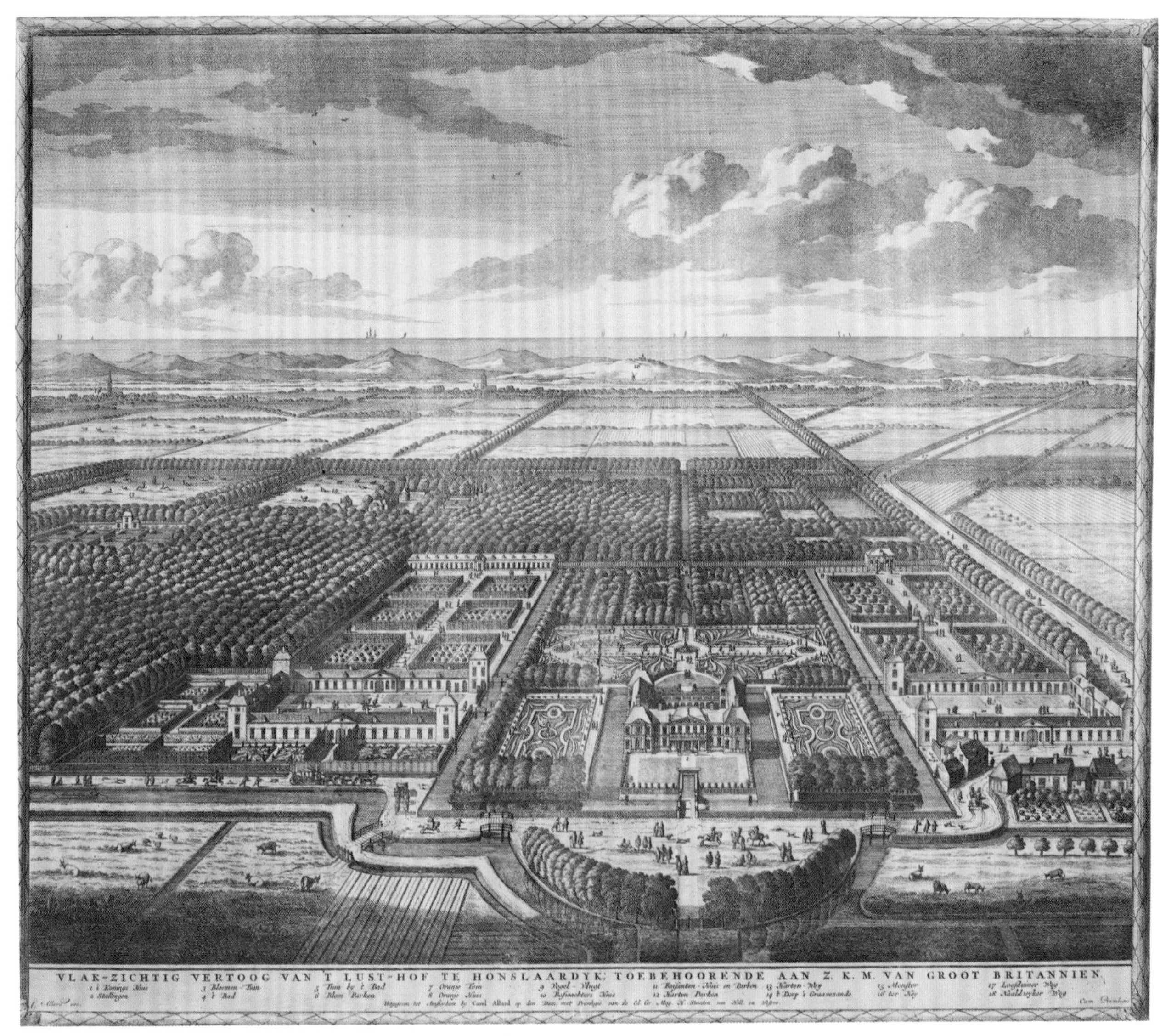

左图：图101《洪斯拉贺斯戴宫景色》（*View of Honselaarsdijk*），由荷兰画家卡雷尔·阿拉德（Carel Allard，1648—1709年）创作于1710年。蚀刻版画，51.3厘米×59.3厘米（页面尺寸）英国皇家收藏，编号：704280

顶图：图102《彼得堡庄园风景：长步道及庄园建筑一角》（*Petersburg: view of the Long Walk and a part of the House*），由版画师丹尼尔·斯杜朋戴尔创作于约1719年。
蚀刻版画，16.8厘米×20.8厘米（版画尺寸）
英国皇家收藏，编号：704284.d

上图：图103《彼得堡庄园风景：从长步道观赏庄园背面风景》（*Petersburg: rear view of the Residence from the Long Walk*），由版画师丹尼尔·斯杜朋戴尔创作于约1719年。
蚀刻版画，17.0厘米×21.0厘米（页面尺寸），16.2厘米×20.2厘米（刻板尺寸）
英国皇家收藏，编号：704284.h

画师在这些园林图像的传播方面起到了重要作用。在当时的荷兰宫廷内部，伊斯雷尔·西尔维斯特和亚当·贝哈尔创作的凡尔赛宫版画受到广泛赞誉，并且成为争相收藏的对象，于是斯汉克和胡格便模仿西尔维斯特和贝哈尔的创作风格制作了一系列描绘威廉三世园林的版画作品。[22]这些作品催生了一个新市场，其中描绘洪斯拉贺斯戴罗宫（见图101）以及豪斯登堡等其他皇家庄园的版画成为这个市场的主体，但市场上也不乏展现其他宫廷圈成员以及一些商人、银行家等新富人士花园宅邸的艺术作品。彼得堡（Petersburg）庄园即为后者的例证之一。这处庄园原名为豪斯登哈姆（Huys ten Ham），归克里斯托弗尔·范·布兰茨（Christoffel van Brants，1664—1732年，俄国沙皇彼得大帝驻荷兰宫廷代表）所有，布兰茨为表达对沙皇的敬意而为其改名。版画师丹尼尔·斯杜朋戴尔（Daniel Sttopendaal，1672—1726年）曾经以“凯旋之河费赫特”（The Triumphant Vecht）沿岸的新贵宅邸和花园为对象创作了一系列著名的版画作品（见图102和图103）。这些作品后来被附上了由另一位版画师安得利斯·德·莱茨（Andries de Leth，1671—1732年）撰写的文字，并于1719年出版面世。[23]彼得堡庄园中由阿姆斯特丹建筑师西蒙·斯汉恩伏特（Simon Schijnvoet，1653—1727年）设计布局的新花园就曾出现在这个系列的版画作品中。17世纪90年代和18世纪前十年，此类出版物在荷兰如潮水般涌现出来，这也证实了荷兰当时在版画制作和绘画创作领域的领先地位，荷兰的画家和版画师成为17世纪晚期描绘英国巴洛克式园林的创作主体。

英式园林

荷兰艺术家第一次大规模涌入英国，并非始于园林爱好者威廉三世和玛丽二世1689年登基成为英国共治君主，而是始于查理二世1660年结束荷兰流亡之后回到英国重新执掌王权。英国共和国时期（1649—1660年）结束后，建造和装饰乡村庄园的热潮在全国得以复苏。鉴于英国在工作和赞助机会方面拥有更好的前景，一大批荷兰制图艺术家开始迁居伦敦，其中包括出生于海牙并在此完成绘画训练的风景画家、版画家亨德里克·丹克斯

对页图：图104《汉普顿宫》，由亨德里克·丹克斯创作于约1665—1667年。
布面油画，102.5厘米×99.7厘米
英国皇家收藏，编号：402842

图105《诺丁汉郡沃拉顿庄园及园林》(*Wollaton Hall and Park, Nottinghamshire*)，由简·希伯利希海茨创作于1697年。
油布油画，191.8厘米×138.4厘米
现存于耶鲁大学英国艺术中心(Yale Center for British Art)保罗·梅隆收藏(Paul Mellon Collection)，编号：B1973.1.52

（Hendrick Danckerts，约1625—1680年）。查理二世重新掌权之后，一众达官显贵急于向复辟王朝表达忠心，于是市场上对皇家宅邸图像的需求日益增长。此外，1660年至1680年，英国宅邸中在壁炉和门框上方嵌入鸟瞰风景装饰图也成为普遍现象。丹克斯并非第一个采用鸟瞰视角记录英国庄园及园林的画家，[24]但对这种绘画技巧的熟练掌握使他成为迎合这一绘画新风尚的完美人选。例如，英国传记作家塞缪尔·佩皮斯（Samuel Pepys）曾记录了丹克斯于1669年1月22日的一次到访："著名的风景画家丹克斯先生……测量了我餐厅的装饰板……我准备在这里装饰四幅国王宫殿的风景画，分别为白厅宫、汉普顿宫、格林威治宫和温莎城堡。"[25]

这幅《汉普顿宫》（*Hampton Court Palace*，见图104）风景图可能是亨德里克·丹克斯为查理二世所绘制的"几幅远眺景观图"之一。[26]该画创作于约1665—1667年，画中展示的建筑外立面为都铎时期旧制，后于1700年被英国天文学家、建筑师克里斯托弗·雷恩爵士（Sir Christopher Wren，1632—1723年）改造成为与此前全然不同的新东立面。但这幅作品的刻画重点并非建筑，而是园林，第一次向大众展示了被称为长河（Long Water）的人工运河。这条耗资巨大的运河开凿于1661—1662年，全长约1.6千米，与为查理二世的新娘——布拉干萨的凯瑟琳（Catherine of Braganza）准备的寝宫阳台构成一条直线。此外，正如凡尔赛宫的阿波罗喷水池和大运河为路易十四在17世纪60至70年代举办的庆典活动充当背景，查理二世与凯瑟琳的结婚庆典活动也是以长河为背景展开的。长河两侧各栽种着两排欧椴树，工程规模之大前所未有，这也代表着欧洲大陆的巴洛克园林风格第一次融入英国的园林规划中来。[27]

第一批从低地国家移居英国并专攻乡村庄园全景图创作的画家中，最有成就的要数来自安特卫普的简·希伯利希茨（Jan Siberechts，1627—约1703年）。希伯利希茨最成功的作品中对于细节的高超刻画，半个世纪之后的意大利画家卡纳莱托（Canaletto）在他的系列伦敦风景图中才得以企及。此外，希伯利希茨还采用了多变的构图方式，这在全景风景图创作中属于新的尝试。希伯利希茨创作的作品在当时极其畅销，这为他赢得了巴斯（Bath）朗利特（Longleat）庄园园主托马斯·锡恩爵士（Thomas Thynne，1640—1714年）和沃拉顿庄园（Wollaton Hall）主人托马斯·威洛比爵士（Thomas Willoughby，1672—1729年）的赞助。希伯利希茨存世作品中创作时间最晚的一幅（见图105）可追溯至1697年，说明直至威廉三世积极寻求丰富的英国皇家园林景观时，希伯利希茨仍然活跃在绘画界。但据我们目前所知，他并未接到过皇室委托的订单。[28]事实上，展现英国巴洛克园林风景的最佳杰作由一位相对小咖的画家——来自荷兰哈勒姆的里奥纳德·奈夫创作而成，这幅作品是奈夫在安妮女王期间绘制的《汉普顿宫风景图》（*View of Hampton Court*，见图106）。

奈夫的作品以惊人的细节展现了威廉三世在1702年去世之前对汉普顿宫建筑和园林进行的改建。在丹克斯创作于约1665年的汉普顿宫风景图中，长河几乎流到了宫殿的东立面脚下。但后来威廉三世下令将长河后撤，在雷恩爵士设计的新东立面窗下设置了一处大花坛（Great Parterre）。在草皮上修剪出各种流畅的线条，组成繁复的图案，并铺上彩色的砾石，这种英式风格的花坛（*parterres à l'anglaise*）成为改建后的园林中令人赏心悦目的装饰中心。大花坛被一条中央长街以及一条半圆形的步行道分隔为若干部分，长街和步行道上以固定间隔设置了十三处喷泉，使得改建后的新花园得名"喷泉花园"（Fountain Garden）。令人意想不到的是，除了长河两侧的欧椴树，设计者又下令栽种了超过两千株欧椴树，形成以建筑东立面为中心、呈鹅掌（*patte d'oie*）状放射分布的扇形林荫道网络。

在宫殿的北面，即奈夫画中右侧背景处，原是一大片未经改造的"山野之地"，后来被用作比武场（tilt-yard，举办和观看传统的马上长矛比武大赛的场地）。从1689年开始，园林设计师丹尼尔·马洛特开始费尽心思地对此地进行改造，在此设置了大批高大的角树树篱，将该区域分隔成若干小"房间"和步行道，其中还隐藏着蔓藤架和座椅。相对于向公众开放的园林其他区域，这片"山野之地"面积广阔，极具私密性。但这片区域现存的遗迹只有树篱迷宫，而这只是当初马洛特所设计几何布局的其中一部分。在宫殿的另一侧，即南立面国王御所（King's Apartments）的窗下，原为都铎王朝的旧花园，当时还装饰着抬高的花床和头顶纹章兽的立柱。在1690年至1691年，设计师在都铎花园的旧址上建造了一处新的御花园，并打造了一处新花坛。与大花坛不同的是，此处的花坛是由在修剪成形的草皮（被称为gazon coupé）上铺就细沙而成。原来花园四周的露台被加宽抬高，形成可观赏新花坛的观景台。此外，在西露台处，设计师还专为玛丽王后搭建了一条由无毛榆树组成的高大藤架。

在上述这些项目完成以后，汉普顿宫花园的改建工程便因1694年玛丽王后的骤然离世而暂停。建造园林是威廉和玛丽共同的爱好以及携手推进的事业，正如英国园林设计师史蒂芬·斯威策（Stephen Switzer，1682—1745年）所述："在那位杰出的公主离世之后，对那位王子来说，造园等一切娱乐活动都变得黯然失色"。[29]直至1699年，汉普顿宫花园第二阶段的装饰工程才得以启动，起因是两年前的一场大火将国王的官邸——白厅宫焚毁，于是汉普顿宫的地位得到了提升。在御花园一期改建工程仅仅十年之后，花园内部整个中央区域又被降低约2.4米并被整理平整，目的是使花园

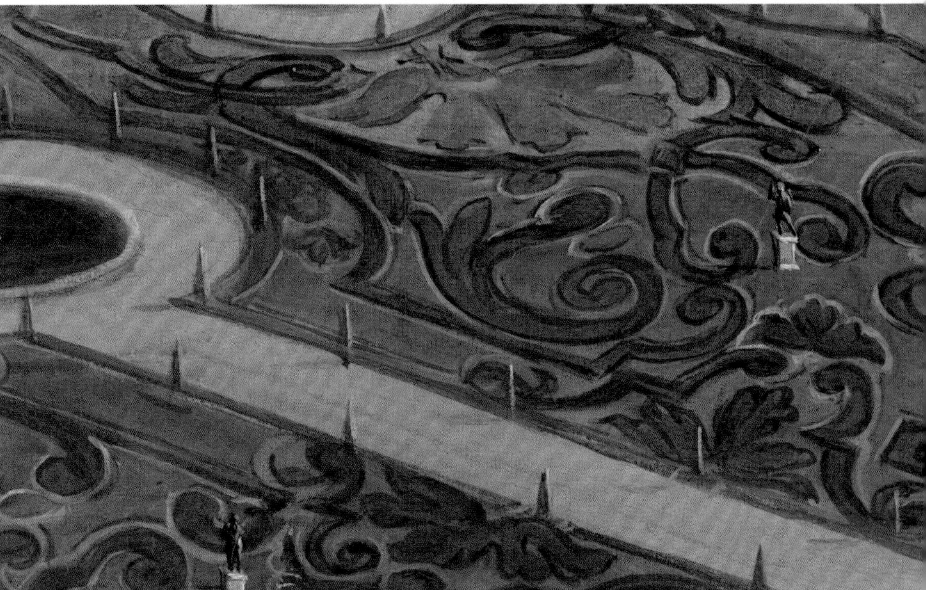

左图及细节图：图106《汉普顿宫风景图》（*View of Hampton Court*），
由里奥纳德·奈夫创作于约1703年。
布面油画，153.1厘米×216.3厘米
英国皇家收藏，编号：404760

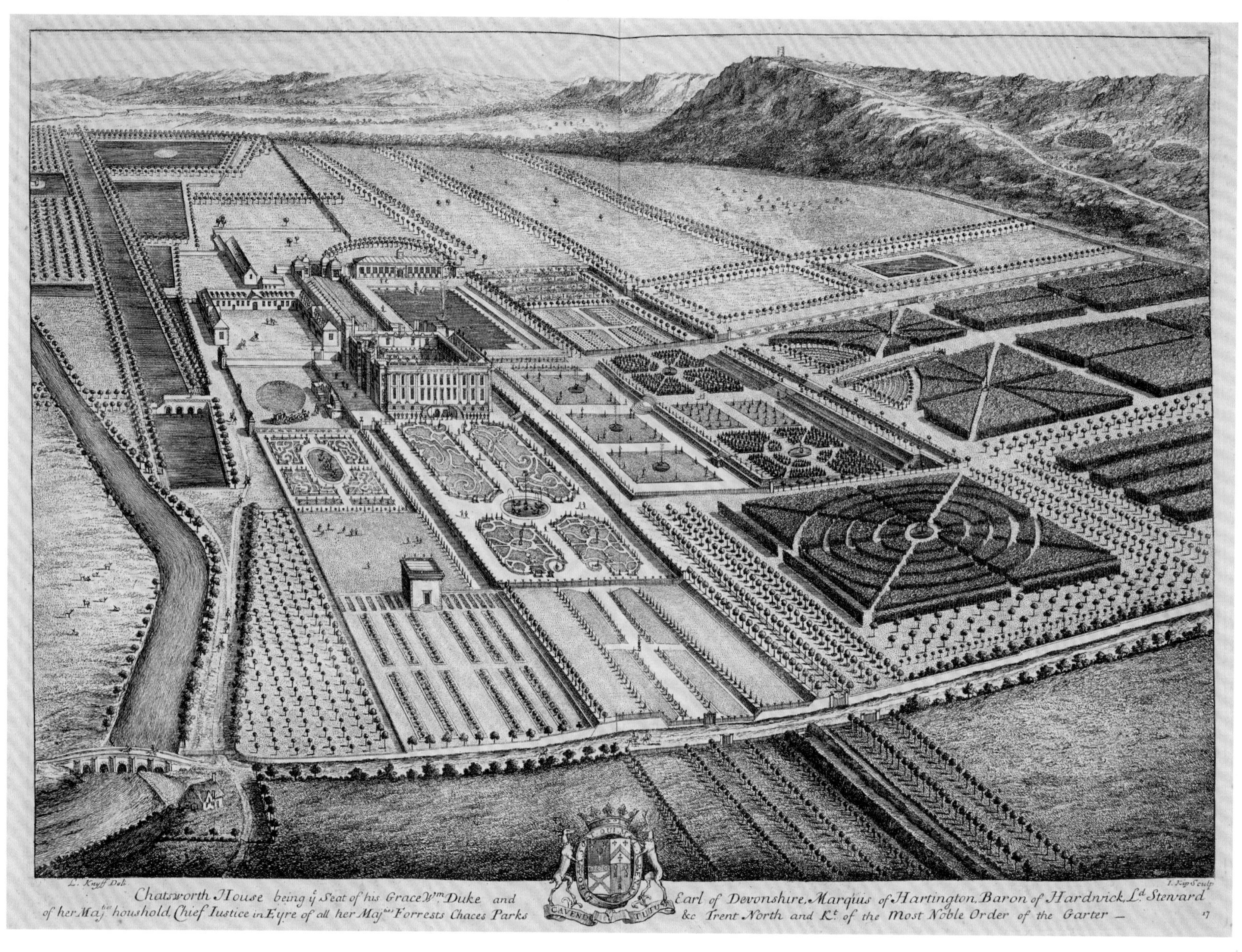

上图：图107《查茨沃思庄园》(*Chatsworth House*)，
仿里奥纳德·奈夫风格创作的作品。
38.3厘米×56.7厘米
英国皇家收藏，编号：1070432, plate 17

中的人们能够欣赏到远处的河景。法国铁匠让·蒂佑（Jean Tijou，1660—1725年）曾在大约1693年为汉普顿宫的喷泉花园打造了十二扇铁栅栏，用于标识喷泉花园的界线，但这些铁栅栏现在被转移到了御花园。[30]1702年年初，荷兰雕塑家约翰·诺斯特（John Nost，卒于1710年）创作的一尊阿波罗雕像曾被竖立在蒂佑铁栅栏前方的圆形草坪之上。在奈夫的汉普顿宫园林风景画中，铁栅栏和阿波罗雕像都清晰可见，可见奈夫作品展示的是晚期的御花园景象。除了上述工程，设计师还从灌木公园（Bushy Park）中开辟出一条通往宫殿的宽阔通道，所有这些二期园林改建项目共耗资40714英镑13先令6.25便士之多。然而，威廉三世直至1702年去世之前也未能有机会委托画家将汉普顿宫园林完工之后的盛景记录下来，反而似乎是威廉三世的坚定支持者、托马斯·科宁斯比爵士（Lord Thomas Coningsby，1657—1729年）向奈夫定制了这幅画作。科宁斯比爵士在赫里福德郡拥有一处同样名为汉普顿宫的庄园，事实上奈夫的第一幅汉普顿宫风景图是在1699年为该庄园创作的，或许科宁斯比爵士随后便委托奈夫创作了《汉普顿宫风景图》（见图106）以作为汉普顿庄园风景图的同伴之作。[31]

据传奈夫在创作一系列英国皇宫与乡村庄园风景版画的准备过程中曾留下“许多伟大”的手绘作品。与这些画作对应来看，《汉普顿宫风景图》中选取的独特视角使得两者看似并非出自一人之手。[32]

这些皇宫和庄园风景版画，有些单独成张，也有些被结集成册并于1707年以《大不列颠图录》（*Britannia Illustrata*）为书名出版面世。这本画册可以说是奈夫对英国园林绘画事业所做出的最杰出贡献，因为它是迄今为止收录英国园林风景图像最为全面的出版物。当时的英国有大批庄园主刚刚新建或者扩建了宅邸和花园，因此急需将这些美景记录下来。与荷兰出版的类似画册相同，《大不列颠图录》旨在发掘这些庄园主身上的商业潜力，只有提前订购才能获得。但该画册第一次出版时因未能吸引到一百位订购者，因此1707年的版本中只收录了八十幅版画作品。作品内容在1708年该画册重印时得到补充，修订版书名更改为《大不列颠最新图解》（*Nouveau Théâtre de la Grande Bretagne*，见图107）。奈夫通过实地探访将景色以手绘图记录下来，而后再由他的合作伙伴荷兰版画师、版画销售商佑哈讷斯·基普（Johannes Kip，1652/1653—1722年）制作成为刻板。奈夫的全景图中所描绘的这些新建、扩建或改建后的世袭贵族庄园，展现了光荣革命（Glorious Revolution）之后全新的巴洛克式园林风格在英国的应用程度。

威廉三世的造园雄心并非仅仅局限于汉普顿宫，他最为炫彩夺目的造园工程事实上是在温莎城堡展开的。此时温莎城堡的宫殿建筑已经被查理二世改建成为巴洛克风格。威廉三世希望能够在城堡北侧新近获得的土地上打造一座与宏伟庄严的国事厅（State Apartments）建筑相匹配的规整园林，为此，他极力邀请路易十四的御用园林设计大师安德烈·勒·诺特赫莅临英国为这座名为“马斯特里赫特花园”（Maestricht Garden）的园林提供设计方案。[33]但勒·诺特赫因年老体弱，最终将设计工作交由自己的侄子克劳德·戴古（Claude Desgots，卒于1732年）负责。园林的建造工作在英国园林设计师乔治·伦敦和亨利·怀斯（见图108）的监督下开展，而且据我们所知，戴古的设计方案后来似乎被修改，并且园林的规模被缩小，至于威廉三世出

上图：图108《亨利·怀斯肖像》，由英国著名肖像画家戈弗雷·内勒爵士创作于约1715年。
布面油画，75.6厘米×63.1厘米
英国皇家收藏，编号：405636

右图：图109《温莎城堡风景图》（*A view of Windsor Castle*），由里奥纳德·奈夫创作于约1702—1708年。
布面油画，152.5厘米×217.2厘米
英国皇家收藏，编号：404917

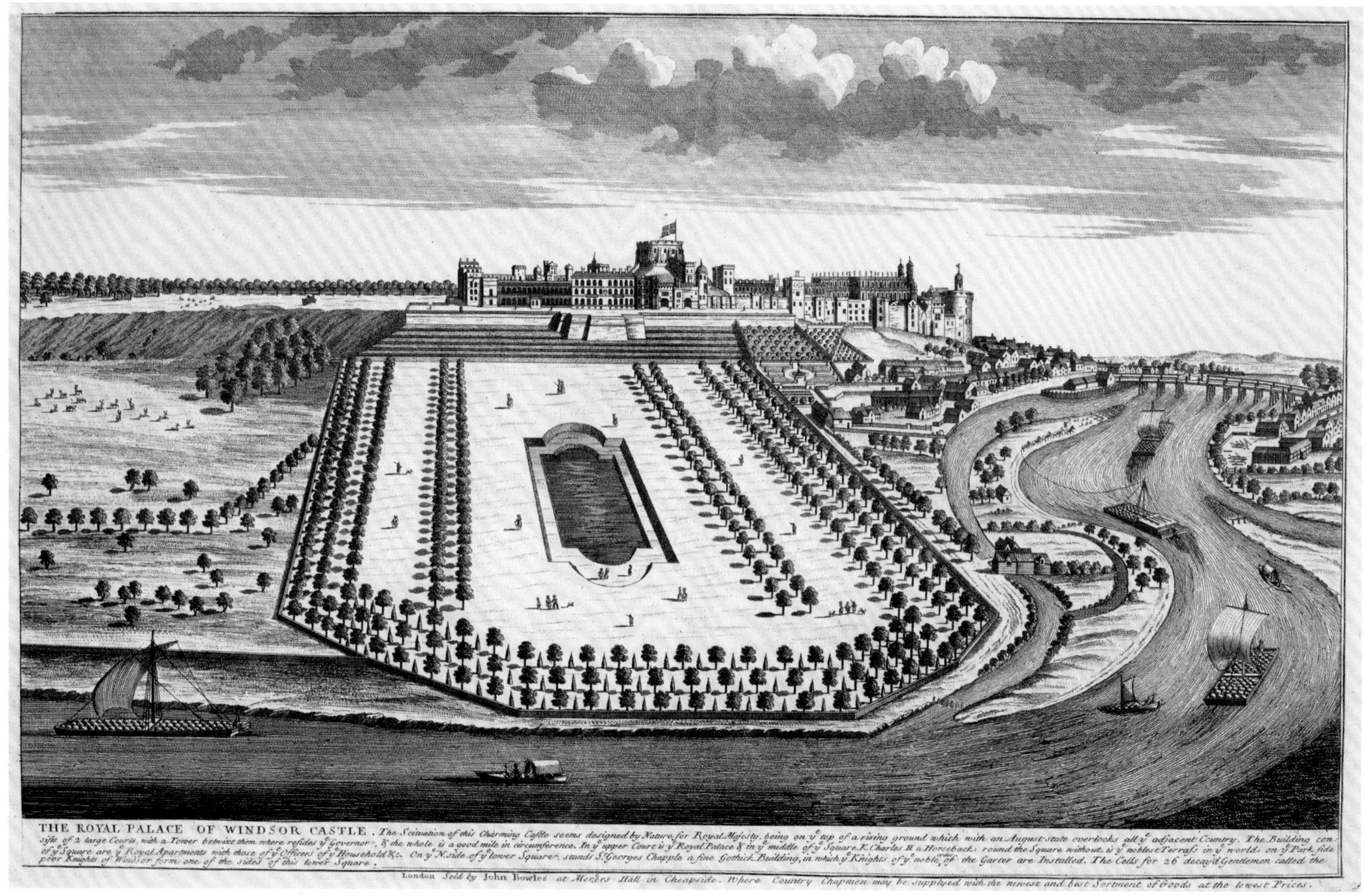

于何种原因下令做出这些修改，我们不得而知。至威廉三世1702年3月离世之际，城堡建筑下方的山坡上已经筑造了露台，沿南北轴线开凿的运河已经完成，在被指定为新园林覆盖区域的四周也都已经栽种了树木。奈夫绘制的油画作品（见图109）展现了工程进行中，即1702年运河开凿之前从北向南远眺温莎城堡园林时的景象。两幅创作时间稍晚的版画作品，即约翰·鲍尔斯（John Bowles）出版的图110和佑哈讷斯·基普根据马克·安特尼·哈德罗伊（Mark Anthony Hauduroy，活跃于18世纪20年代）作品风格创作的图111，则展示了约1708年至约1710年造园工程完成度相对较高时期的园林景象。在第一幅版画作品中，运河已经开凿完成；但在基普创作第二幅版画之时，园林建设得到进一步完善，内部设置了将草皮修剪成不同图案的英式花坛。

基普的版画作品描绘的或许只是温莎城堡园林的一个临时方案，或者他所刻画的花坛设计细节从未被实施，因为亨利·怀斯1712年制作的园林方案图（见图112）展示了与基普版画中完全不同的园林布局。在怀斯的方案图中，运河长度被延长，四周呈放射状设置着几条步行道，而且在园林的北端还设计了一处椭圆形的装饰。怀斯的这份方案或许是原设计方案的修改版，因为园林所在区域为泰晤士洪泛区，所以有些设计必须作出调整。尽管安妮女王通过了怀斯的园林规划方案，但这一造园工程高涨的费用在当时引起了广泛担忧。随着汉诺威王朝第一任君主乔治一世（George I，1660—1727年）的登基，这项奢侈的斯图亚特王朝造园工程被搁置，我们目前从温莎城堡上空可见的运河轮廓和放射状步行道是这项工程留下的唯一痕迹，但好在当时的艺术家们创作的绘画和版画作品为其留下了视觉记录。

对页图：图110《温莎城堡皇家宫殿》（*The Royal Palace of Windsor Castle*），由约翰·鲍尔斯于大约1723—1733年出版。
蚀刻版画
32.2厘米×46.4厘米（页面尺寸）
28.3厘米×45.7厘米（刻板尺寸）
英国皇家收藏，编号：700169

右图：图111《温莎皇宫及温莎镇》（*The Royal Palace and Town of Windsor*），由佑哈讷斯·基普根据马克·安特尼·哈德罗伊的作品风格创作于约1720年。
蚀刻版画
48.2厘米×66.6厘米（页面尺寸）
48.9厘米×66.8厘米（刻板尺寸）
英国皇家收藏，编号：700142

下图：图112《温莎设计图》（*A design for Windsor*），由亨利·怀斯绘制于1712年。
铅笔画、水彩
73.5厘米×154.0厘米
英国皇家收藏，编号：929577

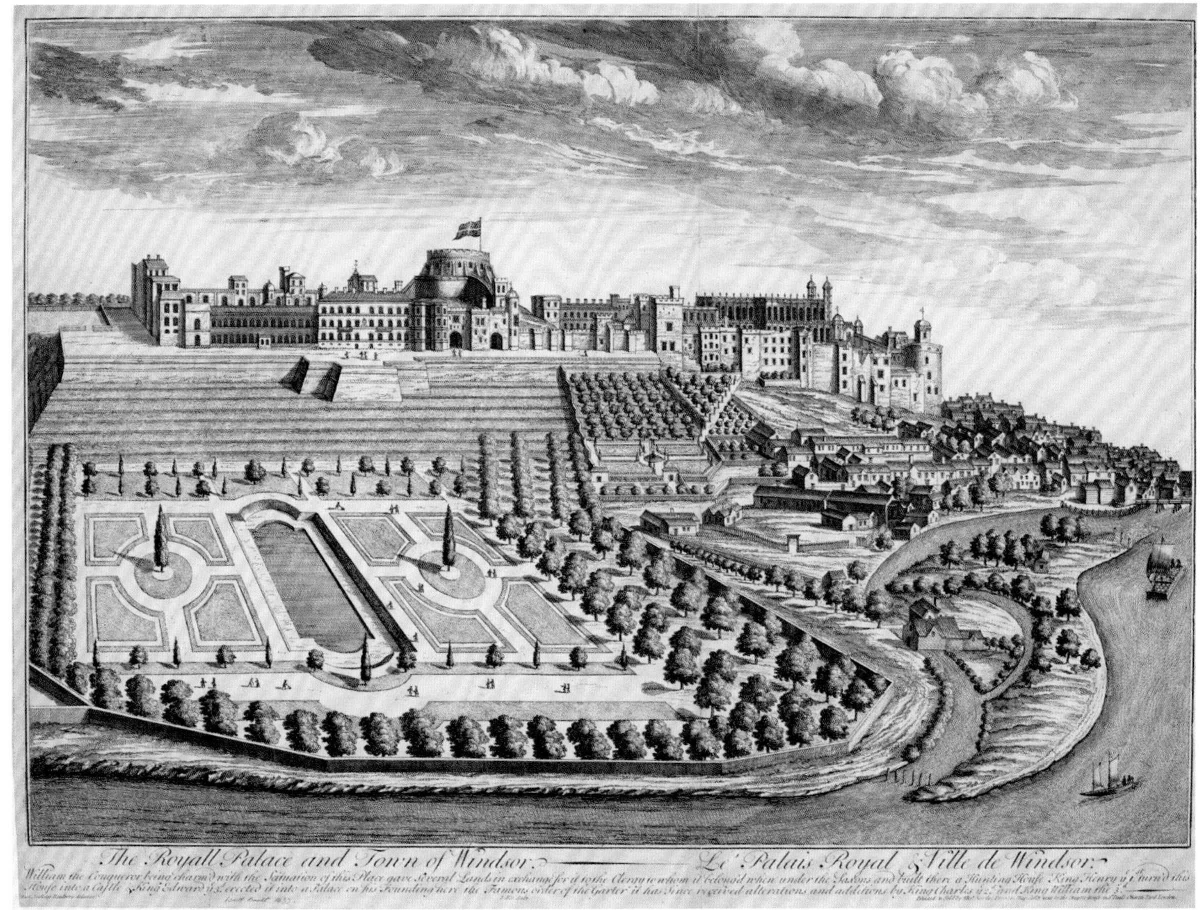

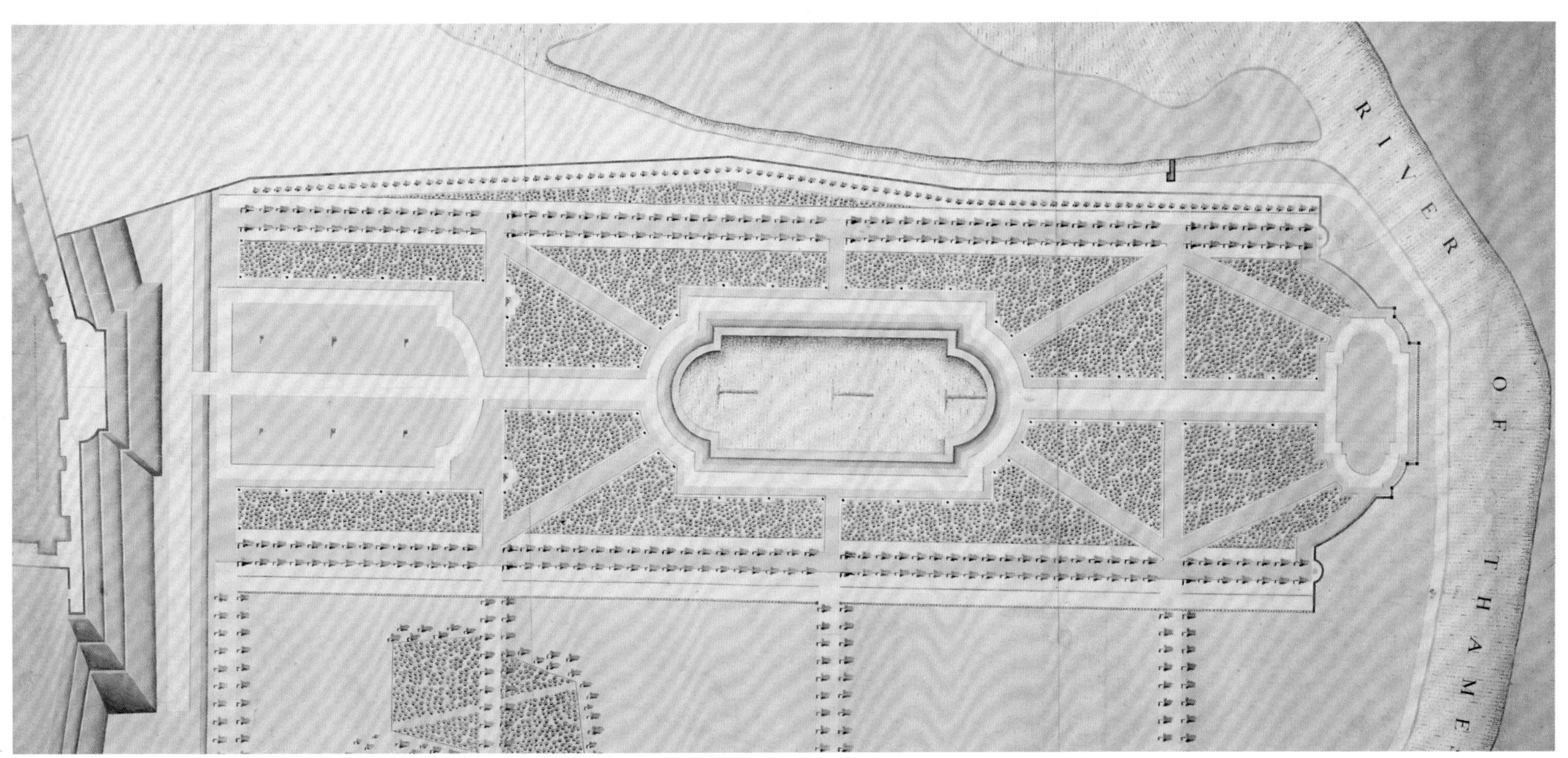

右图及细节图：图113《温莎城堡》（*Windsor Castle*），由英国画派画家创作于约1710年。
布面油画，68.0厘米×83.0厘米
英国皇家收藏，编号：400926

在“马斯特里赫特花园”（Maestricht Garden）附近，有一小块被称为“管家自留地”（The Steward's plot）的条状土地。18世纪早期，圣乔治大学（College of St George）曾将此地改造成了一座果园。一幅创作于约1710年的油画作品（见图113）向我们展示了这座果园的外观。从画中看，这是一座纯实用性的果园，工作人员正在园中辛勤忙碌，记录这种景象的艺术作品并不多见。在大约1710年之前，蔬菜和水果是分别在不同的园子里培育的，而这座园子被用来专门栽种果树。藤类水果（覆盆子）的蔓藤、黑加仑灌木丛以及醋栗灌木（尺寸更小的球形作物）被整齐地栽种成行。在这些植物的右侧，一位园丁正在为照顾一株可能是甜瓜的植物。甜瓜是当时新近引进的作物，价格高昂，所以每株都用玻璃罩加以保护。这种作物需要高温和肥料才能茁壮成长。

巴洛克园林构成要素

随着17世纪正式园林建造业的蓬勃发展，园林绘画也日趋成熟。园林景观发展成为单独刻画的独特绘画主体，而不再仅仅是肖像画的附庸。这幅梦幻般的园林景观图（见图114）是由荷兰画家阿德里安·范·迪斯特（Adrian van Diest，1655—1704年）或杰拉德·范·埃德玛（Gerard van Edema，约1652—1700年）于大约1690年至1700年在英国创作的。该作品描绘的是一座形制规整的荷式园林，许多正式园林包含的构成要素在其中都得到了展现。我们的目光首先沿着画家设置的狭长观景通道，越过茂盛的树林，来到远景处的亭阁。画面前景处是一座六边形水池和从中喷涌而出的喷泉。在台阶的入口处，两侧各摆放着一棵种在陶质花盆中的橘子树，橘子树旁不断有人踱步而过。行人漫步的人行道一侧设置着由格子架搭起的树篱。这幅园林景观图实际上是为园林建筑而作。它第一次出现在英国皇家收藏是在安妮女王时期。[34]画中描绘的园林位于温莎城堡南侧，安妮女王在温莎城堡居住时经常来此漫步。英国旅行家西莉亚·费因斯（Celia Fiennes，1662—1741年）在1712年如此描述这座私密的小花园：

> 女王的居所前面就是这座花园，从会客室出来就来到一片砾石铺就的露台，而后走下台阶来到一大片绿地，绿地上有四张涂成白色的长椅。长椅背后更是一片绿意盎然，种满了各种树木，例如月桂、柏树、紫杉、金字塔形树和紫薇。这座园子的周围装有涂漆的铁栅栏，从而与另一座花园分隔开来。另一座花园里种满了各种绿植和花卉，尽头还有一道树篱以及步行道，通往一座栽种有低矮果树的果园。这些花园和果园内部都有砾石铺就的步行道以及悠长的林荫道，种类之繁多仿佛只有在画中才能出现。[35]

对页上图：图114《一座花园子》，由英国画派画家创作于约1700年。
布面油画，61.3厘米×114.0厘米
英国皇家收藏，编号：400526

对页下图：图115《伦敦城、威斯敏斯特和圣詹姆士公园景观图》（*Veue et Perspective de la Ville de Londre, Westminster et Parc St Jacques*），由荷兰版画师、版画销售商佑哈讷斯·基普创作于约1727年。
蚀刻版画，100.1厘米×208.3厘米
英国皇家收藏，编号：702207

这条“悠长的林荫道”出现在了这幅名为《一座花园子》（*A Garden*，图114）的壁炉装饰画中。不管是延伸的中轴线、各种水景，还是雕塑、室外花瓮、日晷和铁艺装饰，这些巴洛克园林的构成要素在17世纪和18世纪初的园林艺术中都能找到一席之地。

长景

17世纪早期的意大利建筑家，例如文森佐·斯卡莫奇（Vincenzo Scamozzi），就曾经谈论过，构建一条令人印象深刻的直线通道通向设计中的建筑，这种做法在建筑设计中非常重要。构建直线通道的理念在园林设计中也迅速获得认可，成为规整园林中的重要特色之一。[36]法国园林设计师安德烈·穆雷曾在他的园林设计专著《乐园》（*Le Jardin de Plaisir*，1651）中指出，以建筑所在的中轴线为基准开辟多条观景通道和人行道，如此一来，该建筑所处的整块区域看起来都会成为它的附属。穆雷曾在英国、荷兰、法国和瑞典多国从事园林设计工作，而且也正是在他的影响下，壮观的林荫道或景观大道开始在全欧洲的皇家园林中出现。穆雷在英国的园林设计工作最初受雇于国王查理一世及王后亨利埃塔·玛丽亚（Henrietta Maria，1609—1669年）。而在1660年复辟政权后的查理二世就园林设计征询建议时，曾担任其父母御用园林设计师的穆雷自然就成为征询对象。此时的查理二世正致力于将被忽视的英国皇家园林变身成为如他所亲历的法国皇家园林一般美轮美奂的空间，并且能够支撑像法王路易十四一样奢华的宫廷生活。甚至在穆雷于1661年正式担任圣詹姆士宫“国王御用园林设计师”一职之前，查理二世就已经下令改造与圣詹姆士宫毗邻的鹿苑——圣詹姆士公园的布局。

穆雷设计的改建方案彻底改变了这座曾为猎苑的园林，将其改建成为可供大众观赏游乐的公共园区，并一直沿用至今。佑哈讷斯·基普在1727年前后创作了一幅关于圣詹姆士公园的版画（见图115），该作品记录了这座园林前后的转变。这幅版画的观景点取自白金汉宫如今所在位置的白金汉庄园（Buckingham House）屋顶处，由西向东望向圣詹姆士公园。基普创作的这幅伦敦全景图的画面主体为那条略微倾斜的新建运河。运河由西向东流淌，全长850米，两侧各栽种两行榆树。在运河尽头处，左右两侧连接几条栽种着欧椴树的街道，这些呈鹅掌状分布的街道分别通向林荫道（Mall）和鸟舍道（Birdcage Walk）。但讽刺的是，这张宏大全景图的中心区域，即运河沿岸以及放射状欧椴树街道覆盖地区，加起来最多也不过与白厅宫皇家骑兵卫队阅兵场（Horse Guards Yard）毗邻的旧比武场面积相当。查理二世

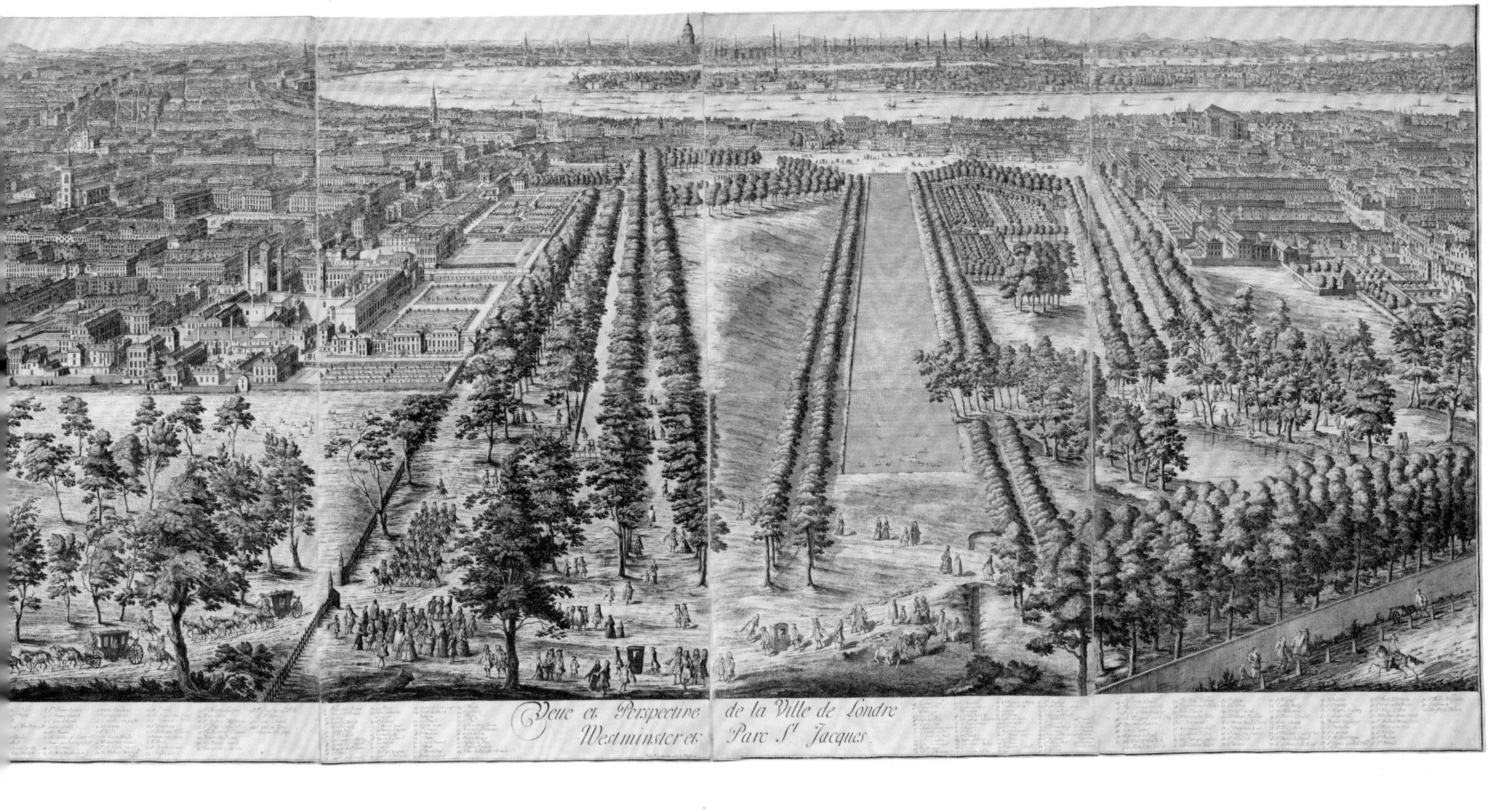

Veue et Perspective de la Ville de Londre
Westminster et Parc St Jacques

左图：图116《圣詹姆士宫及附近区域》(*St. James's Palace and Parts Adjacent*)，由英国版画师威廉·汤姆斯创作于1736年。
蚀刻版画，20.6厘米×33.1厘米
英国皇家收藏，编号：703041

下左图：图117《肯辛顿皇宫》(*The Royal Palace of Kensington*)，由亨利·欧维顿与J.胡尔出版于约1720—1730年。
蚀刻版画
58.2厘米×90.2厘米（页面尺寸）
56.9厘米×87.6厘米（刻板尺寸）
英国皇家收藏，编号：702920

下右图：图118《森林志》，又名《森林树木的话语》，由英国作家约翰·伊夫出版于1670年（第二版）。
书名页
英国皇家收藏，编号：1167072

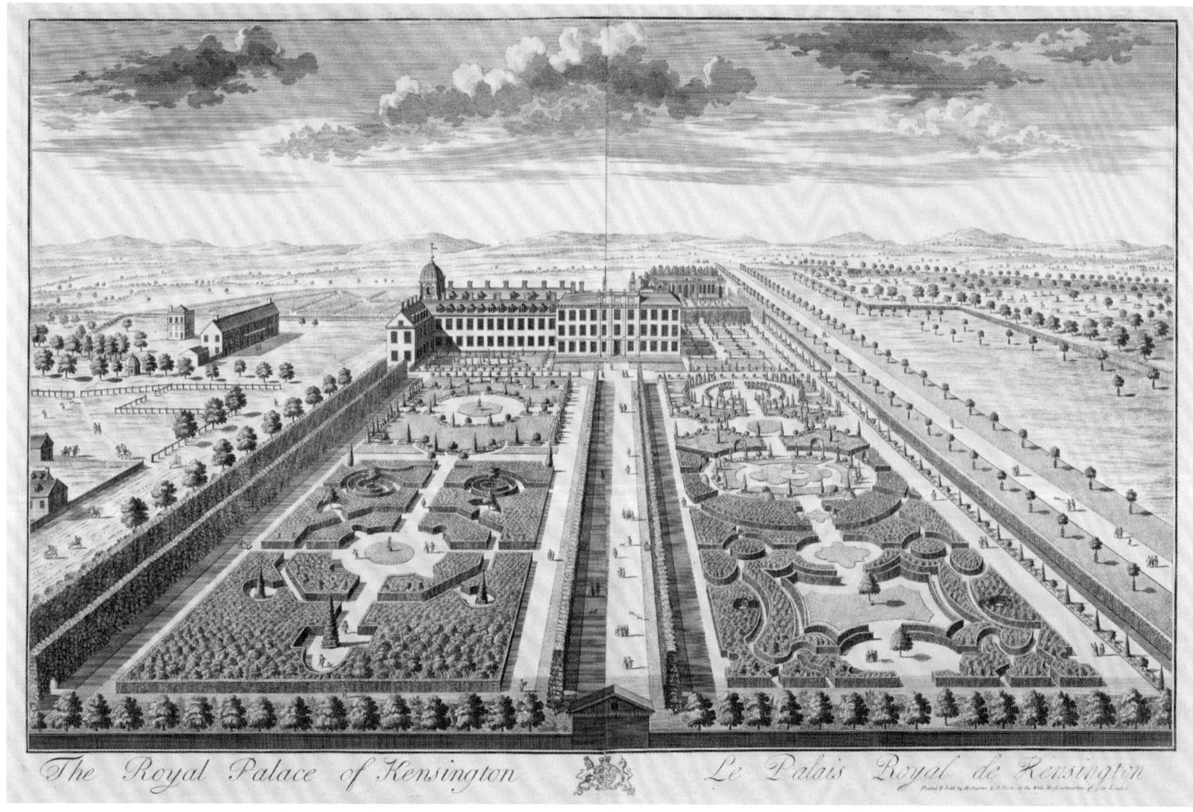

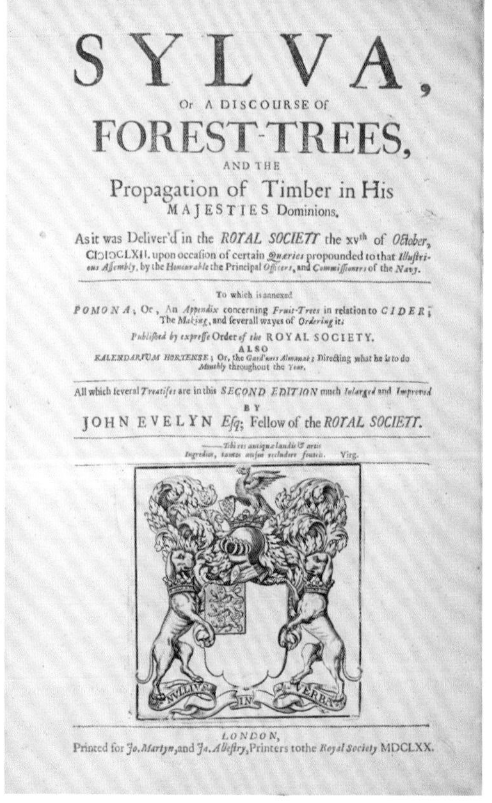
SYLVA,
Or A DISCOURSE OF
FOREST-TREES,
AND THE
Propagation of Timber in His
MAJESTIES Dominions,

As it was Deliver'd in the *ROYAL SOCIETY* the xv[th] of *October*, CIↃIↃCLXII. upon occasion of certain *Quaries* propounded to that *Illustrious Assembly*, by the *Honourable* the Principal *Officers*, and *Commissioners* of the *Navy*.

To which is annexed
POMONA; Or, An *Appendix* concerning *Fruit-Trees* in relation to *CIDER*; The *Making*, and severall wayes of *Ordering* it.
Published by expresse Order *of the* ROYAL SOCIETY.
ALSO
KALENDARIUM HORTENSE; Or, the *Gard'ners Almanac*; Directing what he is to do *Monthly* throughout the *Year*.

All which several *Treatises* are in this *SECOND EDITION* much *Inlarged* and *Improved*
BY
JOHN EVELYN *Esq*; Fellow of the *ROYAL SOCIETY*.

——*Tibi res antiquæ laudis & artis Ingredior, tantos ausus recludere fontes.* Virg.

LONDON,
Printed for *Jo. Martyn*, and *Ja. Allestry*, Printers to the *Royal Society* MDCLXX.

曾经构思了将白厅宫以新古典风格重建的大胆方案，如果这些方案得以实施，那么穆雷以巴洛克风格白厅宫的国事厅作为新建运河中点这一新布局的视觉逻辑就会清晰起来。而运河本身则在夏天和冬天分别成为划船和滑冰的好去处。英国诗人埃德蒙·沃勒（Edmund Waller，1606—1687年）曾在他于1661年创作的诗歌《国王陛下新近改造升级的圣詹姆士公园》（*On St James's Park as Lately Improved by his Majesty*）中赞叹道：

我似乎看到了即将萌发的爱意，
情侣们漫步在充满暧昧的树荫里；
男人在河边向心仪的女孩儿大秀舞艺，
他们夏天在河水里游泳，冬天则在冰面上花式炫技。
我似乎听到了船上飘来的音乐声，
也听到了随声附和的回声。[37]

圣詹姆士公园与圣詹姆士宫毗邻的北部边界沿线同样也是休闲娱乐区。这条边界在基普的版画中是一条明显的斜线。这一区域拥有多条林荫道，浓密的树荫下是人们进行夏季游戏蓓尔美尔（*paille maille*）的好去处。蓓尔美尔是当时盛行的一种类似槌球的游戏，游戏者在铺满海扇粉和海扇壳的地面上以长柄球杆击球入铁圈。在查理二世统治时期，平民百姓可以畅通无阻地进入园内，而穆雷宏大的设计方案不仅使圣詹姆士公园成为休闲社交的活动场所，也为国王提供了一个可以闲庭信步、偶遇臣民并与之闲谈的合适场合。约翰·伊夫林曾在1671年3月1日记述道："我有很多机会与陛下交谈，经常与他一道从圣詹姆士公园走回皇宫花园。"[38]

1661年，安德烈·穆雷受命为查理二世的圣詹姆士宫建造一座新的御花园，但如何设计一处不带中轴线的新装饰风园林，这个问题使穆雷备受困扰。在英国版画师威廉·汤姆斯（William Toms，约1700—约1750年）制作的一幅版画作品（见图116）里，我们得以一窥这座新建的御花园。这幅作品的描绘重点是圣詹姆士宫及其毗邻区域，采用了与基普作品左侧画面相似的观察视角（但比后者略低）。在该版画的远景中，圣詹姆士宫殿建筑左前方，一路之隔之处，即是这座御花园。这座园林的设计采用了装饰风格，但因"附近不具备可观察它的高点"[39]，穆雷不得不在设计中省略了刺绣纹样装饰的花坛（*parterres de broderie*）。作为替代装饰方案，穆雷用柏树树篱将园中区域进行分隔，然后在分隔出的苗床上栽种了各种花卉和矮生果树，其中有些花卉和果树被栽种在容器中，而另外一些则如汤姆斯作品左下角所展示，沿着边界墙栽种，从而形成树墙。

在威廉三世和玛丽二世接管了位于肯辛顿的诺丁汉庄园（Nottingham House）之后，一座新的皇家宫殿于1689—1691年在此处诞生，随之而来的即是1690—1696年建造的一系列新园林。在此过程中，穆雷遭遇的上述问题并未再次出现。设计师们引入的主体花园设计呈现了当时盛行的巴洛克风格园林的缩影：宫殿建筑南侧设置了一条宽阔的中轴线，两侧坐落着装饰性花坛，花坛纹样对称、和谐。中轴线两侧最初栽种了成行的树木，但这些树木后来被树篱取代。1702年，在"住宿区常绿树篱和开花灌木种植项目"实施期间，共有三千五百株灌木被栽种在这一区域，这些灌木在亨利·欧维顿（Henry Overton，1676—1751年）与J.胡尔（J. Hoole，活跃于18世纪20年代）共同制作的版画作品（见图117）中可窥一斑。[40]此外，花坛灌木丛中繁复的旋涡状纹样明显出自丹尼尔·马洛特之手。尽管安妮王后在她统治时期曾对该花园进行过重大改建，但威廉三世时期设置的主体框架一直完整保存至乔治王时代（Georgian period，1714—1837年）早期，而园中的中轴线步行道则被保存至今。[41]

1654年，英国作家、园林设计师约翰·伊夫林发明了"avenue"（大道）一词，用来形容"建筑前方主要的步行通道"，于是园林设计中新近出现的延伸轴线也被大众认可接受。[42]作为英国皇家学会（Royal Society）的创建者之一，伊夫林是一位造诣极高的艺术家。他的兴趣爱好十分广泛，其中就包括园林设计，尤其是树木的栽种培育。1664年，伊夫林出版了就这一领域的研究成果，即《森林志》，又名《森林树木的话语》（*A Discourse of Forest-trees*，见图118）。书中探讨了在道路两侧栽种树木这一理念，认为这不仅能够在正式园林或街道景观中进一步提升装饰效果，而且也是一项可取的经济甚至政治成果。英国的木材储备在内战期间已经消耗殆尽，为了海军舰船的建造以及商业发展需求，木材库存急需补充。《森林志》一书的目标受众为当时英国的有产阶级，号召他们不仅要在自己的领地上植树造林，还要在自己庄园的道路两侧栽种树木，并称此举不仅有助于提升他们自身庄园的外观，同时也是一项爱国行为。这本书在当时颇受欢迎，有产阶级曾大批量购入该书。书中将自我提升与爱国热情合二为一的号召极具吸引力，引起了目标读者的共鸣，于是英国出现了大规模的植树造林和路边植树活动，其中很多新出现的树林和林荫道都在奈夫和基普的《大不列颠图录》中以版画形式得以展现。

水景

法国园林理论学家安特瓦-尤瑟夫·杜扎利耶·达让维耶（Antoine-Joseph Dezallier d'Argenville，1680—1765年）曾在1709年写道："水和喷泉是园林中最重要的装饰。"[43]17世纪，意大利和法国的园林设计师尤其钟爱大型瀑布或顺台阶而下的流水装置（见图119），但此类带有落差的流水装饰在荷兰很难实现，因为荷兰地势太过平缓。而在英国园林中，人们更喜爱单水柱喷泉，尽管这同样给建造者们带来了水利方面的挑战。英国诗人查尔斯·柯顿（Charles Cotton，1630—1687年）曾在诗作《皮克镇的奇迹》（*The Wonders of the Peak*，1681年，查茨沃思庄园被誉为德比郡七大奇迹之一）中如此描述查茨沃思庄园中的水园：

> 就在这座大花坛之中，
> 喷泉水柱喷射升空，
> 升至20英尺（约6米）之高，直至被风压倒，
> 但它们已无力再向上奔跑，
> 于是不得不含泪落下，带着愤怒和悲伤，
> 因为它们永远到达不了所向往的地方。[44]

威廉三世对汉普顿宫大花坛的水利工程也表达了同样的担忧，所以他亲自上阵，指导喷泉水管的铺设，但该工程仍未能产生足够的水压以支撑喷泉良好运行。

鉴于英国境内带有落差的河流相对稀少，汉普顿宫从朗福德河（Longford River）引水的工程也是困难重重，由此可见哈利法克斯爵士（Lord Halifax，1661—1715年）能够于1710年在汉普顿宫附近地区，即灌木公园中新建的水之园（Water Gardens）内成功建造一条水量充沛的流水瀑布，这有多么难能可贵。[45]《灌木公园水之园流水景观图》（*A View of the Cascade, Bushy Park Water Gardens*，见图120）是一幅创作于约1715年，

右图：图119《凡尔赛宫园林中带有流水装饰的舞场》（*Ballroom in the Garden at Versailles with cascade*），由让·玛里耶特（Jean Mariette）在约1700—1720年出售。
蚀刻版画，21.8厘米×30.5厘米（页面尺寸）
英国皇家收藏，编号：703944.c

上图：图120《灌木公园水之园流水景观图》，由威尼斯画家马尔科·里奇画室创作于约1715年。
布面油画，150.4厘米×248.0厘米
英国皇家收藏，编号：402592

为哈利法克斯爵士创作的绘画作品，记录了当时尚为王子身份的乔治二世及其妻安斯巴赫的卡罗琳（Caroline of Ansbach）访问水之园的情景。然而在这一场景中，相比尊贵的客人（可以从画面右侧人群中识别出来），流水瀑布本身更能引起画家的关注。这幅作品出自画家马尔科·里奇（Marco Ricci，1676—1730年）画室。里奇来自威尼斯，后来在哈利法克斯爵士的亲戚、第一代曼彻斯特伯爵查尔斯·蒙塔古（Charles Montagu，约1662—1722年）的邀请下，于1708年来到英国，直到1716年才离开。出于威尼斯人对水面的天然兴趣，画家重点刻画了河流及低处水池中水面上波光粼粼的光影效果，以及高处水池中水面上树木的倒影。而在周围铺设了细沙的小径的衬托下，低处水池棱角分明的外观显得更为突出。这条细沙小径从瀑布一侧的石窟起，环绕水池一周，延伸至另一侧的石窟，使人觉得瀑布下方存在一条通道，可与细沙小径形成完整的闭合回路。然而，这只是瀑布的设计者给人们营造的错觉。英国政治家、业余天文学家塞缪尔·莫里纽克斯（Samuel Molyneaux，1689—1728年）在1714年2月提供的一段关于该瀑布的描述中曾解释道，这种错觉是通过石窟中设置的绘画作品而造成的视觉陷阱（*trompe l'oeil*）："这里其实并没有太多特别的东西，但这条瀑布……却设置得十分精妙。瀑布两侧各有一处做工精细的石窟，石窟内预留了摆放洞穴绘画的空间，环绕水池的小径也在这里终止。"[46]这处流水景观在1997年至1999年被重建，而在此之前，科学家在原址进行的考古研究发现为莫里纽克斯这段描述的准确性提供了支撑。[47]

上图：图121《荷兰奈耶罗德城堡中的马夫和两匹马，一匹灰色，一匹黑栗色》（*Grooms with Horses, a Grey and a Dark Bay, at Nijenrode Castle*），由阿姆斯特丹画家梅尔基奥尔·德·宏德柯特绘制于1686年。
布面油画，79.3厘米×93.3厘米
英国皇家收藏，编号：405955

对页左图：图122《美景中的群鸟》，由画家雅各布·博格达尼创作于约1691—1714年。
布面油画，214.0厘米×124.0厘米
英国皇家收藏，编号：402812

对页右图：图123《汉普顿宫精确远景图》，由版画师萨顿·尼科尔斯创作于约1700年。
蚀刻版画，51.9厘米×61.0厘米（页面尺寸），50.8厘米×59.6厘米（刻板尺寸）
英国皇家收藏，编号：702878

鸟舍

从古时候起，无论在东方还是西方的园林里，鸟舍都是一大景观。到了17世纪，鸟舍受到更多人的喜爱，尤其是在拥有众多殖民地的荷兰共和国，从殖民地引进的珍奇鸟类被视为能使一座园林大为增色的恰当装饰。在这一风潮的影响下，玛丽二世在从荷兰返回英国时带回了一大批来自异域的珍奇鸟类，威廉三世也曾下令在汉普顿宫建造一处鸟舍。这位国王曾计划打造一座能与路易十四凡尔赛宫动物园相匹敌的英国皇室动物园，这处鸟舍即为该动物园的一部分，但该计划最终未能实现。[48]

荷兰人对于在园林中饲养珍奇鸟类的热忱，促使以正式园林为背景描绘奇异鸟类的装饰油画获得了大规模发展。阿姆斯特丹画家梅尔基奥尔·德·宏德柯特（Melchior de Hondecoeter，1636—1695年）是此类绘画体裁（见图121）的开创者，而后，包括1684年移居阿姆斯特丹的雅各布·博格达尼在内的一批画家紧随其后，促进了此类绘画的繁荣发展。

荷兰的鸟舍热潮迅速波及英国。1708年，居住在温莎城堡小公园（Little Park）守林人小屋（Ranger's Lodge）庄园的海军上将乔治·丘吉尔（Admiral George Churchill，1654年受洗，卒于1710年）曾在此设置了一处鸟舍，并逐渐收集了一大批极为珍贵的珍稀鸟类。[49]雅各布·博格达尼曾在丘吉尔将军的委托下以这些鸟类为主题创作了一系列绘画作品，其中八幅在1710年丘吉尔去世之后由安妮女王收藏，并被悬挂在肯辛顿宫。博格达尼也曾为汉普顿宫绘制了一幅名为《美景中的群鸟》（*Birds in a Landscape*，见图122）的作品，以一处带有喷泉的正式园林为背景描绘了几只家禽、鸽子以及一只孔雀和几只锦鸡。在巴洛克风格的园林中，即使那些形制最为规整的园林，也都透露着伊甸园般的特质。而在这些以珍奇的异域鸟类为主题的绘画作品中，这些鸟类所生活的园林在画面中也同样散发着耀眼的光芒。

上图：图124《丹尼尔·马洛特设计的汉普顿宫花坛》，由法国建筑师、家具设计师丹尼尔·马洛特绘制。
现存于海牙皇家图书馆（Royal Library, The Hague），编号：inv. 1303 A5

右图：图125一套八件墙帷作品中的两件，由英国工匠根据法国建筑师、家具设计师丹尼尔·马洛特设计的花坛图案制作于约1700年。
彩色刺绣花纹羊毛制品
339.0厘米×65.0厘米以及341.5厘米×57.5厘米
英国皇家收藏，编号：28228.7和28228.8

对页图：图126《墙帷设计方案》，由法国建筑师、家具设计师丹尼尔·马洛特绘制于约1690年。
纸本钢笔、粉笔画，17.3厘米×6.8厘米
现存于伦敦维多利亚与阿尔伯特博物馆，编号：8480.12

花坛

在17世纪形制规整的正式园林中，花坛可谓最为精细复杂，但同时也最具有装饰性的元素。装饰性花坛通常被设置在离主体建筑最近的花园里，如此一来，即使这栋建筑中并无露台，人们也可以透过一楼的窗户欣赏花坛景观。

刺绣纹样装饰的花坛（因装饰图案与刺绣纹样相似而得名）起源于法国，主要是在铺设了彩色泥土或细沙的地面上，用绿篱拼接出各种曲线构成的雅致纹样。此类花坛的边缘通常为花床或草皮，花坛中的装饰元素非常统一，主要为绿雕、雕塑和盆栽植物。而英国人出于对绿色草坪的喜爱，相比于用绿篱拼接出各种繁复的纹样，他们更倾向于用草皮创造图案，即在草皮上切割出各种图案，然后填以细沙，这就是前文提到过的英式花坛。版画师萨顿·尼科尔斯（Sutton Nicholls，卒于1740年）在大约1700年创作的版画作品《汉普顿宫精确远景图》（*An exact prospect of Hampton Court*，见图123）中描绘的便是这种形式的花坛。画家在作品中极力展现了花坛中线条婉转流畅的涡卷纹和阿拉伯花纹，从而平衡了建筑东立面的规整线条带来的严肃感。

丹尼尔·马洛特是精致花坛纹样的设计大师。马洛特既是画家也是装饰设计师，他是一名胡格诺派教徒，因法国的宗教迫害于1685年逃至荷兰。据传马洛特曾参与了威廉三世罗宫花园的早期工程，但他令人目眩神迷的设计——以旋转的阿拉伯纹样和天然的旋涡纹为特色——最终全力迸发却是在1689年参与汉普顿宫花园改建工程之时，即设计新的大花坛。马洛特出版于1703年的著作《关于花坛的新书》（*Nouveau livre des parterres*）收录了他为汉普顿宫设计的花坛方案（见图124），书中揭示了这些园林中采用的纹样与他在墙帷、挂毯、屋顶等室内设计中运用的装饰图案之间存在何种密切的联系。汉普顿宫的一套墙帷（见图125）就可以与马洛特现存的一件设计作品（见图126）联系起来。八件墙帷作品中有四件严格遵照马洛特的设计方案制作：在带状纹样构成的框架内，设置了一排排密集的人物半身像、鸟、花束和“丰饶角”，底部的花瓮以荷兰代尔夫特蓝陶（delftware）的形式呈现。这些装饰纹样（头顶半身人像的方形赫姆柱、花瓮、涡卷纹和花纹）与园林中的装饰图案相互呼应。尽管这些刺绣墙帷可能是为装饰汉普顿宫新建的国事厅而制作，但它们事实上可能更适合悬挂在汉普顿宫园林中的亭阁式建筑——安妮女王的水廊（Water Gallery）中。水廊是一处临水而建的居所，建造于都铎王朝时期，在国事厅重建期间安妮女王在此临时居住。[50]一位曾在大约1695年参观过水廊的访客在记录中曾提到两个小壁炉里摆放着“保存在玻璃板之下的精致艺术品”，这些艺术品或许就是上文中提到的刺绣墙帷。这些墙帷静静地待在壁炉里，与室外咫尺之遥的马洛特花坛暗自呼应。[51]

左图：图127郁金香花瓶（Tulip vase），由阿德里安·柯克思陶瓷厂制作于约1694年。
锡釉陶器，147.2厘米（高度）
英国皇家收藏，编号：1085.1

下图：图128郁金香花瓶（Tulip vase），由阿德里安·柯克思陶瓷厂制作于约1689—1694年。
锡釉陶器，100.0厘米（高度）
英国皇家收藏，编号：1082.1

对页图：图129扶手椅，由汉姆登·里夫（Hamden Reeve，室内装潢师）和约翰·约翰森（John Johnson，工匠）制作于1714年。
核桃木椅架、丝绒椅套，152.0厘米×87.0厘米×96.0厘米
英国皇家收藏，编号：1122

奇花异草

在水廊里，玛丽二世将她对花卉的兴趣以及对荷兰代尔夫特蓝陶的喜爱合二为一。玛丽是一位知识丰富、勤奋好学的园艺师，当时英国园艺界的顶级权威史蒂芬·斯威策曾评价玛丽“尤其擅长栽种来自异域的奇花异草”。[52]在汉普顿宫为玛丽特别建造的温室里，一位植物策展专家悉心为女王照料两千个珍稀的植物物种，其中包括当时全球顶尖园艺师加斯帕·菲格（Gaspar Fagel，1633—1688年）的全部收藏。1690年，菲格收藏的全部植物被从荷兰迁移至汉普顿宫。[53]汉普顿宫国王的国事厅一楼被设置为橘园，园中开设了几扇门，通往外边的御花园。玛丽女王收藏的许多奇花异草，其中包括一千多棵橘子树，大都栽种在花盆中，方便在橘园或温室中越冬。红褐色陶罐或代尔夫特蓝陶被用来将这些花草进行室外展示，这也是直接从荷兰共和国引入的传统。

当需要在室内展示鲜切花或球茎时，器型更为精致的代尔夫特蓝陶成为首选。玛丽收藏了大量的代尔夫特蓝陶和中国瓷器。英国著名小说家丹尼尔·笛福（Daniel Defoe,? 1660—1731年）在他的《大不列颠全岛游记》（*Tour through the whole island of Great Britain*）中，曾提到“女王陛下收藏的精美代尔夫特蓝陶”中有部分样品“存放在水廊之中”。[54]在女王的收藏中，体量最大、器型最独特的当属由阿德里安·柯克思（Adriaen Kocks，卒于1701年）旗下的“希腊A”（Greek A）陶瓷厂生产的这对“金字塔形”的代尔夫特蓝陶花瓶（见图127）。这对花瓶由英国皇家收藏。每个花瓶都由下部的基座和其上堆叠的九层结构组成，每层中沿着下部边缘设置了几个壶嘴式的出口。在玛丽还生活在荷兰罗宫时，曾有匠人向她进献过类似的“金字塔形”花瓶，但相较这些早期的作品，玛丽来到英国之后收藏的这些瓷器不仅体积更大，器形也更为精致。此外，图中这只花瓶上的装饰元素，包括基座上威廉三世的半身像、丘比特像和孔雀图，都是从丹尼尔·马洛特的设计衍生而来。[55]阿德里安·柯克思的陶瓷厂共为汉普顿宫制作了九件具有里程碑意义的代尔夫特蓝陶花瓶，其中有一对花瓶（见图128）上装饰有威廉三世和玛丽二世的标识，标识上方设计了一顶带有顶饰的王冠。人们通常认为，鲜花的美丽外表其实稍逊于它们那袭人的香气，因此专家推测这些金字塔形花瓶是用来插放鲜花而非假花，或者用来展示球茎植物，例如将球茎植物的根部放入花瓶内部，而后枝条就可以顺着壶嘴喷发而出。[56]然而，这些花瓶的使用场景并未出现在目前现存的花卉静物画中，当时记录代尔夫特蓝陶展示花卉场景的图像只出现在了座椅椅背处的刺绣面料上（见图129）。[57]

室外花瓮

尽管代尔夫特蓝陶花瓶插满鲜花的状态从未被油画作品记录下来，但玛丽女王在汉普顿宫培育的各色奇花异草却通过雅各布·博格达尼的画笔展现给了后人。博格达尼来自匈牙利，在1691年前后移居伦敦。1697年，即玛丽女王去世后三年，一位拜访汉普顿宫的访客特意去观赏了“一位名为波格丹（即为博格达尼）的匈牙利优秀花卉和水果画家在作品中精心描绘的女王陛下汉普顿宫的植物收藏，此时的植物品种虽较此前有所减少，但仍令人赞叹”。[58]博格达尼的油画作品中至少有一部分被悬挂于玛丽女王在水廊的内室中。此外，博格达尼还继续为安妮女王创作了许多作品，安妮女王对这位画家的表现十分欣喜，并对其大加鼓励。[59]博格达尼有两幅作品描绘了镀银花瓮中安插着正在盛放的各色异域花草（见图130和图131），可以推测这两幅画可能是画家为玛丽女王或威廉三世创作的早期花卉作品。画中的插花容器带有两个把手，并装饰以精美的錾刻图案，采用了17世纪欧洲园林中重要性日益增强的装饰元素——石质、青铜或铅质花瓮的形式。由于此类花瓮可令人联想起古典时代，因此它们的摆放可以使园林空间变得更为丰富。此外，这些花瓮在园林中还可以充当有用的“标点”，帮助强调传统园林布局的规范性和几何结构。

让·勒·博特赫在1676年制作的一套版画作品（见图132）使得凡尔赛宫具有雕塑质感的花瓶和花瓮为世人所知。[60]这套作品在荷兰也产生了重大影响，于是丹尼尔·马洛特为威廉三世的罗宫同样设计了大量类似的插花容器，而本廷克也在他位于佐弗利特的庄园里收藏了一批精美异常的花瓮和花瓶，并委托荷兰版画师扬·范·德·阿弗伦（Jan van de Avelen，卒于1727年）为其中十四件制作了版画。[61]这些花瓮中很多都装饰有罗马凯旋游行类的英雄图像，而且或许正是在本廷克的倡导下，汉普顿宫在1690年为御花园委托制作了两件带有波特兰石基座的巨型白色大理石花瓮。其中第一件由英国雕塑家爱德华·皮尔斯（Edward Pearce，约1635—1695年）制作，装饰以海神波塞冬之妻安菲特里忒（Amphitrite）和海精灵涅瑞伊得斯（the Nereids）的浮雕图案；第二件由丹麦雕塑家凯尔斯·加布里尔·西伯（Caius Gabriel Cibber，

右图及对页左图：图130和图131《花瓮插花》（*Flowers in a Vase*），由画家雅各布·博格达尼创作于约1691—1714年。
布面油画，173.4厘米×84.1厘米，英国皇家收藏，编号：402811（右图）
173.0厘米×83.7厘米，英国皇家收藏，编号：402807（对页左图）

对页右图：图132《凡尔赛宫2尺6寸高的青铜花瓮》（*Vase de Bronze de 2 pieds 6 po de haut à Versailles*），由版画师让·勒·博特赫根据法国金匠克劳德·巴林的花瓮作品创作于1676年。
蚀刻版画，41.3厘米×30.0厘米
现存于伦敦维多利亚与阿尔伯特博物馆，编号：26792:6

1630—1700年）创作，上面刻有“酒神的胜利”（Triumph of Bacchus）场景。[62]英国建筑师约翰·瓦尔迪（John Vardy，1717/1718—1765年）在1749年为西伯的花瓮（见图134）制作了一件版画作品（见图133），而事实上至少从17世纪中期起，巨型花瓮和花瓶已经成为这位艺术家素材库的组成部分。

同样在17世纪中期，意大利版画家斯蒂法诺·德拉·贝拉（Stefano della Bella，1610—1664年）创作了一套六幅描绘罗马城风景的系列版画（1656年），其中一幅作品刻画了一位画家在罗马美第奇别墅正对着一件巨型古董花瓮写生的场景（见图135）。[63]

威廉三世汉普顿宫御花园里摆放的十六件花瓮（见图136）或由荷兰铅质塑像雕塑家约翰·诺斯特创作于大约1701年。铅是当时欧洲大陆园林中，尤其是凡尔赛宫，流行的装饰元素媒介。这位来自佛兰德斯的雕塑家全名为

A VASE in the ROYAL GARDENS at
HAMPTON COURT.
John Vardy Delin.et Sculp.t 1749.

对页左图：图133《汉普顿宫皇家园林中的花瓮》（*A Vase in the Royal Gardens at Hampton Court*），由英国建筑师约翰·瓦尔迪创作于1749年。
蚀刻版画，49.1厘米×22.1厘米（页面尺寸），46.4厘米×18.8厘米（刻板尺寸）
英国皇家收藏，编号：702891.b

对页右图：图134花瓮，由丹麦雕塑家凯尔斯·加布里尔·西伯制作于1690年。
大理石，180.0厘米×120.0厘米（花瓮），134.0厘米×96.0（基座）
现存于伦敦汉普顿宫

上左图：图135《罗马美第奇别墅花园中的大理石花瓮》（*A marble vase in the Medici Gardens, Rome*），由意大利版画家斯蒂法诺·德拉·贝拉制作于1656年。
蚀刻版画，31.3厘米×27.8厘米（页面尺寸），30.6厘米×27.2厘米（刻板尺寸）
英国皇家收藏，编号：806143

上右图：图136铅质花瓮，由荷兰雕塑家约翰·诺斯特制作于约1701年。
铅，75.0厘米×66.0厘米×38.0厘米
英国皇家收藏，编号：95183.1和95183.2

约翰·范·诺斯特（John van Nost，英文名简写为Nost），在1686年之前的某个时间移居伦敦。诺斯特拥有娴熟的铅质雕塑制作技术，于是他按照欧洲大陆流行样式制作铅质园林雕塑的业务在英国逐渐壮大起来。

御花园的这十六只花瓮中，每件作品中间都有一圈带状纹饰，其上刻有花叶纹并间饰面具浮雕，使人联想起丹尼尔·马洛特的设计风格。这些花瓮上人物雕塑状的把手或许参照了法国金匠克劳德·巴林（Claude Ballin，1615—1678年）为凡尔赛宫南方花坛制作的十三对青铜花瓶中的某件作品，这些花瓶通过让·勒·博特赫的版画作品被英国人所熟知，而且它们之中至少有一对带有此类以掌管江河水泉的女神那伊阿得斯（Naiads）为造型的把手。[64]在威廉三世通过装饰元素丰富汉普顿宫园林空间的雄伟计划中，这些花瓮并非诺斯特的唯一贡献，他还为此制作了大量雕塑、门柱以及日晷基座等作品。

雕塑

诺斯特在汉普顿宫获得的成功为他在王公贵族圈内赢得了源源不断的订单。1705年前后，诺斯特为安妮女王的副管家托马斯·科克（Thomas Coke，1674年受洗，卒于1727年）位于德比郡（Derbyshire）的墨尔本庄园（Melbourne Hall）制作了一批雕塑作品，而这也是他优秀的作品之一。在大约同时期，诺斯特还为白金汉公爵约翰·谢菲尔德（John Sheffield，1647—1721年）创作了太阳神阿波罗、公平之神（Equity）、自由之神（Liberty）、众神信使墨丘利、静默守秘之神（Secrecy）、真理之神（Truth）以及四季之神的铅质系列雕塑。在荷兰画家阿德里安·范·迪斯特创作的《白金汉庄园》（*Buckingham House*）风景图（见图137）中，庄园建筑屋顶上伫立着上述雕塑作品之中的八尊。而在连接庄园主体建筑与左侧楼阁的砖墙之上，也摆放着装饰性的花瓮，这些花瓮可能同样出自诺斯特之手。根据这幅绘画我们可知，在这座形制规整的园林中，雕塑只是众多装饰元素中的一种。这座园林的规整框架由亨利·怀斯设计实施，建筑侧方设置了下行台阶，通往画面右侧的狭长水渠。尽管这座园林本身看起来严肃规整，但园中宽阔的绿地上悠闲吃草的鹿群和野禽则表明，正对园林的庄园建筑石质额枋之上的刻字“闹市中见田园”（Rus In Urbe, or country in the town）形容得多么贴切。[65]一幅展现白金汉庄园建筑东立面的版画作品（见图138）突出了位于天际线的诺斯特雕塑作品，但同时也强调了由法国铁艺大师让·蒂佑设计的长长的铁栅栏和极具装饰性的铁艺大门。这排铁艺栅栏将白金汉庄园壮观的前庭标记了出来。

在16世纪末之前的英国，雕塑通常都是为基督教会制作，并摆放在与教会相关的空间内。直到17世纪，那些游历过意大利的英国人，尤其是那些曾经参观过罗马梵蒂冈花园观景庭（Belvedere Court）或蒂沃利埃斯特别墅雕塑群的人们，带回了园林博物馆的概念以及雕塑可以像古典时期那样强化室外空间的理念，这时园林才被想象成为展示雕塑的恰当场所。[66]促使英国人的理念发生如此转变的关键人物是查理一世和艺术鉴赏家阿伦德尔伯爵托马斯·霍华德（Thomas Howard，1585—1646年）。阿伦德尔伯爵是著名的古典雕塑收藏家，他将收藏的雕塑展示在自己位于泰晤士河边的宅邸阿伦德尔庄园（Arundel House，见图139）的室外以及室内的长廊之中。在

左图：图137《白金汉庄园》，据传由荷兰画家阿德里安·范·迪斯特创作于约1705年。
布面油画，85.1厘米×110.4厘米
英国皇家收藏，编号：404350

右图：图138《圣詹姆士公园白金汉庄园》（*Buckingham House in St James Park*），由荷兰版画师佑哈讷斯·基普制作于1714年。
蚀刻版画
51.6厘米×62.1厘米（页面尺寸）
47.9厘米×59.8厘米（刻板尺寸）
英国皇家收藏，编号：702778

下图：图139《阿伦德尔庄园》（*Arundel House*），由波希米亚版画家文西斯劳斯·霍拉（Wenceslaus Hollar，约1607—1677年）制作于约1640—1650年。
钢笔画，9.0厘米×21.8厘米
英国皇家收藏，编号：913268

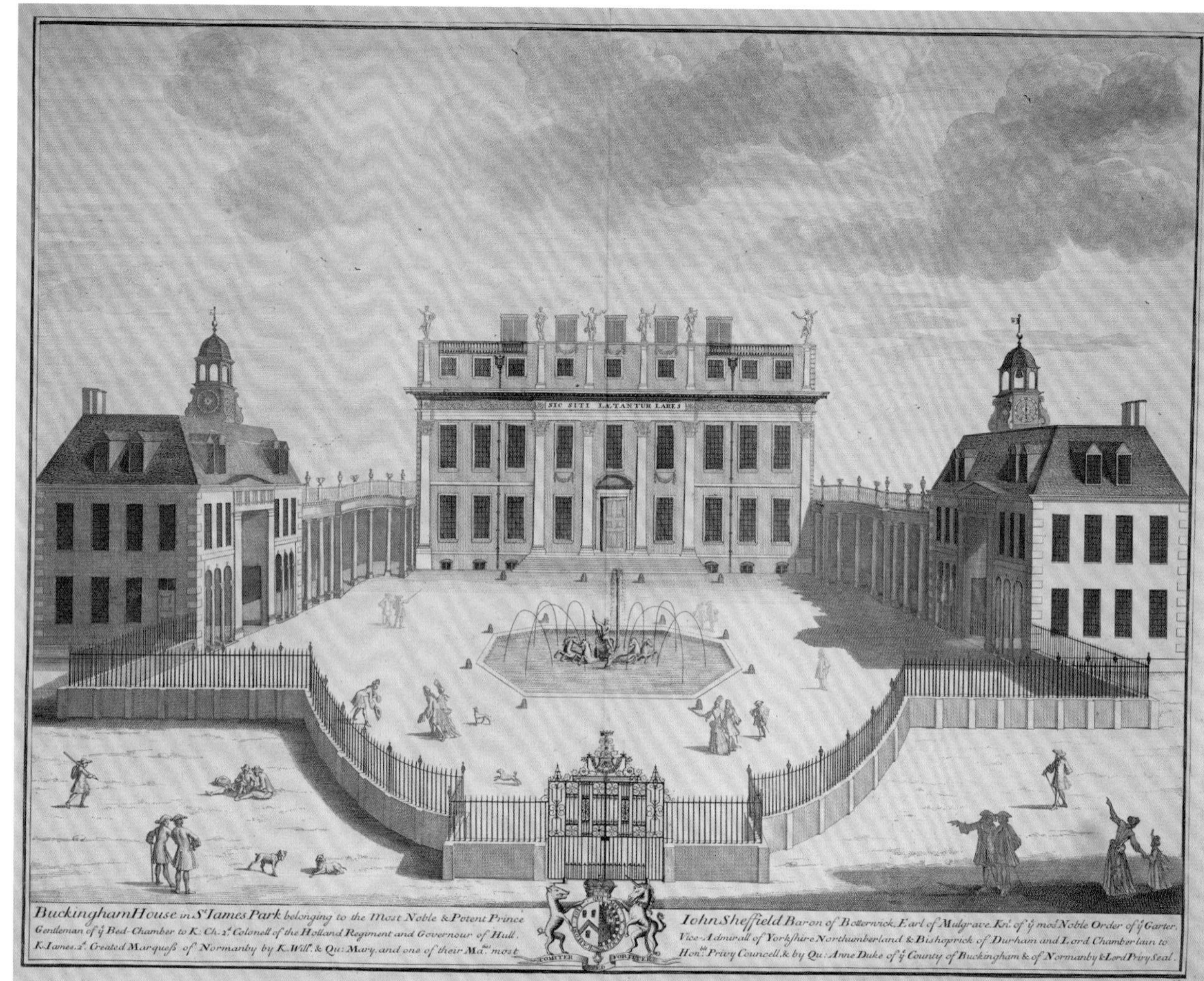

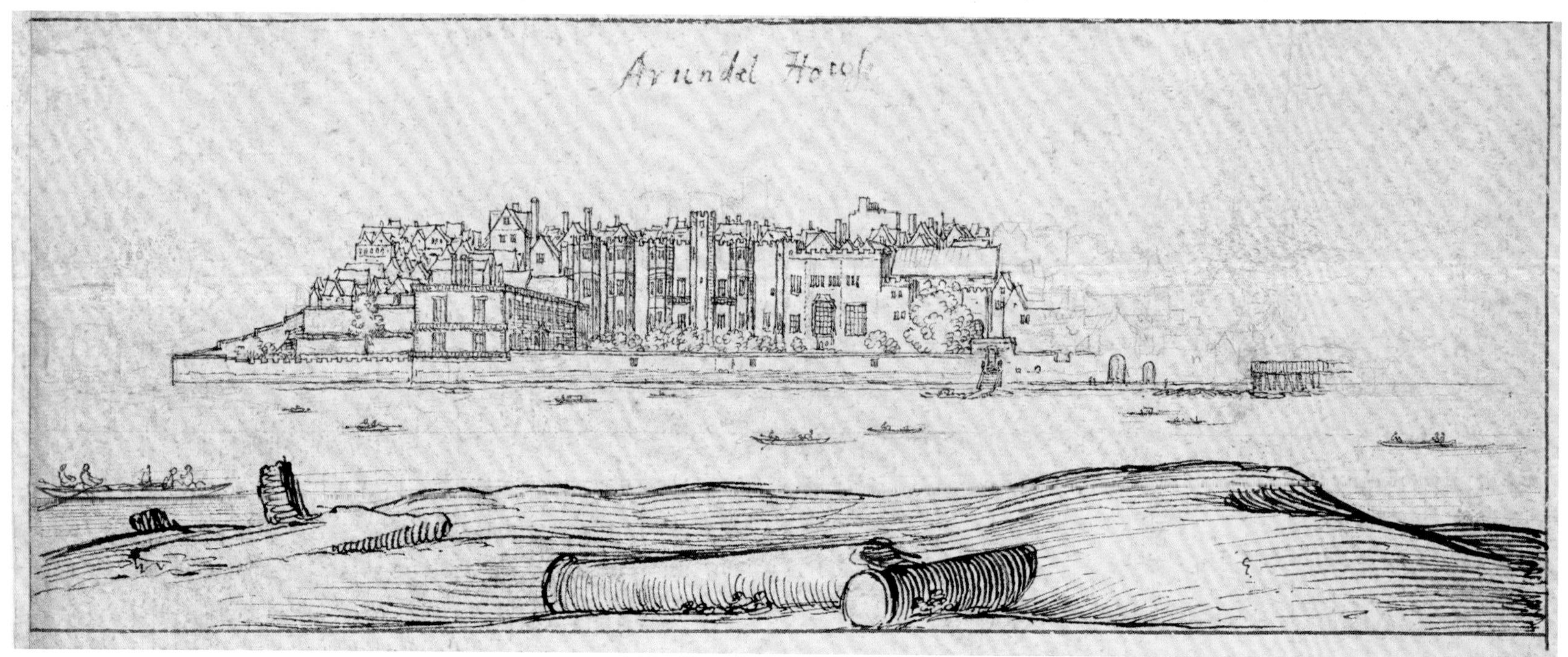

1627年之前就曾有报道："这位最著名的艺术爱好者，阿伦德尔伯爵的美丽花园里展示着古希腊和罗马匠人制作的最为精美的古董大理石雕塑作品，显得流光溢彩。"[67]与此同时，查理一世的宫殿里也摆满了他从意大利购回的雕塑作品，其中包括他于1628年从统治曼托瓦的贡扎加家族收藏中购买的一百五十多尊塑像和半身像。

这些作品中的很多被展示在圣詹姆士宫花园的雕塑廊中，它们曾出现在1638年关于圣詹姆士宫花园最早的记载中："花园一侧的边缘处设置了一条长长的檐廊，檐廊前方是一排栅栏，栅栏附近伫立着一大批石质和青铜雕塑，人们可以从中领略到令人叹为观止的意大利艺术之美。"[68]而此时的安德烈·穆雷已经受雇对圣詹姆士宫园林进行改建。在他公布的装饰性花坛设计方案中，穆雷预留了用于摆放雕塑的空间，此类空间通常位于一大片草坪的中心区域。

鉴于装饰性花坛设计方案的实施需要大量雕塑，英国对古典风格雕塑作品的需求大幅上升。1631年，法国雕塑家雨贝赫·勒·苏佑赫（Hubert Le Sueur，约1580—1658/1668年）受雇于查理一世并被派往意大利，随后从意大利带回了"某些人物和器物的样式及制作模具"。[69]在查理一世于1649年被处决之后，勒·苏佑赫为查理一世制作的大量青铜雕塑中的两尊作为园林雕塑被专门计入国王待售资产清单之中。这两尊塑像分别为《陛下花园中带有大理石基座的角斗士黄铜塑像》和《陛下花园中挑脚刺的少年黄铜塑像》。[70]这尊"博尔盖塞角斗士"雕塑沿用了罗马博尔盖塞别墅（Villa Borghese）中一座古典风格雕塑的样式，雕刻时间应该在1629年至1630年，它的基座也是在这一时期为圣詹姆士宫御花园制作完成的。[71]而这尊被称为《斯皮那里欧》（*Spinario*）的青铜雕塑（见图140）刻画了一个正在给脚底挑刺的少年形象。这件作品是为王后亨利埃塔·玛丽亚的萨默塞特府（Somerset House）花园创作的，制作时间为1636年至1637年。[72]尽管这两尊雕塑在国王被处决后即被列入国王待售资产清单，但并非皇家收藏的所有雕塑作品最终都被出售。白厅宫得以保留了一些，1651年春天，其中十二尊雕塑被放置在御花园中。[73]而另外一些被从皇家收藏出售的雕塑，也在光荣革命时期被赎回，其中就包括这尊"博尔盖塞角斗士"塑像。这件作品最初被摆放在圣詹姆士公园长运河的源头处，后在1701年被迁至汉普顿宫的"喷泉花园"中，并出现在奈夫此后不久创作的《汉普顿宫风景图》（见图106）中。

右图：图140《挑脚刺的少年：斯皮那里欧》（*Boy with a thorn in his foot: 'Spinario'*），由法国雕塑家雨贝赫·勒·苏佑赫制作于1636—1637年。
青铜，78.0厘米×53.0厘米×60.0厘米
英国皇家收藏，编号：26319

日晷

日晷，无论是放置于精美基座之上的水平日晷，还是刻画在向阳墙壁之上的垂直日晷，自文艺复兴时期起就一直是常见的园林装饰景观。许多早期的日晷都是由数学家和建筑师设计制作，而当时的欧洲也出版了一系列日晷设计指南，例如"为国王制作钟表的设计师"、德国数学家、天文学家尼古拉斯·克拉泽（Nicolas Kratzer，1486/1487—1550年之后）的相关著作，

以及伊博哈德·威尔帕（Eberhard Welper）撰写的《晷影》（*Gnomonica*，1625年），都为早期日晷的制作提供了参考。[74]简单来说，日晷由一根指针和一面刻度盘组成，即晷针和晷盘，晷针通过在晷盘上投射的阴影显示时间。

晷针与晷盘的夹角由日晷所在地区的纬度决定，从而确保日晷在任何光照时刻指示的时间误差可控制在几分钟之内，同时也使日晷成为具有专业性的特殊器具。在整个17世纪，欧洲人对钟表学和天文学的兴趣不断提升，积累的相关知识也日益增加，因此这一时期出现了一些极为精巧的日晷，例如这对摆放在汉普顿宫御花园中的作品（见图141和图142）。其中一件日晷的晷针采用了赞助人威廉三世涡卷纹状的标识作为装饰元素，另一件作品的晷针则极为朴素，但晷盘上刻有调整时间以及计算日期的文字和图表。

英国皇室对日晷的兴趣最早可追溯至亨利八世统治时期。据悉亨利八世曾专门为汉普顿宫御花园购置了几件日晷作品，并且还委托尼古拉斯·克拉泽为白厅宫花园设计了一架日晷。目前现存最早的皇家日晷位于爱丁堡荷里路德宫（Palace of Holyroodhouse），这是一件多面体石质日晷，后被人加上了基座。这件作品上刻有制作时间——1633年，可能是亨利埃塔·玛丽亚王后送给出生于苏格兰的丈夫、斯图亚特王朝国王查理一世的礼物。多面体日晷是16世纪的苏格兰出现的一种特殊设计。此类日晷通常具有奇特的几何形状，而且往往设置过多的晷面。日晷之所以在这一时期的苏格兰大为流行，可能与人们对人文主义、天文学甚至共济会的兴趣增长有关，因为凡是在共济会会所（masonic lodge）十分活跃的地区，日晷都会大量出现。[75]威廉三世曾鼓励建立了几处共济会会所，而且他本人可能也是共济会成员。此外，威廉三世汉普顿宫御用建筑师克里斯托弗·雷恩爵士可能也是一名共济会成员。

具体到英格兰本土的皇家日晷，就不得不提圣詹姆士宫的这架令人赞叹的日晷作品。德国冒险家阿尔伯特·德·曼德斯罗（Albert de Mandelslo，1616—1644年）曾在1640年见过这件作品，并记录道："圣詹姆士宫的花园不是很大，而且并无特别之处，除了花园中央坐落的那块中空的方形巨石，石块中央设置了一架包含一百一十七个晷面的日晷。"[76]这一定是一架大型的多面体日晷，或许与布里斯托（Bristol）附近的艾恩埃克吞庄园（Iron Acton Court）以及什罗普郡（Shropshire）玛德雷庄园（Madeley Court）的日晷作品类似，但它比目前现存的任何日晷作品都更为复杂精巧。尼古拉斯·克拉泽也曾为白厅宫花园设计了一架大型的多面体日晷。在媒体关于1698年白厅宫那场毁灭性大火的报道中，这架日晷是唯一被提到的白厅宫室外景观，它的重要性由此可见一斑。这件作品在大火中幸免于难，被完整地保存了下来。[77]

在汉普顿宫御花园旁边的露台上，则伫立着两架刻有伦敦著名制表师托马斯·汤姆皮恩（Thomas Tompion，1639年受洗，卒于1713年）签名的日晷。这两件作品安装于17世纪末，当时汉普顿宫的国王新寝殿及花园即将完工。

这两架日晷的白色大理石基座由为汉普顿宫御花园设计铅质花瓮的约翰·诺斯特雕刻完成。此外，诺斯特还创作了两尊人物雕像，分别为《印度人》和《黑人》，他们两位均头顶一架水平日晷作品。国王在汉普顿宫的新寝殿在1699年夏天处于接近完工的状态，因为有史料记载，国王的管家布莱恩先生（Mr. Brian）此时曾在汉普顿宫为国王准备房间。[78]当年10月，国王第一次在汉普顿宫的寝殿里留宿了一个晚上，而国王寝殿外御花园的园林雕塑或许是在当年11月才安装完成，因为有记录显示，汤姆皮恩的一位顾客希望与其见上一面，讨论一下一枚手表的相关情况，但最后悻悻地写道："汤姆皮恩先生和诺斯特先生都去了汉普顿宫，所以见面是不可能的了"。[79]

汉普顿宫这对带有汤姆皮恩签名的日晷（见图141—图143）与最近在肯特伯爵（Earls of Kent）前宅邸——贝德福德郡（Bedfordshire）韦斯特庄园（Wrest Park）出现的一架汤姆皮恩日晷拥有密切的联系。[80]韦斯特庄园这架日晷的制作时间可以追溯至该庄园附属园林的改建时期，与汉普顿宫日晷安装及花园重建处于同一时期。这件作品的基座同样也由诺斯特雕刻完成，而它的晷针则以第十一代肯特伯爵安东尼·格雷（Antony Grey，1645—1702年）姓名首字母"AG"为形状的涡卷纹作为装饰，与汉普顿宫其中一架以国王姓名首字母装饰的日晷作品十分相似。此外，汉普顿宫这对日晷与科学仪器制作者，即后来成为乔治一世御用机械制造大师的约翰·罗利（John Rowley，约1668—1728年）的作品也存在相似之处。于是有人推测，这两件带有汤姆皮恩签名的日晷实际是由罗利制作完成的。当时的汤姆皮恩已经开始经营一家专营钟表制造的工作室，而且他一生只制作了五件日晷作品，因此如果他将某些日晷制作的专业工作外包出去，也是合乎情理的。另外，除了基座轮廓，汤姆皮恩签名的这对日晷的半金字塔形晷针支架也与罗利的作品尤其相像。在汤姆皮恩制作的钟表和手表上，但凡有签名的地方都带有拉丁单词"*fecit*"（意为"由……制作"），但在这两件日晷的签名处则未见该拉丁单词，这或许也暗示着这两件带有汤姆皮恩签名的作品实则并非由他制作。[81]罗利曾为马尔博罗公爵（Duke of Marlborough）制作了四架日晷，它们现存于布伦海姆宫（Blenheim Palace）。这四件作品与汉普顿宫那两架日晷在晷针支架和整体外观轮廓方面都极为契合。

威廉三世也曾委托汤姆皮恩制作了几部钟表，部分留以自用，部分作为外交礼物赠送外宾。日晷或许是校准钟表时间的必要仪器，但目前我们无法确认汉普顿宫这两架日晷的购买是否与国王其中任何一座落地钟直接相关。作为时间校准器，日晷和钟表在将艺术和科学合二为一的同时也将室内和室外生活融为一体，此外也展现了赞助人对天文学和钟表学知识的浓厚兴趣。在里奥纳德·奈夫创作的《汉普顿宫全景图》（见图106）中，带有汤姆皮恩签名的这两架日晷被描绘成了微小的尖状物。直至1832年，这两件作品都一直伫立在汉普顿宫东露台上，但晷针较为朴素的那架日晷当年被迁至邱园。20世纪晚期，这两件日晷在汉普顿宫重新合体，但目前御花园里展示的日晷为复制品。

对页图及下图：图141—143 日晷，由托马斯·汤姆皮恩制作于约1699年。
黄铜
41.0厘米×52.2厘米；日晷高度：37.5厘米；日晷加基座总高度：148.0厘米（对页上图）
英国皇家收藏，编号：11959
31.5厘米×52.2厘米；日晷高度：37.5厘米；日晷加基座总高度：148.0厘米（对页下图）
英国皇家收藏，编号：95190

巴洛克风格园林图像留下的遗产

园林在文艺复兴时期引入的一些建筑元素，后来成为巴洛克风格园林中大受欢迎的景观特征。鉴于17世纪欧洲顶级园林扩建后的巨大规模，以及新增的装饰内容，这一时期园林的艺术展现，无论是通过油画、版画还是印刷品，都需要一种全新的处理方式。在这一过程中，巴洛克风格园林在视觉艺术中获得了此后无人能够超越的显著地位。

然而，这些壮美园林的存在时间却极为短暂，因为18世纪早期英国发展起来的园林风格迅速传播至欧洲大陆，并将许多巴洛克风格的代表性园林消除殆尽，过去那些繁复精致的盛世美景如今只剩下残迹。对于20世纪末和21世纪初的我们，里奥纳德·奈夫的《汉普顿宫风景图》（见图106）和马科·里奇工作室的《灌木公园水之园流水景观图》（见图120）等绘画作品，不仅仅是以园林为主题的装饰艺术品，也为我们在当代重建历史性园林景观提供了宝贵的历史记录。

第六章

天然景观园林

我们失去了曾刻有先祖名字的乐园，
但布朗帮我们重获了多处天堂乐园，
他应为此享有极致盛名。

——英国艺术评论家霍勒斯·沃波尔在1783年2月10日
致诗人威廉·梅森（William Mason，1724—1797年）的信件[1]

天然景观园林是18世纪英国最伟大的文化输出产品。与这种全新形式的园林相关的图像，对于欧洲大陆如何看待英国，以及随着这种新型国家风格的发展而催生出的强烈身份感等方面，起到了关键作用。于是，为了满足国内和国际的新增需求，此类园林的印刷图像大幅增加。

18世纪的园林本身变得更为复杂，层次也更加丰富。鉴于此，此时的园林图像也不可避免地演变成为能够满足不同需求的艺术形式。这一时期的园林成为表达启蒙思想新观念的途径，并逐渐进入国家文化和艺术生活的核心。因此，建造园林也不再只是少数统治阶级的特权，正如《绅士杂志》（*Gentleman's Magazine*）在1739年写道：

> 现如今，任何人，不管他有多少财产，都打算对自己的地盘做一些改造工作。现在流行的一句话就是：你很难遇到一个人，在最初的寒暄过后，他不告知你，他最近正在打砂浆、刨土地，而这些都是建造一座花园最基本的工作。一大间房子、一条弯曲的小河、一小片树林，成了人们的生活必需品。有了这些，即使是这个国家财产最为微薄的绅士，也会感觉自己有了底气。[2]

绿雕、对称布局和装饰性花坛，这时已经不再流行。鉴于人们将亲近自然视为心中理想，园林设计者发展出了按照一定顺序逐渐展开景观的园林布局。至于园林的艺术展现，那种一直流行到18世纪20至50年代的鸟瞰全景图形式，也让位给以平视视角逐一揭示园林盛景奇趣的系列油画或版画作品。

作为艺术品的园林："美丽景观"

17世纪后期园林那种庄严规整的风格，将它们与天然风景区分开来。但对18世纪人们的感官来说，这种风格已经丧失了吸引力。在园林设计中，

第160图：《副守林人小屋花园风景图》（*The garden of the Deputy Ranger's Lodge*），由英国风景画家保罗·桑德比（Paul Sandby，1730—1809年）创作于约1798年。英国皇家收藏，编号：917596（细节图）

右图：图144《神庙、瀑布、人物和羊群风景图》，由意大利巴洛克晚期画家弗朗西斯科·祖卡雷利创作于约1760—1769年。
布面油画，86.7厘米×118.1厘米
英国皇家收藏，编号：404391

左图：图145《乔治二世全家福》，由英国画家威廉·贺加斯创作于约1731—1732年。布面油画，63.8厘米×76.4厘米
英国皇家收藏，编号：401358

大自然越来越被视为理应效仿，而非征服或控制的一种力量，于是英国的园林风格便根据这种理念发展了起来。[3]

这种向人工干预更小的园林风格的转变是循序渐进的。对于"天然"景观由何种要素构成，当时流行一种观点，正是在这一观点的调控下，园林风格的转变才得以完成。有两个因素改变了18世纪人们对"天然"园林的看法，但这两个因素事实上早在18世纪之前就已经出现了。其中之一即约翰·弥尔顿（John Milton，1608—1674年）在《失乐园》（*Paradise Lost*，1667年）中对充满野趣的伊甸园的描述：在这里，河水"在树木葱茏的山间蜿蜒流动"，顺着陡峭的山坡倾泻而下至林中空地；花朵们也从"花园苗床和各种绳结状绿篱"的束缚中解放出来，恣意地绽放着；一幅悠然的"田园景象"在"一片片树荫中"徐徐展开。[4]弥尔顿对伊甸园的诗意想象后来被视为理想园林的标准模式。然而，正如古典时期诗人贺拉斯和维吉尔对阿卡迪亚——田园牧歌生活的乌托邦——的描绘一样，二者都是虚构想象的成分居多，其中后者构成了影响当时人们对天然美景理解的第二大因素。[5]

结束"壮游"（Grand Tour，17世纪和18世纪，英国贵族青年在成年之际游历欧洲大陆的传统）之旅的英国青年，在返回英国后催生了一股收藏意大利风景画的热潮，而这种热潮也进一步强化了人们对原生态天然美景的审美。法国巴洛克时期风景画家克劳德·洛兰（Claude Gellée，也称勒·洛兰，Le Lorrian，1604/1605—1682年）和出生于罗马的法国画家加斯帕德·杜盖（Gaspard Dughet，1615—1675年）的作品尤为受欢迎。这两位画家描绘的都是罗马附近被称为坎帕尼亚地区的田园美景：密林中的空地、历史遗迹、庙宇、蜿蜒流动的河流以及绵延不绝的山峰。从18世纪第二个十年开始，大批此类绘画作品开始流入英国，从而在英国人心中树立了完美天然美景的典范。此后不久，这些画面中描绘的理想场景开始在园林中得以再现。在克劳德·洛兰及其模仿者的许多绘画作品（包括油画、钢笔画和水彩画等）中，一个反复出现的图像就是西比尔神庙（Temple of the Sibyl），它坐落在蒂沃利附近阿涅内河（River Anio）河畔陡峭的山坡上，身侧就是湍急的河水。[6]一百多年以后，意大利巴洛克晚期画家弗朗西斯科·祖卡雷利（Francesco Zuccarelli，1702—1788年）模仿克劳德·洛兰的田园风景绘画风格创作了这幅《神庙、瀑布、人物和羊群风景图》（*Landscape with a Temple and Cascade,*

Figures and Cattle，见图144），其中出现了一座使人联想起西比尔神庙的庙宇。[7]西比尔神庙是18世纪英国园林中被模仿复制最多的古典建筑，目前已知就有二十多个模仿版本，其中包括英国建筑师威廉·肯特设计的“里士满园林山顶庙宇”（Temple on the Mount in Richmond Gardens）。这座庙宇在英国画家威廉·贺加斯（William Hogarth，1697—1764年）创作的《乔治二世全家福》（*The Family of George II*，见图145）中被选为背景，并且还出现在贺加斯应该是在约1731—1732年完成的一幅草图中。贺加斯之所以在这幅画中以庙宇为背景，是为展示以西比尔神庙和阿涅内河河畔的纯天然景观为象征的18世纪人们心中对大自然的自由向往与英国人民所享有的宪法自由之间的密切联系。英国诗人约瑟夫·沃顿（Joseph Warton，1722—1800年）曾在他的诗作《热爱自然的人》（*The Enthusiast*，1744年）中明确表示：

> 举全国之力兴建的凡尔赛宫，
> 或许坐拥千座喷泉，
> 费力地将扭曲的水流喷向遥远的天空；
> 然而我却宁愿选择一处长满松树的山顶，
> 崎岖陡峭，草木葱茏，
> 一条雾气弥漫的水流，
> 像阿涅内河一样，倾泻而下。[8]

早在1712年，英国散文家约瑟夫·艾迪生（Joseph Addison，1672—1719年）就曾在《旁观者》（*Spectator*）杂志发表的文章中倡导园丁们“尽自己所能创造一处美丽的景观”。[9]英国诗人亚历山大·波普（Alexander Pope，1688—1744年）也曾将两种艺术形式进行对比，写道：“所有的造园活动就是创作风景画……就像创作能够挂在墙上的风景。”[10]曾在1709年至1719年游历意大利的英国画家、园林设计师威廉·肯特首先意识到这种图像化的方式在园林设计中可能发挥的巨大潜力。于是，当脑海中出现对园林的构想时，肯特会用画笔将园林景观创作成为草图，而非制作传统的平面设计图。英国艺术评论家霍勒斯·沃波尔后来对此评论道：“在他想象力驾驭下的画笔，将所有与风景相关的艺术形式，都融入他所描绘的场景中来。”[11]简单来说，在构思一座园林的设计时，人们不再遵循此前流行的沿中心轴线两侧对称的布局，而是从前景、中景、远景的角度考虑园林的规划。正如在意大利风景画中发挥的作用，树木在实体园林中也可以充当有用的构图工具。一组组精心栽种的树木，将园中风景框成不同的景观，随着来访者逐渐深入园林内部并不断变换前进方向，这些景观将逐一展现在他们面前。克劳德·洛兰及其模仿者的绘画作品能够使观众陷入感怀和沉思。与之类似，园林的组成部分也应该能够在来客身上产生同样的效果，激发他们的某种情感或情绪。德国作家约翰·沃尔夫冈·歌德（Johann Wolfgang Goethe，1749—1832年）在《少年维特的烦恼》（*The Sorrows of Young Werther*，1774年）中就描绘了一座意在激发人们情感的新建园林：“这座园子很简朴，当你进入内部，你会感觉到它并不是由某位遵循科学方法的园林设计师规划，而是由一位拥有敏感内心的人士设计的，这位设计者本身也非常享受这座园林。”[12]

对于这一时期的天然景观园林，那种能够有效捕捉17世纪晚期和18世纪早期园林严格几何布局的鸟瞰全景图模式，已经难以传递其复杂性。[13]于是便出现了记录访客在园中漫步所能欣赏到的所有“图画式美景”的系列油画作品。邱园目前收藏着由奥古斯塔公主（Princess Augusta，1719—1772年）委托瑞士画家约翰·沙尔什（Johan Schalch，1723—1789年）创作的一套五幅园林风景油画作品。沙尔什从1754年起在伦敦工作生活了十年。[14]这套作品完成于1759年，记录了威廉·肯特和苏格兰建筑师威廉·钱伯斯（William Chambers，1723—1796年）为威尔士亲王弗雷德里克及奥古斯塔公主设计的多处园林的美景（见图146）。其中的一幅画面中，一汪湖水被一座小岛一分为二，其中一条支流上方横架着一座木质的中国风小桥，而另一条则流向画面远景处的一座庙宇。画面右侧的湖畔上，几名工人正在用长柄镰刀修剪山坡的草坪；画面的前景处则停泊着一艘空着的摇橹船，使得观者心生跳上船去沿着蜿蜒的水流来一场水上探索之旅的念头。这里的湖水体现了肯特所钟爱的“缓缓流动的溪水……似乎正由着自身喜好蜿蜒向前”，而肯特正是用此类流水景观替代了“人工河、圆形水池以及顺着大理石台阶倾泻而下的瀑布这些意大利和法国园林中最后的荒谬壮观景象”。[15]在沙尔什创作的这套风景画的第二幅作品（见图147）中，低缓的山坡展现了一派祥和的田园风景，只有画面背景处的一座两层高白塔和与上幅作品中同样的木桥暗示了这片风景中的人为干预因素。

在沙尔什创作这套邱园风景图的同一时期，英国风景画家理查德·威尔逊（Richard Wilson，1712/1713—1782年）为威尔顿庄园的园林绘制了一套五幅的风景图（见图148），这一创作模式也正是以威尔逊的系列作品达到了发展高峰。[16]

为了体现自己的作品对克劳德·洛兰的风景图（见图149）借鉴程度之深，威尔逊在其中一幅作品中描绘了威尔顿庄园朝南的外立面，建筑之前是纳德河（River Nadder）的宽阔水面，河流之上横架一座帕拉第奥桥（Palladian Bridge，1735—1737年），而这也是英国第一座此类形制的桥梁。同时，画家将自己纳入画面——画面前景处那位正对着眼前美景写

上图：图146《邱园风景图》（*The Gardens at Kew*），由瑞士画家约翰·雅各布·沙尔什创作于1759年。
布面油画，75.6厘米×102.1厘米
英国皇家收藏，编号：403517

左图：图147《邱园风景图》（*The Gardens at Kew*），由瑞士画家约翰·雅各布·沙尔什创作于约1760年。
布面油画，49.5厘米×63.4厘米
英国皇家收藏，编号：403514

上图：图148《威尔顿庄园：从东南方望去看到湖面那边的建筑和桥梁》（*Wilton House: View from the south-east with the house and bridge beyond the lake and basin*），由英国风景画家理查德·威尔逊创作于约1758—1759年。
布面油画，99.0厘米×144.0厘米
现存于彭布鲁克伯爵收藏和威尔顿庄园信托基金受托人（Collection of the Earl of Pembroke and the Trustees of the Wilton House Trust）

右图：图149《小桥流水风景图》（*Landscape with a Bridge*），由法国巴洛克时期风景画家克劳德·洛兰创作于约1640—1660年。
钢笔、水彩画，9.5厘米×15.3厘米
英国皇家收藏，编号：913095

生的画家就是威尔逊本人。关于画中所描绘的类似天然美景，有人后来在1770年的一封信中写道：

> 法国人不能完全理解我们辟地造园的理念。如果他们能够正确理解的话，就会发现我们建造的园林能够为人类的乡间生活提供所有的雅致和舒适，而且（我要添加一点）如果理解正确的话，这种雅致和舒适不仅完全契合园主的需求，也是诗人和画家的心中所求。[17]

写下这些文字的正是英国著名园林和景观设计师兰斯洛特·“全能”·布朗（Lancelot 'Capability' Brown，1716—1783年），也正是他在18世纪中期天然景观园林的造园运动中，采用了一种波及性更广的方式将正式园林的残余遗迹一扫而空。尽管在园林中同样采取图画式的方法，肯特习惯于就一座园林的风景构想出一系列景观图，但布朗更倾向于将所有景观融入一个统一的构图中，画面中经常出现的元素包括人工湖、大片草坪以及弯曲的绿化带。

“造园新品位”：自然主义风格和皇家园林

18世纪早期的英国启蒙运动思想家，如诗人亚历山大·波普、散文家约瑟夫·艾迪生和第三代沙夫茨伯里伯爵（Earl of Shaftesbury）安东尼·阿什利·库珀（Anthony Ashley Cooper，1671—1713年），都一致颂扬未被人类染指的大自然，并嘲弄“皇宫园林中的人造迷宫以及刻意打造的野趣”。[18]波普位于伦敦特威克纳姆（Twickenham）的别墅花园就体现了这种新理念的主要宗旨，但这些理念被视为构成了一种的新的园林风格却是在几年以后。当这一时刻来临时，即1734年，人们将这种“造园新品位”的形成部分归功于威尔士亲王弗雷德里克，因为他在卡尔顿庄园主持建造了一座新式的皇家园林。同年，弗雷德里克亲王交际圈成员之一的托马斯·罗宾逊爵士（Sir Thomas Robinson，1702/1703—1777年）曾写道：

> 一种造园新品位已经形成，并在亲王位于伦敦城的新花园中得到了成功应用。此外，根据肯特先生的造园宗旨，即在园林建设中不再刻意营造平面或线条，国内最大规模的园林已经开始了改建工程。在这种方法指导下建造的园林风景更为宜人，在建成以后将拥有秀美的天然景观，而且若非被人告知，人们将难以想象园林的建造过程竟有人工参与。[19]

威尔士亲王弗雷德里克从自己的曾祖母汉诺威选帝侯夫人索菲（Electress Sophia of Hanover，1630—1714年）处继承了对园林的热爱。索菲夫人曾命人在汉诺威海恩豪森皇宫（Schloss Herrenhausen）打造了正规法式风格的壮观园林，想必弗雷德里克亲王对这些园林也十分熟悉。[20]在1728年抵达伦敦之后的几年间，弗雷德里克亲王就踏上了在伦敦卡尔顿庄园建造一座全新园林的征程。但不幸的是，他却在1751年英年早逝（因在园中劳作时感染风寒），享年44岁。截至此时，弗雷德里克亲王已经不仅对卡尔顿庄园园林进行了脱胎换骨的改建，而且还在邱园启动了彻底的改造工程，这些工程后来由亲王的遗孀奥古斯塔公主监督推进。作为亲王交际圈关键成员的威廉·肯特在他本人于1748年去世之前，一直在两处园林的重新设计方面起着重要作用。

卡尔顿庄园建造在圣詹姆士宫御花园（见图116）前址的东端。在弗雷德里克亲王于1732年获得卡尔顿庄园及其12英亩（约48777.6平方米）土地使用权时，圣詹姆士园林宽阔的外轮廓线仍然保持原样，但卡尔顿庄园却被北面蓓尔美尔街（Pall Mall）上一排高大的市政大楼衬托得黯然失色。在法国画家菲利普·梅西耶（Philippe Mercier，1689—1760年）创作于1733年的一幅油画作品（见图150）的背景处，我们可以看到从卡尔顿庄园建筑远眺外部园林的景象，从而得以一窥庄园附近的环境以及毗邻的高耸建筑。英国版画师威廉·沃雷特（William Woollett，1735—1785年）在一幅版画作品（见图151）中展现了卡尔顿庄园已经发展成型的园林图景，捕捉到了园中东北一隅的景象。在沃雷特的这幅作品中，都市气息最为浓重的伦敦城中央，被沿着南北两条边界呈曲线形栽种的成行树木，营造出了一处惬意的幽静隐蔽之所。这幅版画作品的刻画细致入微，不但能够使观众区分出树木的品种，而且也为左右两侧栽种于高大树木之下的灌木提供了明确的记录。此前铺满砾石的步行道被一条宽阔的草坪带所取代，草坪带从中部向外扩展蔓延，形成一座花园，花园周围围绕着一条由格子栅栏搭就的圆形蔓藤架。用石块铺边的半圆形水池，两侧伫立着头顶半身人像的方形赫姆柱。沿着草坪带继续前行，访问这座园林的人们将来到一座八角形圆顶庙宇前。这座庙宇由威廉·肯特以伯林顿伯爵奇斯威克（Chiswick）别墅庄园中的一座建筑为蓝本设计而成，庙宇两侧分别竖立着由佛兰德斯雕塑家约翰·迈克尔·莱丝布莱克（John Michael Rysbrack，1694—1770年）制作的阿尔弗雷德大帝（King Alfred）和黑太子（Black Prince）的半身塑像。在沃雷特的版画作品中，这两尊雕像位于庙宇台阶的起始处。这两位历史人物都是自由与公义的象征，园中竖立他们的半身像意在宣告弗雷德里克亲王拥护臣民的自由权利和遵守宪法的政治主张。[21]沃雷特的这幅版画作品在1760年7月由约翰·蒂尼（John Tinney，

约1706—1761年）出版发布，当时出版的是一套园林风景版画，其中还包括萨里郡佩因斯希尔园林（Painshill）的风景图（这套版画在大约1766年被再次出版刊发）。此时的威廉·沃雷特还只是蒂尼的学徒，刚刚开启版画师的职业生涯，但后来却发展成为那个时代最为成功的风景版画家。沃雷特此后还制作了一系列邱园风景版画作品，他漫长而荣耀的职业生涯在1775年被乔治三世任命为御用版画师时达到了巅峰。

为了宣传自己对建筑设计进行广泛研究的成果，苏格兰建筑师威廉·钱伯斯在1763年出版了名为《邱园园林及建筑的设计图、立视图、剖面图和透视图》（*Plans, Elevations, Sections and Perspective Views of the Gardens and Buildings at Kew*）的作品集，其中收录了三幅沃雷特的版画作品。这些版画作品的创作时间要晚于沙尔什的邱园系列油画，因此记录了第二阶段改建工程完工之后的邱园园林面貌。邱园第一阶段的改建工程在威尔士亲王弗雷德里克生前完成。1731年，弗雷德里克获得了邱园主体建筑白宫（White House at Kew）的租约，于是委托威廉·肯特将其改造成为帕拉第奥风格的建筑，这一工程从1731年持续至1736年。沃雷特在根据约书亚·柯比（Joshua Kirby，1716—1774年）作品风格创作的关于邱园白宫的版画（见图152）中描绘了肯特最初的景观设计：建筑两侧栽种了成行的树木，正前方的草坪上羊群正在悠闲吃草。邱园第二阶段的工程于1757年至1763年完成，彼时肯特和弗雷德里克都已去世。这一阶段的工程以钱伯斯为设计师，由奥古斯塔公主在第三代比特伯爵约翰·斯图尔特（John Stuart，1713—1792年）的指导下监督完成。

邱园第二阶段的工程主要有两大特征：将邱园发展成为植物园，以及展现建筑形式的多样性。弗雷德里克生前已经开始在邱园栽种来自异域的新奇植物（例如图152中草坪两侧摆放的盆栽橘子树）。在比特伯爵和奥古斯塔公主的监督下，邱园引入了更多奇花异草。来自比特伯爵的舅父，即第三代阿盖尔公爵（Duke of Argyll）阿奇博尔德·坎贝尔（Archibald Campbell，1682—1761年）私人植物园的珍稀树木品种被移栽到这里，而邱园的草药园也得到了扩张，这都为邱园此后成为全欧洲最举足轻重的植物园奠定了基础。为了帮助培育这些珍奇植物品种，面积为9英亩（约36421.2平方米）的草药园中曾建造了多处暖房和一个大锅炉（Great

对页图：图150《音乐会：威尔士亲王弗雷德里克与三位长姐》（*The Music Party: Frederick, Prince of Wales with his Three Eldest Sisters*），由法国画家菲利普·梅西耶创作于1733年。
布面油画，79.4厘米×57.8厘米
英国皇家收藏，编号：402414

左图：图151《蓓尔美尔街卡尔顿庄园，即威尔士亲王遗孀公主殿下宫殿的园林景观》（*A View of the Garden at Carlton House in Pall Mall, a palace of Her Royal Highness the Princess Dowager of Wales*），由英国版画师威廉·沃雷特创作于约1766年。
蚀刻版画
41.7厘米×57.1（页面尺寸）
38.0厘米×55.3（刻板尺寸）
英国皇家收藏，编号：702850

下图：图152《邱园皇家园林中从草坪观赏到的皇宫景象》（*A View of the Palace from the Lawn, in the Royal Gardens at Kew*），由英国版画师威廉·沃雷特根据约书亚·柯比的画作制作于1763年。
蚀刻版画
34.7厘米×50.8厘米（页面尺寸）
31.4厘米×46.7厘米（刻板尺寸）
英国皇家收藏，编号：702947.a

底部图：图153《邱园皇家园林中的鸟舍和花坛景观》，由英国版画师查尔斯·格里尼翁（Charles Grignion，1721—1810年）根据托马斯·桑德比的画作制作于1763年。
蚀刻版画
34.3厘米×49.0厘米（页面尺寸）
31.2厘米×46.4厘米（刻板尺寸）
英国皇家收藏，编号：702947.l

右图：图154《山野风景之中的阿尔罕布拉风格宫殿、佛塔和清真寺景观》，由英国版画师爱德华·卢克尔根据风景画家威廉·马洛的画作制作于约1763年。
蚀刻版画
44.0厘米×59.3厘米（页面尺寸）
31.6厘米×46.3厘米（刻板尺寸）
英国皇家收藏，编号：702947.v

Stovc），但钱伯斯作品集中收录的《邱园皇家园林中的鸟舍和花坛景观》（*A View of the Aviary and Parterre, in the Royal Gardens at Kew*，见图153）却将描绘重点放在园中辟出的一小块打造成装饰性花园的区域。这座小花园遵循了沿中心轴线对称的传统布局，并在中央设置了水景。但与肯特在卡尔顿庄园中设计的圆形花园（见图151）不同，这里的花坛与外界隔离开来，因而对园林的整体布局并不造成影响，而这里栽种的植物更为重要的价值是其科学意义，而非观赏价值。

尽管钱伯斯这本关于邱园园林和建筑景观图的书中大多收录的都是园中样式极为丰富的特色建筑，而这也是邱园当时最吸引世人的魅力所在，但这座园林最终留给我们的最伟大遗产却是它对植物进行的科学研究。

在英国版画师爱德华·卢克尔（Edward Rooker，1724—1774年）根据风景画家威廉·马洛（William Marlow，1740—1813年）的画作制作的版画作品《山野风景之中的阿尔罕布拉风格宫殿、佛塔和清真寺景观》（*View of the Wilderness, with the Alhambra, the Pagoda & the Mosque*，见图154）中，邱园令人目眩神迷的多元化建筑可见一斑。画面左侧建于沼泽地之上的阿尔罕布拉风格建筑实由弗雷德里克在生前规划，后在钱伯斯的主持下于1758年完工。画面远景处的清真寺建造于1761年，而所有建筑中最具异域风情的佛塔则完工于1762年。钱伯斯在青年时期曾两次到访中国，并根据自己的游历经历写就了《中式建筑设计》（*Design of Chinese Buildings*，1757年）一书，该书对于当时中国风在英国的迅速传播起到了辅助作用。然而，这些异域风格建筑的设置绝非仅仅为了装饰，设计者意在用这些建筑激发人们对东方哲学、宗教本质的思考。[22]

为了纪念英国在七年战争（Seven Years War）中于1759年大败法国的明登战役（Battle of Minden），钱伯斯设计建造了“凯旋神庙”（Temple of Victory）。另外，钱伯斯曾在《邱园园林和建筑景观图》一书中提到的“和

下图：图155《从湖面北侧观赏到的皇宫景观》，由威廉·埃利奥特根据威廉·沃雷特的画作制作于约1766年。
蚀刻版画
40.3厘米×57.4厘米（页面尺寸）
37.0厘米×54.0厘米（刻板尺寸）
英国皇家收藏，编号：702947.d

底部图：图156《从湖面南侧观赏到的皇宫景观》，由法国版画师皮埃尔·查尔斯·卡努（Pierre Charles Canot，约1710—1777年）根据威廉·沃雷特的画作制作于约1766年。
蚀刻版画
38.8厘米×55.9厘米（页面尺寸）
36.7厘米×53.5厘米（刻板尺寸）
英国皇家收藏，编号：702947.h

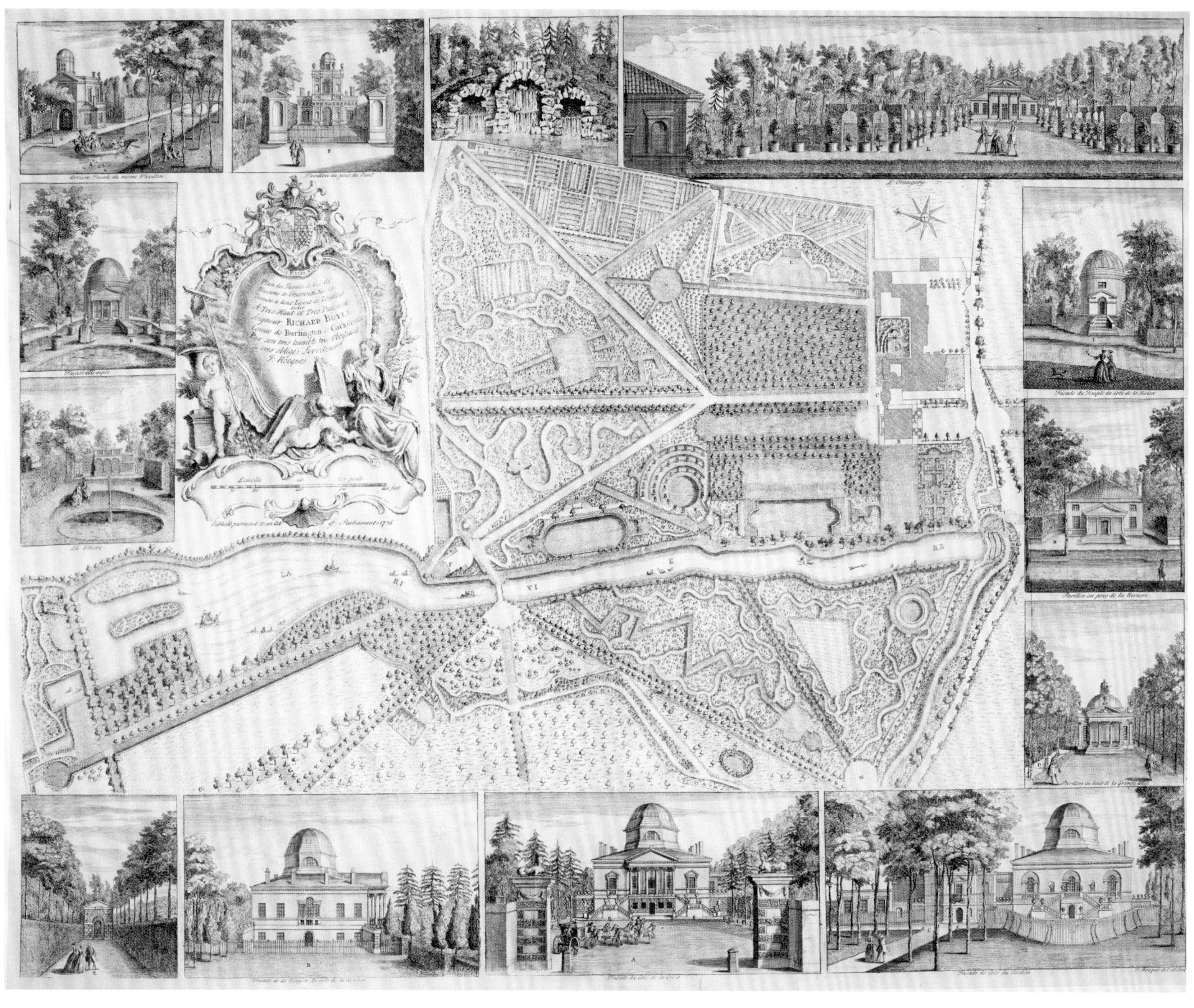

上图：图157《奇斯威克庄园园林游览图及建筑景观图》（*Plan du jardin & vue des maisons de Chiswick*），由约翰·霍克创作于1736年。
蚀刻版画，62.5厘米×78.3厘米（页面尺寸）
英国皇家收藏，编号：701782

平神庙”（Temple of Peace）和“贝罗纳神庙”（Temple of Bellona）也是为了纪念战争而建造。但这些旨在纪念凯旋的庙宇却与此前那些异域风情的建筑毫无违和之感。事实上，钱伯斯设计的园林建筑意在引发宗教、哲学和政治联想，范围虽广但不至于突兀罕见或过于宽泛，而恰恰正是因为这种多重的象征性，邱园此后被视为“真正的启蒙之园”。[23]尽管如此，新奇的异域风情和丰富的文化密码并非邱园的唯一亮点：威廉·埃利奥特（William Elliott，1727—1766年）根据沃雷特的画作制作的版画作品《从湖面北侧观赏到的皇宫景观》（*View of the Palace from the North Side of the Lake*，见图155）中刻画了一艘天鹅形状的游船，这是1755年威尔士亲王乔治（即后来的乔治三世）在17岁生日之际收到的礼物。另一幅依照沃雷特作品制作的名为《从湖面南侧观赏到的皇宫景观》（*View of the Palace from the South Side of the Lake*，见图156）的版画作品，则传达了在湖面上垂钓的质朴乐趣。

帕拉第奥式园林

18世纪中叶，园林被赋予了较以往任何时候都更加复杂的政治和哲学内涵，这主要归因于建筑设计领域兴起的一场帕拉第奥运动。该运动在英国以这种新式建筑风格的忠实拥趸——第三代伯林顿伯爵罗伯特·波义耳建造的奇斯威克别墅为典范。这种新风格以文艺复兴时期意大利杰出建筑师安德烈亚·帕拉第奥命名，崇尚简朴和古典，使人联想起罗马共和国因立宪政府和宪政自由而备受尊崇时期的建筑风格。帕拉第奥式建筑风格，加上威廉·肯特及其同时代建筑师在园林建造中所倡导的新自然主义风格，似乎形成了一种全新的“国家品位”，这种新品位象征着与法国专制针锋相对的英国自由。[24]

奇斯威克别墅是帕拉第奥主义在英国最早的产物之一。该别墅园林被以油画、印刷品和版画等多种形式再现，是18世纪英国同类园林中得到艺术展现最多的一座。这或许是因为奇斯威克别墅与其周围新设计的“古典”园林第一个响应了当时设计中急需的新式国家品位。[25]于是，这处庄园对艺术家和普通游客都立刻产生了强大吸引力。伯林顿伯爵是最早将私家园林免费对外开放的庄园主。无论是对于久居城市的都市人，还是在1724年丹尼尔·笛福的《大不列颠全岛游记》出版之后激增的贵族庄园和园林游客参观团来说，这处位于伦敦近郊的园林都是一处迷人的所在。[26]面对园林旅游业的兴起，胡格诺教派制图师约翰·霍克（John Rocque，?1704—1762年）在18世纪30年代晚期制作了一系列伦敦近郊园林地图，其中就包括奇斯威克园林（见图157）。这一系列十余幅版画收录于霍克与托马斯·贝德斯莱德（Thomas Badeslade）于1739年合作出版的《18世纪英国古典建筑第四卷》（*Vitruvius Britannicus Volume the Fourth*）中。在每一幅园林地图上，霍克采用嵌板的方式，在地图的周围附上平视视角能够欣赏到的景观细节。这种来源于荷兰早期制图师的绘图方式能够使人们对园中每一个区域的不同景观都一目了然。[27]霍克在奇斯威克园林景观细节图中囊括了18世纪20年代引入园中的不同种类的古典园林建筑，其中部分由伯林顿伯爵本人设计。这些建筑包括浴房（Bagnio，左上）、橘园中的爱奥尼柱式神庙（Ionic Temple，左右两侧从上至下第二幅）以及英国著名建筑师詹姆斯·吉布斯（James Gibbs，1682—1754年）设计的圆顶建筑（右侧从上至下第四幅）。[28]威廉·肯特在18世纪30年代对奇斯威克园林进行了第二阶段的改建，霍克的地图版画制作恰逢这一时期，所以图中包含了肯特提出但最终并未完工的一些改建设计。[29]

奇斯威克园林的最后一套版画是在改建工程全部完工以后出版的，因此记录了该园林成熟状态的这套作品也是所有版画中最有价值的一套。这套作品最初由约翰·蒂尼在伯林顿公爵去世的1753年发布，并在1760年至1766年再版发行。

这套制作精美的奇斯威克园林风景版画或许应更多地归功于那位未署名的版画师（或为年轻的威廉·沃雷特），而非建筑制图师约翰·多诺韦尔（John Donowell，活跃于1753—1786年），因为多诺韦尔在业内一直都未

顶图：图158《从园中主路欣赏到的伯林顿伯爵阁下奇斯威克庄园建筑景观》（*A View of the Rt. Hon.ble the Earl of Burlington's House at Chiswick; taken from the Road*），根据建筑制图师约翰·多诺韦尔的画作制作于约1760—1766年。
蚀刻版画，26.2厘米×41.8厘米（裁剪至刻板印痕处）
英国皇家收藏，编号：701784.d

上图：图159《伯林顿伯爵奇斯威克庄园园林中瀑布、蛇形河以及庄园建筑西立面部分景观图》（*A View of the Cascade, of part of the Serpentine River, and of the west Front of the House of the Earl of Burlington, at Chiswick*），根据建筑制图师约翰·多诺韦尔的画作制作于约1760—1766年。
蚀刻版画，26.6厘米×41.8厘米（裁剪至刻板印痕处）
英国皇家收藏，编号：701784.f

右图：图160《伯林顿伯爵奇斯威克庄园园林中的浴房与蛇形河（尽头为流水瀑布）部分景观图》（*A View of the back part of the Cassina & part of the Serpentine river, terminated by the cascade, in the Garden of the Earl of Burlington, at Chiswick*），根据建筑制图师约翰·多诺韦尔的画作制作于约1760—1766年。
蚀刻版画，26.8厘米×41.8厘米（裁剪至刻板印痕处）
英国皇家收藏，编号：701784.c

下图：图161《伯林顿伯爵奇斯威克庄园园林中三条步道景观图（尽头分别为浴房、圆顶亭和农庄）》（*A view of the three walks terminated by the Cassina, the Pavilion and the Rustic House in the Garden of the Earl of Burlington, at Chiswick*），根据建筑制图师约翰·多诺韦尔的画作制作于约1760—1766年。
蚀刻版画，26.7厘米×42.1厘米（裁剪至刻板印痕处）
英国皇家收藏，编号：701784.a

对页左图：图162《从通往大画廊后门的台阶顶端欣赏到的伯林顿伯爵奇斯威克庄园园林景观》（*A View of the Garden of the Earl of Burlington, at Chiswick; taken from the Top of the Flight of Steps leading to ye Grand Gallery in ye Back Front*），根据建筑制图师约翰·多诺韦尔的画作制作于约1760—1766年。
蚀刻版画，27.5厘米×42.2厘米（裁剪至刻板印痕处）
英国皇家收藏，编号：701784.e

对页右图：图163《伯林顿伯爵奇斯威克庄园建筑后立面及园林部分景观图》（*A View of the Back Front of the House and part of the Garden of the Earl of Burlington at Chiswick*），根据建筑制图师约翰·多诺韦尔的画作制作于约1760—1766年。
蚀刻版画，26.8厘米×42.1厘米（裁剪至刻板印痕处）
英国皇家收藏，编号：701784.g

A View of the three Walks terminated by the Caffina, the Pavilion, and the Ruftic Houfe in the Garden of the Earl of BURLINGTON, at CHISWICK.

Veuë des trois Allées qui sont terminées par la Caffina, le Pavillon, & l'Arc-ruftique, dans les Jardins du Comte de BURLINGTON, a CHISWICK.

London Printed for T. Bowles in St. Pauls Church Yard, John Bowles & Son at the Black Horfe in Cornhil, Robt. Sayer at the Golden Buck in Fleet Street & John Ryall at Hogarth's Head in Fleet Street.

能发展出较高的声望。[30]第一幅作品（见图158）展示了以意大利维琴察的圆厅别墅（Villa Rotonda，建于1550—1551年）为蓝本建造的别墅主体建筑的南侧外立面，整座建筑显得高大壮观。图159则展现了肯特在18世纪30年代在此营造的天然景观：大片草坪从建筑西侧一直延伸至蜿蜒流动的蛇形河河畔，而在这条河的源头处则设置了充满乡村野趣的流水瀑布，几位到此观光的访客正在河畔津津有味地欣赏着这处瀑布。在下一幅作品（见图160）中，我们看到的是从南向北望向河流时所观赏到的景色，这幅画中的流水瀑布位于画面右侧远景处，而画面左侧前景中赫然耸立的建筑便是此前提到的浴房。

然而，在此类古典风格园林的规划中，此前流行的巴洛克式规整布局并未被完全摒弃，反而是规范与非规范区域之间的对比才是古典风格园林的基本特征。关于这一方面，建筑师罗伯特·卡斯特尔（Robert Castell，卒于1729年）曾进行过更为清楚的阐释。卡斯特尔曾就小普林尼位于塔斯库卢姆（Tusculum）和劳伦图姆（Laurentum）的别墅出版过一本颇具影响力的著作，其中卡斯特尔翻译了小普林尼对于这些别墅的描述，并加入了作者本人的评论和绘图，这些内容代表着当时人们对于古典风格园林的见解。在向伯林顿爵士致敬的《图解古代先贤别墅》（*The Villas of the Ancients Illustrated*，1728年）一书中，作者表示，为了“模仿自然”，需要建造“山峰、岩石、瀑布、河流、树林、建筑等，将它们以一种无序但令人惬意的规律进行设置，就像我们欣赏到的自然风景一样，营造出令人赏心悦目的天然景观”。但这些“更为天然的元素”的排列方式应该使它们与附近的规整布局形成对比，从而在别墅园林中创造出令人舒适的多样性。[31]在奇斯威克园林中，最为正式的元素非鹅掌形道路布局（见图161）莫属，几条向外发散的步行道分别通往浴房、圆顶亭和农庄。此外，霍克的奇斯威克园林地图揭示，在多诺韦尔风景版画中的高大树篱之中，设计师为了创造更丰富的多样性，还设置了一些弯弯曲曲的小径，在鹅掌形布局中见缝插针地蜿蜒前行。即使在忙于拓宽蛇形河河道以及建造充满野趣的瀑布之时，肯特仍然费心规划了园中最正式、最具有舞台感的建筑元素——位于草坪一端、从别墅建筑中可以看到的（仿古希腊建筑外立面的）半圆形树篱。多诺韦尔在一处通往别墅建筑的台阶顶端，创作了这幅奇斯威克园林俯视图（见图162）。形成半圆形的树篱被剪出了三个壁龛，其中分别安放着恺撒（Caesar）、庞培（Pompey）和西塞罗（Cicero）的塑像，其中前两位造成了罗马共和国的衰落，而最后一位则坚定地拥护自由、反对专制。鉴于此处景观的设置正值伯林顿公爵投身反对党时期，因此这些雕像传递出了一则政治讯息，即对罗伯特·沃波尔爵士（Sir Robert Walpole，1676—1745年）所领导内阁的明确控诉，以及伯林顿公爵本人对自由的坚决拥护。[32]图163展示了与图162观赏角度呈90度转换之后同一片草坪的景象，一位于1750年到访此处但对所见景观并不十分欣赏的访客曾记录道：“建筑之前的草坪上堆满了雕塑和花瓮，活像一家卖雕塑的商店。”[33]该图的远景处从左至右分别坐落着鹿房（Deer House）、伯林顿公爵在1725年之前设计的橘园以及英国建筑师伊尼戈·琼斯（Inigo Jones，1573—1652年）原本为切尔西的博福尔庄园（Beaufort House）设计的拱门。这道拱门为英国博物学家、收藏家汉斯·斯隆爵士（Sir Hans Sloane，1660—1753年）送给伯林顿公爵的礼物，于1738年被竖立在奇斯威克园林之中，以此纪念这位第一个将帕拉第奥风格引入英国的建筑师。

多诺韦尔版画作品上出现了英法两种语言的题字，说明这些图片是由当时已经开始关注英式园林的法国游客带回法国的，由此可见，这些版画的制作目的是创造更大的商业吸引力。

事实上，在威廉·沃雷特声名鹊起之前，园林版画市场是由约翰·霍克和雅克·希古（Jacques Rigaud，1681—1754年）等法国制图师垄断的。当伯林顿公爵在1733年计划制作一套奇斯威克园林风景版画时，这项任务最初被委托给了受国王御用园丁查尔斯·布里奇曼之邀刚刚抵达伦敦的雅克·希古。希古创作了一系列奇斯威克园林风景图，并在图中加入了姿态优雅的贵族游客，但由于伯林顿公爵未能与希古就酬劳问题达成一致，这些画作从未被制作成为刻板。据乔治·弗图记载，伯林顿公爵"像对待撒谎的无赖一样把他打发走了"。[34]这次不愉快事件使得希古不得不尽早结束他在英国的行程。但在他于1734年匆忙离开之前，希古得以完成了英国园林历史上视角最为广泛、效果最为震撼的一套绘画作品，即白金汉郡斯托庄园（Stowe House）园林的十五幅风景画。

希古的这套斯托庄园园林风景画可谓钱伯斯在1763年出版的《邱园园林及建筑的设计图》的先驱。希古制作这套作品并非受雇于斯托庄园的主人——第一代科巴姆子爵（Viscount Cobham）理查德·坦普尔（Richard Temple，1675—1749年），而是由为了记录该园林在1715年至1732年变迁的园林设计师查尔斯·布里奇曼委托制作的。然而，由于希古在完成绘画工作后立即返回法国，这些绘画迟迟未能被制作成刻板，而且最终的制版工作是由法国版画师伯纳德·巴伦（Bernard Baron，1696—1762年），而非希古本人完成的。这些版画作品出版之时，布里奇曼已经去世，而版画中描绘的园林景观也早已被新的风格所取代。在18世纪英国园林的自然景观革命中，斯托庄园园林经威廉·肯特和兰斯洛特·"全能"·布朗之手进行了两次改建。希古的这套精美作品准确记录了这座园林在此之前的历史面貌。

在这十五幅作品中，希古采取了伊斯雷尔·西尔维斯特和亚当·贝哈尔对凡尔赛宫景观的呈现方式，将斯托庄园园林作为社交和联谊活动的背景入画。在这幅名为《从湖端建筑处观赏到的区域》（*View of Such Parts as are Seen from the Building at the Head of the Lake*，见图164）的画中，一场音乐会正在布里奇曼设计的面积为11英亩（约44514.8平方米）的人工湖西侧进行，而画面远景处依稀可见英国建筑师约翰·凡布鲁爵士（Sir John Vanbrugh，1664—1726年）设计的圆厅建筑（Rotunda）。为了增强作品的商业吸引力，版画师将画面中的人物以当时流行的花园派对（*Fête champêtre*）的方式呈现，并在其中加入极具辨识度的名人面孔，即被称为塞内斯诺（Senesino）的著名意大利阉伶弗朗西斯科·博纳迪（Francesco Bernardi，约1680—约1750年）。[35]这

位歌唱家的出现不仅增强了这幅版画作品的名人效应，还契合了园中其他元素，例如建筑、雕塑和题字所传递的图像学政治讯息，即拥护宪法准则，反对沃波尔领导的腐化政府。画中的塞内斯诺刚刚离开了由乔治·亨德尔（George Handel，1685—1759年）管理、科巴姆子爵和伯林顿公爵等人出资赞助的皇家乐团，而此时将这位著名歌唱家融入画中则清楚表明，这位音乐人在艺术品位方面与其赞助人相互独立。

上图：图164《从湖端建筑处观赏到的区域》，由法国版画师伯纳德·巴伦根据雅克·希古的画作制作于1739年。
蚀刻版画，40.2厘米×78.2厘米（页面尺寸）
英国皇家收藏，编号：701141.a

希古的创作技巧在于将制作地形图时所追求的准确性与风景画中所注重的细节描绘融为一体，并在作品中加入了姿态优雅的有趣人物。他的园林系列风景画带领观众游遍全园，并在沿途欣赏著名地标建筑。在这套版画作品（见图165—图167）出版后不久，市场上随即也出现了采用这种景观呈现方式的印刷版旅行指南。[36]这座园林所承载的政治象征意义在这些版画中也被部分展现：例如图167中展示了以建筑师詹姆斯·吉布斯命名的“吉布斯亭”（Gibbs's Building），亭中坐落着“英国圣人”（British Worthies）雕像中的一尊。

左上图：图165《（斯托园林中）从砖庙看到的景观》[*View from the Brick Temple（Stowe）*]，由法国版画师伯纳德·巴伦根据雅克·希古的画作制作于1739年。
蚀刻版画，35.7厘米×50.8厘米（页面尺寸）
英国皇家收藏，编号：701141.i

左中图：图166《（斯托园林中）从圆厅建筑看到的女王剧院景观》[*View of the Queen's Theatre from the Rotunda（Stowe）*]，由法国版画师伯纳德·巴伦根据雅克·希古的画作制作于1739年。
蚀刻版画，33.7厘米×49.2厘米（页面尺寸）
英国皇家收藏，编号：701141.g

对页左下图：图167《斯托园林：从吉布斯亭看到的景观》[*Stowe: View from the Gibbs Building (Stowe)*]，由法国版画师伯纳德·巴伦根据雅克·希古的画作制作于1739年。
蚀刻版画，33.2厘米×49.5厘米（页面尺寸）
英国皇家收藏，编号：701141.f

上图：图168《从汉普顿宫园林遥望宫殿建筑》，据传由巴塞洛缪·霍克根据雅克·希古的画作制作于1738年。
蚀刻版画，38.5厘米×67.1厘米（页面尺寸）
英国皇家收藏，编号：702881

The Diagonal Walk, Fountain, and Canal, in the Garden of HAMPTON COURT.
Vue de L'allée Diagonal, de la Fontaine et du Canal, dans le Jardin d'Hampton Court.

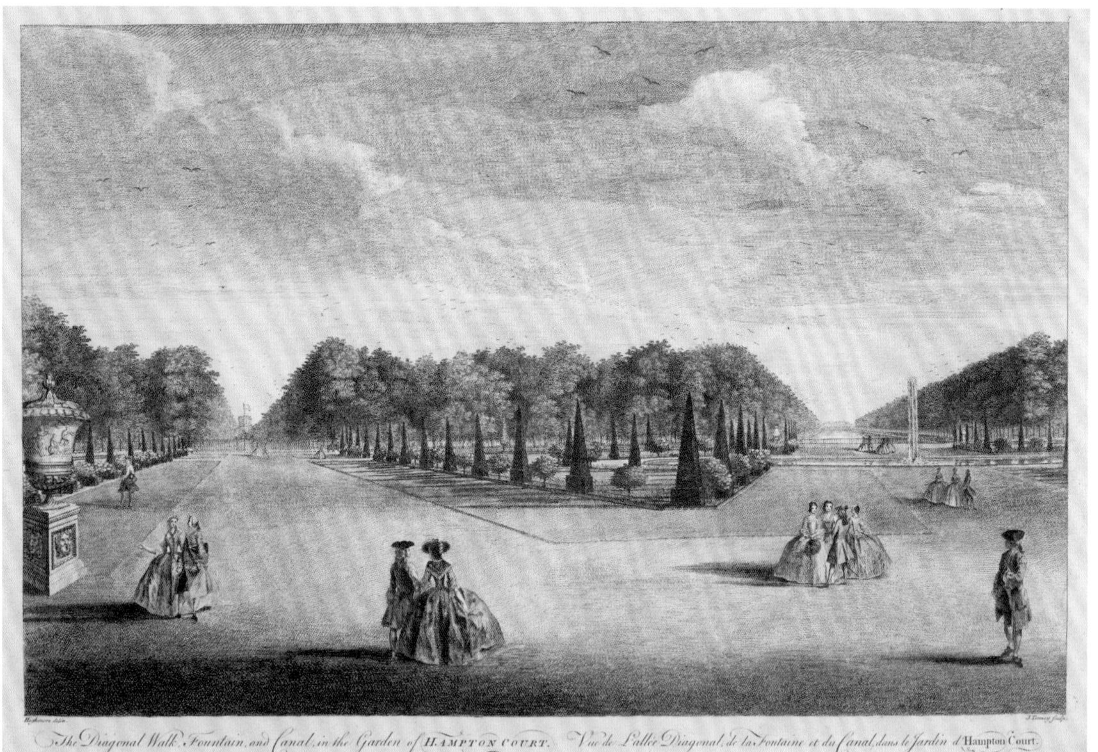

左图：图169《汉普顿宫园林中的斜角步道、喷泉和人工河》（*The Diagonal Walk, Fountain and Canal in the Garden of Hampton Court*），由版画出版商约翰·蒂尼根据画家安东尼·海默的画作制作于约1766年。
蚀刻版画
43.2厘米×58.7厘米（页面尺寸），34.0厘米×49.3厘米（刻板尺寸）
英国皇家收藏，编号：702885.e

下图：图170《汉普顿宫建筑东立面斜角图以及部分园林景观》（*An Oblique View of the East Front of Hampton Court, with part of the Garden*），由版画出版商约翰·蒂尼根据画家安东尼·海默的画作制作于约1766年。
蚀刻版画
43.9厘米×58.9厘米（页面尺寸），34.5厘米×49.5厘米（刻板尺寸）
英国皇家收藏，编号：702885.c

对页图：图171《克莱夫爵士阁下家族庄园之一——克莱尔蒙特庄园中一处小岛之上的圆形露天剧场、大湖泊一角以及新建筑景观图》（*A View of the Amphitheatre & Part of the Great Lake & the New House in the Island Situated in the Garden of Claremont, One of the Seats of the Right Hon.ble Lord Clive*），由英国版画师彼得·保罗·班纳扎克（Peter Paul Benazech，? 1730—1798年）根据法裔英籍版画师让·巴蒂斯特·克劳德·沙特兰的绘画制作于约1765—1770年。
蚀刻版画
36.9厘米×53.4厘米（页面尺寸），35.3厘米×52.1厘米（刻板尺寸）
英国皇家收藏，编号：702863.b

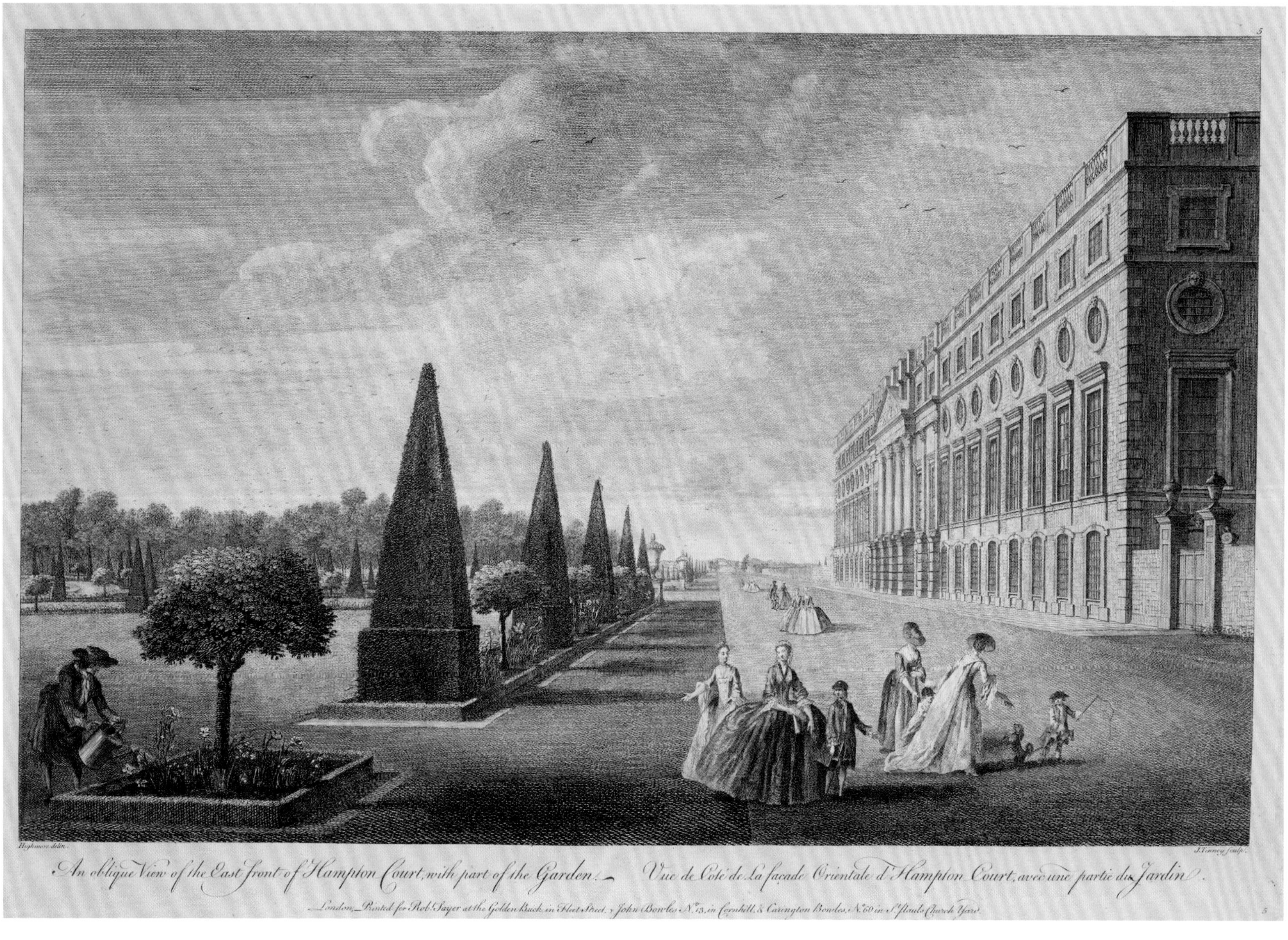
Highmore delin.
J. Tinney sculp.
An oblique View of the East front of Hampton Court, with part of the Garden.
Vue de Coté de La facade Orientale d'Hampton Court, avec une partie du Jardin.
London, Printed for Rob.t Sayer at the Golden Buck in Fleet Street, John Bowles N.o 13, in Cornhill, & Carington Bowles, N.o 69 in S.t Pauls Church Yard.

然而希古未能展示斯托园林中著名的图像学工程的全貌，因为这项工程在肯特接替布里奇曼成为设计师并将东部园区打造成为“极乐世界”（Elysian Fields）之后才全部完工。这里坐落着肯特设计的最具政治内涵的建筑：形成鲜明对比的古代美德神庙（Temple of Ancient Virtue）和现代美德神庙（Temple of Modern Virtue）。其中，前者以蒂沃利的火灶神维斯塔神庙（Temple of Vesta）为模板建造而成，内部供奉着古代圣贤的塑像；后者则是一座破败的石质建筑，附近摆放了一尊被认为指代沃波尔的无头雕像。[37]

这两处神庙附近还坐落着一座“英国圣人祠堂”（Temple of British Worthies），内部摆放着此前存放在吉布斯亭的八位圣人半身像，这八位圣人象征着辉格党反对君主专制、反对天主教的政治宗旨。后来肯特还建造了一座半圆形的神庙，内部供奉着另外八位“圣人”，从这些历史人物所取得的成就以及关注的领域，我们得以一窥科巴姆子爵后期的政治思想和艺术哲学。[38]

希古这种明朗而精致的创作风格在他另一幅作品《从汉普顿宫园林遥望宫殿建筑》（*Prospect of Hampton Court from the Garden side*，见图168）中也得到了体现。这幅画的制版工作据传由巴塞洛缪·霍克（Bartholomew Rocque，活跃于1738年）承担，并在1734年希古返回巴黎之后完成，原画现存于大英博物馆。[39]画面中这些在汉普顿宫园林中闲庭信步的上流人士，其中之一即为希古本人，他带领一名助手正在对眼前的风景进行写生，画下了我们日后在版画中欣赏到的景色。希古在他创作的很多版画作品中都融入了他的自画像，展现了这位艺术家对乡村庄园园林版画创作这一领域的熟练掌握。在18世纪40年代，模仿希古创作风格制作的系列风景版画数量逐步增多，这进一步说明了希古在业界的影响力。1744年前后，版画出版商约翰·蒂尼与画家安东尼·海默（Anthony Highmore，1718—1799年）合作制作了八幅描绘汉普顿宫和肯辛顿宫风景的版画（见图169和图170），希古采用纵深视角、并在画面前景中设置多个时髦人物的创作风格所产生的影响在这些作品中一览无遗。在海默的这些作品中，里奥纳德·奈夫约创作于四十

顶部图：图172《沃克斯豪尔乐园中的中国风亭子》（*A View of the Chinese Pavilion sin Vauxhall Gardens*），创作于1780年。
蚀刻版画，28.7厘米×41.8厘米
现存于伦敦大英博物馆，编号：1880, 1113.5478.2

上图：图173《蔓藤架下的茶话会》（*A tea party in a pergola*），据传由英国画家、蚀刻版画家托马斯·沃利奇（Thomas Worlidge，1700—1766年）制作于1736年。
牛皮纸铅笔画，24.6厘米×32.9厘米
英国皇家收藏，编号：913876

对页及跨页图（细节图）：图174《圣詹姆士公园和林荫道》，由英国画派画家创作于约1745年。
布面油画，103.5厘米×138.5厘米
英国皇家收藏，编号：405954

年前的油画作品中的汉普顿宫大花坛已经不复存在。在1708年之前，不喜黄杨木气味的安妮女王下令对汉普顿宫花园进行了大规模的简化修饰工程，将此前由喷泉和黄杨木组成的花坛全部移除，取而代之的是简朴的草坪，边缘简单装饰以修剪整齐的常绿和花卉植物（见图170）。

在1733—1734年的某段时间，希古曾为第一代纽卡斯尔公爵（Duke of Newcastle）托马斯·佩勒姆-霍利斯（Thomas Pelham-Holles，1693—1768年）位于萨里郡的克莱尔蒙特庄园（Claremont）创作了风景画。这座庄园的园林是查尔斯·布里奇曼在18世纪20年代建造的众多园林之一。[40]除了希古，其他一些画家和版画家也创作了大量克莱尔蒙特庄园风景画，为该庄园留下了丰富的图像记录。布里奇曼在克莱尔蒙特庄园进行的最令人印象深刻的工程就是始建于1725年的巨型圆形露天剧场。

一幅根据法裔英籍版画师让·巴蒂斯特·克劳德·沙特兰（Jean Baptiste Claude Chatelain，1710—1758年）绘画制作于1754年的版画作品，将这座圆形露天剧场作为刻画重点进行了展示。约翰·霍克在早期展现奇斯威克园林风景时，倾向于采用在园林地图周围设置多个景观细节图（见图157）的方式，到了1754年创作的克莱尔蒙特庄园风景图中，艺术家们更钟爱宏大视角，并在前景中安排多个优雅的人物。这一园林风景展现方式的转变，反映了希古在当时蓬勃发展的园林景观版画业中所产生的巨大影响。

公共园林中的漫步人群

在18世纪，园林成为上流社会人士聚会的钟爱场所（见图173）。当伦敦著名收藏家、鉴赏家理查德·米德医生需要晚间在他位于伦敦大奥蒙德街（Great Ormond Street）的居所招待朋友和收藏界的同行们时，他通常选择花园长廊作为聚会场所，一行人将在这里品鉴米德医生的藏品。如果有人想在室外寻找一种惬意的轻娱乐氛围，那么没有任何地方会比新兴的商业化乐园更流行了。人们在这里可以散步、享受盒装小食，并且能够以极低的费用欣赏音乐会、化装舞会和各种演出。在18世纪的伦敦，此类乐园共有六十四家，其中最著名的当属沃克斯豪尔乐园（Vauxhall Gardens）和拉内拉赫乐园（Ranelagh Gardens）。这两处园林的修建参照了新式天然景观园林风格，其中设置了林荫道等充满野趣的环境以及带有异域风情的园林建筑（见图172）。威尔士亲王弗雷德里克是沃克斯豪尔乐园忠实的支持者之一，他不仅在1732年参加了夜间开园仪式，而且此后也经常光顾，以至于人们在园中西侧建造了一座专供亲王使用的亭子。[41]

如果威尔士亲王不想穿越泰晤士河前往沃克斯豪尔乐园，那么他只需走出家门，即卡尔顿庄园的大门，即可在圣詹姆士公园中享受到同等的欢乐氛围。在创作于约1745年的《圣詹姆士公园和林荫道》（*St. James's Park and the Mall*，见图174）中，威尔士亲王（突出的徽章和嘉德勋章揭示了他的身份）在夏日的夜晚出现在了林荫道的东端。他周围的人群如此具有多样性，以至于我们不得不怀疑英国建筑师约翰·格温（John Gwynn，1713—1786年）18世纪60年代的回忆是否准确：

以前夏日夜晚的林荫道是一个我们可以想象得到的最高级的娱乐场所。也正是在这里，人们可以在较远的距离之外一睹这个国家最尊贵的人物和最精美器物的风采。然而，这里的井然秩序和端庄得体，却足以令身份低微的人们望而却步，因为这样的场合是无论如何也不适合他们出现的。[42]

事实上，在这个充满了贺加斯风格的人群中，优雅的上流人士和举止粗鄙的下等人同时存在，"那些身份低微的人们"也同样充满了存在感。画

面中弗雷德里克的一个侍从正在行一个略显夸张的颔首礼，而这个礼节得到了他右侧少女的回应；画面前景中一位女士正在整理自己的吊袜带，画面左侧摊位处卖牛奶的女工正在招徕生意（见图174及细节部）。在这个公园里，上流人士与士兵、水手和妓女共处：所有人都要来欣赏风景或成为他人眼中的风景，抑或来此寻求好运。[43]在皇家园林的艺术呈现中，地形地貌第一次屈从于实地观察和讽刺手法；在这座由查理二世开创的皇家园林中，民主化占据了上风，由各阶层构成的社会已经将此地接管。

直至乔治王时代晚期，林荫道一直是一个公共休闲的场所。大约四十年以后，英国肖像和风景画家托马斯·庚斯博罗（Thomas Gainsborough，1727—1788年）为了创作油画《林荫道》（*The Mall*，见图175）重返该地。庚斯博罗受到法国画家让-安特瓦·华托（Jean-Antoine Watteau，1684—1721年）版画作品的启发，创作手法与此前注重地形地貌刻画的方法截然不同。[44]

庚斯博罗在作品中营造出一种欢腾的氛围，“所有的一切都在动，像女士的扇子一样在不停地扇动”。这种风格深受乔治三世的喜爱，而且也正是在他的委托下，庚斯博罗才创作了这幅作品。但是由于该画作缺乏地貌上

对页图：图175《林荫道》，由英国肖像和风景画家托马斯·庚斯博罗创作于1783年。
布面油画，120.6厘米×147.0厘米
现存于美国纽约弗里克收藏（The Frick Collection），编号：16.1.62

右图：图176《坎伯兰公爵亨利、坎伯兰公爵夫人及伊丽莎白·拉特雷尔女士》，由英国肖像和风景画家托马斯·庚斯博罗创作于约1785—1788年。
布面油画，163.5厘米×124.5厘米
英国皇家收藏，编号：400675

上左图：图177《瀑布》，由法国版画师杰拉德-让-巴蒂斯特·斯柯丹（Gerard-Jean-Baptiste Scotin，生于1698年）根据法国画家让-安特瓦·华托的绘画制作于1729年。
蚀刻版画
46.9厘米×34.8厘米（页面尺寸）
45.6厘米×33.6厘米（刻板尺寸）
英国皇家收藏，编号：820544

上右图：图178《爱之园》，由法国画家让-安特瓦·华托创作于约1717年。
布面油画，61.0厘米×75.0厘米
现存于德国柏林国立博物馆群（Staatliche Museen）普鲁士文化遗产基金会（Stiftung Preusischer Kulturbesitz）画廊博物馆（Gemäldegalerie）

左图：图179《喷泉边的喜剧演员》，由法国画家菲利普·梅西耶创作于约1735年。
布面油画，71.3厘米×91.8厘米
英国皇家收藏，编号：401328

对页上图：图180《花园派对》（*Fête champêtre*），由法国画家让-巴蒂斯特-约瑟夫·帕特创作于约1730年。
布面油画，50.6厘米×60.5厘米
英国皇家收藏，编号：400671

对页下图：图181《带有吹笛人的花园派对》（*Fête champêtre with a Flute Player*），由法国画家让-巴蒂斯特-约瑟夫·帕特创作于约1720—1730年。
布面油画，50.2厘米×60.3厘米
英国皇家收藏，编号：400673

的严谨性，国王非常不悦，因而未将其纳入皇家收藏。[45]与《林荫道》一样，庚斯博罗的另一幅作品《坎伯兰公爵亨利、坎伯兰公爵夫人及伊丽莎白·拉特雷尔女士》[*Henry, Duke of Cumberland* (1745—1790) *with the Duchess of Cumberland (*1743—1808*) and Lady Elizabeth Luttrell*（卒于1799年）]也同样是从华托的作品中汲取灵感。画面中这对皇室成员夫妻（坎伯兰公爵是乔治三世的兄弟）正在手挽手踱步，他们神态自若，与画面右侧公爵夫人的姐妹——伊丽莎白·拉特雷尔女士的苍白孱弱形成了鲜明对比（见图176）。这幅画的背景并非对外开放的公园，而是伯爵位于温莎大公园内的居所——“坎伯兰小屋”（Cumberland Lodge）的附属花园。尽管画面中并未出现拥挤的人群，人物身后只有幽静的树林，但或许是为了反抗皇室长久以来对这对夫妇婚姻的反对，作品营造出了画面之外即存在大批漫步人群的氛围。庚斯博罗在这幅画中采取了“花园求爱派对”（*Fête galante*）的绘画模式。此类画作通常将姿态优雅的人物放置于花园式的自然环境中，使他们脱离宫廷或社会的限制。这一绘画体裁由华托在18世纪第一个十年中创造形成，并且因以版画形式广泛传播的《瀑布》（*La Cascade*，见图177）等作品而变得大为流行。与华托一样，庚斯博罗将公爵夫妇放置在浓密绿荫笼罩的环境中，花园中的建筑特征（在这幅作品中为立于基座之上的花瓮）对人物所处环境给予了进一步定义。伊丽莎白女士的姿势复制了《瀑布》一图中的配角之一——端坐于地上的音乐人。[46]庚斯博罗的一些早期作品以花园作为背景，但可惜大部分此类作品并未得到他来自巴斯和伦敦的赞助人的青睐。所以在晚期作品中回归天然园林背景时，庚斯博罗将坎伯兰小屋开阔的天然景观园林转变成为一处遍地绿荫的世外桃源，不得不使人联想起华托的另一幅作品——《爱之园》（*Garden of Love*，见图178）。

华托的洛可可式园林景观图在他的追随者法国画家让-巴蒂斯特-约瑟夫·帕特（Jean-Baptiste-Joseph Pater，1695—1736年）和菲利普·梅西耶的努力下得到了更多人的喜爱。帕特曾在巴黎跟随华托学习绘画，而胡格诺教徒梅西耶在1719—1720年华托短暂访问伦敦期间是当地活跃的画家和版画师。英国皇家收藏中四件小幅的帕特“花园派对”作品（其中包括图180和图181）以及由曾担任威尔士亲王弗雷德里克御用图书管理员和首席画家的梅西耶创作的《喷泉边的喜剧演员》（*Comedians by a Fountain*，见图179）或许正是由喜爱法国艺术的亲王购买的。这些作品将意大利即兴喜剧（commedia dell’arte）中的人物放置在园林环境中，在带有喷泉的水池边，抑或在残破的园林建筑或雕塑旁。这些奇幻的场景，对刚刚在邱园开启洛可可园林建造工程的亲王来说，无疑具有极大的吸引力。

温莎的私家园林："真正的天然风景"

庚斯博罗的园林风景创作理念完全不同于专注于地形地貌细致刻画的里奥纳德·奈夫、彼得·蒂勒曼斯（Peter Tillemans，约1684—1734年）和彼得·安德烈亚斯·莱斯布莱克（Pieter Andreas Rysbrack，1690—1748年）等18世纪早期的油画家以及在英国普及园林风景版画的先驱版画师约翰·霍克和雅克·希古。然而，英国风景画家保罗·桑德比（Paul Sandby，1730—1809年）却致力于早期传统的延续。尽管创作手法不同，但庚斯博罗也承认保罗·桑德比为"（创作）真正的天然风景图的唯一天才"。[47]保罗和他的哥哥托马斯·桑德比（Thomas Sandby，1721/1723—1798年）都曾接受军事制图培训，后服务于坎伯兰公爵威廉·奥古斯塔斯（William Augustus，1721—1765年）。奥古斯塔斯于1746年被任命为"温莎大公园守林人"（Ranger of Windsor Great Park），一直致力于温莎大公园的维护和发展。桑德比兄弟后来曾到别处担任画师工作，尽管如此，他们的工作还是继续围绕温莎城堡和大公园展开，尤其是在1764年托马斯被任命为副守林人（Deputy Ranger）之后。

图182：《克兰伯恩小屋的步行道和露台》，由英国画家托马斯·桑德比创作于1752年。
铅笔、钢笔、水墨、不透明色和水彩
44.0厘米×118.0厘米
英国皇家收藏，编号：914636

在大约半个世纪的时间里，桑德比兄弟创作了大量风景画，不仅描绘了温莎城堡及附属领地的景观，也对城堡和大公园范围内的私家园林进行了刻画。他们的作品记录了被遗忘的城堡及大公园被乔治三世复兴前后的情景，也回应了公众对此处的浓厚兴趣。随着英国作家、版画家乔治·比克姆（George Bickham，约1706—1771年）的《不列颠盛景：汉普顿宫和温莎城堡奇景美物图画版（内附两处宫殿铜版插图，偶有文字叙述）》（*Deliciae Britannicae, or the Curiosities of Hampton Court and Windsor Castle delineated, with occasional reflections; and embellished with copper-plates of the two palaces &c*，1742年）以及约瑟夫·波特（Joseph Pote）的《温莎历史及古迹》（*History and Antiquities of Windsor*，1749年）等导览图书的出版，大众对温莎城堡及其公园的热情日益高涨。

托马斯·桑德比创作于1752年的作品《克兰伯恩小屋的步行道和露台》（*The walk and terrace at Cranbourne Lodge*，见图182）描绘了坎伯兰公爵威廉·奥古斯塔斯位于温莎大公园内的一处官邸。

尽管图中的园林曾在1752年经历过改建工作，但园中的露台和路边栽有树木的步行道都是皇室御用园林设计师亨利·怀斯在1699—1712年为该官邸此前的主人之一——第一代拉内拉赫伯爵（Earl of Ranelagh）理查德·琼斯（Richard Jones，1641—1712年）设计建造的。[48]图中的露台与步行道形制规整，与克兰伯恩小屋北部广袤的自然景观似乎有些违和。这幅描绘克兰伯恩小屋庭院的画作技艺精湛，由坎伯兰公爵委托制作，并于1768年悬挂于其前居所坎伯兰小屋的更衣室内。这幅作品中并未出现那些充斥在希古画面前景中的上流社会人士，但却展示了处于闲适和劳作两种状态的不同人物。园丁们正在辛勤劳作，他们或在草坪上清理蚯蚓粪便，或在砾石人行道上拉着滚压机压路。与之形成对比的是，两位男士正在一边悠闲地踱步，一边欣赏风景，而画面远景草坪的尽头处，另有一人坐在一架旋转座椅之内。[49]这或许是那架在1768年被修复的、带有轮子的“可移动花园椅”。[50]

据传桑德比一家居住在老温莎的克雷厅（Clay Hall），但在18世纪50年代期间，托马斯·桑德比在克兰伯恩小屋也拥有自己的房间。所以，这幅《克兰伯恩小屋的步行道和露台》或许记录的就是托马斯从自己房间的窗口向外观赏到的园林景观。在1770年前后，托马斯迁居至大公园内坎伯兰小

上图：图183《保罗·桑德比》，由英国画家弗朗西斯·科茨（Francis Cotes，1726—1770年）创作于1761年。
布面油画，125.1厘米×100.3厘米
伦敦泰特美术馆（Tate），编号：N01943

右图：图184《副守林人小屋花园风景图》（*The garden of the Deputy Ranger's Lodge*），由英国风景画家保罗·桑德比创作于约1798年。
钢笔、水墨、不透明色和水彩
39.9厘米×59.2厘米
英国皇家收藏，编号：917596

对页图：图185《温莎大公园副守林人小屋》，由英国风景画家保罗·桑德比创作于1798年。
铅笔、不透明色和水彩
51.9厘米×41.3厘米
英国皇家收藏，编号：453594

图186《诺曼入口和护城河花园》，由保罗·桑德比创作于约1770年。
铅笔、钢笔、水墨、不透明色和水彩
37.4厘米×51.0厘米
英国皇家收藏，编号：914535

屋附近的副守林人小屋（Deputy Ranger's Lodge）。[51]

保罗·桑德比（见图183）曾在兄长逝世的1798年创作了两幅作品（见图184和图185）来记录副守林人小屋花园的风景。其中图184展示的是从小屋向西南方望去所观赏到的景观，高大的成年橡树与其下栽种的小树及灌木丛相互衬托。一位侍女正在建筑门前的草坪上为盆栽植物浇水，一条小路从建筑门口开始，向右转了个弯之后蜿蜒向前延伸。而在另一幅从砾石铺就的人行道回望小屋建筑的作品（图185）中，一群在侍女和保姆陪同下的儿童为画面注入了活力。当时的副守林人小屋住着一个孩童众多的大家庭，托马斯的儿子与保罗的女儿结婚后为他们诞下了多位外孙、外孙女。托马斯于1798年6月逝世，图184中有些人物身着悼念黑纱，或许正在为托马斯服丧。桑德比一家在托马斯逝世后继续在副守林人小屋居住了一小段时间。

保罗·桑德比在他的园林风景图中一直注重体现园丁的作用，有时甚至在不出现园丁的情形下也能达到显示园丁作用的效果。例如在《温莎大公园副守林人小屋》（*Deputy Ranger's Lodge, Windsor Great Park*，见图185）一图中，树边斜立着的滚压机就暗示了园丁的存在。而在《诺曼入口和护城河花园》（*The Norman Gateway and Moat Garden*，见图186）中，园丁则是唯一出现的人物。这幅作品中描绘的小花园位于温莎城堡圆塔（Round Tower）周围干涸的护城河内，是为与圆塔毗邻的小楼（即带有山形墙外立面的建筑）主人——此画创作时期为城堡大管家的玛丽·丘吉尔女士（Lady Mary Churchill）——开辟并打理的。海默（见图170）等艺术家也曾对劳作中的园丁进行过刻画，但他们中很少有人能像保罗·桑德比在这幅作品以及他于1777年创作并在1778年制版的《纽纳姆科特尼村花园》（*Flower Garden at Nuneham Courtney*）中那样将园丁作为场景中的唯一人物给予呈现。[52]

如画式园林

景观设计大师汉弗莱·雷普顿（Humphry Repton，1752—1818年）是18世纪英国天然景观园林造园运动最后一个阶段中最为重要的一个人物。雷普顿的职业生涯标志着大众品位已经不再倾向于"全能"布朗所沉醉的超自然主义园林景观日益无趣的扩张。雷普顿尊重布朗的设计，但与布朗不同的是，他开始在园林建筑周围重新引入一些形制规范的元素。雷普顿致力于对天然景观园林进行进一步美化和将园林规模缩减至更人性化的范围，而对带有栏杆的露台和格子状花圃围栏的回归就是他这些努力的直接结果。[53]《红皮书》（*Red Books*）是雷普顿向客户展示其园林或庄园潜在可能性的主要工具。这种用红色摩洛哥羊皮装订的书本内含"改建前"和"改建后"的场景图，雷普顿利用"翻翻书"的形式向客户演示如何通过自己提出的改建方案将某个场所从现有状态进行改造。威廉·梅森（William Mason，1725—1797年）曾指出，雷普顿能够"在纸张之上将某些场地改造得风景如画，以至于上流社会的客户相信雷普顿画出的橡树等树木……将会严格按照他描绘的形状生长，于是他们花大价钱雇用雷普顿"。[54]

雷普顿曾参与卡尔顿庄园园林（1803年）和布莱顿英皇阁园林（1797—1802年）的改建工作，前者自1783年起成为威尔士亲王乔治在伦敦的主要居所，而后者从1787年起即为亲王的行宫。1805年，亲王再次委托雷普顿改建英皇阁园林，因为他获得了原址西部的大片土地，而雷普顿在1806年通过《红皮书》向亲王展示了他提出的园林改建方案（见图187）。雷普顿提议将宫殿建筑西侧现有的古典西式外立面替换为带有圆顶和宣礼塔的莫卧儿风格立面，并在宫殿前方建造一座规模宏大的东方花园。尽管雷普顿的改建方案获得了威尔士亲王的热情回应与支持，但由于亲王的财政窘境，这项工程并未得到实施，而雷普顿关于这处园林的精致构想所留下的唯一遗产就是1808年通过约瑟夫·康斯坦丁·塔德勒（Joseph Constantine Stadler，活跃于1780—1822年）出版的《布莱顿英皇阁设计方案》（*Designs for the Pavilion at Brighton*，见图188）。[55]当亲王终于在1814年对该园林动工改建时，得以实施的是亲王御用建筑师约翰·纳什（John Nash，1752—1835年）提出的方案。根据这一方案改建后的园林尽管同样风光旖旎，但少了些异域风情。

1820年，摄政王（Prince Regent）继位成为国王，伴随着将白金汉庄园改造成为皇宫的过程，开启了他规模最为宏大的造园工程。但此时雷普顿已经不在人世。通过在1795年至1800年与雷普顿的专业合作，纳什受益匪浅，而他从1825年起对白金汉宫园林进行的改建工程大部分也都得益于雷普顿的理念。[56]宫殿建筑正对园林的外立面被抬高，下设一处大面积露台，原有的人工湖也在1827年至1828年进行了大幅开挖扩张。这次湖泊挖掘部分程度上是为了解决排水问题，但该工程带来了一个额外的好处，挖出的泥土将南侧湖岸进行了大规模扩充，因此湖岸上得以密植树木——当沿湖周步行道漫步的游客回望宫殿建筑时，为建筑提供了保护隐私的屏障（见图189）。到乔治四世在1830年逝世时，白金汉宫风景如画的面貌已经成型（见图190），但后来在维多利亚女王统治时期，白金汉宫被进一步改建。

这种如画式的园林风格（picturesque garden style）非常适合18世纪40年代以来在住宅建筑领域出现的哥特式审美风格。这种新式的造园风尚需要对此前与帕拉第奥古典风格相得益彰的天然景观园林采取不同的处理方式。于是，对古物的研究和一种崇古的审美开始出现在园林中。

上图：图187《布莱顿英皇阁设计方案：建筑朝向园林的西外立面》（*Designs for the Pavilion at Brighton: West Front of the Pavilion, towards the Garden*），由景观设计大师汉弗莱·雷普顿创作于1806年。
铅笔、钢笔、水墨和水彩
32.1厘米×47.1厘米
英国皇家收藏，编号：918084

右图：图188《布莱顿英皇阁设计方案：建筑朝向园林的西外立面》，由约瑟夫·康斯坦丁·塔德勒根据景观设计大师汉弗莱·雷普顿的绘画制作于1808年。
蚀刻版画
34.5厘米×46.0厘米（刻板尺寸）
英国皇家收藏，编号：1150259

上图：图189《白金汉宫：越过湖面观赏到的园林正面景观》（*Buckingham Palace: Garden front from across the lake*），由英国画家卡莱布·罗伯特·斯坦利（Caleb Robert Stanley，1795—1868年）创作于1839年。
不透明色、水彩
27.8厘米×40.8厘米
英国皇家收藏，编号：919891

左图：图190《白金汉宫：园林、湖泊和亭阁》（*Buckingham Palace: gardens, lake and Garden Pavilion*），由英国画家卡莱布·罗伯特·斯坦利创作于约1845年。
不透明色、水彩
28.2厘米×43.2厘米
英国皇家收藏，编号：919889

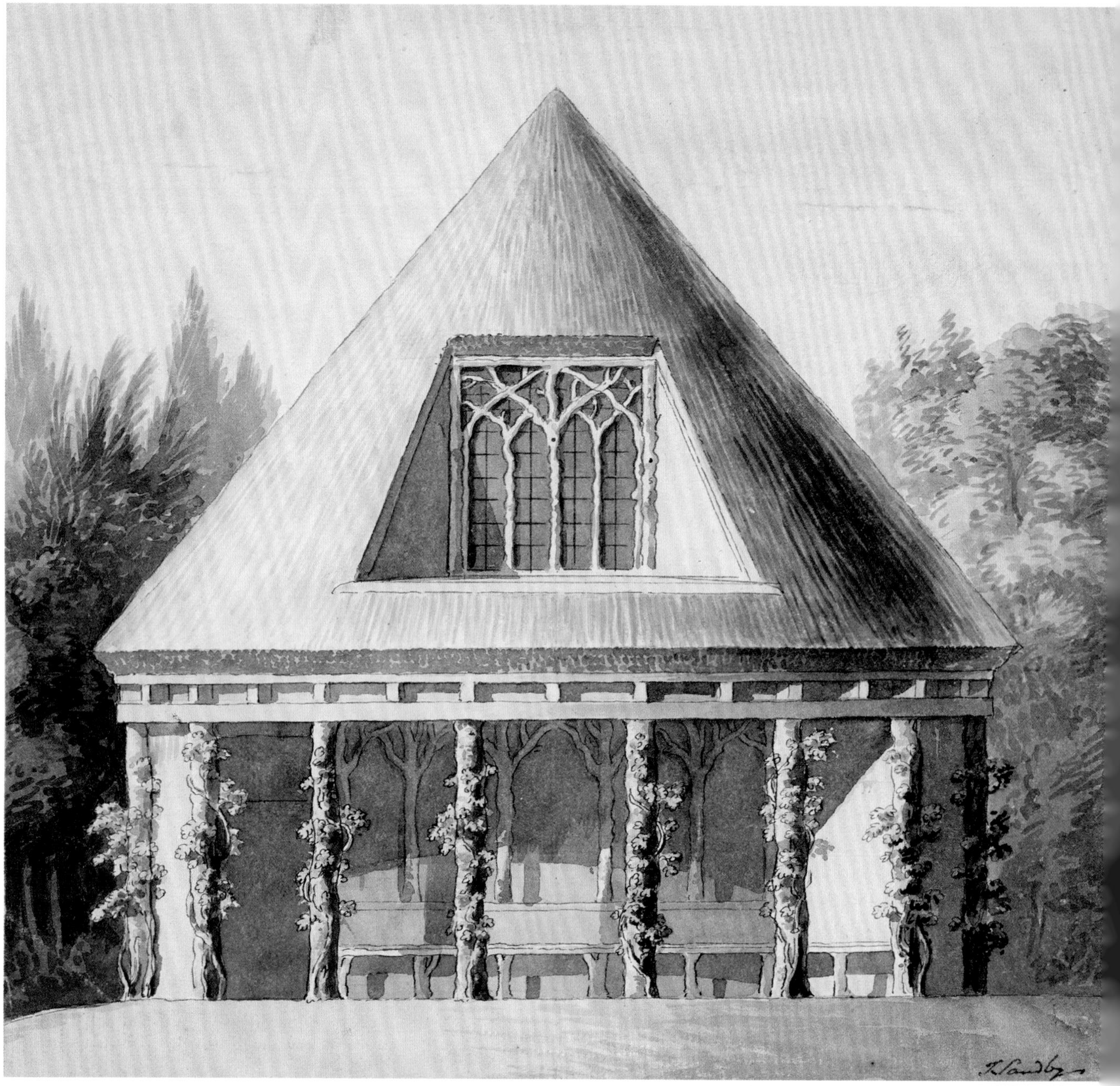

上图：图191《夏日农居设计图》，由托马斯·桑德比创作于约1780年。
铅笔、钢笔、水墨和水彩
22.2厘米×23.7厘米
英国皇家收藏，编号：914715

右图：图192《从温莎大公园南部乡村风亭阁望向雪山》（*Windsor Great Park from the South from the rustic seat towards Snow Hill*），由托马斯·桑德比创作于约1750—1760年。
铅笔、钢笔、水墨和水彩
42.2厘米×109.5厘米
英国皇家收藏，编号：914638（细节图）

最右图：图193《关于天然景观园林理论与实践的心得》，由景观设计大师汉弗莱·雷普顿著于1803年。
英国皇家收藏，编号：1057473

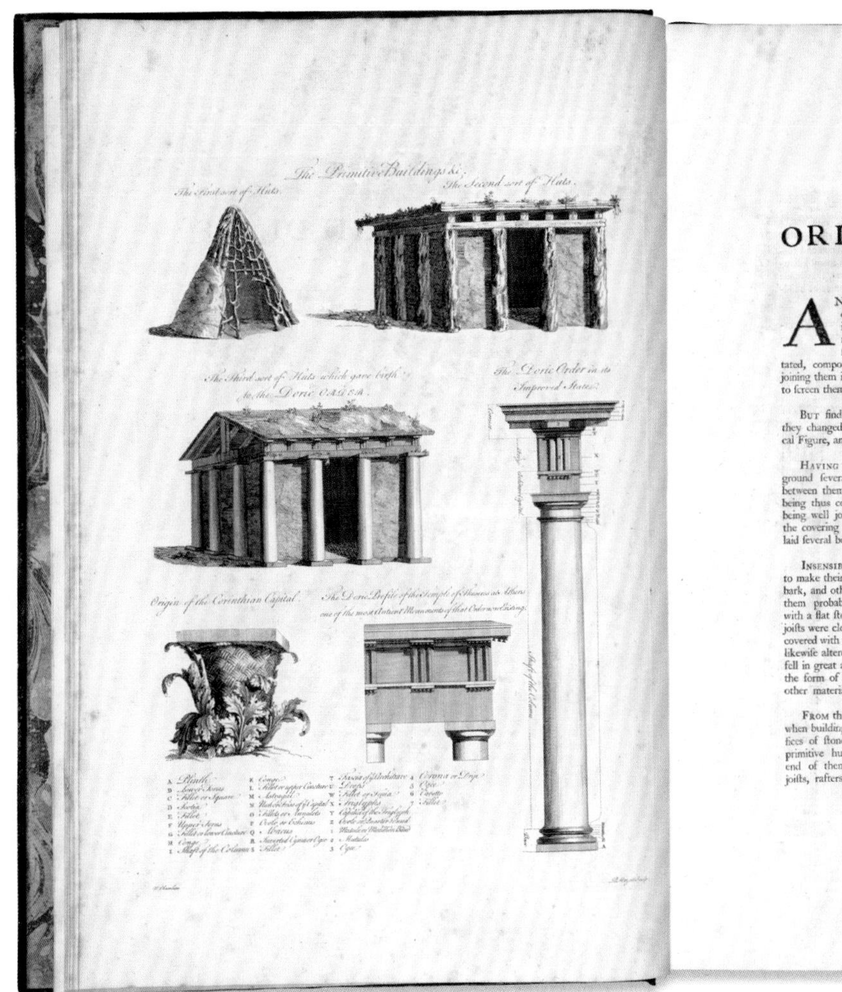

OF THE

ORIGIN OF BUILDINGS.

ANTIENTLY, ſays VITRUVIUS, Men lived in woods, and inhabited caves; but in time, taking perhaps example from birds, who with great induſtry build their neſts, they made themſelves huts. At firſt they made theſe huts, very probably, of a Conic Figure; becauſe that is a form of the ſimpleſt ſtructure; and, like the birds, whom they imitated, compoſed them of branches of trees, ſpreading them wide at the bottom, and joining them in a point at the top; covering the whole with reeds, leaves, and clay, to ſcreen them from tempeſts and rain.

BUT finding the Conic Figure inconvenient, on account of its inclined ſides, they changed both the form and conſtruction of their huts, giving them a Cubical Figure, and building them in the following manner:

HAVING marked out the ſpace to be occupied by the hut, they fixed in the ground ſeveral upright trunks of trees to form the ſides, filling the intervals between them with branches cloſely interwoven and covered with clay. The ſides being thus completed, four large beams were placed on the upright trunks, which being well joyned at the angles, kept the ſides firm; and likewiſe ſerved to ſupport the covering or roof of the building, compoſed of many joiſts, on which were laid ſeveral beds of reeds, leaves, and clay.

INSENSIBLY mankind improved in the Art of Building, and invented methods to make their huts laſting and handſome, as well as convenient. They took off the bark, and other unevenneſſes, from the trunks of trees that formed the ſides; raiſed them probably above the dirt and humidity on ſtones; and covered each of them with a flat ſtone or ſlate, to keep off the rain. The ſpaces between the ends of the joiſts were cloſed with clay, wax, or ſome other ſubſtance; and the ends of the joiſts covered with thin boards cut in the manner of triglyphs. The poſition of the roof was likewiſe altered: for being, on account of its flatneſs, unfit to throw off the rains that fell in great abundance during the winter ſeaſon, they raiſed it in the middle; giving it the form of a gable roof, by placing rafters on the joiſts, to ſupport the earth and other materials that compoſed the covering.

FROM this ſimple conſtruction the Orders of Architecture took their riſe. For when buildings of wood were ſet aſide, and Men began to erect ſolid and ſtately edifices of ſtone, they imitated the parts which neceſſity had introduced into the primitive huts; in ſo much that the upright trees, with the ſtones at each end of them, were the origin of Columns, Baſes, and Capitals; and the beams, joiſts, rafters, and ſtrata of materials, that formed the covering, gave birth to Archi-

B　traves,

左图：图194《民用建筑专著：图解建筑艺术准则》（*A Treatise on civil architecture: in which the principles of that art are laid down and illustrated by a great number of plates*），由著名建筑师威廉·钱伯斯爵士著于1759年。英国皇家收藏，编号：1150276（P1前插图）

下图：图195《古代茅屋》，由著名建筑师威廉·钱伯斯爵士创作于约1759年。
铅笔、钢笔、水墨和水彩
50.0厘米×35.4厘米
英国皇家收藏，编号：924812

古典风格的神庙不再出现，取而代之的是充满田园风的夏日农居、偏僻的隐居所以及简朴的木屋：带有树皮的树干用作廊柱，茅草取代石头成为屋顶建材。托马斯·桑德比创作的《夏日农居设计图》（*Design for a rustic summer house*，见图191）即为当时流行的众多乡村风格建筑设计方案之一。该作品创作于1780年前后，可能是为温莎大公园守林人坎伯兰公爵亨利·弗雷德里克所作。图中建筑带有锥形茅草屋顶，以树干为廊柱，窗户和门廊都饰以树形窗格。这座建筑与桑德比多年前在大公园的雪山（Snow Hill）附近描绘的一栋乡村风格的亭阁（见图192）十分相似，后者同样带有树干廊柱和锥形屋顶。尽管并未有历史记载桑德比的这一设计方案被实施建造，但或许该方案曾被雷普顿知晓，因为雷普顿在他于1803年出版的《关于景观园林理论与实践的心得》（*Observations on the Theory and Practice of Landscape Gardening*）中收录了一幅西比尔神庙变种建筑设计图（见图193），该建筑与桑德比此前的设计十分相似。雷普顿在图中将西比尔神庙转变成为一种怪诞的乡村风格，同样以树干为廊柱，屋顶为锥形茅草顶，且上面长满植物。

建筑师威廉·钱伯斯曾在他广受欢迎的建筑学指南《民用建筑专著》（*A Treatise on civil architecture*，1759年）中深入探究过此类远古风格建筑的起源（见图194）。书中的观点最初形成于钱伯斯为威尔士王子乔治，即后来的乔治三世担任建筑学导师期间。钱伯斯在他的原版手稿中描述了锥形草屋到方形建筑的演变过程，并讲解了立于石质基座之上的去皮树干如何进化成为塔司干柱（Tuscan pillar）的雏形。钱伯斯创作的一幅名为《古代茅屋》（*A Primitive Hut*，见图195）的作品中，建筑体现了远古与古典之间的联系。该建筑的样式为古典式，即带有山形墙、门廊和廊柱，但使用的却是砖块、树皮、茅草、芦苇和木板等古代家用建筑材料。尽管钱伯斯以其精湛技艺将建筑刻画得细致入微，但这种形式与材料之间的违和搭配，还是使画面呈现出杂乱无章之感。

在温莎城堡附近的弗罗格莫尔庄园曾经有一栋哥特风建筑和一座隐居草庐。这处庄园面积70英亩（约28.33公顷），由夏洛特王后在18世纪90年代早期购得。完工于1797年的哥特风建筑曾经出现在夏洛特王后的三女儿伊

丽莎白公主（Princess Elizabeth，1770—1840年）一幅肖像画（见图196）的背景中。伊丽莎白公主是一位有成就的艺术家。这座由圆形主体建筑和门廊构成的草庐就由伊丽莎白设计而成。英国画家塞缪尔·豪威特（Samuel Howitt，1756/1757—1823年）的水彩作品《弗罗格莫尔庄园的隐居草庐》（*The Hermitage at Frogmore*，见图197）中曾描绘了一个人物，只见他形单影只地坐在门前的长凳上，而这个人物却与当初修建这座小屋的目的——那位隐士，并无关联。根据1823年的一段描述，草庐内部长满苔藓，“配备了一位隐士可能会需要的生活用品：木质厨房用具、粗略打造的桌椅，桌上摆放着精美的水果样品，屋内一角悬挂着一幅乡间草庵图”。[57]

夏洛特王后的隐居草庐注定并不会有隐士居于其中。然而，18世纪出现的所有此类隐居所的原型，即威廉·肯特于1735年在里士满宫园林为卡罗琳王后修建的“梅林之穴”，并为诗人斯蒂芬·达克（Stephen Duck，?1705—1756年）提供了居所。据艺术评论家霍勒斯·沃波尔称，“梅林之穴绝非一处洞穴，而是一座茅屋”。[58]“梅林之穴”内部设有梅林与伊丽莎白女王等人的蜡像，意欲宣告汉诺威王朝君主作为都铎王朝的合法继承人，王朝的更替具有合法性。此类设置也展现了卡罗琳王后对英国历史抱有浓厚兴趣。“梅林之穴”被很多人嗤之以鼻，并最终被沃波尔谴责为“一场不知所云的木偶表演”。[59]然而波普却从未质疑这处被称为隐居所也好，避世地或洞穴也好的建筑所启发的巨大能量：

> 在这熙攘的人群中，
> 志存高远吧诗人们！
> 吟唱铿锵有力的诗歌吧，
> 但要浅声低吟。
> 呜呼！跑向洞窟和树林吧，
> 每一位缪斯之子，
> 享受宁静和安详。[60]

上图：图196《伊丽莎白公主》，由画家亨利·埃德里奇（Henry Edridge，1768—1821年）创作于1802年。
钢笔淡彩画
32.2厘米×22.5厘米
英国皇家收藏，编号：913853

对页图：图197《弗罗格莫尔庄园的隐居草庐》，由英国画家塞缪尔·豪威特创作于约1802年。
铅笔、钢笔、水墨和水彩
13.9厘米×20.8厘米
英国皇家收藏，编号：917753

“（园林）改建者的破坏之手”[61]

在一些赞助人的委托下，油画继续成为记录18世纪天然景观园林的一种方式。然而，英国不断增长的商业版画市场，以及新兴的乡村庄园旅游业，却使园林图像获得了比以往任何时候都广泛的传播。此类园林图像的受众十分广泛，但他们的知识和阅历却都足够丰富，使他们能够解读同一系列之中不

同版画作品所传递信息的细微差别。18世纪中期英国水彩画的发展以首次出现水彩园林图像为标志。人们对水彩画这一媒介的喜爱，反映了整个社会回归了对自然和天然景观的痴迷，而这对该时期的园林面貌产生了深远影响。

皇家园林在这一时期仍然占据重要地位，但皇室不再是园林风格的唯一引领者，而且在英国艺术史上第一次，一座非皇家园林（伯林顿公爵的奇斯威克庄园园林）成为园林图像的主要描绘对象。随着18世纪日益接近尾声，逐渐有人对自然成为园林中唯一的主体心生不满，这种情绪的代表人物就是如画式园林风格的倡导者——考古学家、鉴赏家理查德·佩恩·奈特（Richard Payne Knight，1751—1824年）：

> 每当我看到一栋房子孤零零地伫立着，
> 从“改建者的破坏之手”中新鲜出炉，
> 周围是修剪得整整齐齐的草坪，
> 沿着高低起伏的山坡蔓延到天际，
> 如此一望无际的景色使我厌烦，如此索然无味，
> 于是我虔诚地向上天祈祷，
> 希望可以重新筑起长满青苔的露台，
> 修建令人困惑不解的迷宫。

于是，在19世纪，我们将会看到园林设计回归到了“花卉之园”。此外，园林图像描绘的重心也开始发生转移，以往那些不太起眼的园林将被提升至显著位置，同时也将第一次展现真正全国性的造园和园艺文化。

第七章

植物培育园 7

the HORTICULTURAL GARDEN

坐在风景如天堂般美丽的树荫下作画。
日复一日，年复一年，
这片可爱的小天地似乎越来越美丽。
阳光明媚，大海湛蓝，花朵绚丽，
真是一处完美的人间天堂。

——维多利亚女王在1855年8月16日的日记中
就奥斯本庄园园林写下的评论

18世纪的园林主人们致力于通过对空间的掌控和对自然的模拟来提升园林的视觉效果。在这一背景下，植物在园林中的出现日益泛滥起来。到了19世纪，以培育植物代替模拟自然成为推动园林发展的最主要动力。这一时期的造园理念以培育丰富多样的植物为主导，园艺学专业知识才是该阶段园林发展的真正产品。正是得益于这些知识，来自全世界的植物品种得以在英国园林中繁茂生长。维多利亚时代可谓是花卉的时代：无论在公园、私家园林、温室暖房还是盆栽棚中，多姿多彩的花卉被悉心种植，供人欣赏。新发明的花卉展示方式也层出不穷，为园林增添了色彩和艺术性。此外，各式各样的园林开始出现在艺术表现形式中，其中包括第一次出现的农家小院花园。

大众的园林

19世纪的英国成为园丁之国。建造园林不再只是达官显贵的特权，造园工作也不再必须通过专业园丁和施工者才能完成，而是成为一项所有人都能进行的消遣活动。在《园丁杂志》（*The Gardener's Magazine*，1826年创刊）和《园丁纪事》（*The Gardener's Chronicle*，1841年创刊）等面向大众市场的园艺刊物的激励下，日益壮大的中产阶级也开始在自家花园拨花弄草。爱德华·巴丁（Edward Budding，1796—1846年）在1830年发明了割草机，这意味着修剪整齐的草坪不再只是拥有大量牛羊或大批剪草工人的大地主庄园园林特有的景观，而是每一个住在郊区独栋住宅的人都可以实现的场景。[1]

第202页图：《苏赛克斯郡汉德克罗斯村阿什福德庄园的7月边界》（*July Border, Ashfold, Handcross*），由英国园林主题画家比阿将丽斯·艾玛·帕森斯创作于约1910—1920年。
英国皇家收藏，编号：452364（细节图）

上图：图198《南肯辛顿植物培育园》（*The Horticultural Gardens, South Kensington*），由英国风景水彩画家威廉·莱顿·莱奇创作于1861年。
水彩画
27.8厘米×44.0厘米
英国皇家收藏，编号：920252

上图：图199《1855年5月18日白金汉宫草坪上克里米亚战争参战奖章获得者》（*Crimean medallists in the grounds of Buckingham Palace*），由画家E. 莫顿（E. Morton，活跃于1855年）创作于1855年。不透明色、水彩，27.3厘米×48.3厘米
英国皇家收藏，编号：916784

工业的发展带来了可用于建造假山的普尔哈迈特人造岩石（Pulhamite，以发明者Pulham命名）以及可用于铺路的柏油，而且这些工业产品的价格在很多人的承受范围之内。此外，砖头税的撤销也使得园林围墙和建筑的造价更为低廉。预制铸铁建筑构件的使用使建造温室的成本更易于接受，于是培育具有异域风情和更为娇贵的植物成为普罗大众都能享受的乐趣。

在19世纪，即使对住在城市里的穷人来说，享受园林乐趣的机会也得以增加。城市中的游乐园虽然对公众开放，但须付费才能进入。于是在19世纪40年代，伦敦以及全英国的城市里都开设了市政公园，从而使“那些筋疲力尽的工厂工人们可以呼吸一下沁人心脾的空气，这多少有助于他们恢复身体健康”。[2]随着园林活动民主化的日益推进，它们在道德和社会层面带来的益处毋庸置疑。在这一背景下，园艺和园林的相关组织机构也逐渐繁荣起来。这些机构的典范即为1804年成立、旨在推进园林发展的伦敦园艺学会（Horticultural Society of London）。阿尔伯特亲王在1858年成为该机构的主席，而他于1861年英年早逝之前最后一次在公众前亮相，是参加学会在南肯辛顿花园（见图198）的开幕式。著名风景水彩画家威廉·莱顿·莱奇（William Leighton Leitch，1804—1883年）在为维多利亚女王创作的一幅水彩作品中对南肯辛顿花园给予了呈现，画家还特意在画面前景中心处设置了一个带孩子游览的游客家庭，从而强调这处园林的休闲功能。画家在创作这幅作品时身处一处高台，这一观察点可以让画家将远处铸铁结构的温室建筑、两侧米兰风格的拱廊，以及园子中央的装饰性花圃和花坛等最显著的景观尽收眼底。[3]

上图：图200《1897年6月28日的白金汉宫花园派对》，由丹麦画家、雕塑家劳瑞茨·塔克森创作于1897—1900年。
布面油画，167.3厘米×228.3厘米
英国皇家收藏，编号：405286

对页图：图201《汉普顿宫的一个夏日午后》，由英国风景画家詹姆斯·迪格曼·温菲尔德创作于1844年。
布面油画，48.3厘米×76.2厘米
英国皇家收藏，编号：405371

英国皇家花园派对的重大象征意义形成于维多利亚女王统治时期，且影响持续至今，如今每年还有超过万名宾客被邀请参加白金汉宫的花园派对。英国皇室在宫廷园林中举办奢华的娱乐活动，这一传统最早可追溯至16世纪，但维多利亚女王举办花园派对模仿的是距她更近的一位先人，即她的伯父乔治四世。乔治四世曾热衷于在卡尔顿庄园园林中搭建帐篷，组织豪华的户外派对。在维多利亚女王统治早期，她就开始将白金汉宫花园作为一些正式活动的场地，例如1855年在骑兵卫队阅兵场为参加克里米亚战争的老兵颁发参战奖章之后，即在白金汉宫花园为这些老兵组织了招待宴会（见图199）。

1887年，为了庆祝维多利亚女王在位五十周年的金禧庆典（Golden Jubilee），英国皇室举办了一场大规模的户外花园派对，此时的英国已经越来越看重皇室的纪念仪式以及君主在公众视野的亮相。1897年，在维多利亚女王的钻禧庆典（Diamond Jubilee）到来之际，皇室同样举办了一场成功的大型花园派对。维多利亚女王在选择记录庆典时刻和家庭欢聚时光的画家人选时十分谨慎。曾经在1887年为女王绘制《维多利亚女王全家福》（*The Family of Queen Victoria*）的丹麦画家、雕塑家劳瑞茨·塔克森（Laurits Tuxen，1853—1927年）被再次委托创作了这幅《1897年6月28日的白金汉宫花园派对》（*The Garden Party at Buckingham Palace, 28 June 1897*，见图200）。此时的维多利亚女王已经将近80岁，塔克森在作品中描绘了女王乘坐马车从白金汉宫花园中飘扬着皇家旗（Royal Standard）的茶棚处返回白金汉宫的场景。在行走于马车之前的工作人员的引领下，花园中的人群分列马车两侧，等待着向女王致敬。在该作品中，塔克森延续了《亨利八世全家福》（见图29）的传统，将君主在湖边接受群众致意的场景转化成为一个王朝的庆典时刻。画中同时出现的两位未来君主确保了这一长寿王朝的未来得到延续：维多利亚女王的继承人威尔士亲王阿尔伯特·爱德华（即后来的爱德华七世）位于画面背景处的道路中央，而位于画面前景的女王曾孙约克王子爱德华（1894—1972年，即后来的爱德华八世）此时尚处于孩童时期，正在傍晚的阳光下踉跄地走在花园的步行道之上。

上图：图202《透过罗塞瑙庄园建筑中的走廊窗口看到的风景》（*View from the Window in the Corridor of the Rosenau*），由画家费迪南·切克（Ferdinand Zschäck，1801—1877年）创作于1841年。
布面油画，40.0厘米×34.8厘米
英国皇家收藏，编号：402500

盛期维多利亚（High Victorian）园林：“边界、花床和灌木丛”[4]

维多利亚时期的园林风格以同时期英国其他艺术分支中流行的多元化审美为特征。艺术性（建筑结构、植被设置和色彩组合）取代对自然的模拟成为园林设计的指导原则。

随着新引进植物的日益流行，人们在园林中创造了适合不同植物种类生存和展示的空间：为高山植物设置了假山，为样本树木建设了树木园和松木园，并为蕨类植物开设了蕨类植物园。但这种对新生事物的痴迷也伴随着一种对过去的怀旧情绪，维多利亚时期的园林风格以历史园林形式，尤其是文艺复兴时期园林元素的复兴为特色。园林中开始再现绿雕、绳结绿篱和迷宫，激起人们对都铎王朝和斯图亚特王朝时期的浪漫联想。在新建园林复兴传统园林元素的同时，保存至这一时期的古代园林也成为被赞赏和模仿的对象。汉普顿宫园林中建造于17世纪晚期的迷宫截至此时仍保存完好，这座园林的浪漫历史使维多利亚时期的人们如此痴迷，以至于风景画家詹姆斯·迪格曼·温菲尔德（James Digman Wingfield，1800—1872年）以该园林为背景，创作了一系列绘画作品。温菲尔德开创了一个以园林为背景的时装展示绘画类别，这对维多利亚时期的浪漫历史主义审美极具吸引力。他以汉普顿宫园林为背景创作了一系列“花园派对”主题绘画，这些画作大都名称类似，这幅《汉普顿宫的一个夏日午后》（*A Summer Afternoon at Hampton Court*，见图201）即为其中之一。画中人物正在大喷泉花园的草坪上享受野餐时刻，他们身后是一排古紫杉树。这些人物身着的服装是对18世纪早期服饰的宽泛模仿。

到了19世纪中期，许多皇家宅邸（包括汉普顿宫、肯辛顿宫和邱园）园林的维护监管责任由国家负责，不再直接反映君主的品位和影响。于是，维多利亚女王和阿尔伯特亲王建造新园林的机会就仅限于他们分别于1844年和1852年购买的怀特岛（Isle of Wight）奥斯本庄园和苏格兰高地的巴尔莫勒尔城堡。这两处庄园是皇家的私人宅邸，不向公众开放。正如他们的艺术赞助和艺术品收藏一样，维多利亚和阿尔伯特的园林反映的不仅是已经成型的时代潮流。维多利亚和阿尔伯特并不像此前某些英国君主和配偶，能够引领一代园林风格的形成。尽管如此，园林对他们二人的重要性在他们结婚初期就显现出来。阿尔伯特亲王曾在历代科堡公爵位于科堡（Coburg），尤其是罗塞瑙（Rosenau）的夏日宅邸生活过。他将这些宅邸园林的技艺带到了英国。在他的父亲科堡公爵欧内斯特一世（Ernest I，1784—1844年）去世之后，阿尔伯特亲王从科堡给维多利亚女王带回了几幅罗塞瑙风景画，但女王直至第二年才有机会亲眼看到这些画作：“亲爱的罗塞瑙，我挚爱的阿尔伯特的出生地和最爱的家乡……能在这里跟我在一起，阿尔伯特是多么高兴，这真像一场美丽的梦。”[5]

一幅由埃德温·兰德希尔（Edwin Landseer，1802—1873年）绘制的这对夫妇的早期肖像（见图204）中，融入了温莎城堡东露台的园林景象：从夫妇两人身后的窗口向外可以看到乔治四世时期引入的花坛和雕塑。这幅画创作于1840年二人结婚两个月之后，但最终却在1845年才得以完成。为了在该作品中更大幅度地呈现园林景观，画家将从绿客厅（Green Drawing Room）窗口观赏到的风景进行了夸大，图中呈现景观的实际观察点应该再向南移动。画面背景处坐在轮椅上被人推着在东露台花园的砾石步行道上漫

上图：图203《从瑞士屋花园看到的罗塞瑙庄园》（*The Rosenau from the gardens of the Swiss Cottage*），由德国画家海因里希·布鲁克纳（Heinrich Brückner，1805—1892年）创作于约1845年。
铅笔、不透明色、水彩，17.2厘米×23.5厘米
英国皇家收藏，编号：920437

步的是伊丽莎白女王的母亲，即肯特公爵夫人（Duchess of Kent）维多利亚，加入这个人物是为了强调园林对于家庭有序和谐的重要作用。这里的园林不再只是君主地位和特权的展现，也成为完整而圣洁的家庭生活的象征，此外还象征着倡导道义和美德的宏大远景。

对于维多利亚女王和阿尔伯特亲王，园林是他们私人家庭幸福生活的基本组成部分，但却极少用来褒扬或赞颂君权。

除了塔克森的《1897年6月28日的白金汉宫花园派对》这一作品，王室再未委托创作关于皇家园林的大幅油画，也没有记录奥斯本庄园或巴尔莫勒尔城堡园林工程的系列版画出现。[6]当维多利亚时期的皇家园林出现在艺术中时，无论是为维多利亚女王绘制，还是女王本人创作的油画以及水彩作品，都被作为家庭生活而非政治性肖像的背景出现。这些画作后来被装订成为《纪念画册》（*Souvenir Albums*），女王私底下经常拿出品味和欣赏。在

图204《现代的温莎城堡：维多利亚女王、阿尔伯特亲王和维多利亚长公主》（*Windsor Castle in modern times: Queen Victoria, Prince Albert and Victoria, Princess Royal*），由画家埃德温·兰德希尔创作于1840—1845年。
布面油画，113.0厘米×143.8厘米
英国皇家收藏，编号：406903

图205：《黑森-卡塞尔伯爵威廉九世，即后来的黑森选侯威廉一世与妻子威廉敏娜·卡罗琳，以及孩子威廉，即后来的黑森选侯威廉二世弗里德里克和卡罗琳》[*Wilhelm IX, Landgrave of Hesse-Cassel* (1743—1821), *later Elector Wilhelm I, his wife*，*Wilhelmine Caroline* (1747—1820) *and their children, Wilhelm* (1777—1847), *later Elector Wilhelm II, Friederika* (1768—1839), *and Caroline* (1771—1848)]，由德国画家威廉·伯特纳创作于1791年。
布面油画，113.4厘米×146.4厘米
英国皇家收藏，编号：401351

图206：《维多利亚女王与亚瑟王子，即后来的康诺特公爵》（*Queen Victoria with Prince Arthur, later Duke of Connaught*），由德国画家弗朗兹·克萨韦尔·温特哈尔特创作于1850年。
布面油画，59.7厘米×75.2厘米
英国皇家收藏，编号：405963

这一时期，园林的象征意义从专制君权转变为家庭生活，但女王夫妇并非这种转变的开创者。如果想要为这种转变找到先例，可以看一下19世纪40年代早期悬挂于邱园的一幅描绘黑森-卡塞尔伯爵威廉九世（Wilhelm IX, Landgrave of Hesse-Cassel，1743—1821年）及其家人在卡塞尔威廉斯宫（Wilhelmshöhe，1793年）园林中的油画作品（见图205）。这幅画由德国画家威廉·伯特纳（Wilhelm Böttner，1752—1805年）创作，该作品并未颂扬这座园林巴洛克时期的辉煌，也未强调威廉九世依据兰斯洛特·“全能”·布朗的模式对其进行的天然景观式改建。

相反，画家将园林作为家庭良好秩序和国家优良治理的象征，统治者像大力神海格力斯一样，既可以选择以画面左侧山石堆砌的道路为代表的千斤重担，也可以选择以右侧女性及其爱好所代表的安乐生活。[7]

维多利亚女王和阿尔伯特亲王最为享受的园林要数1845年至1855年建造的奥斯本庄园园林。1850年，女王选择该园林新近完工的亭台（Pavilion Terrace）作为一幅描绘她与第三个儿子亚瑟王子（Prince Arthur，1850—1942年）亲密合影（见图206）的背景。该作品是一份准备送给阿尔伯特亲王的生日礼物，委托德国画家弗朗兹·克萨韦尔·温特哈尔特（Franz Xaver Winterhalter，1805—1873年）创作。温特哈尔特回归了早期园林绘画的“围园”形式，将女王与王子作为花园中的圣母子来展现，最后还将该作品用一个类似于玫瑰花环的相框装裱了起来。这种传统的构图形式与图中的园林形成了鲜明对比。意式露台和围栏、以斯芬克斯为基座的巨大室外花瓮以及五颜六色的花卉组合，这些都是当时最流行的园林特征，因此这座园林看起来鲜亮崭新。这尊古典风格的花瓮由阿尔伯特亲王的艺术顾问路德维希·格伦纳（Ludwig Gruner，1801—1882年）设计于1849年，材质为水泥，内部通常栽种低矮的花卉植物（见图207）。但温特哈尔特在作品中将花瓮中的植物转换成了原来栽种在花瓮附近地面上的黄边龙舌兰（*Agave americana*）。这种原产于墨西哥的不耐寒多肉植物拥有粗硬的线条，与画面前景中维多利亚女王长裙的流畅轮廓和柔软质感形成一种令人赏心悦目的对比。随着植物采集者和植物学家开始在全世界范围内搜集新植物样本，越来越多新奇有趣的植物在维多利亚时期的英国园林中得以培育出来，黄边龙舌兰就是其中的典型代表。1846年3月，维多利亚女王在她的一篇日记中记录了阿尔伯特亲王在奥斯本园林中栽种的植物：“一株瑞香和一棵玉兰，都是稀有的新奇植物。”（见图208）[8]

维多利亚女王与阿尔伯特亲王在怀特岛上的这项建筑工程在现有乔治时期建筑的基础上创造了一座新的家园，并且使他们可以欣赏到索伦特海峡（Solent）的壮美景观，这也是奥斯本园林的与众不同之处。索伦特海峡的景

顶图：图207《奥斯本庄园：从露台看到的风景》（*Osborne House: view from the terrace*），由英国风景水彩画家威廉·莱顿·莱奇创作于1850年。
不透明色、水彩，22.0厘米×35.0厘米
英国皇家收藏，编号：919852

上图：图208《女王配偶菲利普亲王于1846年3月10日在奥斯本庄园的花园里栽种的广玉兰树》（*Magnolia grandiflora, planted by HRH the Prince Consort, 10th March 1846 in Flower Garden, Osborne*），据传由英国摄影师贾贝斯·休斯（Jabez Hughes，1819—1884年）拍摄于约1873年。
摄影，20.2厘米×18.1厘米
英国皇家收藏，编号：2102474

上图：图209《从露台下方观赏到的奥斯本庄园》（*Osborne House from below the terrace*），由英国风景水彩画家威廉·莱顿·莱奇创作于1851年。
水彩画，16.0厘米×23.1厘米
英国皇家收藏，编号：919847

对页图：图210《奥斯本庄园：葡萄园》（*Osborne: the Vinery*），由英国风景水彩画家威廉·莱顿·莱奇创作于约1850—1855年。
不透明色、水彩，18.8厘米×26.0厘米
英国皇家收藏，编号：919859

观与意大利的那不勒斯湾（Bay of Naples）十分相像，所以女王和亲王决定按照新意式风格设计庄园的新建筑和花园也就不足为奇了。这同时也反映了阿尔伯特亲王对意大利文艺复兴全盛时期艺术的偏好。1838—1839年，阿尔伯特亲王对佛罗伦萨和罗马进行了一次“壮游”之旅，这次游历进一步提升了他的艺术品位，之后他曾表示：“我的见识较此前翻了一倍，而且因为我曾亲眼见到过，所以我做出正确判断的能力将大为提升。”[9]

尽管阿尔伯特亲王曾亲自到访意大利并参观文艺复兴时期建造的园林（这在皇室成员中并不常见），但亲王的艺术品位却与19世纪40年代盛行的新意式园林风格出奇地一致。这种复兴古典的新园林风格重新将露台、围

栏、装饰花瓮、喷泉、各色植物组成的几何花坛融入园林设计之中，但这其实只是对文艺复兴时期园林不甚深入的解读。然而，这种园林风格却被视为由建筑师查尔斯·巴里（Charles Barry，1795—1860年）在19世纪40年代带动的意式建筑风潮的最佳补充。当时英国有影响力的园林几乎全部采用这种风格，其中包括在1834年至1842年为萨瑟兰公爵与公爵夫人（Duke and Duchess of Sutherland）建造的斯塔福德郡（Staffordshire）特伦特姆园（Trentham Park）。因为萨瑟兰公爵夫人担任女王的“服饰总管”（Mistress of the Robes），所以公爵与公爵夫人属女王密友圈成员。

阿尔伯特亲王选择了托马斯·丘比特（Thomas Cubitt，1788—1855年）而非查尔斯·巴里作为其新居奥斯本庄园的设计师，但庄园的建筑和园林（见图209）最终都是按照亲王本人的构想实施的。这栋古典式别墅风格的建筑呈不对称布局，周围建有多处露台，其中第一处也是面积最大的一处（即亭台）位于皇室私宅区的正前方。1849年，建于皇家内务侧楼（Household Wing）下方的“高台”（Upper Terrace）完工，并通过两架楼梯与另一处名为“低台”（Lower Terrace）的露台相连接。这两架楼梯的设计模板为意大利建筑师多纳托·布拉曼特（Donato Bramante，约1444—1514年）为罗马梵蒂冈花园观景庭与梵蒂冈建筑设计的连接桥梁。[10] 所有的露台上都装饰有大量的雕塑作品，但与阿尔伯特亲王在亭阁楼（the

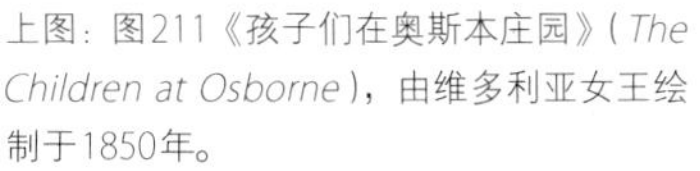

上图：图211《孩子们在奥斯本庄园》（*The Children at Osborne*），由维多利亚女王绘制于1850年。
铅笔、水彩，16.9厘米×27.6厘米
英国皇家收藏，编号：980055.ae

右图：图212《孩子们在奥斯本庄园游乐园》（*The Children in the Pleasure Garden at Osborne*），由维多利亚女王绘制于1850年。
铅笔、水彩，20.6厘米×24.8厘米
英国皇家收藏，编号：980055.ab

左图：图213儿童花园耙，19世纪晚期英国人制造。
山毛榉木、钢
82.5厘米×14.0厘米×6.0厘米
英国皇家收藏，编号：34860

上图：图214一对儿童独轮手推车，19世纪中期英国人制造。
钢
38.0厘米×37.2厘米×109.6厘米
英国皇家收藏，编号：42998.1和42998.2

Pavilion）大理石厅（Marble Hall）中摆放的珍贵雕塑艺术品不同的是，露台上的雕塑都是由亲王购买的大规模制造的园林装饰品。莱奇水彩画中位于台阶下方的两尊石狮是以佛罗伦萨佣兵凉廊（Loggia dei Lanzi）的美第奇狮（Medici Lions）为原型雕刻而成，材质为奥斯汀&斯雷公司（Austin & Seely）生产的人造石。[11]亭台和低台这两处露台都装饰有几何花坛，但这些花坛并非由黄杨木树篱构成，而是根据当时流行的花坛植物新潮流，通过大规模栽种天竺葵、鼠尾草、洋葵、矮牵牛、马鞭草、半边莲等色彩浓烈的一年生植物组成（见图210）。

如此浓烈的色彩在园林历史上还是第一次出现，即便是在安德烈·勒·诺特赫于凡尔赛大特里亚农宫为路易十四设计的鲜花花坛中也从未出现过这么鲜艳的颜色。这在某种程度上是由于维多利亚时期的人们对色彩理论燃起的兴趣。在歌德的《论色彩学》（*Theory of Colours*，1840年）翻译版面世以后，当时的英国人对色彩理论的兴趣尤其浓厚。这本书中强调了种植互补色植物的重要性。但这种色彩浓烈的展示效果之所以能够实现，主要还是得益于这一时期温室培育技术的大规模发展，例如奥斯本庄园的温室每年能够培育六万株花坛植物。

维多利亚女王和阿尔伯特亲王总是尽可能地争取时间享受户外时光，而且他们也鼓励孩子们一起享受户外生活。维多利亚女王曾创作了大量水彩手绘作品，来记录她的家庭在非正式场合所享受到的乐趣，其中奥斯本庄园园林中的家庭生活是这些作品中经常出现的主题（见图211和图212）。但阿尔伯特亲王要求皇室子弟不能在园林中一味玩耍，还要学习一些园艺技能。于是他给每个孩子分配了一小块方形土地，并给他们配备了耙子和独轮手推车等园艺工具，然后教导他们如何栽种花卉、果树和蔬菜（见图213和214）。此外，亲王还命人于1853—1854年在这些土地后方为孩子们建造了一座瑞士屋（Swiss Cottage，见图215）。这栋建筑仿科堡罗塞瑙庄园的一座木屋（见图216）建造而成，是如画式园林后期开始流行的“伪乡村”园林建筑的范例。[12]在这里，孩子们除了在户外学习园艺技能，还在室内学习烹饪和木工，将阿尔伯特亲王主张全面发展的教育策略与法国启蒙思想家让-雅克·卢梭（Jean-Jacques Rousseau，1712—1778年）所提出的“大自然是孩子最好的老师”这一理论完美结合。

上图：图215《奥斯本庄园瑞士屋》（*The Swiss Cottage, Osborne House*），由英国风景水彩画家威廉·莱顿·莱奇创作于1855年。
铅笔、不透明色、水彩
19.7厘米×27.8厘米
英国皇家收藏，编号：919867

右图：图216《罗塞瑙庄园附近的瑞士屋》（*The Swiss Cottage near the Rosenau*），由德国画家海因里希·布鲁克纳创作于约1844—1845年。
不透明色、水彩
17.0厘米×23.4厘米
英国皇家收藏，编号：920443

对页图：图217《温莎家园公园阿德莱德小屋》（*Adelaide Cottage, Windsor Home Park*），由英国画家卡莱布·罗伯特·斯坦利创作于1839年。
不透明色、水彩
26.7厘米×39.9厘米
英国皇家收藏，编号：919766

维多利亚花园水彩画

在19世纪的欧洲艺术中，除了正式园林，非正式的村舍花园也越来越多地出现在各种艺术表现形式之中。但事实上在19世纪30年代之前，鲜少有艺术家关注村舍花园。随着苏格兰园林设计师、作家约翰·克劳迪斯·劳登（John Claudius Loudon，1783—1843年）的影响力逐渐扩大，越来越多的人开始关注中小规模的园林，于是小型的乡村房舍也逐渐开始了其美化历程。草本花坛边界（herbaceous border）的发展催生了艺术家对于园林的各种美好愿景，这也成为维多利亚和爱德华时期园林画家创作的主要素材，而他们仅靠创作花园主题的绘画就能够谋生，这在艺术史上尚属首次。

然而，在19世纪早期最初引起艺术家关注的并非不起眼的普通村舍花园，而是当时流行的装饰小屋（cottage orné）的附属花园。装饰小屋是如画式园林运动时期园林中的一大特色。这类住宅通常远离真正的乡村农舍，拥有繁复的建筑细节，与园林风格形成互补，因此具有明显的艺术吸引力。来自埃克塞特（Exeter）的画家乔治·罗（George Rowe，1797—1864年）对这一题材进行了利用，以德文郡西德茅斯（Sidmouth）的装饰小屋和花园为素材创作了一系列石版画。[13]装饰小屋的潮流也波及了温莎大公园，乔治四世曾命人在副守林人小屋的原址上建造了皇家小屋。这座皇家小屋在1831年被部分拆除，它的一些更能展现如画式风格的建筑结构——屋顶轮廓线、门廊，甚至包括屋顶瓦片和烟囱——在温莎家园公园（Home Park）一处庄园建筑的改建中被再次利用。这项改建工程是为威廉四世的配偶阿德莱德王后（Queen Adelaide，1792—1849年）进行的。改建后的装饰小屋被改名为阿德莱德小屋（Adelaide Cottage），是英国画家卡莱布·罗伯特·斯坦利一系列水彩作品的主题。图217展示的是花园中央的喷泉，喷泉周围是一圈由金属环或瓦片构成的圆形花篮状花床。这些“哈登堡式”（Hardenburg）花篮花床在汉弗莱·雷普顿的推广下从18世纪90年代开始流

W. Simpson. 1882.

行，成为如画式园林的一大特征，并且这一特征一直延续至此后于19世纪30年代开始的“花园式”（Gardenesque）园林，尽管前后两个时期的园林风格截然不同。[14]

“Gardenesque”这一词汇最早由约翰·劳登开始使用，用来描述可以为植物提供充分生长环境的园林，以此与野外大自然状态下植物之间相互竞争阳光和水源的状态形成对比。劳登的理念多与植物种植原则有关，但后来这一术语被用来形容一种园林风格，即在草剪得很短的草坪上设置圆形或泪滴形花床，并且园中遍布不规则栽种的树木和异域风情灌木丛的园林。在这幅斯坦利创作于1839年的阿德莱德小屋花园景观图中，此类园林的部分特征得以展现，例如并非处于对称轴线上的喷泉、草坪上无规则排列的花床以及画面左侧孤零零但格外显著的针叶树。

温莎的阿德莱德小屋和巴尔莫勒尔城堡的花园小屋（Garden Cottage，见图218）都有人居住：阿德莱德小屋是管家的居所，花园小屋则由园丁居住。但花园小屋中有几个房间是为维多利亚女王预留的，女王和家人每年都要在巴尔莫勒尔城堡待上相当长的一段时间，所以这栋小屋也发挥了花园式夏季度假屋的功能。女王经常在这里吃早饭、喝茶、在树下闲坐以及坐在门廊上翻阅和回复信件，并且将她与阿尔伯特亲王一起生活时的户外日常保持到了孀居时期。苏格兰画家威廉·辛普森（William Simpson，1823—1899年）是受委托记录女王家庭在苏格兰高地生活的专业画家之一，他在一幅水彩作品（见图218）中以花园为背景呈现了女王的日常生活。1881年，辛普森受《伦敦新闻画报》（*Illustrated London News*）委托以“英国家园”（English Homes）为主题创作系列水彩作品，并获准在其中加入巴尔莫勒尔城堡的风景图。事实上，在这项任务开始之前，辛普森已经是女王非常喜爱的一位水彩画家。1881年8月，辛普森来到巴尔莫勒尔，在当月晚些时候女王到来之前创作了一系列手绘作品，并在随后的1882年将这些画作制作成为水彩成品。女王的日记中并未记录图218中刚刚走过花床的访客身份，但其中的女士胳膊下夹着的作品册说明她接下来要去进行手绘写生。他们的离开突出了女王的勤俭持政，而在花园这种非正式的环境中，处理国政似乎也变得没那么枯燥无味了。这栋位于城堡东南立面附近的花园小屋一直保存至今，但辛普森画中的木屋在1894—1895年被拆除并改建为石质建筑。其他受邀到巴尔莫勒尔城堡作画的艺术家还包括著名风景水彩画家威廉·威德（William Wyld，1806—1889年）。威德曾在1852年10月到访巴尔莫勒尔

左图：图218《巴尔莫勒尔城堡：花园小屋》（*Balmoral: the Garden Cottage*），
由苏格兰画家威廉·辛普森创作于1882年。
水彩画，23.7厘米×25.7厘米
英国皇家收藏，编号：923187

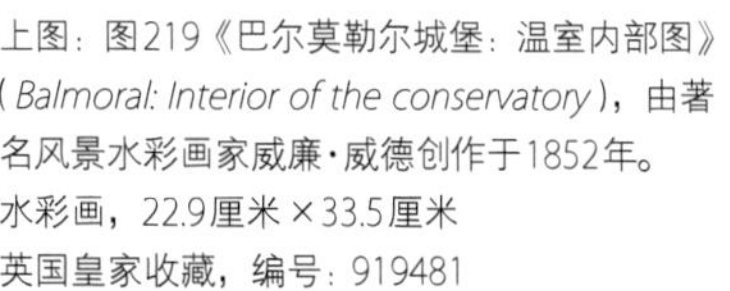

上图：图219《巴尔莫勒尔城堡：温室内部图》（*Balmoral: Interior of the conservatory*），由著名风景水彩画家威廉·威德创作于1852年。
水彩画，22.9厘米×33.5厘米
英国皇家收藏，编号：919481

右图：图220《苏赛克斯郡汉德克罗斯村阿什福德庄园的7月边界》，由英国园林主题画家比阿特丽斯·艾玛·帕森斯创作于约1910—1920年。
水彩画，35.0厘米×46.3厘米
英国皇家收藏，编号：452364

上图221《苏赛克斯郡斯特普菲尔德村石庭的7月边界》（*July Border, Stonecourt, Staplefield, Sussex*），由英国园林主题画家比阿特丽斯·艾玛·帕森斯创作于约1910—1920年。
水彩画，34.8厘米×45.8厘米
英国皇家收藏，编号：452366

并在此为女王创作了一系列水彩手绘作品，其中包括一幅描绘老城堡建筑南侧温室的场景图（见图219）。1855年，维多利亚女王和阿尔伯特亲王下令以新近流行的苏格兰男爵建筑风格（Scottish baronial）对老城堡进行改建，画中的温室也在这一过程中被拆除。

19世纪晚期，画家们的注意力第一次转移到了乡村的村舍花园。至少从14世纪早期开始，村舍花园就一直是栽种蔬菜、草药和康乃馨、薰衣草、三色堇及玫瑰等本土花卉的场地，与达官显贵和中产阶级园林中动辄数英亩、栽满奇花异草的装饰性花床相比，村舍花园无疑是一剂解毒剂。包括周刊《村舍花园》（*Cottage Gardening*，1892—1898年）的编辑威廉·罗宾逊（William Robinson，1838—1935年）在内，村舍花园的倡导者致力于宣传它来自天然的魅力："在所有由人创造的事物中，再没有比一座英式村舍花园更漂亮的东西了。"[15]村舍花园给人们带来的乐趣在迈尔斯·伯基特·福斯特（Myles Birket Foster，1825—1899年）和海伦·阿林厄姆（Helen Allingham，1848—1926年）等版画和水彩艺术家的笔下得到一一呈现。这两位艺术家都生活在萨里郡的乡村，并且在那里展开自己的职业生涯。这一时期的艺术家们逐渐对村舍花园发展出一种愿景，即希望村舍花园能够对全民心智产生持久影响，并且期待将这一具体的园林类型转变成为整个英国园林的广泛代表。[16]伯基特·福斯特和阿林厄姆将在乡村花园中看到的泥泞菜地和脏乱堆肥从画面上抹去，将这里变成了花香四溢且远离辛苦劳作的天堂。阿林厄姆的水彩作品得以在《欢乐英国》（*Happy England*，1903年）和《英国的村舍家园》（*Cottage Homes of England*，1909年）等出版物中发表，向大众宣传她的作品呈现的不仅仅是最正宗的村舍花园，也是一种特别的英式园林风格。

在这类英国园林中，最能与全民意识产生联系的园林景观就是园中由草本植物形成的边界：在步行道或草坪边界附近繁茂生长的各色植物。然而，尽管草本边界在村舍花园水彩画中的出现暗示它就是村舍花园的简单产物，但事实并非如此。在大型正式园林中，草本边界也一直是长久存在的一道景观。只不过英国著名园林作家、园艺师和园林设计师格特鲁德·杰基尔（Gertrude Jekyll，1843—1932年）抓住了这一点，将其作为在园林中实施"一项优异的色彩搭配方案"的完美途径。[17]当草本边界在19世纪早期被首次引入村舍花园时，植被栽种呈直线形，但杰基尔主张将植被按照渐变色栽种，从而呈现出色彩的流动性。"整个边界可以被当作一个完整的画面看待"，她建议道："两端的冷色调与中间热烈的暖色相得益彰。"[18]与她的朋友阿林厄姆一样，杰基尔也生活在萨里郡，并从她位于戈达尔明（Godalming）近郊的家园——曼斯特德伍德（Munstead Wood）——附近所看到、写过和拍摄过的村舍花园中汲取灵感。她曾回忆说："在这个一成不变的世界里，这些小小的村舍花园创造了 道最美的英国路边风景，我从它们身上学到了很多。"[19]她将所见所闻提炼成为"村舍花园风格"，并在日后她负责的许多园林设计方案中实施。这些项目大多是与建筑师埃德温·鲁琴斯（Edwin Lutyens，1869—1944年）合作设计的小型庄园和乡村住宅。

得益于杰基尔的努力，"7月边界"（July border）这类由恣意生长的各色植物构成的步行道或草坪边界变得大受欢迎，而职业生涯颇为成功的园林水彩画家比阿特丽斯·帕森斯（Beatrice Parsons，1870—1955年）也接连在两幅作品（见图220和图221）中刻画了这类花园景观。帕森斯是以园林作为自己唯一创作主题的少数艺术家之一。这类艺术家还包括乔治·塞缪尔·阿尔古德（George Samuel Elgood，1851—1943年）和厄内斯特·亚瑟·罗（Ernest Arthur Rowe，1862—1922年），他们的崛起部分得益于图书和期刊对园林插图日益增长的需求。阿尔古德为格特鲁德·杰基尔的著作《英国园林拾遗》（*Some English Gardens*，1904年）提供了插图；乔治·罗创作的插图被收录于《工作室杂志》（*Studio Magazine*）的三份特刊和《英国园林》杂志（*The Gardens of England*，1907—1911年）；帕森斯则为E. T. 库克（E. T. Cook）的著作《英国园林》（*Gardens of England*，1908年）创作了插图。但这类专业园林艺术家的崛起在更大程度上还是由于大众对园林主题水彩作品兴趣的提升。

比阿特丽斯·帕森斯曾在英国皇家艺术学院（Royal Academy schools）学习，并在1900年开始创作园林主题绘画。1904年，她创作的四十幅园林主题绘画在伦敦道兹韦尔画廊（Dowdeswell Gallery）展出，吸引了大批观众蜂拥而至，争相购买她的画作。后来帕森斯又创作了大约五十幅水彩作品，并在她几乎每两年就要举办一次的个展上出售。尽管帕森斯也承接描绘新建园林的工作委托，但她的主要客户群体还是热衷参观画廊的广大伦敦市民。面向这些城市居民受众，帕森斯及其同行不仅在作品中捕捉到了仲夏花园转瞬即逝的姹紫嫣红，还将长达几个世纪的黄金时代园林愿景中所期待的丰饶、闲适、富足、社会持续与和谐在作品中呈现出来。但第一次世界大战的爆发将这一切都化为泡影。他们作品中描绘的园林大多都难以维护，园林主题的水彩画风潮也随之衰退。帕森斯作品中涉及的苏赛克斯郡汉德克罗斯村（Handcross）和斯特普菲尔德村（Stapletiled）园林无一幸免于难，而屋顶轮廓线在图220中右侧隐约可见的阿什福德庄园（Ashfold House）也在20世纪60年代被拆除。

亚历山德拉王后是一位颇有成绩的业余画家，同时也积极赞助维多利亚时期园林水彩画的创作。她的收藏中不乏帕森斯、乔治·罗、米玛·尼克松（Mima Nixon，活跃于1894—1918年）和西里尔·沃德（Cyril Ward，1863—1935年）等艺术家的水彩作品，或许也正是在这些作品的启发下，王后本人在创作中也开始模仿维多利亚园林水彩画风格。图222据传由亚历山德拉王后所作，描绘的可能是巴尔莫勒尔波克霍尔（Birkhall）庄园的草本边界。尽管该庄园由维多利亚女王购买，但庄园花园直至亚历山德拉王后

左图：图222《波克霍尔庄园园林》（*The garden at Birkhall*），据传由亚历山德拉王后创作于约1863—1925年。
铅笔水彩画，23.7厘米×25.7厘米
英国皇家收藏，编号：981715

时期才在内廷主计长（Comptroller of Household）戴顿·普洛宾爵士（Sir Dighton Probyn，1833—1924年）的负责下正式建立起来。普洛宾爵士为其打造了一个由树篱和绿雕构成的框架，突出了维多利亚时期花卉蔬果园的风格特征。

但这幅水彩作品的描绘重点为园中一条呈不规则状蔓延的草本边界，背景处为草木葱茏的高山。这条山脉位于格伦穆克（Glen Muick）地区，波克霍尔庄园就在它的包围之中。这条草本边界以清冷的银色为主色调，穿插着一簇簇高大的彩色荷兰菊（*Aster novi-belgii*），暗示画中为8月或9月初的夏末场景。亚历山德拉王后曾在婚后初期，即1863年3月，跟随威廉·莱奇在巴尔莫勒尔学习绘画课程，即便后来在她对摄影的兴趣超过绘画之后依然持续进行水彩画创作。

位于诺福克郡的桑德林汉姆府是爱德华七世和亚历山德拉王后在威尔士亲王和王妃时期的主要居所。这里的花园在远离建筑的位置铺设了大面积的草本边界，而在建筑的窗下则设置了正式的花坛，其中栽种了冬季花坛植物，从而在这些植物的开花时节营造出令人赏心悦目的景观。冬季是桑德林汉姆府最繁忙的时期，周末接连举行大型舞会。在威尔士王妃的影响下，花卉边界在桑德林汉姆府花园中得到大面积设置，此外还在1896年开设了一座冬季开花的三色堇花园以及一座玫瑰园。但整个花园中最具规模的工程还是占地超过14英亩（约56655.2平方米）的菜园。这座菜园在19世纪60年代开设，但直至1896年威尔士亲王的爱马“柿子”（Persimmon）在德比（Derby）赛马中获胜时其潜力才得以完全开发。在全盛时期，这座菜园种植的蔬果足以满足威尔士亲王和王妃举办的豪华冬日派对的全部需求。

于是，这座四周带有围墙的菜园成为桑德林汉姆府的一大景观，亲王会定期带领访客参观这里，欣赏它所代表的亲王夫妇在园艺方面取得的成功。[20]

Cyril Ward

左图：图223《桑德林汉姆府东花园的蔓藤架》，由画家西里尔·沃德创作于约1912年。
水彩画，29.5厘米×44.5厘米
英国皇家收藏，编号：452865

下图：图224《桑德林汉姆府藤架下的白色大理石长凳和花园建筑》（*Pergola with white marble bench, and The Garden House, Sandringham*），拍摄于约1913年，摄影师姓名不详。
立体彩色摄影，52.0厘米×10.5厘米
英国皇家收藏，编号：7084. 1. u（细节图）

1905年，一条通往花园的新通道被建立起来，这条引人瞩目的通道在西里尔·沃德创作的水彩作品《桑德林汉姆府东花园的蔓藤架》（*The Pergola in the East Garden*，*Sandringham*，见图223）中得以展现。该作品为沃德为其著作《皇家园林》（*Royal Gardens*，1912年）所创作的众多画作之一。这条规模巨大的藤架由砖柱和橡木构成，上面爬满了藤蔓玫瑰、忍冬、铁线莲、野丁香和南鼠刺。画面的远景处为菜园的主通道，道路两侧为两条长长的草本边界，边界之后即隐藏着大片的菜地。藤架下方的中心处设置了一座装饰井盘，井盘右侧是一条由著名画家劳伦斯·阿尔玛-塔德玛爵士（Sir Lawrence Alma-Tadema，1836—1912年）在1909年设计的古典风格拱形大理石长凳（见图224）。这些大理石长凳如今仍然伫立在东花园内，但这条蔓藤架却只有砖柱保存至今。

Fantin. 81

“花香四溢”[21]

从园艺的角度来看，19世纪的英国和17世纪的荷兰存在着惊人的相似，尤其是两国都经历了对异域奇花异草的引进和培育，以及资产阶级园艺文化的迅猛发展。但是，英国却没有像荷兰一样发展出本土的花卉画家，所以当法国画家亨利·方丹-拉图尔（Henri Fantin-Latour，1836—1904年）在1859年第一次将他的花卉绘画作品介绍到英国时，便得到了众多英国收藏家的青睐。拉图尔出生在法国东南部的格勒诺布尔（Grenoble），后来受训于他的艺术之父西奥多（Théodore），担任学徒期间的拉图尔主要负责临摹古代大师的作品。1858年，在卢浮宫学习的拉图尔遇到了美国著名印象派画家J. M.惠斯勒（J. M. Whistler，1834—1903年），正是后者说服他在第二年来到英国，并在这里遇到了他未来的赞助人埃德温·爱德华兹（Edwin Edwards）夫妇。在拉图尔抵达英国的早期岁月里，他经常来到爱德华兹位于森伯里（Sunbury）的花园，并在这里进行绘画创作。尽管拉图尔也创作人物肖像和风俗风景画，但花卉作品和小幅静物画才是他最为成功的绘画体裁，这些作品在伦敦的影响力从19世纪60年代一直持续至90年代。在图225中，拉图尔将杜鹃花陶盆和三色堇花篮放置在壁架附近的矮桌上，并对每一朵精心插放的花头都进行了细致刻画，这些都反映了画家在对17世纪静物画的规范学习中受到的影响。这种对细节的关注和对真实的展现将拉图尔与其推动印象派运动的画家朋友区分开来。此外，尽管拉图尔的作品曾于1863年在落选者沙龙（Salon des Refusés）展出，但直至1904年去世，他都是一名独立艺术家。

1904年，服务于新近成立的手工书制作坊桑格斯基 & 萨特克利夫（Sangorski & Sutcliffe）的画家和书法家阿尔贝托·桑格斯基（Alberto Sangorski，1862—1932年）为亚历山德拉王后制作了一本泥金装饰手稿版的弗兰西斯·培根（Francis Bacon，1561—1626年）的作品《论花园》（*Of Gardens*，1625，见图226）。桑格斯基在弟弟弗兰西斯·桑格斯基（Francis Sangorski，1875—1912年）的指导下练就了精湛的手工书制作技巧，这些技巧在培根这篇随笔提供的框架下得到了完美展示。[22]桑格斯基的书法题字被设置在镶有金边并装饰以花朵和绿叶图案的边框之内，此外画面还添加了三幅描绘花园夏日盛景的微型画（见图226细节图）。在其他几个保存至今的版本中，微型画的主题都并非园林图景，由此有人推测这一版本

左图：图225《杜鹃花和三色堇》（*Azalea and Pansies*），
由法国画家亨利·方丹-拉图尔创作于1881年。
布面油画，55.3厘米×69.8厘米
英国皇家收藏，编号：409075

GOD ALMIGHTY
First Planted a Garden;
and, indeed, it is the pur'
est of human pleasures;
it is the greatest refresh'
ment to the spirits of man;
without which buildings
and palaces are but gross
handworks: and a man
shall ever see that when
ages grow to civility and
elegancy, men come to build

对页图及细节图：图226《论花园：弗兰西斯·培根随笔散文》（*Of Gardens: an essay by Francis Bacon*），由画家、书法家阿尔贝托·桑格斯基制作于1904年。
手稿（内页为泥金装饰小牛皮、封面为小牛皮），25.4厘米×18.1厘米
英国皇家收藏，编号：1047540，p. 3和p. 8（细节图）

右图：图227《从车道看到的桑德林汉姆府景观》（*View of Sandringham House from the Drive*），摄制于约1913年，摄影师姓名不详。
立体彩色摄影，52.0厘米×10.5厘米
英国皇家收藏，编号：7084.1.m

最右图：图228《奶牛房和花园》（*The Dairy and Garden*），摄制于约1913年，摄影师姓名不详。
立体彩色摄影，52.0厘米×10.5厘米
英国皇家收藏，编号：7084.1.v（细节图）

中的水彩园林微型画可以宽泛解读为桑德林汉姆府园林景观图（见图227和图228），意为向亚历山德拉王后致敬。

这一当时业内顶尖的图书制作坊后来制作的作品将奢华的珠宝装饰与精湛的书法技巧及泥金装饰内页相结合。桑格斯基 & 萨特克利夫工作坊还曾制作了一本珠宝装饰的精美《鲁拜集》（*The Rubáiyát of Omar Khayyám*），该作品进一步确立了它在业内的领先地位。但这本又名《伟大的欧玛尔》（*The Great Omar*）的华美作品在1912年泰坦尼克号沉船事故中遗失，后来不知所终。[23]《鲁拜集》是11世纪波斯诗人欧玛尔·海亚姆（Omar Khayyám，1048—1131年）以波斯园林为背景创作的“四行诗”集，英国诗人、作家爱德华·菲茨杰拉德（Edward FitzGerald，1809—1883年）在1849年将其翻译成英文版，此后该诗集在西方世界名声大噪。与培根的《论花园》一样，这本《鲁拜集》泥金装饰手稿也是由内容决定装饰形式，镶满珠宝的封面采用了从诗集中提取的东方园林元素（包括孔雀和藤蔓等）作为装饰纹样。

《论花园》手稿的封面采用了小牛皮，而非镶嵌珠宝的奢华封面，但由开满玫瑰花和结满苹果的枝条构成的框架为培根通过文字营造的四季之园和永恒春天之园提供了最恰当的装饰。[24]培根在他1625年出版的《随笔集》（*Essays*，1625年）中阐述了自己对王侯之园的愿景，并罗列了此类园林在构建和享用时所应遵循的原则。此外，他在书中不仅对“花香”（相比手中持花，空气中的花香甜蜜百倍）和不同植物的开花时节作出了评论，而且还列出了一座“与王侯身份匹配”的园林所应具备的规模和格局。作为针对园林的公开言论，培根的这些思想无疑是超前的。他公开反对绳结绿篱（“像是玩具”）和绿雕（“过于孩子气”），号召人们“向开阔的野外看去”，可谓是肯特“跳出藩篱之外，将整个大自然视为一座园林”的天然园林景观运动的先驱。[25]

作为他生活的时代顶尖的哲学家和法理学家，培根关于园林的言论也极具权威性。[26]几个世纪以来，天堂乐园一直是艺术家进行创作的灵感源泉，而培根在《论花园》中开篇就对园林和园艺进行了掷地有声的评论：

> “万能的上帝是第一个经营花园者。园艺之事也的确是人生乐趣中之最纯洁者。它是人类精神最大的补养品，若没有它则房舍宫邸都不过是粗糙的人造品，与自然无关。再者，我们常可以见到当某些时代近于文明风雅的时候，人们多是先想到堂皇的建筑而后想到精美的园亭，好像园艺是较大的一种完美似的。”[27]

第八章 8

室内园林艺术

在凡尔赛大特里亚农宫完工之后，
路易十四告诉第二任妻子曼特农夫人，
他已为她建造了一座人间天堂，
从此她将别无他求。

——《傻子出国记》（*The Innocents Abroad, or The New Pilgrims Progress*，1869年），
马克·吐温（Mark Twain）

随着室外园林植物培育技术的日益进步，人们自然而然地开始尝试将园林移入室内，以抵抗季节的变迁。波斯人冬天会在冰冷的大理石地板上铺上装饰有春日花园图案的织毯。11世纪和12世纪的波斯宫廷中摆放着黄金制成的树木和装在银瓶中的人造水仙等装饰物。14世纪的蒙古王子帖木儿在他位于撒马尔罕（Samarqand）的王帐中，曾摆放了一棵长着类似橡树树叶的黄金树，上面结满了由珍珠、红宝石、蓝宝石和绿松石制成的果实。[1]与东方世界相似的是，为了在全年中的任何时候都能够享受到园林带来的乐趣，西方人设计出了各式各样室的内装饰。1581年，伊丽莎白一世下令在白厅宫花园里建造一座宴会亭，亭中的天花板上悬挂着一个个装满镀金水果的果篮。[2]

人们对抵抗季节更替和在室内享受夏日多彩园林的渴望，催生了以园林元素装饰室内空间的潮流。花朵、果实和绿叶，以及格子栅栏、蔓藤架和花瓮等建筑景观都作为室内装饰元素出现，此外还有用银、玻璃、陶瓷、珐琅和半宝石等材质制成的各种人造花草。艺术家和手工匠人们将从园林中汲取的灵感，通过丝织品、陶瓷、家具和珠宝的形式一一展现。

丝织园林

在木板油画和布面油画出现以前，挂毯是室内墙壁的主要装饰形式，而且这种风潮一直持续至17世纪。鉴于园林能够从多个感官给人们带来愉悦，从15世纪起，织工们总是乐于从园林中寻求设计图案的灵感。尽管从16世纪中期起，园林绘画图像开始记录现实中存在的园林，但织物中出现的园林一直都是虚构的。即便是由英国都铎王朝时期最伟大的造园者之一——莱斯特伯爵（Earl of Leicester）罗伯特·达德利（Robert Dudley，1532—1588年）——在大约1585年委托制作的一幅园林挂毯（见图229），其中描绘的也并非达德利位于沃里克郡（Warwickshire）凯尼尔沃思城堡（Kenilworth Castle）的著名园林景观。相反，织工们（或许来自尼德兰北部地区）从欧洲顶尖园林设计师汉斯·弗雷德曼·德·弗里斯的版画（见图52）中提取园林元素，以密密麻麻排

第232页图：《椭圆盘》（*Oval Dish*），由切尔西造瓷厂制作于约1755年。
英国皇家收藏，编号：102343（细节图）

右图：图229《带有莱斯特伯爵罗伯特·达德利家族纹章的挂毯》（*Tapestry with the arms of Robert Dudley, Earl of Leicester*），据传由谢尔顿挂毯工坊制作于约1585年。
羊毛、丝绸织物，290.0厘米×477.0厘米
现存于伦敦维多利亚与阿尔伯特博物馆，编号：T.320—1977

HONY·SOIT·QVY
MAL·Y
PENSE
ROIT
LOYAL

列的花卉图案为背景，将这些元素嵌入以绶带装饰的区域。这幅作品为一套四幅挂毯之一，该系列挂毯可能是为位于伦敦的莱斯特庄园（Leicester House）而制，也可能是为凯尼尔沃思城堡园林中的宴会厅所制，不管悬挂于何处，织物上的园林图案一定会与室外的园林美景交相辉映。[3]

在16世纪和17世纪的挂毯装饰图案中，出现最多的园林元素非蔓藤架莫属。一套为弗朗切斯科三世·贡扎加公爵（Duke Francesco III Gonzaga，1533—1550年）制作的挂毯甚至直接以《蔓藤架》（*Pergoline*）命名。这套作品共包含七幅挂毯，制作于1558—1559年，其上描绘了蔓藤架以及小天使等人物。[4]在大约1540年至1670年制作的挂毯作品中，在苹果树或长满藤蔓的架子上玩耍的小天使或男孩是一个频繁出现的描绘主题。英国皇家收藏中即有一套四幅名为《玩耍的男孩》（*The Playing Boys*）的挂毯作品，这套作品由英国的默特雷克挂毯工坊（Mortlake Tapestry Works）制作于17世纪中期。[5]其中一幅挂毯中展现了一群光着身子的小男孩在苹果树间玩耍的场景，他们身后是一座围有栏杆的规整园林，这个园林被两条长长的隧道状藤架分隔开来（见图230）。在这幅作品中我们仍然可以看到弗雷德曼·德·弗里斯的版画带来的决定性影响，不管是隧道状藤架的形式，还是赫姆柱墩和花园围栏，都与《典雅园林设计方案集》（*Hortorum viridariorumque elegantes et multiplices formae*，1583年）中收录的版画作品（见图231）十分相似。但这幅挂毯本身的理念和整体设计，都说明了弗朗切斯科·科隆纳《寻爱绮梦》（见图232）中所展现的古典主题和形式的复苏。

从16世纪早期开始，佛兰德斯挂毯织工们不仅从意大利北部艺术家的版画作品中广泛借鉴设计图案，而且还以意大利顶级画家的大幅画稿为蓝本进行创作。挂毯织工与意大利绘画大师最为经典的合作即为一套十幅名

对页图：图230《苹果树间的男孩》（*Boys among apple trees*），由默特雷克挂毯工坊制作于约1650年。
丝绸、羊毛织物，343.0厘米×332.0厘米
英国皇家收藏，编号：28160（细节图）

左上图：图231《典雅园林设计方案集》，由菲利普·盖尔（Philip Galle，1537—1612年）根据园林设计师汉斯·弗雷德曼·德·弗里斯的画作制作于1583年。
印刷版画，22.4厘米×27.0厘米
现存于伦敦皇家园艺学会林德利图书馆，编号：0008032

左中图：图232《寻爱绮梦》，据传由文艺复兴时期意大利修道士弗朗切斯科·科隆纳出版于1499年。
木刻版画，29.9厘米×21.0厘米
英国皇家收藏，编号：1057947 fol. l. iiii（细节图）

左下图：图233《在果树和葡萄藤上玩耍的小天使》（*Putti playing among fruit trees and vine trellises*），由意大利画家、建筑师朱里诺·罗马诺制作于约16世纪30年代。
钢笔、墨水、水彩，用白色提亮，56.4厘米×43.8厘米
现存于伦敦维多利亚与阿尔伯特博物馆，编号：E. 4586—1910

上图：图234《藤架挂毯》（*Tapestry of a pergola*），由雅各布·沃特斯制作于约1650年。
丝绸、羊毛织物，302.0厘米×381.0厘米
英国皇家收藏，编号：28029

对页图：图235《形制规整的园林》，由里尔挂毯工坊制作于约1700—1730年。
丝绸、羊毛织物，312.4厘米×426.7厘米
英国皇家收藏，编号：110203

为《使徒行传》（*The Acts of the Apostles*）的挂毯作品。这套作品以拉斐尔（Raphael，1483—1520年）为来自美第奇家族的罗马教皇利奥十世（the Medici Pope Leo X，1475—1521年）设计的画稿为蓝本，于1515—1519年制作于布鲁塞尔。据传，拉斐尔在1520年去世之前，还根据古典而非宗教主题为利奥十世设计了另一套挂毯画稿。[6]这套作品的主题同样为“玩耍的男孩”（Giocchi di Putti, or The Playing Boys），描绘了一群小天使在结满果实的果园中玩耍的场景。对16世纪的受众来说，这一主题显然代表着一个新的黄金时代的黎明。

这一象征意义的吸引力是如此强烈，以至于“玩耍的男孩”这一主题在其他意大利城邦领主委托制作的系列挂毯作品中反复出现。其中最为重要的作品是一套根据意大利画家、建筑师朱里诺·罗马诺（Giulio Romano，约1499—1546年）设计的画稿于大约1540—1545年在曼托瓦制作完成的挂毯。朱里诺·罗马诺极有可能对拉斐尔“玩耍的男孩”挂毯画稿非常熟悉，于是也产生了自己对该主题的解读。他为这套挂毯创作的画稿中有两幅作品得以保存至今（见图233）。[7]

由默特雷克挂毯工坊制作于英国的“玩耍的男孩”挂毯作品更多地借鉴了朱里诺·罗马诺的作品，尽管据传默特雷克织工们参照的画稿来自布鲁塞尔。[8]此外，默特雷克挂毯工坊的记录显示，这一主题首次被以作品呈现是在1670年，但皇家收藏中的这套作品的制作时间可能要追溯至17世纪中期。这套挂毯的早期流传情况我们尚不知晓，但它们绝非这类作品中的孤例。在16世纪中期首次出现的一个世纪以后，这一主题的作品再次活跃起来。北安普顿郡鲍顿庄园（Boughton House）的巴克卢公爵（Duke of Buccleuch）藏品中即收藏了两套共十三幅“玩耍的男孩”挂毯作品，另外还有几套同类作品分别收藏于林肯郡（Lincolnshire）的伯格利庄园（Burghley House）

和莱斯特郡的贝尔沃城堡（Belvoir Castle）。[9]“玩耍的男孩”主题挂毯后来在英国的蓬勃发展，或许某种程度上可以解释为英国赞助人受到这些园林场景所传递信息的吸引。在英国内战的混乱时代结束以后，这种对丰收、和谐和即将到来的黄金时代的愿景必定在英国社会产生了强烈的共鸣。

17世纪还有另一种以蔓藤架为主题的常见挂毯设计，这类挂毯在当代收藏中通常被形容为“花盆和立柱”（Flower potts and pillars）。[10]默特雷克也是制作此类挂毯的几家工坊之一。英国皇家收藏中的一套五幅此类挂毯（见图234）一直被认为是由默特雷克工坊制作的，但其中一幅挂毯镶边上绣有雅各布·沃特斯（Jacob Wauters，卒于1660年）的名字。这是一位来自安特卫普的挂毯工匠，他的名字的出现表明这套作品可能来自佛兰德斯。这幅带有签名的挂毯以两座爬满葡萄藤的蔓藤架为设计框架，几根立柱撑起了一张顶棚，其上悬挂了一串串葡萄。两尊大花瓮（即“花盆”）中插满了花农们钟爱的郁金香、花贝母和水仙等名贵花卉。这一主题设计使得挂毯工匠有机会以羊毛和丝线来展现花卉静物油画所青睐的异域名贵花草。这类挂毯作品在市场上大获成功，沃特斯在伦敦和欧洲大陆的代理商将它们销售至更广阔的市场。此外，在布鲁塞尔、伦敦以及安特卫普都出现了这类挂毯设计的变种。[11]

上文提到的“玩耍的男孩”是在概念形成一个世纪之后，由于新市场的需求而重新繁荣起来的挂毯主题设计。与之相似，“花盆”主题挂毯设计也并非沃特斯首创，而是较早之前展现园艺发展丰硕成果的一个主题在商业上极为成功的变种。这类挂毯设计起源于神圣罗马帝国皇帝查理五世（Emperor Charles V，1550—1558年）在1546年购买的安特卫普“园林”主题系列挂毯。这些作品制作精良，以爬满葡萄藤的蔓藤架为背景描绘了罗马神话中的四季之神维尔图努斯和果树之神波莫纳（Vertumnus and Pomona）的故事。[12]古罗马诗人奥维德在他的《维尔图努斯和波莫纳》中曾讲述了四季之神维尔图努斯追求果树、园林和果园之神波莫纳的故事。为了追求波莫纳，维尔图努斯曾几次变身，根据奥维德的讲述：“有时他会手持园丁刀，装作正在修剪枝条的葡萄园工人；有时他又会扛上一把梯子，你会以为他要去摘果子。”[13]这个故事的背景通常设置在园林中，而维尔图努斯曾假扮成葡萄种植员的身份也为这套以羊毛织就的图像中将葡萄藤架设置在画面前景提供了合理性。在这一挂毯主题被沃特斯以及其他挂毯工坊于17世纪中期复兴之前，16世纪晚期，布鲁塞尔的工匠们又进一步对这一主题进行了展现。

相对来说，在另一幅名为《形制规整的园林》（*The formal garden*）的挂毯（见图235）中，叙事成分就非常轻了。这幅作品可追溯至约1700—1730年，其中的园林本身，而非园中人物，才是整幅画面的主旨所在。这座园子中充满了各色园林景观，争相跃入观者的眼帘：一座带有围栏的露台通向下沉的花坛，花坛内装饰有方尖碑、雕塑、文艺复兴风格的凉亭和格子栅栏搭建的藤架，在画面背景处的花坛的另一端，则伫立着一座半圆形室外观赏座席。画面左侧的喷泉中央装饰着大力神海格力斯屠龙的雕像，这或许意味着挂毯中的园林意在影射西方神话中的仙境赫斯珀里得斯之园（Garden of the Hesperides）。海格力斯必须杀掉这条龙才能进入赫斯珀里得斯守护的金苹果圣园。这幅作品中的海格力斯喷泉、花坛中的怪异涡卷纹、黄杨木树篱和双层绿雕、园子四周间植棕榈树的茂密树林，是从17世纪中期以来在“规整园林”主题的佛兰德斯挂毯中反复出现的园林元素，这也暗示了挂毯匠人在制作不同系列的作品时都会参考一个丰富的巴洛克园林元素素材库。[14]该作品经鉴别产自里尔（Lille，现比利时城市），制作方为17世纪晚期成立于里尔的一家布鲁塞尔挂毯工坊分店。里尔的挂毯工坊根据佛兰德斯画家小戴维·特尼尔斯（David Teniers the Younger，1610—1690年）的设计稿制作了很多挂毯作品。在一幅与图235拥有极为相似园林背景的挂毯中，欢快起舞的一群村民形象完全出自特尼尔斯之手，但目前尚无证据证明《形制规整的园林》这幅作品中的人物与特尼尔斯有关联。[15]

欢乐园：法国装饰艺术中的园林元素

1774年，路易十六（Louis XVI，1754—1793年）将凡尔赛宫的小特里亚农宫（Petit Trianon）送给了王后玛丽·安托瓦内特（Queen Marie Antoinette，1755—1793年）。安托瓦内特随后命人在其中修建了一座由茅草屋组成的小村庄，外加一处带有奶牛棚和挤奶房的农场，从而将这处宫殿变身为阿卡迪亚式的世外桃源。在这里，王后和她的密友们可以远离宫廷的繁文缛节，享受“乡村”环境带来的轻松惬意。[16]这种对田园牧歌生活的向往在18世纪晚期的法国装饰艺术中也得到了体现。花篮、花束和花枝成为当时流行的装饰元素，格子栅栏等园林元素在装饰艺术中也开始大量出现。此外，花卉主题装饰在与君权密切相连的三种艺术形式，即彩色硬石镶嵌家具、瓷器和挂毯中的应用尤为显著。

1780年，路易十六的首席橱柜工艺大师亚当·威斯威勒（Adam Weisweiler，1744—1820年）将18世纪晚期新古典风格家具的保守外形与17世纪流光溢彩的佛罗伦萨硬石镶嵌装饰相结合，创造出了图236中的精美艺术品。[17]威斯威勒受雇于中间商多米尼克·达盖尔（Dominique Daguerre），

当时的英国威尔士亲王乔治（即后来的乔治四世）就是达盖尔的主要客户之一。也正是威尔士亲王购买了图中的橱柜，购买时间可能在1791年，最迟不晚于1807年。这件橱柜上的早期装饰元素对于植物学研究具有重大意义。

橱柜正面装饰了三块嵌板，背面相应也有三块。这几块嵌板都是由彩色硬石镶嵌工艺制成。这项通过镶嵌彩色石头来创造平面或立体图像的技术是16世纪晚期在美第奇大公的赞助下在佛罗伦萨发展起来的。[18]利用这项技术制作的精美艺术品可以永久保存，想必这对当时的美第奇家族来说十分具有吸引力，而且石头的天然色泽可以使它们近乎完美地再现各种自然场景，其中自然界中的花卉就是经常被表现的主题。[19]事实上，植物学界也的确与彩色硬石镶嵌工艺品发生了联系，德国植物画家丹尼尔·弗罕谢尔（Daniel Froeschl，1563—1613年）就曾为哈布斯堡王朝神圣罗马帝国皇帝鲁道夫二世（Habsburg Holy Roman Emperor Rudolf II，1552—1612年）设计了一张彩色硬石镶嵌桌。弗罕谢尔的其他作品还包括为比萨植物园绘制的植物图册。

上图及左图（嵌板细节图）：图236橱柜，由橱柜工艺大师亚当·威斯威勒制作于约1785年，其中两幅嵌板为制作于17世纪的彩色硬石镶嵌板。
橡木、乌木、硬石、玳瑁、黄铜、白镴、桃花心木、黄杨木、紫心木、镀金铜、凸花缎、大理石
100.3厘米×149.8厘米×49.0厘米
英国皇家收藏，编号：2593

威斯威勒制作的这个橱柜上的一片中央嵌板和两片侧边嵌板都描绘了鹦鹉与装满花果的篮子。篮中的水果经识别为桃子、葡萄和樱桃，至于鸟类的品种，右侧嵌板上描绘的是一只戴胜鸟，中央和左侧嵌板上刻画的则是充满异域风情的锦鸡。这些花鸟嵌板的制作时间可追溯至17世纪早期，当时制石工人对彩石的挑选和切割技术都得到了发展，从而使用彩石镶嵌工艺呈现静物场景成为可能。对参观过彩石镶嵌工坊的家具工匠们来说，这些花鸟装饰图式更具有吸引力，因为现场观赏的视觉效果尤为惊艳。

然而，在威斯威勒的这个橱柜上，制作时间更早且从植物学角度描绘更为精细的要数正面左右两侧的嵌板。其中左侧嵌板上刻画了一枝郁金香，右侧嵌板则描绘了一株花贝母，这两幅嵌板的制作时间或许可以追溯至佛罗伦萨彩石镶嵌工坊——半宝石工坊（Opificio delle Pietre Dure）成立初期。该工坊由斐迪南一世·德·美第奇（Ferdinand I de'Medici，1549—1609年）成立于1588年。[20]这两幅嵌板之所以能够保存至今，或许正是因为它们描绘的主题，17世纪欧洲人对郁金香的狂热在史书中多有记载。因此，相对于其他主题中异域色彩不太浓厚的彩石装饰嵌板，这两幅作品的流传时间更长。至于花贝母，由于它特殊的名字、直立不屈的外形以及王冠形状的花头，这种植物长期以来一直被与君主和王权联系在一起。这两种花卉都见证了当时繁荣的植物贸易和迅速积累的财富，而且对于17世纪的欧洲精英阶层也

对页图：图237茶具，由万塞讷陶瓷厂制作于1755—1757年。
白底镀金软质瓷
托盘3.2厘米×46.2厘米×31.0厘米
茶壶12.1厘米×17.4厘米×9.2厘米
牛奶罐13.1厘米×11.0厘米×8.1厘米
糖碗10.2厘米×9.0厘米
茶杯 5.9—6.0厘米×9.0—9.5厘米×7.0厘米
茶碟 3.0—3.1厘米×13.6—13.8厘米
英国皇家收藏，编号：39900、39930、39896、39899、39897

右图：图238向日葵钟表，由万塞讷陶瓷厂制作于约1752年。
镀金软质瓷、漆绿铜丝（花枝）、镀金铜
105.4厘米×66.7厘米×54.0厘米
英国皇家收藏，编号：30240

极具识别性。它们在18世纪晚期的再次出现不但反映了这一主题的持久性，也说明佛罗伦萨工坊具备高质量的制作工艺。很多佛罗伦萨工坊早期制作的其他彩石装饰嵌板，后来被安装上新的基座或框架再次使用，这进一步体现了这些工坊产品的高价值。[21]

在1740年前后成立的法国万塞讷（Vincennes）陶瓷厂生产的产品中，花卉形式的装饰占据主导地位。1756年，该陶瓷厂搬迁至塞弗尔（Sèvres）。至18世纪60年代，塞弗尔陶瓷厂已经逐渐形成并完善了享誉业内的陶瓷工艺。该厂在万塞讷成立初期即已开始生产便于应用到茶具等其他装饰器具上的陶瓷花卉（见图237）。[22]单个陶瓷器具的装饰通常包括装置于其上的三维立体花卉和装饰外表面的平面手绘花卉图案，这种装饰设计主要是为了吸引高端消费市场，而女性已经成为这个市场中日益活跃的买家。[23]人造陶瓷花卉很快成为万塞讷陶瓷厂出产产品的重要组成部分，负责陶瓷花卉生产的女工人数多达四十五位，她们在哥哈旺夫人（Madame Gravant）的督导下开展生产工作。[24]这些陶瓷花通常被装上金属枝条，然后插放在花瓶中用作展示，或者被用于装饰吊灯或墙灯。展示陶瓷花卉的风潮由法国太子妃萨克森的玛丽-约瑟芬（Marie-Josèphe of Saxony，1731—1767年）引领，她对早期来自德国梅森（Meissen）的类似装饰品十分熟悉。1749年5月，太子妃命人在其位于凡尔赛宫的居室安装了两盏由人造陶瓷花枝装饰的墙灯。[25]不久之后，路易十五（Louis XV，1710—1774年）的情妇蓬帕杜夫人（Madame de Pompadour，1721—1764年）耗资三千两百里弗尔购买了二十四瓶陶瓷花卉，并将它们放置在她位于贝尔维城堡（château de Bellevue）的家中。[26]蓬帕杜夫人将这些人造花像鲜切花束一样摆满整个房间，并在上面撒上香水。据说，她曾成功地让路易十五认为这些是真的花卉，这成为巴黎上流社会的著名轶事。

1749年，为了宣告万塞讷的造瓷工艺已经超过梅森，太子妃向其父萨克森选侯奥古斯塔斯（Augustus of Saxony）赠送了一大束多达八十枝的陶瓷花卉。[27]或许正是由于这束精致奢华的陶瓷花卉带来的灵感，万塞讷陶瓷厂又在同一时期创造了另一件陶瓷花卉工艺品（见图238）。这是一束摆放略微松散的陶瓷花，花朵中间是一件向日葵形状的钟表。这件钟表制作于18世纪50年代早期，表盘模仿向日葵花盘的形状，用以象征太阳王路易十四。尽管这件钟表在制作时路易十四已经去世四十多年，但他对法国宫廷生活的影响仍在持续——路易十四时期的凡尔赛宫室内装饰，甚至小特里亚农宫的装饰都被保留了下来。[28]钟表表盘由铜屑制成，周围围绕着一圈带枝条的陶瓷花卉，每枝花上还带有与该花卉品种相对应的叶片。当时的人们有时会将真花与陶瓷花混合起来摆放。由于钟表周围的陶瓷花可以被全部移出花瓶，因此或许当时该花瓶中夏天插放的是真花，到了冬天则采用陶瓷花代替。[29]

在搬迁至塞弗尔之后，万塞讷陶瓷厂的主要产品仍然是花卉图案装饰瓷器、立体植物元素配件以及陶瓷花束。该工厂生产了很多各式各样的花瓶，其中包括一些专为球茎植物的生长而设计的“荷兰瓶”（*vase hollandois*，见图239）。顾名思义，此类花瓶形式的灵感来自18世纪早期荷兰为球茎植物的生长而生产的镀锡陶瓷。当时的人在对荷兰瓶的描述中写道，此类花瓶的设计是“为了将花放在地上”。[30]如同向日葵钟表一样，冬天时人们可以从花瓶顶部的瓶口插入陶瓷花束，也可以在下方的储备槽中放入百花香。与荷

下图：图239荷兰瓶，由成立于1756年的塞弗尔陶瓷厂制作于约1757年。
白绿底镀金软质瓷，19.0厘米×19.8厘米×14.5厘米
英国皇家收藏，编号：21653

对页图：图240贡多拉状带盖百花香瓶（*Pot-pourri Vase and Cover*），由成立于1756年的塞弗尔陶瓷厂制作于约1757—1758年。
渐变粉底镀金装饰铜鎏金配件软质瓷，41.3厘米×35.8厘米×19.4厘米
英国皇家收藏，编号：36099

兰瓶同时期出现的还有一种贡多拉形状的花瓶（见图240）。图中花瓶上方有四个凹槽，可以用来放置从下方储水池中生长上来的植物球茎。

18世纪60年代，塞弗尔陶瓷厂主要专注于生产由单个或两至三个相互缠绕的花环图案装饰的瓷器。此类图案主要局限于花瓶的背部和上下两端。[31]

花环画家让-巴蒂斯特·唐达赫（Jean-Baptiste Tandart，活跃于1754—1803年的塞弗尔）即以创作此类装饰图案而闻名，曾有记载唐达赫受雇在额外时间赶制花环绘画。这些花瓶的正面通常装饰着受同时代画家的作品所启发设计的图案，而花环图案则通常是由旋花、紫菀、婆婆纳、郁金香和蜀葵等园林花卉组成。其中一些花瓶上的装饰配件也同样以植物元素为主题（图241—图245中），例如桃金娘花枝装饰花瓶（*vase à feuilles de myrte*）上装配的桃金娘花枝。

花卉装饰图案在另一家重量级法国装饰艺术机构——高布兰（Gobelins）挂毯工厂所生产的产品中也非常盛行。在路易十四在位期间，财政部部长让·巴普蒂斯特·柯尔贝尔（Jean Baptiste Colbert，1619—1683年）对法国的挂毯制造业进行了大力扶持，欲将其与欧洲其他国家的同类产业相媲美。当时的法国人在正式和非正式场合都流行悬挂挂毯以作装饰。玛丽·安托瓦内特王后在凡尔赛宫的寝宫是很多正式宫廷仪式的场所，她在这里生下了四个孩子，同时这里也是朝臣们观看王后每日充满仪式感的起床和就寝的舞台。这座宫殿里悬挂着由玛丽·安托瓦内特王后亲自挑选的、充满挑逗意味的花卉主题挂毯，并且在她担任王后的十七年间一共替换了三次。高布兰挂毯工厂生产了适用于正式场合的不同尺寸的挂毯，其中一些甚至带有仿涂金木质画框的镶边。该工厂还生产了几个系列的狭长遮门毯，而且这些遮门毯被设计得非常灵活，不用时可以撤走。其中第一套同时也是最成功的一套高布兰此类产品即为“众神系列遮门毯”（*Portière des Dieux*）。这一系列产品首次生产于1727年，而后在1773年至1789年法国大革命期间进行了再加工。目前我们所知的该系列产品超过二百三十五件，采用三种不同形式的镶边。这些挂毯的装饰图案以四季和四大元素为主题，并将古典神话中的众神进行拟人化处理。例如春季就以周围围绕园林符号的爱神维纳斯为代表（见图246）。在由绿叶构成的立柱下方立着两个浇花壶，两个小天使正在一处花园的喷泉边戏水。图案中的小天使强调了春天万物生长的特性，而天使之上的维纳斯则象征着这一季节的花园里最充裕的爱和滋养。此外，成对的白鸽和玫瑰也反映了爱的主题。玛丽·安托瓦内特王后的寝宫里曾悬挂着一件与该遮门毯相似的作品，即一件由花卉图案包围着的罗马神话中的天后朱诺（Juno）的挂毯。[32]

本页所有作品都由成立于1756年的塞弗尔陶瓷厂生产。

上图：图241 带盖铁质对瓶之一（*One of a Pair of Vases and Covers*），制作于约1768年。
绿底镀金装饰铜鎏金配件软质瓷
43.4厘米×18.8厘米×18.8厘米；46.7厘米（整体高度）
英国皇家收藏，编号：2294. 1. a-b

右图：图242 对瓶之一（*One of a Pair of Flower Vases*），制作于1759—1760年。
蓝底镀金软质瓷
14.5厘米×19.4厘米×13.5厘米
英国皇家收藏，编号：36083

上右图：图243 带盖百香花花瓶（*Combined Flower and Pot-pourri Vase and Cover*），制作于约1760年。
蓝色及苹果绿底镀金装饰铜鎏金配件软质瓷
33.1厘米×24.0厘米×19.5厘米
英国皇家收藏，编号：36074

上图：图244桃金娘花枝装饰花瓶，制作于约1775—1780年。
绿底镀金装饰铜鎏金配件软质瓷
31.5厘米 × 23.5厘米 × 15.4厘米
英国皇家收藏，编号：36072

上右图及右图（反面细节图）：图245花瓶（*Vase*），制作于约1773年。
亮蓝色底镀金装饰铜鎏金配件软质瓷
41.6厘米 × 23.2厘米 × 19.5厘米
英国皇家收藏，编号：4967（正面）

花园博览：英国装饰艺术中的园艺文化

植物对18世纪晚期的英国装饰艺术产生了广泛的影响。这反映了整个英国社会对植物学和园艺学日益浓厚的兴趣，其中乔治三世的夏洛特王后就是例证之一。夏洛特王后从1784年起即在邱园接受邱园植物园园长威廉·艾顿（William Aiton，1731—1793年）的指导，因此培养了对园艺学的热切兴趣。18世纪末，植物作家约翰·桑顿（John Thornton，1763—1787年）曾在作品中写道："邱园的花园中没有一株植物是王后陛下和公主们没有入过画的。"[33]这类创作需要对大自然进行细致的近距离观察，鉴于夏洛特王后的植物手绘作品大多创作于18世纪80年代末至90年代，正好是乔治三世健康状况开始恶化的时期，由此可见，亲近大自然为夏洛特王后和女儿们提供了逃避宫廷繁文缛节的出口和度过困难时期的慰藉。

夏洛特王后对植物的兴趣还体现于一套保存至今的家具上的丝绸刺绣装饰。这套家具包括两把椅子和十张凳子（见图247）。这套家具被认为由橱柜工匠罗伯特·坎贝尔（Robert Campbell，活跃于1754—1793年）制作，椅背顶端的王冠状扶手说明这套作品由王室委托创作。家具上栩栩如生的植物主题刺绣出自皇家刺绣女工学校（Royal School for Embroidering Females）的学生之手。该学校由夏洛特王后于1772年在伦敦大新港街（Great Newport Street）成立。1778年，这套家具与一张天蓬床一起被安置在了夏洛特王后位于温莎城堡的寝宫里（现藏于汉普顿宫），该寝宫中还装饰了同样由刺绣女工学校的负责人菲比·莱特夫人（Mrs Phoebe Wright）和学生们制作的其他绣品。[34]夏洛特王后成立这所学校的目的是帮助那些工匠家庭的孤女或贫困女童，或者由于家庭背景的原因不能从事家政工作的女孩。[35]夏洛特王后这套家具的绣面或许完成于1777年，当时被夏洛特王后聘为皇室女家教的玛丽-汉密尔顿（Mary Hamilton）曾看到"一套由不同颜色丝线绣成的花朵装饰的椅子"。[36]

18世纪晚期刺绣的针法较17世纪和18世纪早期的花卉刺绣已经进步了许多。此前的刺绣大多用于创作挂毯中的瓶花图案，主要采用十字绣针法。一套存于北安普顿郡卡农斯阿什比庄园（Canons Ashby）的座椅和沙发即采用了早期的绣品进行装饰。这套家具包括六张座椅和沙发，由托马斯·菲尔（Thomas Phill，活跃于约1714—约1727年）和杰雷米亚·弗雷彻（Jeremiah Fletcher，卒于1718年）根据最初安放于伍斯特郡（Worcestershire）克鲁姆宫（Croome Court）的家具改装而成。[37]

尽管这些制作于17世纪和18世纪早期的绣品为荷兰代尔夫特蓝陶和中国陶瓷用作插花容器提供了有用的记录，但与18世纪晚期的刺绣作品相

对页图：图246《众神系列遮门毯：维纳斯》（*Les Portières des Dieux: Venus*），由成立于1602年的高布兰挂毯工厂制作于约1768年。
丝绸、羊毛织毯，335.28厘米×287.0厘米
英国皇家收藏，编号：45255

下图：图247扶手椅（*Armchair*），据传椅子由橱柜工匠罗伯特·坎贝尔制作，刺绣装饰由以南希·波西夫人（Mrs Nancy Pawsey，1747—1814年）带领的皇家刺绣女工学校绣女团队根据玛丽·莫泽（Mary Moser，1744—1819年）的设计绣制于1780年。
涂金山毛榉木、丝绸刺绣，153.0厘米×74.0厘米×83.0厘米
英国皇家收藏，编号：1141.1

上图：图248《简·奥尔古德夫人》(*Lady Jane Allgood*)，
由英国画派画家创作于约1740年。
布面油画，127.0厘米×101.0厘米
私人收藏

比，这些绣品中的花卉本身，虽然可以识别出品种，但整体描绘还是比较业余和单调的。[38]晚期绣品在花卉刻画方面更出色，这部分是因为绣工们用更简单的长平针取代了之前的十字针法，而且每一针的准确性和张力不必一以贯之。这类长平针更适用于涂金木质家具所需的轻质布料，也更能营造出油画的视觉效果。一幅描绘简·奥尔古德夫人（Lady Jane Allgood，1721—1778年）手持她本人刺绣作品的肖像画（见图248）即体现了后期绣法的优越性。图中的刺绣作品上绣的是银莲花，花瓣颜色对比鲜明，这件绣品最终被用来制成了椅套并被保存至今，但是色泽较画中黯淡了许多。[39]绣女们可以从一些纹样图册和园艺学家罗伯特·弗伯（Robert Furber，约1674—1756年）的《花园博览》(*The Flower Garden Display'd*) 等园艺学专著的插图中寻找创作灵感。《花园博览》最初作为弗伯位于肯辛顿的商业性植物培育园的游览指南出版，后在1732年出版了缩减版，其中的广告语写道："这本书不仅对那些对园艺感兴趣的读者，而且对那些对插画感兴趣的画家、雕塑家和日本人等，以及对那些寻找刺绣纹样或水彩画创作灵感的妇人们，或者制造橱柜家具的工匠们，都十分有用。"[40]随着此类作品的出版，在刺绣和其他带有纹样装饰的丝织品中，花卉图案的设计越来越注重植物学细节，通常按照实物大小对花头进行原貌呈现。[41]

此外，与植物有关的出版物的面世也影响了18世纪中期陶瓷中花卉装饰的发展走向。对烧制温度要求较低的软质瓷的发现，使得使用英国本地——例如康沃尔郡（Cornwall）——陶土烧制瓷器成为可能，于是英国接连出现了几家造瓷厂。其中第一家重量级造瓷厂为1745年成立的切尔西造瓷厂，厂址临近泰晤士河和切尔西药草园（Thames and Chelsea Physic Garden）。这家工厂由银匠尼古拉斯·斯普利蒙特（Nicolas Sprimont，1715年受洗，1771年卒）创立，而斯普利蒙特或许是从胡格诺教徒安德鲁·拉格雷夫（Andrew Lagrave）和托马斯·布莱恩德（Thomas Briand，卒于1749年）处获得的制瓷工艺，因为后者为陶瓷化学家。[42]从1745年至1757年，切尔西造瓷厂因斯普利蒙特的健康状况恶化而陷入财政危机。即使是在这一时期，该工厂仍然生产了各式各样的陶瓷制品，其中包括人像、花瓶、茶具、钟表，以及用平面植物元素装饰或者直接烧制成立体蔬果样式的餐具。此时，陶瓷作为餐具材质已经受到越来越多人的认可，尤其是作为盛放甜点的器具，因为甜点一直是最要求华丽呈现和装饰的一道菜式。[43]

伊丽莎白王太后购得的这套切尔西造瓷厂生产的植物主题餐盘（见图249—图251），每一个都装饰着栩栩如生的植物彩绘。我们目前尚不明确斯普利蒙特的陶瓷画师们是从何处获得的创作灵感，相信他们获取新鲜植物样本或干燥植物标本的最便捷途径就是附近的切尔西草药园。通过探险家们在发现新世界的过程中不断获取新的植物样本，以及与海外植物园的交流、交换，切尔西草药园的植物藏品得到了持续扩充。

然而，目前尚未有确切证据显示这些陶瓷画家能够近距离接触切尔西草药园的植物藏品，[44]但他们至少应该能够接触到草药园图书馆的藏书。这

所有藏品均由切尔西造瓷厂制造。
上左图：图249椭圆形餐盘（*Oval Dish*），
制造于约1755年。
软质瓷，3.0厘米×28.6厘米×22.6厘米
英国皇家收藏，编号：102343

上右图：图250椭圆形餐盘（*Oval Dish*），
制造于约1755年。
软质瓷，4.2厘米×37.0厘米×29.2厘米
英国皇家收藏，编号：102339

左图：图251圆形餐盘（*Circular Plate*），
制造于约1755年。
软质瓷，4.5厘米×36.0厘米（直径）
英国皇家收藏，编号：100711

些书籍包括切尔西草药园策展人菲利普·米勒（Philip Miller，1691—1771年）在1722年至18世纪60年代末为园丁们所著的一系列图书。例如，米勒的《植物图谱》（*Figures of Plants*，1756年）收录了来访的德国植物画家乔治·狄俄尼索斯·埃雷特（Georg Dionysius Ehret，1708—1770年）根据草药园中三百多株植物绘制的插图。埃雷特的插图中不仅包含了植物的剖面图，而且加入了与不同植物授粉相关的昆虫，而这些插图也被视为切尔西造瓷厂某些陶瓷制品植物手绘装饰的来源。[45]然而，大部分切尔西陶瓷的植物装饰都不能与埃雷特的某幅作品建立直接联系，而且这些餐具上描绘的昆虫往往色彩艳丽，暗示它们或许只为装饰之用。切尔西造瓷厂的画师在陶瓷上的植物手绘图中加入昆虫，这种做法模仿了萨克森的梅森陶瓷工厂（Meissen Porcelain Factory）。某些瓷器上的昆虫或绿叶是为了掩盖烧制时产生的瑕疵，但大部分都是为了装饰效果。[46]这套切尔西造瓷厂生产的餐盘大部分在植物的组合和配色上都是独一无二的。装饰图案中的花卉都以它们在自然界中的原貌呈现，从盘底蔓延至盘边，周边通常还附有更小的植物样本，以及与这些植物并不相关的果实和块茎。其中某些图案中的组合在自然界中是无法同时出现的，说明这些图案的灵感来源更有可能是印刷品而非实物。

切尔西造瓷厂还生产了一些立体的蔬果形盖碗，作为盛放甜点的新奇器具（见图252—图258）。大部分此类盖碗的造型都取自具有异域风情的昂贵蔬果。尽管获取此类新鲜蔬果十分不易，但这些器具的塑形都遵照一定的比例进行，因此成品还是十分易于辨认的。其中蔬菜状盖碗的制作可能是以市场购买的新鲜蔬菜为原型塑造石膏模型，而缩小版甜瓜碗的原型可能来自与切尔西草药园中的温室类似的暖房。[47]类似的立体植物造型器具在梅森陶瓷制品或同时代的银质餐具中也多有出现，但切尔西造瓷厂生产的这些趣味作品在涉及的植物品种数量、独创性以及准确塑形等方面都是史无前例的。

以准确呈现植物原貌的手绘图案装饰陶瓷制品，这是欧洲很多地方的传统。1790年，代理父王克里斯蒂安七世（Christian VII，1749—1808年）摄政的丹麦王储弗雷德里克（Crown Prince Frederick of Denmark，1768—1839年）委托（成立于1775年的）皇家哥本哈根造瓷厂制作了一套甜点陶瓷餐具。我们并不知晓这套餐具打算送给何人，但有人猜测王储欲将其作为外交礼物送给俄罗斯叶卡捷琳娜大帝（Catherine the Great of Russia，1729—1796年），以打压英国陶瓷品牌威治伍德（Wedgwood）“青蛙系列瓷器”的风头。[48]这套名为“丹麦之花”（*Flora Danica*）的餐具从1790年开始制作，在1802年被叫停，耗资13000英镑。

生产的突然叫停导致该系列餐具中的四个佐料瓶一直处于无盖的状态，不久之后这一系列餐具就被纳入荷兰皇家收藏。[49]这套餐具中的每一件都以

所有藏品均由切尔西造瓷厂制造。

对页上图：图252甜瓜盖碗（*Melon Tureen*），制造于约1755年。
软质瓷，17.5厘米×17.0厘米×12.8厘米
英国皇家收藏，编号：107345

对页下图：图253菜花盖碗（*Cauliflower Tureen*），制造于1755—1760年。
软质瓷，12.9厘米×13.0厘米×13.0厘米
英国皇家收藏，编号：107366.1

左上图：图254生菜盖碗（*Lettuce Tureen*），制造于约1755年。
软质瓷，10.6厘米×13.2厘米×9.8厘米
英国皇家收藏，编号：107361.2

左中图：图255苹果盖碗（*Apple Tureen*），制造于约1755年。
软质瓷，10.5厘米×10.8厘米×8.5厘米
英国皇家收藏，编号：107365

左下图：图256柠檬盖碗（*Lemon Tureen*），制造于约1755年。
软质瓷，8.0厘米×10.3厘米×7.3厘米
英国皇家收藏，编号：107364

中右图：图257裂开的豆荚（*Open Pea Pods*），制造于约1755年。
软质瓷
7.5厘米×2.7厘米，7.5厘米×1.4厘米
英国皇家收藏，编号：107349.3–4

下图：图258芦笋盖碗（*Asparagus Tureen*），制造于约1755年。
软质瓷，10.9厘米×18.5厘米×9.8厘米
英国皇家收藏，编号：107360.1

本页所有藏品都由皇家哥本哈根造瓷厂制造。

左图：图259“丹麦之花”带盖汤碗（*Flora Danica Tureen*），制造于约1863年。
陶瓷，（26.0厘米×38.0厘米×25.7厘米）
英国皇家收藏，编号：58021.4

对页上左图：图260两只“丹麦之花”带盖蛋奶杯（*Two Floral Danica Custard Cups and Covers*），制造于约1863年。
陶瓷，（7.5厘米×8.0厘米×6.0厘米）
英国皇家收藏，编号：58013.1–2

对页上右图：图261“丹麦之花”贝壳状酱料船（*Flora Danica Shell-shaped Sauce Boats*），制造于约1863年。
陶瓷
酱料船：13.5厘米×21.6厘米×8.6厘米，英国皇家收藏，编号：58018.1a
托碟：3.5厘米×23.0厘米×17.6厘米，英国皇家收藏，编号：58018.1

对页下图：图262两个“丹麦之花”三角形圆角餐盘（*Two Flora Danica Round-cornered Triangular Dishes*），制造于约1863年。
陶瓷，（3.3厘米×22.8厘米×21.4厘米）
英国皇家收藏，编号：58004.4和58004.8

一种植物作为装饰，植物图像直接拷贝自从1761年开始编纂的多卷本植物学百科全书《丹麦之花》。书中收录的植物都是生长在荷兰王国范围内的品种，包括从挪威到格陵兰和冰岛的植物样本。其中某些器具的盖子和托碟的装饰图案选取了与器具主体不同品种的植物进行装饰，这些图案都是从《丹麦之花》中原样照搬的，以至于植物的根部也都被原样呈现了出来。所有餐盘和盖碗的底座背面都附上了用黑釉书写的相应植物的拉丁名称，以及它们在《丹麦之花》中的卷号和插图编号。存放这套餐具的克里斯蒂安堡宫（Christiansborg Palace）在1884年发生火灾，因此部分餐具被损毁，但目前仍有一千五百三十件（原为一千八百零二件）存于丹麦皇家收藏。[50]

1862年下半年，当丹麦公主亚历山德拉（即后来的亚历山德拉王后）与威尔士亲王阿尔伯特·爱德华（即后来的爱德华七世）订婚的消息公布之后，丹麦一个女性委员会认为，重新制作一套“丹麦之花”餐具将会是丹麦送给这对新人最为恰当的新婚贺礼（见图259—图262）。于是皇家哥本哈根造瓷厂在时隔六十年之后重启了这一系列瓷器的生产。他们为这套白色釉底装饰金色锯齿边的瓷器选取了丹麦和挪威最具吸引力的植物品种，并且在装饰图案的创作上专注于花朵和绿叶的呈现。这套餐具在1864年2月完成，[51]共计七百二十五件，可供布置六十个餐桌，作为贺礼之一送给了新人。目前这套餐具大部分被收录于英国皇家收藏，同时纳入该收藏的还有丹麦国王和王后在英国伊丽莎白公主（Princess Elizabeth）与菲利普亲王（Prince Philip）新婚时赠送的新婚礼物。1964年，为了庆祝丹麦公主安妮-玛丽（Princess Anne-Marie）与希腊国王康斯坦丁二世（Constantine II）的婚礼，皇家哥本哈根造瓷厂又生产了一套可供布置六十个餐桌的“丹麦之花”餐具。此类造型和款式的餐具目前仍在生产之中。

19世纪的花卉文化

以花卉元素装饰的陶瓷制品的生产贯穿了整个19世纪。1708年在萨克森选侯的控制下成立的梅森陶瓷工厂，在这一时期生产的陶瓷制品中仍然可见一个世纪以前流行的造型和花样。英国皇家收藏中的一套卡巴莱（cabaret）茶具或咖啡用具（见图263—图268，以及图269）的制作时间可追溯至1796年至1814年的梅森造瓷厂马克里尼（Marcolini）时代。这套陶瓷器具在几十年以后被威尔士王妃亚历山德拉（即后来的亚历山德拉王后）购买，并摆放在威尔士王子夫妇位于伦敦马尔博罗庄园（Marlborough House）的家中。[52]这些瓷器上描绘的玫瑰、桂竹香、甜豌豆和雏菊花束，一定非常符合亚历山德拉王妃的室内装饰品位，因为无论是在马尔博罗庄园的公共空间还是王妃的私密闺房，都装饰了大量植物和瓷器。

在19世纪二三十年代，欧洲短暂出现了立体花卉浮雕装饰瓷器（encrusted porcelain）的热潮。这类瓷器表面的立体装饰来源于塞弗尔早期生产的陶瓷花束，以及梅森造瓷厂在18世纪生产的“五月花”（*maiblumen*）风格陶瓷花卉纹饰。后来，对花卉本身的关注使得陶瓷工匠们创造了一种利用花头装饰瓷器表面的风格，即“立体浮雕花卉装饰”。这种风格早在18世纪40年代晚期就被鲍（Bow）、切尔西和德比（Derby）等英国造瓷厂借鉴，但英国的软质瓷并不适用于制作如此精细的装饰。随着制作质地稍硬的瓷器配方的发现，斯塔福德郡的制瓷厂逐渐在业内占据了主导地位，什罗普郡的科尔波特（Coalport）制瓷厂逐渐发展出了“科尔布鲁克代尔”（Coalbrookdale）风格的立体花卉浮雕装饰陶瓷。科尔波特制瓷厂曾生产了一对由立体康乃馨、小雏菊和玫瑰浮雕装饰的双耳碗（见图271和图272）。瓷碗本身带有洛可可风格的卷足和两把树枝状的手柄，这种造型对18世纪中期的人们来说并不陌生。[53]

罗金厄姆（Rockingham）陶瓷厂制造的“加冕礼甜点餐具”（The Coronation Dessert Service，见图273和图274）可以说是英国有史以来生产的最具雄心的陶瓷餐具之一。该陶瓷厂于1825年成立于约克郡的斯温顿（Swinton）。1830年，威廉四世委托罗金厄姆陶瓷厂制作了这套甜点餐具，但最终却交付至威廉四世的侄女维多利亚女王手中，并被用于女王在1838年的加冕晚宴。这套餐具既装饰了栩栩如生的花卉手绘图案，又带有立体的蔬果配饰。这些立体蔬果既可被作为支撑结构（例如在其中一个多层甜点盘中充当立柱），也可用作边饰。威廉四世曾要求在这套餐具上加上更多的镀金橡树叶片，将国家符号与园林元素融为一体。[54]

其他一些皇室成员也对罗金厄姆的陶瓷制品有着浓厚的兴趣。例如据

所有藏品均由梅森陶瓷工厂制造。

一套卡巴莱茶具，制造于1774—1814年，硬质瓷。

对页上图：图263 咖啡壶（*Coffee pot*）
15.8厘米×13.3厘米×9.0厘米　英国皇家收藏，编号：39866
对页下图：图264带盖牛奶罐（*Milk jug and cover*
11.0厘米×10.7厘米×6.5厘米　英国皇家收藏，编号：39868
顶图：图265托盘（*Tray*）
3.5厘米×36.5厘米×27.0厘米　英国皇家收藏，编号：39867
上图：图266带盖糖碗（*Sugar bowl and cover*）
9.7厘米×7.8厘米×7.8厘米　英国皇家收藏，编号：39865
右图：图267杯子（*Cup*）
4.6—4.7厘米×10.0—10.5厘米×8.0厘米　英国皇家收藏，编号：39869.2
最右图：图268托碟（*Saucer*）
2.8厘米×13.3厘米　英国皇家收藏，编号：39869.1

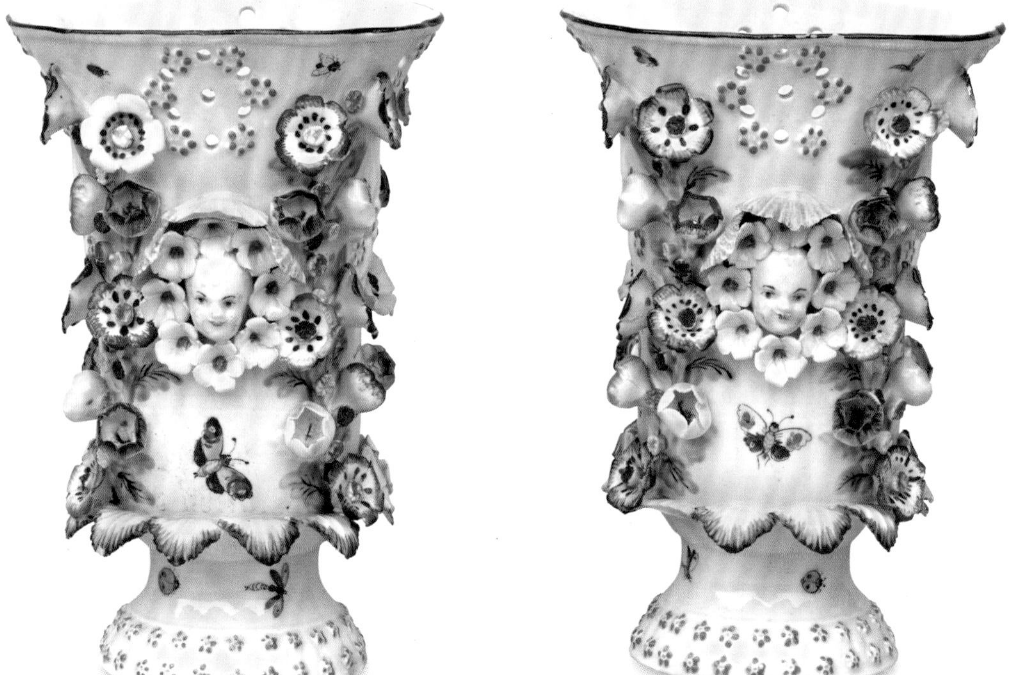

上图：图269双人茶具套装，包括咖啡壶、牛奶罐、糖碗和一对带托碟咖啡杯（*A tête à tête comprising tray, coffee pot, milk jug, sugar bowl and a pair of cups and saucers*），由梅森陶瓷工厂制造于约1880年。
硬质瓷
双耳托盘：4.3厘米×44.3厘米×29.2厘米
带盖咖啡壶：17.5厘米×1.5厘米×12.4厘米
牛奶罐：9.0厘米×9.3厘米×8.5厘米
咖啡杯：4.7厘米×10.2厘米×8.5厘米
托碟：2.5厘米×12.5厘米（直径）
英国皇家收藏，编号：7661、7661、7662、7665.1 2

右图：图270一对花瓶（*A Pair of Vases*），由鲍陶瓷工厂（Bow China Works，约1747—约1776年）制造于约1765年。
软质瓷，16.7厘米×11.0厘米
英国皇家收藏，编号：17740

左图：图271双耳盖碗（*Two-handled Bowl and Cover*），由科尔波特制瓷厂（Coalport Porcelain Company，成立于约1796年）制造于约1830—1840年。
骨瓷，12.0厘米×14.5厘米×9.5厘米
英国皇家收藏，编号：17710

下图：图272双耳盖碗（*Two-handled Bowl and Cover*），由科尔波特制瓷厂制造于约1830—1840年。
骨瓷，11.0厘米×12.5厘米×9.0厘米
英国皇家收藏，编号：17707

传坎伯兰公爵夫人安妮（Anne, Duchess of Cumberland，1743—1808年）就曾拥有一套装饰有室内、大海、自然景观以及贝壳、小鸟和水果图案的甜点餐具，但并未有实物保存下来。[55]威廉四世的弟弟苏赛克斯公爵奥古斯塔斯（Augustus, Duke of Sussex，1773—1843年）曾欲委托制作一套包含“四个菠萝和葡萄果篮”和“四个果盘”的甜点餐具，并已经询价，但并无这套餐具最终被生产出来的证据。[56]

19世纪早期的装饰艺术中对植物元素的参考并不仅仅局限于陶瓷。银匠保罗·斯托（Paul Storr，1771—1844年）曾制作了一套四件镀金银质的餐桌中央装饰品（见图275），作为一套“豪华餐具”的组成部分。这套用作餐桌中央装饰的烛台融合了古典和植物元素，由花朵朝上的旋花构成，中央由叶片组成的立柱上拥有更多的立体花卉装饰。19世纪第一个十年期间，欧洲曾短暂出现以自然元素装饰金属制品的热潮，而这套餐桌的中央饰品或许就制作于这一时期。[57]

对页左图：图273一套罗金厄姆甜点餐具中的三层甜点托盘（*Three-tier dessert stand from the Rockingham Dessert Service*），由罗金厄姆陶瓷厂制造于1830—1837年。
骨瓷，62.5厘米×29.0厘米×29.0厘米
英国皇家收藏，编号：58375.1

对页右图：图274一套罗金厄姆甜点餐具中的菠萝托盘（*Pineapple comport from the Rockingham Dessert Service*），由罗金厄姆陶瓷厂制造于1830—1837年。
骨瓷，27.2厘米×23.8厘米×23.8厘米
英国皇家收藏，编号：58378.3

右图：图275一套四件餐桌中央装饰之一（*Centrepiece from a set of four*），由银匠保罗·斯托制作于1812—1821年。
镀金银，57.2厘米×64.0厘米×64.0厘米
英国皇家收藏，编号：51981

对页图：图276吊灯（*Chandelier*），据传由维也纳罗伯迈玻璃制品公司制造于约1855年。
玻璃、镀金金属，150.0厘米×122.0厘米
英国皇家收藏，编号：41785

左图：图277《罗塞瑙庄园：女王卧房》（*The Rosenau: the Queen's Bedroom*），由德国画家费迪南·罗斯巴特（Ferdinand Rothbart，1823—1899年）创作于约1845年。
水彩画，27.0厘米×30.3厘米
英国皇家收藏，编号：920472

奥斯本庄园中悬挂的一盏玻璃吊灯（见图276）反映了花卉元素在19世纪中期装饰艺术中的无处不在。这盏吊灯曾出现在19世纪拍摄的奥斯本庄园照片之中，但在19世纪晚期奥斯本庄园所有物品的清单中却并无这盏吊灯的记录。近期的研究发现，这盏吊灯或由维也纳罗伯迈（Lobmeyr）玻璃制品公司制造，该公司曾在奥地利和德国承接大量来自皇室和民间的吊灯以及玻璃制品订单。奥地利大公弗朗兹·约瑟夫（Archduke Franz Josef of Austria，1830—1916年）曾委托罗伯迈制作了一大套玻璃餐具，而约瑟夫的弟弟，即曾短暂担任墨西哥皇帝马克西米利安一世（Emperor Maximilian I of Mexico）的斐迪南·马克西米利安亲王（Prince Ferdinand Maximilian，1832—1867年）也曾向罗伯迈定制了一盏与奥斯本庄园吊灯类似的玻璃灯。[58]罗伯迈公司档案中现存的一张设计草图毫无疑问应该是为奥斯本庄园这盏吊灯而作。罗伯迈公司曾参加1851年的伦敦万国工业博览会，但据目前所知这盏吊灯并未参展，而且也未出现在维多利亚女王和阿尔伯特亲王已知的购买清单中。尽管如此，这盏吊灯的出现反映了女王和亲王对玻璃的现代应用产生了浓厚兴趣。这盏吊灯上的灯罩为海芋百合造型，枝叶间缠绕着开放的牵牛花。这些花卉元素或许勾起了阿尔伯特亲王对科堡罗塞瑙童年家园的回忆——罗塞瑙庄园的几个房间里都装饰着藤架和攀爬的藤蔓（见图277）。

尽管这盏吊灯是用玻璃而非陶瓷制作而成，但它延续了普鲁士国王腓特烈二世（Frederick II of Prussia，1712—1786年）创立的制作精致展示吊灯的传统。腓特烈二世曾定制了以五盏花卉元素装饰的德累斯顿（Dresden）陶瓷吊灯。与悬挂于奥斯本庄园接见室（Audience Room）的这盏玻璃吊灯类似，这五盏陶瓷展示吊灯分别公开展示于安斯巴赫伯爵宫（Residenz Ansbach）接见室以及德累斯顿城堡（Dresden Schloss）和波茨坦（Potsdam）新宫（Neues Palais）的公共空间内。[59]

上图：图278《象征之花：花语指南》，由英国园艺作家亨利·菲利普斯创作于1825年。
印刷纸本手绘插图，22.1厘米×14.2厘米
英国皇家收藏，编号：1164011 fp. 83

花的语言

从14世纪起，某些花卉在艺术中的展现形式就一直由其象征意义所主导。1718年，热衷旅行的英国作家玛丽·沃特利·蒙塔古夫人（Lady Mary Wortley Montagu，1689—1762年）在游历土耳其期间宣告，她已经通过向花草或无生命体赋予特殊含义创造了一种闺阁女子之间交流加密信息的语言体系："没有任何一种颜色、花卉、杂草、水果、药草、鹅卵石或羽毛不具有属于它们自身的韵文；（通过它们）你可以与人争辩或斥责某人，也可以手不沾墨而寄出表达热情、传递友谊、展示礼貌甚至报告新闻的信件。"[60]玛丽夫人在旅途中记录下了东方古老而复杂的花语信息。尽管她的记录并不完全准确，但在这些信息的刺激下，19世纪初的巴黎出现了大量相关书籍，这些图书建立了一个为花卉赋予含义的正式体系。[61]这一时期出现的第一本与花语相关的图书是夏洛特·德·拉·图尔夫人（Madame Charlotte de la Tour）的《花的语言》（*Le Langage des Fleurs*，1819年）。在这本书中，花卉被赋予的早期含义被发展成为一种全面的表达方式，如此一来，通过某些花束，或者某些被人佩戴在身上的花朵的含义，就可以被知晓这种表达方式的佩戴者或旁观者"解读"。拉·图尔夫人的这本书在当时大受欢迎。在英文版发行的1834年至1843年，该书的英文版加印了九次。在《花的语言》英文版未面世之前，英国园艺作家亨利·菲利普斯（Henry Phillips，1779—1840年）出版的《象征之花：花语指南》（*Floral emblems, or, A Guide to the language of flowers*，1825年，见图278）在英国确立了理解花语信息的基本框架。于是，熟悉花语的人便知道，将毛地黄（青春）、月季（美丽永驻）和忍冬（爱的纽带）放在一起可被解读为"被爱的纽带连接起来的青春和美貌"。尽管菲利普斯的花语信息大部分都直接来自夏洛特·德·拉·图尔夫人，但鉴于文化差异，他对某些花卉的含义进行了修改。例如拉·图尔夫人将栗花解读为"Luxe"（性感肉欲），但菲利普斯将其改为"Luxuriancy"（繁茂丰饶）；拉·图尔夫人赋予西番莲的"Croyance"（信念），被菲利普斯更改为"Religious Superstition"（宗教迷信）。[62]菲利普斯对拉·图尔夫人提出的初始指导原则进行了选择性修改，这也反映了此后五十年间后续作家在处理这一主题时所采取的方式，他们每人都在这个并不精确的新体系里融入了自己的解读。

当维多利亚女王的家庭成员之间相互交换礼物时，花语则被用来解读礼物含义。维多利亚在14岁时曾在日记中记录了她过生日时的兴奋之情。她的礼物中包括"妈妈送的一枚可爱的风信子胸针和一个陶瓷钢笔托盘"。[63]肯特公爵夫人维多利亚送给女儿的陶瓷钢笔托盘是一件由立体花卉装饰的陶瓷制品（见图279），笔盘中心是一顶维多利亚的王冠，王冠周围是由三色堇

图279：钢笔托盘（*Pen Tray*），由明顿陶瓷厂制造于1833年。
软质瓷，6.0厘米×34.0厘米×24.5厘米
英国皇家收藏，编号：41596

对页上图：图280《橙花首饰套装》(*Orange blossom parure*)，制作于1839—1846年，制作者不详。
黄金、陶瓷、珐琅和丝绒
花环：5.5厘米×约22.0厘米
英国皇家收藏，编号：65305
两枚胸针：8.3厘米×3.2厘米×3.0厘米以及8.6厘米×4.1厘米×3.0厘米
英国皇家收藏，编号：65306.1-2
一对耳环：7.6厘米×2.5厘米×2.2厘米以及7.5厘米×2.7厘米×2.4厘米
英国皇家收藏，编号：65307.1-2

对页下图：图281《吊钟海棠状吊坠耳环》(*Pendant and earrings in the shape of fushsias*)，由奢华珠宝制造商R.& S.加勒德制作于约1864年。
镶金珐琅内嵌碧翠丝公主乳牙
吊坠：4.0厘米×1.6厘米×0.7厘米
英国皇家收藏，编号：52540
耳环：4.0厘米×1.1厘米×0.5厘米
英国皇家收藏，编号：52541

上图：图282《维多利亚女王》(*Queen Victoria*)，由德国画家弗朗兹·克萨韦尔·温特哈尔特（Franz Xaver Winterhalter，1805—1873年）创作于1847年。
布面油画，53.4厘米×43.2厘米
英国皇家收藏，编号：400885

和彩色缎带构成的花环，缎带上带有镀金文字“1833年5月24日”。笔盘中央的三色堇象征着“爱的思念”，而另外一件礼物风信子胸针中，风信子的花语则根据花朵颜色的不同而有着不同的解读。[64]

另外，女王的舅舅萨克森-科堡公爵利奥波德［Prince Leopold of Saxe-Coburg，1790—1865年，即后来的比利时国王利奥波德一世（Leopold I, King of the Belgians）］的首席武官侍从罗伯特·加迪纳爵士（Sir Robert Gardiner，1781—1864年）送给她一件“装有水果的陶瓷盘”（a china plate with fruit）。这个略显怪异的描述意味着这件礼物或许是一件意大利马约利卡（majolica）锡釉陶风格的瓷盘，并且带有立体水果装饰，而非一盘真的水果，尤其是维多利亚在日记中还提到了其他陶瓷礼品。不知是出于致敬还是为了假冒，图279中的笔盘带有一枚假的梅森陶瓷蓝色釉底色十字剑商标，这个商标在当时由斯塔福德郡明顿陶瓷厂（Minton，约1793—1873年）制造的立体花卉装饰陶瓷制品上也使用过。笔盘上沉甸甸的立体花卉装饰与科尔波特陶瓷厂的产品十分相像，这些造瓷厂的产品相互之间十分容易混淆。[65]19世纪30年代，明顿陶瓷厂生产的立体花卉装饰陶瓷制品一度供不应求，笔盘上采用的十四种立体花卉以及十九名男孩的图像，甚至出现在明顿的薪酬簿上。[66]与这件笔盘一样的立体花卉装饰陶瓷制品十分稀少，因此区分当时不同英国陶瓷厂之间的作品变得很困难。[67]立体花卉装饰陶瓷制品的热潮尽管十分凶猛，但却很短暂：1851年的万国工业博览会上并未出现此类陶瓷制品的踪影。[68]

在花语体系里，橙花（*Citrus×aurantium*）象征着“童贞”，这是自古以来毫无疑义的。在1840年2月10日与阿尔伯特亲王的婚礼上，维多利亚女王选择佩戴橙花，而且这是她当天唯一的花卉装饰元素。《泰晤士报》(*The Times*)如此形容女王当日的着装：“华丽的白色绸缎，以橙花为边饰……女王陛下头部并未装饰任何钻石，只有一顶简单的橙花花环。”[69]（见图282）维多利亚女王在婚礼上选择的花卉装饰和白色丝绸婚纱，成为维多利亚时期几代新娘的标准着装，而且还催生了橙花首饰的流行。[70]其中最为精致的代表要数阿尔伯特亲王在1839年至1846年陆续送给维多利亚女王的一套由珐琅、黄金和陶瓷制成的橙花首饰（见图280）。1839年，阿尔伯特亲王送给维多利亚女王一枚在法国定制的黄金陶瓷胸针作为订婚礼物，并在信中写道：“当你把它拿在手中的时候，希望你会充满爱意地想起你忠诚的阿尔伯特。”[71]1845年12月，阿尔伯特又向维多利亚赠送了另一枚胸针以及配套的耳环，并在1846年2月作为周年纪念礼物再次赠送了图中这顶花环，于是这套橙花首饰最终形成了完整的套装。在他们此后的婚姻生活中，每当庆祝结婚周年纪念，女王总会选择佩戴这套首饰中的某些单品。维多利亚女王的丰

右图：图283长公主绘制的折扇（*The Princess Royal's fan*），由维多利亚长公主绘制于1856年。
皮革扇面（铅笔线稿上施以水彩、不透明色和金色）、透雕象牙扇骨（背面贴有珠母贝）
26.7厘米（扇骨长度）
英国皇家收藏，编号：25102

下图：图284维多利亚女王的生日礼物——折扇（*Queen Victoria's birthday fan*），由法国工匠制作于1858年。
丝绸扇面（水彩、不透明色、金色）、镶金透雕珠母贝扇骨
28.0厘米（扇骨长度）
英国皇家收藏，编号：25411

左图：图285《5月1日》，由德国画家弗朗兹·克萨韦尔·温特哈尔特创作于1851年。
布面油画，106.7厘米×129.5厘米
英国皇家收藏，编号：406995

富情感还体现在她经常将自己孩子的乳牙制作成首饰。图281中展示了一套由维多利亚最小的孩子——碧翠丝公主（Princess Beatrice，1857—1944年）的乳牙制作而成的吊坠耳环。这项将乳牙嵌入由黄金和珐琅制成的吊钟海棠状外壳的工作由奢华珠宝制造商R. & S.加勒德（R. & S. Garrard）在1864年11月完成，之所以选择吊钟海棠，或许是因为当时权威的花语指南中对这种花的解读：品位。

1856年5月24日，在维多利亚女王37岁生日之际，15岁的维多利亚长公主（Victoria, Princess Royal，1840—1901年）亲手绘制了一把折扇（见图283），并将其作为生日礼物送给了母亲。在这份礼物中，维多利亚长公主充分利用了花卉的象征意义。扇面上共绘制了八个花束，每个花束之前都有大写的英文字母，放在一起便拼成了维多利亚的名字“VICTORIA”，而花束中花卉的选择也与这些字母相一致：堇菜（Violets）；鸢尾花（Iris）；矢车菊（Cornflower）、旋花（Convolvulus）和玉米穗（Corn Ears）；郁金香和蓟花（Tulip and Thistle）；橙花（Orange Blossom）；玫瑰（Rose）；常春藤（Ivy）和报春花（Auricula）。这些花束由带有维多利亚女王、阿尔伯特亲王以及他们前八个孩子的名字和生日的缎带相连接。他们的最后一个孩子碧翠丝公主是在这把折扇完成一年之后才出生，因此其名字并未出现在缎带上。这些个性化的花束在扇面上排成一排，分列于一个圆形画框的两侧，画框中绘制着古代神话中的“名誉女神与和平女神”（Fame and Peace）画像。在扇面中加入这两个女神画像或许意指不久之前结束的克里米亚战争。在仅仅两年之后，维多利亚女王在生日之际又收到了另一把花卉装饰折扇（见图284）。这把折扇选用了不列颠群岛的象征之花（玫瑰、三叶草和

蓟花），花束周边则装饰着由铃兰和缎带构成的花带。铃兰是维多利亚女王最喜爱的花卉。作为女王出生的5月的象征之花，铃兰经常被用来作为生日象征。在德国画家弗朗兹·克萨韦尔·温特哈尔特为女王绘制的全家福《5月1日》（*The First of May*，见图285）中，亚瑟王子手持一把铃兰正欲送给威灵顿公爵（Duke of Wellington，1769—1852年），以庆祝他们共同的生日——5月1日。

19世纪晚期的俄罗斯，正如欧洲其他国家和美国一样，有关花语的图书也极其流行，而且上层社会对花卉的使用和欣赏也达到了前所未有的高潮。为了缓解凛冬的寒意，每到冬天，就会有火车从法国南部运来大批新鲜花卉，用来装饰圣彼得堡达官显贵的客厅。一位旅行家曾记录道："鲜花在俄罗斯是真正的奢侈品"，因此在看到室内"摆满了来自异域的鲜花"时异常震惊。[72]

俄罗斯丰富的花卉文化与传统的硬石雕刻技艺相结合，催生了一种以俄罗斯珠宝工艺大师卡尔·法贝热为艺术家代表的全新装饰艺术形式。从大约19世纪90年代起，法贝热的珠宝工作室开始采用珐琅和硬石制作装饰花卉。这些花卉制品通常被装上由黄金制成的枝条，并以珠宝装饰，准确还原了不同花卉品种的植物学特征。目前我们所知法贝热共制作了约八十件此类珍贵艺术品，而他的工作室也在1910年前后达到了产量高峰。法贝热制作的这些艺术品中有二十六件被英国皇家收藏。

所有藏品均由法贝热珠宝工作室制作。

从左至右：

图286：《三色堇》（*pansy*），制作于约1900年。
白水晶、黄金、珐琅、西伯利亚软玉和明亮切工钻石
15.2厘米×10.2厘米×4.6厘米
英国皇家收藏，编号：40505

图287：《三色堇》（*pansy*），制作于约1900年。
白水晶、黄金、珐琅、西伯利亚软玉和钻石
10.2厘米×3.3厘米
英国皇家收藏，编号：40210

图288：《玫瑰花苞》（*Rosebuds*），制作于约1900年。
黄金、珐琅、西伯利亚软玉和白水晶
12.3厘米×7.7厘米×4.5厘米
英国皇家收藏，编号：40216

图289：《野玫瑰》（*Wide rose*），制作于约1900年。
白水晶、黄金、西伯利亚软玉、珐琅和钻石
14.6厘米×5.9厘米×4.0厘米
英国皇家收藏，编号：40223

图290：《野玫瑰》（*Wide rose*），制作于约1900年。
白水晶、黄金、珐琅、明亮切工钻石和西伯利亚软玉
14.8厘米×7.8厘米×6.4厘米
英国皇家收藏，编号：8958

图291：《山梅花》（*Philadelphus*），制作于约1900年。
白水晶、黄金、西伯利亚软玉、石英岩和橄榄石
14.2厘米×7.0厘米×9.0厘米
英国皇家收藏，编号：40252

在法贝热珠宝工作室最重要的赞助人中，有两位女性赞助人对园艺有着浓厚的兴趣，而她们也对法贝热制作的装饰花卉产生了重大影响。[73]俄国沙皇亚历山大三世的皇后玛丽亚·费奥多罗芙娜（Tsarina Maria Feodorovna，1847—1928年）和姐姐英国的亚历山德拉王后都由衷地热爱园艺和花卉。亚历山德拉在玛丽亚的介绍下了解到了法贝热的作品，二人都曾购入了大批收藏。为了满足对花卉的喜爱，亚历山德拉王后经常创作植物水彩手绘，并且在桑德林汉姆府开辟了多座花园。[74]1896年，亚历山德拉王后在此打造了一座玫瑰园，另外还建造了一座三色堇园。三色堇是亚历山德拉王后最爱的花卉之一，这种花的优点之一是冬季也能开花。

英国皇家收藏中现存的两件法贝热三色堇装饰花卉（见图286和图287）就反映了亚历山德拉王后对这种花的喜爱。图中三色堇的花瓣是由施加了亚光和抛光珐琅的金片制成，花瓣中央为钻石花蕊，花头则由黄金制成的枝条支撑，枝条上还带有用西伯利亚软玉（Siberian nephrite）雕刻而成的叶片。每一株三色堇都被插入一个由白水晶制成的瓶中，水下的枝条还做了特殊雕刻以准确呈现枝条在水中的形态。法贝热另外三件野玫瑰作品（见图288—图290）的灵感或许来自桑德林汉姆府花园中种植的玫瑰，他非常清楚王后的喜好，并且希望能够制作出既能使王后开心又能当作恰当生日礼物的花卉作品。[75]这一组作品按顺序展示了野玫瑰花期的不同阶段——从花苞初现到

所有藏品均由法贝热珠宝工作室制作。

从左至右：

图292：《铃兰》（*Lily of the valley*），制作于约1900年。
白水晶、黄金、西伯利亚软玉、珍珠和玫瑰切工钻石
14.5厘米×7.8厘米×5.5厘米
英国皇家收藏，编号：40217

图293：《矢车菊和燕麦》（*Cornflowers and oats*），制作于约1900年。
白水晶、錾金、珐琅、明亮切工及玫瑰切工钻石
18.5厘米×12.3厘米×8.5厘米
英国皇家收藏，编号：100010

图294：《旋花》，制作于约1900年。
蛇纹石玉、西伯利亚软玉、珐琅和玫瑰切工钻石
11.1厘米×6.5厘米×2.5厘米
英国皇家收藏，编号：8943
（图中尺寸较实物略大）

完全绽放。花苞和绽放的花朵都由珐琅制成，花蕊材质为红金，花心则由钻石装饰。相对于具有异域风情的奇花异草，法贝热更钟爱欧洲本土的野花和花树，这些精致的玫瑰装饰作品就是后者的典型代表。

在法贝热制作的这些室内花卉装饰作品中，某些花卉之所以受欢迎是因为它们在现实生活中具有沁人心脾的香气。山梅花（*Philadelphus*）就是能够激起人们对浓郁花香联想的花卉。这种植物在圣彼得堡地区以令人陶醉的花

香闻名，每年7月初就会遍地开放。于是法贝热也曾经制作了几件山梅花装饰花卉作品（见图291）。

与其外祖母一样，俄国沙皇尼古拉斯二世（Tsar Nicholas II，1868—1918年）的皇后亚历山德拉·费奥多罗芙娜（Tsarina Alexandra Feodorovna，1872—1918年）最爱的花卉也是铃兰。因此，这种香气扑鼻的花卉是法贝热作品中非常受欢迎的一种（见图292）。为英国的亚历山德拉王后所有的一件铃兰装饰花卉是由尼古拉斯二世和亚历山德拉·费奥多罗芙娜皇后在1899年12月以250卢布购买的，这对夫妇一定是在后来将这件作品赠送给了他们的姨妈。铃兰铃铛状的花朵由边缘镶嵌玫瑰切工钻石的珍珠制成，枝条材质为黄金，叶片则由西伯利亚软玉雕刻而成。

在法贝热的珠宝工作室中，硬石装饰花卉在设计和制作时十分注重植物学特征的准确呈现。一本法贝热工作室保存至今的设计图册表明，工作室的画家们在设计作品时不仅参考植物类的百科全书，而且还从植物样本中获取灵感。[76]通过选用不同品种的硬石，法贝热希望不仅能够尽可能准确还原花瓣和叶片的色调（例如用蔷薇辉石呈现覆盆子鲜血般的浓艳红色、用石英来雕刻山梅花等白色花的花卉品种、用绿松石来刻画蓝绿色的勿忘草），还要呈现植物表面不同部位的质感差异。枝条上被錾刻出凹凸印痕，以突出枝条表面的坚硬质感；叶片上被精细地雕刻出叶脉；有些枝条上还被焊接黄金制成的尖刺，而后做出氧化锈痕的效果。在例如《矢车菊和燕麦》（*Cornflowers and oats*，见图293）等某些作品中，为了呈现花头和枝条在风中的动势，花头通常被装设于小的金环之上，从而创造出“震颤”的效果。

在英国皇家收藏的所有二十六件法贝热作品中，二十二件由亚历山德拉王后购得，后来陆续被玛丽王后（Queen Mary，1867—1953年）和伊丽莎白王太后扩充。这株《旋花》（*Convolvulus*）作品（图294）由玛丽王后购买，原属英国小说家、诗人和园艺家薇塔·萨克维尔-韦斯特（Vita Sackville-West，1892—1962年）所有。在法贝热完美无瑕的硬石装饰花卉作品中，韦斯特关于花园的记忆找到了共鸣：

> 于是这位行者，
> 走入记忆长廊的深处，
> 清楚看到了这处园林，
> 但却与记忆中截然不同，
> 于是顺着思绪继续前行，
> 半是虚幻，半是真实，
> 来到了一处无尽可爱之地，
> 毫无缺点、疏漏或瑕疵。
>
> ——薇塔·萨克维尔-韦斯特
> 《花园》（*The Garden*，1946年）[77]

注释

第一章　天堂式乐园

1.色诺芬，《经济论》（*Oeconomicus*），第399页。
2.关于"paradeisos"的衍生和使用，请参考巴特利特·吉亚玛提（Bartlett Giamatti）1966，第11—15页以及斯卡菲（Scafi）2013，第9—11页。
3.《古兰经》（*Sura* 77: 41），在施密尔（Schimmel）1976第14页中被引用。
4.沙·贾汉御用宫廷诗人阿布·塔里布·卡利姆（Abu Talib Kalim，卒于1645年），在斯特朗（Stronge）2002第168页中被引用。
5.《古兰经》第75章中有关于耶稣复活（The Resurrection of Christ）的描述［该信息来自2014年1月25日与罗伯特·斯格尔顿（Robert Skelton）的私下交流］。本书作者对于罗伯特·斯格尔顿，马尼赫·巴亚尼（Manijah Bayani）以及威尔·贾特考斯基（Will Kwiatkowski）在察合台语文本翻译方面提供的帮助深表感谢。
6.《古兰经》（*Sura* 55:46—75），在施密尔（Schimmel）1976第14页中被引用。
7.塞勒（Seyller）1997，第270页。
8.有关纳尔辛的作品参见维尔玛（Verma）1994，第320—322页。
9.威尔博（Wilber）1979，第34页。
10.参见大英博物馆《巴布尔回忆录》，编号：BL MS Or. 3714，第173和180页。
11.布鲁克斯（Brookes）1987，第137页。
12.杰里科（Jellicoe）1976，第114页。
13.有关曼瑟的生平及作品，参见库马尔·达斯（Kumar Das）2012。
14.该信息来自2014年1月23日以及2月10日与罗伯特·斯格尔顿的私下交流；关于巴布尔曾提到的"八重天宫"，参见贝弗里奇（Beveridge）1921，第544页，该书中将"八重天宫"与印度阿格拉的"安息园"（Ram-Bagh）联系在一起。
15.该页书稿不能与任何现存的各版本《巴布尔回忆录》（*Baburnama*）手卷建立联系，页面上的泥金装饰图像展现的或许是字面意义上的"八重天宫"，而非在巴布尔回忆录中涉及的某座园林。
16.提特利（Titley）和伍德（Wood）1991，第50页。
17.杰里科（Jellicoe）1976，第111页。
18.拉格尔斯（Ruggles）2008，第72页。
19.撒克斯顿（Thackston）1996，第249页。
20.若要欣赏莫卧儿时期画家Govardhan创作的同样完成度的细密画，参见都柏林切斯特·比替图书馆（Chester Beatty Library）收藏的《阿克巴之书》手卷中收录的《1560年阿克巴钦赐荣誉袍》（*Akbar Gives a Robe of Honour in 1560*），科马罗夫（Komaroff）2011（重印版），第43页。
21.若想参考一件类似的地毯作品，参见斯格尔顿（Skelton）1982，第88页，no. 223。
22.该信息来自2013年12月6日与罗伯特·斯格尔顿的私下交流。
23.法洛西《诗集》，在赫博豪斯（Hobhouse）2004第75中被引用。
24.汉娜威（Hannaway）1976，第55页。
25.撒克斯顿（Thackston）1996，第234页。
26.斯格尔顿（Skelton）1985，第280页。
27.麦克格雷格（MacGregor）1985，第149页。
28.赫博豪斯（Hobhouse）1992，第46页；若想了解康坦斯主教杰弗里·德·蒙特布里（Geoffrey de Montbray，1048—1093）等中间人的作用，请参考哈维（Harvey）1981，第10、22页。
29.皮尔索（Pearsall）和萨尔特（Salter）1973第77—78页中就波斯园林图像对西方中世纪艺术的影响进行了详细讨论。

第二章　神圣园林

1.迪克森·亨特（Dixon Hunt）1993，第12页。
2.主要描述了《圣经》中的园林、圣人以及具有教化意义的寓言故事；见克雷顿（Clayton）1990，第16页。
3.斯卡菲（Scafi）2006，第44—57页、163—165页。
4.普雷斯特（Prest）1981，第20页。
5.莫尔登克（Moldenke）和莫尔登克（Moldenke）1952，第286页。
6.修斯（Hughes）1968，第69页。
7.根据《纽伦堡编年史》的文字记载，"食龙血树可得永生"，并可"强身健体"；科赫（Koch）1976，第116页。龙血树第一次在艺术中出现是通过马丁·施恩告尔的版画作品《逃往埃及》（*Flight into Egypt*，创作于约1470年）；阿尔布雷特·丢勒在约1503—1505年也采用这个图案制作了相同主题的版画；龙血树图案也出现在耶罗尼米斯·博斯（Hieronymus Bosch）创作的《人间乐园》（*The Garden of Earthly Delights*，约创作于1500年）三联画左图中，这套作品现存于西班牙马德里的普拉多博物馆（Museo del Prado）。作者在此向凯特·希尔德博士（Dr. Kate Heard）致谢，正是由于她的帮助，作者得以参阅梅森2006就文艺复兴早期艺术中的龙血树图像展开的详细论述。
8.密勒（Miller）1986，第139页。
9.兰兹博格（Landsberg）1996，第60—61页；哈维（Harvey）1981，第114页。
10.普雷斯特（Prest）1981，第20页。
11.古迪（Goody）1993，第154页。
12.赫西俄德（Hesiod）1920，《工作与时日》（*Works and Days*）第二部，109—120。
13.这一系列包括现存于罗马多利亚·潘菲利美术馆（Doria Pamphilj Gallery）的《创造亚当》（*The Creation of Adam*，1594，编号FC274）、《亚当和夏娃的诱惑》（*The Temptation of Adam and Eve*，1612，FC 344），现存于洛杉矶J·保罗·盖蒂博物馆（J. Paul Getty Museum）的《等待进入诺亚方舟的动物》（*The Entry of the Animals into Noah's Ark*，1613，编号92. PB. 82），现存于阿普斯利大宅（Apsley House）威灵顿收藏（The Wellington Collection）英国遗产（English Heritage）的《等待进入诺亚方舟的动物》（*Entry of the Animals into Noah's Ark*，1615，编号WM1637），以及现存于海牙莫瑞泰斯皇家美术馆（Mauritshuis）与彼得·保罗·鲁本斯合作的《亚当和夏娃的诱惑》（*The Temptation of Adam and Eve*，约1615，编号no. 253）。有关"勃鲁盖尔与天堂图景的创造"相关信息，请查阅科尔博（Kolb）2005，第50—60页。
14.古罗马诗人维吉尔曾在诗作《第四牧歌》（*Fourth Eclogue*）中提到"与狮子和谐共处的牧群"，有关该信息请查阅克拉克（Clark）1989，第370—371页。
15.由花园城市出版社（Garden City）于1961年出版、R. 菲茨杰拉德（R. Fitzgerald）翻译的荷马作品《奥德赛》第81页，在巴特利特·吉亚玛提（Bartlett Giamatti）1966第16页中被引用。
16.斯多克斯塔德（Stokstad）和斯坦纳德（Stannard）1983，第112页。
17.斯多克斯塔德（Stokstad）1986，第179页。
18.较早的例证请查阅达雷（Daley）1986，第270页。
19.同上，第277页。
20."围园是我的姐妹、我的伴侣；春天转瞬即逝，喷泉也被封闭"，《雅歌》（*Song of Solomon* 4:12）。
21.哈维（Harvey）1981，第6页。
22.有关"盖有草皮的土丘以及铺有草皮的长凳"相关信息，请查阅克里斯普（Crisp）1924，第一卷，第81—83页以及保罗（Paul）1985。
23.哈维（Harvey）1981，第94、112页；也见霍普（Hope）1913，第一卷，第92、102页以及注释72。
24.画中图案的审美和象征意义，请查阅皮尔索（Pearsall）和萨尔特（Salter）1973，第111—113页。
25.兰兹博格（Landsberg）1996，第57页。
26.古迪（Goody）1993，第155页。
27.同上，第89页。
28.哈维（Harvey）1981，第27页。
29.赫博豪斯（Hobhouse）1992，第73页。
30.朗道（Landau）和帕歇尔（Parshall）1994，第23页。
31.《撒母耳记》（*Book of Samuel* 11: 2—3）；有关圣奥古斯丁（Augustine）和圣哲罗姆（St Jerome）著述中拔示巴与喷泉的联系，以及其与《雅歌》中新娘的类比，请查阅斯多克斯塔德（Stokstad）和斯坦纳德（Stannard）1983，第154页。
32.科伦（Kren）和麦克肯德里克（McKendrick）2004，第401页。
33.收录于一本《时祷书》的《4月劳作图》中采用了相似的图案，即一对宫廷夫妇正在一座蔓藤架下采摘春天的鲜花。这幅细密画据传由一位深受法国影响的佛兰德斯画家绘制而成。有关该信息请查阅克里斯普（Crisp）1924第一卷，第95页。

第三章　文艺复兴时期的园林

1."伟大的洛伦佐"、洛伦佐·德·美第奇（Lorenzo de'Medici, il Magnifico），《作品集》，意大利巴里（Bari）A. Simioni出版社1913年出版，第一卷第42页，由A. R. 透纳（A. R. Turner）翻译，《文艺复兴时期的意大利美景》（*The Vision of Landscape in Renaissance Italy*），普林斯顿出版社（Princeton），1966，第39页，在皮尔索（Pearsall）和萨尔特（Salter）1973第80页中被引用。
2.柏图斯·克雷桑迪，《事农有益》，第八卷，在卡尔金斯（Calkins）1986第164页中被引用。
3.这处喷泉或由来自意大利摩德纳（Modena）的尼古拉斯·贝林（Nicholas Bellin，约1490/1495—1569年）设计而成。彼时的贝林刚刚于1537年来到英国宫廷，此前不久还为法王弗朗索瓦一世（Francis I）在枫丹白露设计了作品。有关上述信息请参考斯特朗（Strong）1979，第35—38页；有关尼古拉斯·贝林的更多信息，请查阅比德尔（Biddle）1966。
4.大花园中不规则排列的花床在制图师拉尔夫·阿加斯（Ralph Agas）于约1558年制定的伦敦地图中得以证实；参考雅克（Jacques）1999，第35页。
5.斯特朗（Strong）1979，第14页。
6.雅克（Jacques）1999，第37页
7.在斯特朗（Strong）1979第35页中被引用。
8.有关里士满宫的信息，请查阅哈维（1981），第135页以及伍德豪斯（Woodhouse）1999a，第29页备注33；有关汉普顿宫和白厅宫的信息，请查阅斯特朗（Strong）1979，第25—38页。
9.比德尔（Biddle）1999，第157页。
10.托马斯·普拉特（Thomas Platter）和赫拉提奥·布希恩（Horatio Busion），《两位旅行家在伊丽莎白和斯图亚特王朝早期游历英国的旅行日志》（*The Journals of Two Travellers in Elizabethan and Early Stuart England*），伦敦，1995，第68页，在伍德豪斯（Woodhouse）1999a，第14页中被引用。
11.奇姆教区教区长安东尼·沃特森牧师，《壮观的无双宫（准确呈现）》（*Magnificae et plane regiae domus quae vulgo vocatur Nonesuch brevis, et vera descripto*，1590），剑桥大学圣三一学院，编号MS R. 7. 22，在比德尔（Biddle）1999，第173页中被引用。
12.施恩利加（Scheliga）1997。
13.威廉·莎士比亚，《理查二世》第三幕第四场。有关《献给亨利八世的圣歌谱》更多信息，请查阅麦克肯德里克（McKendrick）、洛登（Lowden）和道尔（Doyle）2011，第424—425页。
14.鲍曼（Baumann）2002，第113页。
15.卡尔金斯（Calkins）1986，第162—164页。

16.斯特朗（Strong）2000，第22页。
17.有关图33早期的流传情况，请查阅卡雷（Carley）2009。
18.若要获得早期英国园林书籍的完整参考文献，请查阅罗德（Rohde）1972，第115—139页。
19.谢尔曼（Shearman）1983，第104—106页，no. 99。
20.佩妮（Penny）2004，第240页。
21.见M. 波扎纳（M. Pozzana），《15世纪托斯卡纳地区的农业和园艺业》（*Agricoltura e orticultura Toscana del Quattrocento*），路基纳特（Luchinat）1996，第120—137页。
22.若需查看皇室记载中提到的1262年至1278年从“园丁威廉”（William the Gardner）开始的所有英国皇家园丁，请参考哈维（Harvey）1981，第155—158页，附录1“一些皇家园丁”（Some Royal Gardeners）。
23.奇姆教区教区长安东尼·沃特森牧师，《壮观的无双宫（准确呈现）》，剑桥大学圣三一学院，编号MS R. 7. 22，在伍德豪斯（Woodhouse）1999a，第22页中被引用；也可参考迪克森·亨特（Dixon Hunt）1986，第44页。
24.斯特朗（1979），第53页；伍德豪斯（Woodhouse）1999a，第24页。
25.“停下脚步，草里有条蛇。如果你向右前进，你将会踏上一条崎岖的道路，并最终陷入迷宫的致命诱惑”；奇姆教区教区长安东尼·沃特森牧师，《壮观的无双宫（准确呈现）》，剑桥大学圣三一学院，编号MS R. 7. 22，在比德尔（Biddle）1999，第173页中被引用。
26.迷宫开始逐渐在法国城市沙特尔（Chartres，1220）、兰斯（Reims，1240）和亚眠（Amiens，1288）出现，请参考彭尼克（Pennick）1998，第135页。在14世纪的欧洲园林中，人们采用矮生植物搭建迷宫，并将其设置在从附近建筑窗口可以看到的位置。迷宫在中世纪乐园中的首次亮相是在大约1311年，出现在佛兰德斯埃丹公园（Park of Hesdin）附近一处为阿图瓦伯爵罗伯特二世（Duke Robert II of Artois）修建的庄园中；范·布伦（van Buren）1986，第122页。另一座则是法王查理五世（Charles V of France，1338—1380年）的首席园丁菲利帕赫·拜赫桑（Philippart Persant）在巴黎圣保罗酒店（Hôtel Saint-Pol）为其设计的迷宫作品；哈维（Harvey）1981，第92页。到了15世纪，意大利和英国也逐渐出现了园林迷宫的记载，请分别参考拉扎罗（Lazzaro）1990，第5页和雅克（Jacques）1999，第42页。巴赞（Bazin）认为有关英王亨利二世（Henry II of England，1133—1189）在伍德斯托克建造的迷宫的早期记载实际指的是一处石质建筑（巴赞1990，第52页）。
27.目前已知最早的树篱迷宫图像出现在卢卡斯·加塞尔（Lucas Gassel，约1490—1568年）创作的《大卫与拔示巴》（*David and Bathsheba*）的背景中。该作品共有九个版本流传至今，其中包括一幅创作于1540年带有作者签名和日期的作品（现存于意大利科莫雷斯特利收藏）。《乔治·戴尔夫斯爵士与一位佩戴桃金娘花枝的女士肖像画》（*Portrait of Sir George Delves with a Lady Bearing a Branch of Myrtle*，创作者姓名不详，现存于默西赛德郡国家博物馆和画廊沃克美术馆，编号3089）。该作品创作时间早于《迷宫乐园》，但画作背景处的迷宫是由矮生植物构成，而非高大的树篱。
28.艾利森·斯托克（Alison Stock），未发表论文《一幅16世纪的威尼斯画作——迷宫——的保存和修复》（*Conservation and restoration of a sixteenth-century Venetian painting, The Maze*），2007年5月，汉密尔顿·克尔研究所（Hamilton Kerr Institute）、剑桥大学（University of Cambridge），第2、9—10页。近期对该作品进行的研究工作表明，其创作者至少有两人，画面中的部分动物（并不包括牡鹿）或为第二个画家所添加，目的是增强画作与人类五种感官之间的联系（同上，第10页）。有关两个艺术家分别发挥的作用以及波索塞拉图的贡献，请参考《意大利艺术》（*The Art of Italy*，2007），第234页。
29.En volupte facilement on entre: Main on en sort a grand difficulte…… Ce beau propos avons pur resulte Du labyrinth auquel facilement L'onpeult entrer; mais si parfondement [sic] On est dedans, l'yssue est difficile
格拉姆·德·拉·皮埃尔，《寓言图像集》，带有G. 戴克斯特尔（G. Dexter）介绍的版本，纽约，1978，第80—81页。
30.这包括现存于卡塞尔威廉斯宫（Kassel, Schloss Wilhelmshöhe）的《迪夫和拉扎勒斯》（*Dives and Lazarus*）、现存于意大利特雷维索（Treviso）私人收藏的《户外盛宴》（*Banquet in the Open Air*）以及现存于特雷维索市博物馆（Museo Civico）的《户外音乐会》（*Outdoor Concert*）。其他例证请参考克罗萨图·拉尔彻（Crosato Larcher）1998，第76页。
31.莱昂·巴蒂斯塔·阿尔伯蒂（Leon Battista Alberti）的《论建筑》（*De Re Aedificatoria*）因未附插图而导致了很多内容的不确定性，有关这点，请参考卡佩贾尼（Carpeggiani）1991，第84页，以及拉扎罗（Lazzaro）1990，第51页。
32.拉扎罗（Lazzaro）1990，第51、294页以及注释22。
33.路易吞·范·格里埃肯（van Grieken, Luijten）以及范·德·斯托克（van der Stock）2013，第344—347页和插图94.6。
34.科尔恩（Kern）1982，第281页，no. 351中复述。对意大利曼托瓦贡扎加家族的公爵们来说，迷宫图像具有特殊的意义，因为他们的族徽就由环绕奥林匹斯山（Mount Olympus）的水迷宫构成。
35.波尔什（Boorsh）1985，no. 25、26、41、50。
36.保罗·亨茨纳（Paul Hentzner），《伊丽莎白女王统治时期游历英国》（*Travels in England during the Reign of Queen Elizabeth*），伦敦，1889，第52页，在伍德豪斯（Woodhouse）1999a，第24页中被引用。
37.斯特朗（Strong）1979，第53页。
38.雷迪斯（Radice）1985，第145页；哥希恩（Gothein）1928，第120页；巴赞（Bazin）1990，第22页。
39.怀特豪斯（Whitehouse）2001，第124—126页。
40.赫博豪斯（Hobhouse）1992，第140页。
41.雅克（Jacques）1999，第36页。
42.通过凯瑟琳·伦肯斯（Catherine Lunkens）和多米尼克·康德利耶（Dominique Condellier）在2014年与露丝·拉扎尔（Rose Razzall）的私下交流，他们支持将该作品归于一位在大约1560年至1580年活跃于法国的外国艺术家。纸张带有法国典型布希盖风格的葡萄水印，约可追溯至1568—1587年。
43.在安东尼奥斯·范·登·维尼加赫德（Antonius van den Wynegaerde）于大约1555年创作的一幅草图里也能看到这些绳结状绿篱。见雅克（Jacques）1999，第43页，图9。
44.赛克尔（Thacker）1994，第41页。
45.西格（Segre）1998，第90—91页。
46.“我漂亮的花园，周围竖着坚固的围墙，内设长凳供我休憩；花坛里的绳结装饰相互缠绕，有一种难以言说的复杂美感。花园里设置了宜人的蔓藤架和小径，在这里漫步可以使人将昨日的忧愁全部抛诸脑后。”文字来自英国作家乔治·卡文迪许（George Cavendish），后由赛克尔（Thacker）1994在第45页中引用。
47.罗兰德·洛基（Rowland Lockey，约1566—1616年）根据小汉斯·霍尔贝恩（Hans Holbein the Younger，1497/1498—1543年）作品风格创作的微型肖像《托马斯·摩尔爵士全家福》（*The Family of Sir Thomas More*）以摩尔爵士位于切尔西的庄园为背景。但庄园中的花坛采用了“棋盘式”的块状分隔法，并为采用绳结状装饰。有关这一信息，请参考斯特朗（Strong）2000，第30页。早期欧洲大陆关于绳结状花园的绘画作品，请参考由兰姆博特·苏斯特里斯（Lambert Sustris，约1515/1520—1584年）创作于1540—1560年、现存于法国里尔美术馆（Musée des Beaux Arts, Lille）的《不要碰我》（*Noli Me Tangere*）。
48.尼古拉斯·希拉尔德（Nicholas Hilliard）创作于约1590—1595年的《亨利·珀西，第九代诺森伯兰伯爵》（*Henry Percy, 9th Earl of Northumberland*），现存于阿姆斯特丹荷兰国立博物馆；见斯特朗（Strong）1984，第108—110页。
49.迪克森·亨特（Dixon Hunt）1993，第25页。
50.斯特朗（Strong）2000，第95页。
51.雷迪斯（Radice）1985，第140、142页。
52.斯特朗（Strong）1979，第12页。
53.雅克（Jacques）1999，第40页。
54.奇姆教区教区长安东尼·沃特森牧师，《壮观的无双宫（准确呈现）》，剑桥大学圣三一学院，编号MS R. 7. 22，在比德尔（Biddle）1999，第174页中被引用。
55.雅克（Jacques）1999，第40页。
56.“勃鲁盖尔至鲁本斯”（*Bruegel to Rubens*）2007（展览图录），第123页。
57.伍德豪斯（Woodhouse）1999b，第132页。
58.同上，第134页。
59.柯伦（Curran）1998，第172页。
60.拉扎罗（Lazzaro）1990，第138—139页。
61.威廉·莎士比亚，《亨利五世》（*Henry V*），第五幕第二场。
62.请见伍德豪斯（Woodhouse）1999b和比德尔（Biddle）1999等。

第四章　植物园

1.拉扎罗（Lazzaro）1990，第11页；莫顿（Morton）1981，第118页。
2.当时的人们相信，如果一座植物园中栽种了从地球四面八方搜集而来的植物品种，那么这座园子就接近了伊甸园。有关如何以伊甸园为蓝本建造植物园，请查阅普雷斯特（Prest）1981，第40—93页。
3.《圣加尔建筑设计图》（*St Gall Plan*，约816—820年）是现存最早的园林设计图。图中展示了瑞士圣加尔修道院花园的设计方案，园中的花床被设计成了方形的块状结构。
4.来自与露西亚·童奇奥·托马斯教授（Professor Lucia Tongiorgi Tomasi）在2014年1月23日进行的私下交流。见伽巴利（Garbari）、童奇奥·托马斯（Tongiorgi Tomasi）和托斯（Tosi）2002。“Simple”指由一种而非多种药草或植物制成的药品。
5.安东·弗朗切斯科·多尼（A. F. Doni），《城市》（*Le ville*），见P. 巴洛奇（P. Barocchi）编辑的《16世纪艺术文献》（*Scritti d'arte del Cinquecento*），共3卷，米兰和那不勒斯，1977年，第3卷，第3329页：“我理解中的花园分为两部分，一部分栽种供人食用的草本植物，另一部分则种满供人欣赏的观赏性植物。”（*Il giadino, o orto che io mi voglia dire, ha da eser diviso in duo parte, una in erbe dimestiche da mangiare, l'altra in semplici piante de vedere e medicare*）
6.请参考列奥纳多·达·芬奇创作的抬高花园草图。见伊姆博登（Emboden）1987，第48—49页。
7.G. A. 多西欧（G. A. Dosio）于大约1558—1560年创作的《梵蒂冈花园观景庭》（*Belvedere Court*）钢笔画，现存于佛罗伦萨乌菲兹美术馆（Uffizi, Florence）；见拉扎罗（Lazzaro）1990，第45页。
8.佛罗伦萨历史地貌博物馆（Museo Storico Topografico, Florence）。
9.布朗特（Blunt）和斯蒂尔恩（Stearn）1995，第40—47页。
10.其中最引人瞩目的，是他在1503年创作的水彩画《一大片草坪》（*Das grosse Rasenstuck*）。该作品现存于维也纳阿尔贝蒂娜博物馆（Albertina, Vienna, inv. 3075），以平视视角描绘了一片草皮上生长的青草和草坪植物。
11.布朗特（Blunt）和斯蒂尔恩（Stearn）1995，第53页。
12.瓦萨里（Vasari）1988，第一卷，第258页。
13.伊姆博登（Emboden）1987，第96页。
14.莫顿（Morton）1981，第119页。
15.请参考《西班牙珍稀植物历史》（*Rariorum aliquot Stirpium per Hispanias observatorum Historia*）。
16.阿滕伯勒（Attenborough）2007，第60页。
17.埃利奥特（Elliot）2012，第28页。
18.威尔斯（Willes）2011，第108页，位于安特卫普的普朗坦博物馆（Plantin Museum, Antwerp）目前现存3874块木质刻板；有关普朗坦的高超技艺，请参考鲍温（Bowen）和伊姆霍夫（Imhof）2008，第40—46页以及附录1。
19.亨雷（Henrey）1975，第一卷，第39页。
20.约翰·杰勒德，《植物志》，1636，第207页。红门兰的拉丁名称“orchis”原意为“睾丸”（testicle），因此才有了这种植物的俗名“狗石”（dog stones）。这种双根块茎植物的象征意义通常是处于它与性功能之间的联系。见格里格森（Grigson）1955，第426页。
21.它们此前曾被用于由雅各布·西奥多罗斯（Jacob Theodorus，1522—1590年）撰写的植物志《植物图册》（*Eicones plantarum*, 1590）。西奥多罗斯在创作这本著作采用了笔名“Tabernaemontanus”。
22.亨雷（Henrey）1975，第一卷，第79页。

23.有关植物园作为剧场的信息，请参考迪克森·亨特（Dixson Hunt）2012，第138页。

24.伽巴利（Garbari）和童奇奥奇·托马斯（Tongiorgi Tomasi）2007，第一卷，第25页。

25.阿滕伯勒（Attenborough）2007，第74页。

26.有关《花卉细密画图集》的作者身份分析，请查阅伽巴利（Garbari）和童奇奥奇·托马斯（Tongiorgi Tomasi）2007，第一卷，第30—32页。

27.杜西（Duthie）1988，第52页。

28.其他著名例证包括皮埃尔·瓦雷（Pierre Vallet）编著的《皇家花园》（*Jardin du Roy*，1608年出版于巴黎）以及巴希尔·贝思勒（Basil Besler）编著的《艾希施泰特花园》（*Hortus Eystettensis*，1613年出版于德国艾希施泰特）。

29.请见普鲁士流放者塞缪尔·哈特里博（Samuel Hartlib，约1600—1662年）的陈述，在利思-罗斯（Leith-Ross）2000，第7页中被引用。

30.利思-罗斯（Leith-Ross）2000，第10页

31.见利思-罗斯（Leith-Ross）1984年重印版的《特拉德斯坎特博物馆》（*Musaeum Tradescantianum*，1656）第243页，附录三。特拉德斯坎特创作的《植物图册》（*Florilegium*）目前下落不明。

32.威尔斯（Willes）2011，第89页。

33.马维尔（Marvell）1985，第105页。

34.帕沃德（Pavord）1999，第7、97页。

35.莫顿（Morton）1990，第48页。也见斯科特-埃利奥特（Scott-Elliott）和伊欧（Yeo）1990，第12、56—57页。

36.库克（Cook）2007，第318页。

37.斯格尔（Segal）1990第65、72页以及注释141中曾提到几个花束摆放于室内的罕见例证。当时有人将单个植物栽种于室内的花盆中，并且为了获得全年开花的效果，必要时会将某些植物的花期强行推后。

38.泰勒（Taylor）1995，第124—126页。

39.古尔德伽（Goldgar）2007，第97页。

40.泰勒（Taylor）1995，第16页。

41.阿诺德·胡布拉肯（Houbraken, Arnold），*De Groote Schouburgh der Nederlandtsche Konstschilders en Schileressen*（共三卷），1753年出版于荷兰海牙（最初于1718—1721年于阿姆斯特丹出版）第二卷，第214—218页，在泰勒（Taylor）1995，第49页中被引用。

42.1633年1月30日至2月9日之间巴耳沙撒·吉伯尔（Balthasar Gerbier）写给位于布鲁塞尔的阿伦德尔伯爵（Earl of Arundel）的信件，后由W. 诺埃勒·圣斯伯利（W. Noel Sainsbury）出版，书名为《艺术家、外交家彼得·保罗·鲁本斯爵士的图绘人生（未出版文件原版）》（*Original Unpublished Papers Illustrative of the Life of Sir Peter Paul Rubens, As an Artist and a Diplomatist*），伦敦，1859，第296页，被古尔德伽（Goldgar）2007在第83、346和注释23中被引用。

43.泰勒（Taylor）1995，第171页；有关这两幅画作的早期流传情况，请参考怀特（White）1982，no. 125、126。

44.斯格尔（Segal）1990，第180页。

45.同上，第203页。

46.威腾格尔（Wettengl）1998，第17页。

47.阿滕伯勒（Attenborough）2007，第144页。

48.这些习作现存于圣彼得堡科学院（the Academy of Science, St. Petersburg）。

49.库克（Cook）2007，第336页；霍尔曼（Hollman）2003，第19—20页。

50.尽管梅里安曾经努力赢得精英市场的青睐，但她还是没有获得足够的资金来出版她的著作的英文版或德文版。请参考E. 拉克尔（E. Rucker），《玛丽亚·西比拉·梅里安：女商人和出版家》（*Maria Sibylla Merian: Businesswoman and Publisher*），收录于威腾格尔（Wettengl）1998，第255—261页。

51.法国牧师戴特赫神父（Father du Tertre）1667年如此命名；R. P.都·戴特赫（R. P. du Tertre），《西印度群岛通史》（*Histoire Generale des Antilles*），共四卷，巴黎，1667，第二卷，第127页，在博曼（Beauman）2005，第37页中被引用。

52.库克（2007），第327页。

53.由来自荷兰的园丁亨利·特伦德（Henry Telende）实现。特伦德于1714年至1716年为里士满的马修·戴克尔（Mathew Decker）服务。见J. 劳森-西更斯（J. Lausen-Higgens），《品味异域风情：英国的菠萝种植》（*A Taste for the Exotic: Pineapple Cultivation in Britain*），www. buildingconservation.com/articles/pineapples/pineapples.htm（2014年7月30日查阅）

54.帕金森，《植物剧场》，1640，第1626页。

55.现由私人收藏；其他版本分别由已故哈勒赫爵士（Lord Harlech）的遗嘱执行人、霍顿庄园的乔蒙德利侯爵（Marquess of Cholmondeley）和哈姆庄园（Ham House）的托马斯·休厄特（Thomas Hewart，1797年版本）收藏。

56.伊夫林（Evelyn）1906，第三卷，293（1661年8月9日）和第三卷，513（1668年8月10日），被引用于博曼（Beauman）2005，第45页注释23以及第46页注释29。

57.见罗伊尔（Royle）1995，第248页。

58.有关这套银质家具的委托制作情况，请见温特博特姆（Winterbottom）2002，第25页。

59.迪尔德尔（Deelder）1999，第181页注释24中也支持这一观点，并引用了桌面上雕刻的图像，即一个太阳圈着一条狡人的蛇，来作为证据。

第五章　巴洛克风格园林

1.“有一座他们称之为天堂的装饰花坛，其中有一座建造在一处洞穴或地窖之上的宴会楼。”伊夫林（Evelyn）1906，第188页。

2.伍德布里奇（Woodbridge）1986，第206页。

3.鲁滨（Rubin）和哈灵顿（Harrington）2010，第26页。

4.布东（Boudon）1991。

5.波哥依（Pognon）1973。

6.见《1664年法军攻占弗朗什-孔泰班师回朝后国王在凡尔赛宫大宴群臣》（*Les Divertissements de Versailles donnez par le Roy à toute sa Cour au retour de la conquest de Franche-Comté en l'année MDCLXXIV*）中的插图5和插图6，巴黎皇家出版社，1679。

7.被引用于赛克尔（Thacker）1979，第157页。

8.被引用于德·勇（de Jong）1988，第28、40页注释25。

9.有关园林爱好者以及1668—1670年和1674—1679年英国驻海牙大使威廉·坦博尔爵士（Sir William Temple）可能产生的影响，请见哈雷（Haley）1990，第5页。

10.雅克（Jacques）2002，第114页。

11.德·勇（de Jong）1988，第27页，被威廉三世的御用园丁让·范·格鲁恩（Jan van Groen，卒于1672年）在他的《荷兰园丁》（*Den Nederlantsen Hovennier*，1669年出版于阿姆斯特丹）中引用。

12.迪克森·亨特（Dixon Hunt）1990b，第182页。

13.德·勇（de Jong）1988，第21页。

14.怀特（White）1982，no. 272。

15.这栋亭阁也出现在荷兰肖像画家扬·德·班（Jan de Baen）所绘《约翰·毛里茨亲王肖像》（图98）以及一幅可追溯至1670年、由来自斯滕博格（Sternburg）的柯奈里斯·伊兰德兹（Cornelis Elandts）制作的蚀刻版画［迪也登霍芬（Diedenhofen）1990，第55页，图7］中，这暗示该建筑或许短暂存在过，但怀特（White 1982, no. 272）以及德·勇（de Jong, 1988，第162页）都坚称这个亭子从未被建造过。有关中国风的兴起，请查阅赛克尔（Thacker）1979，第175页。

16.迪也登霍芬（Diedenhofen）1990，第54页。

17.同上。

18.有关这些战利品的详细讨论，请参考迪也登霍芬（Diedenhofen）1979，第200—203页。

19.拉默兹（Lammertse）和范·德·维恩（Van der Veen）2006，第61—114页。本书作者感谢克里斯托弗·怀特爵士（Sir Christopher White）强调了这一可能性。

20.一本名为《克利夫斯囚徒》（*Conspectus Clivae*）的著作中收录了一系列根据扬·范·哥扬（Jan van Goyen）、安东尼·沃特卢（Anthonie Waterloo）、弗雷德里克·德·姆彻荣（Fredrik de Moucheron）、柯奈里斯·伊兰德兹（Cornelis Elandts）以及阿尔伯特·卡普（Aelbert Cuyp）的绘画作品制作的版画。见怀特（White）1982，第162页。

21.沃尔特·哈里斯（Walter Harris），《罗宫皇宫及花园解析》（*A Description of The King's Royal Palace and Gardens at Loo*），伦敦，1699，德·勇（de Jong）1988，第322页，附录1。

22.见贝泽梅-塞勒斯（Bezemer-Sellers）1990，第112页。

23.N.维彻（N. Visscher），De Zegebraalende Vecht, Vetoonende verscheidene Gesichten van Lustplaatsen, Heerenhuysen en Dorpen; Beginnende van Utrecht n met Muyden besluytende，阿姆斯特丹，1719。

24.有关皇宫的系列钢笔画草图还包括西班牙国王菲利普二世（Philip II of Spain）的御用画师安东尼奥斯·范·登·维尼加赫德（Antonius van den Wynegaerde，约1525—1571年）于1557至1562年创作的作品，以及文西斯劳斯·霍拉（Wenceslaus Hollar，1607—1677）在1659年根据温莎城堡风景制作的版画。由本土画家绘制的最早的英国乡村庄园鸟瞰油画作品以登比郡（Denbighshire）的一处庄园为原型。见哈里斯（Harris）1979，第54页。

25.佩皮斯（Pepys），《日志》（*Diary*），1669年1月22日。

26.米勒（Millar）1963，no. 397。

27.穆雷是圣詹姆士公园长运河的设计者。斯特朗（Strong）1992，第10—13页。

28.本书作者感谢茱莉亚·沃德（Julia Ward）分享即将出版的扬·希博海茨（Jan Siberechts）作品图录信息。

29.在斯特朗（Strong）1979，第31页中被引用。

30.考尔文（Colvin）1976，第173页。

31.哈里斯（Harris）1979，第94、119—120页。

32.米勒（Millar）1963，no. 423。

33.该地点位于城堡斜坡与泰晤士河之间，因1674年在此进行的一次著名的“马斯特里赫特战役”（Battle of Maestricht）重演活动而被称为“马斯特里赫特花园”。有关该花园发展的完整描述，请参考罗伯茨（Roberts）1997，第175—183页。

34.或为摆放于温莎花园小屋（Garden House at Windsor）马尔博罗公爵夫人（Duchess of Marlborough）卧房的《带有喷泉、行人和烟囱的一座园林图》（*A Garden with a Fountain and Figures, ovr a Chimney*），见《女王陛下（安妮女王）肯辛顿宫、汉普顿宫以及温莎城堡藏画清单》（*A List of Her Majesties [Queen Anne's] Pictures in Kensington, Hampton Court and Windsor Castle*），约1705—1710年，现存于英国皇家收藏，编号1112574；见米勒（Millar）1963，no. 458。

35.罗伯茨（Roberts）1997，第164、554页注释36。

36.文森佐·斯卡莫奇（Vincenzo Scamozzi），《通用建筑准则》（*L'idea della architettura universal*），1615。有关17世纪和18世纪街道树木栽种的做法，请查阅考奇（Couch）1992。

37.迪克森·亨特（Dixon Hunt）1993，第43页。

38.在布朗（Brown）1979，第32页中被引用。

39.圣詹姆士宫园林设计图，安德烈·穆雷，《乐园》（*The Garden of Pleasure*），斯德哥尔摩（Stockholm），1670，插图25。在帕塔西尼（Pattacini）1998第10页中被引用。

40.德·勇（de Jong）1988，见223。

41.霍普尔（Hooper）1990，第153页；也见伊姆佩（Impey）2003，第39—40页、49—53页。

42.考奇（Couch）1992，第173页；这一术语最初由伊夫林在1654年8月25日的日记中采用，后来在《森林志》（1664）一书中进行了进一步定义。

43.被引用于雅克（Jacques）和范·德·霍尔斯特（van der Horst）1998，第142页。

44.迪克森·亨特（Dixon Hunt）1993，第65页。

45.但也有例外，例如查茨沃思庄园1694年打造并于1698年改建的瀑布景观；以及鲍顿庄园中从1683年开始为第一任蒙塔古公爵拉尔夫（Ralph, Duke of Mongtagu，1638年受洗，1709年卒）打造的瀑布。

46.哈里斯（Harris）2000，第47页。

47.C. K. 克里（C. K. Currie），www.academia.edu/1428550/Archaeological_excavations_at_Upper_Lodge_Bushy_Park_London_Borough_of_Richmond-1997-1999（2014年8月3日查询）。

48.朗斯塔夫-高恩（Longstaffe-Gowan）2005，第59页。
49.罗伯茨（Roberts）1997，第154页。
50.水廊在1700年被威廉三世下令拆除；见朗斯塔夫-高恩（Longstaffe-Gowan）2005，第36、39、45页。根据记载，这套墙帷最初出现于1742年玛丽女王在汉普顿宫的房间中；版画家乔治·比克姆，《不列颠盛景：汉普顿宫和温莎城堡奇景美物图画版（内附两处宫殿铜版插图，偶有文字讲述）》（1742）；见考茨（Coutts）1988，第233页。
51.西莉亚·费因斯（Celia Fiennes），《旅途》（*Journeys*），C. 莫里斯（C. Moris）版本，伦敦，1947，第59页，在莱恩（Lane）1949，第20页中被引用。在1692年为玛丽二世（Mary II）打造的罗宫居所中，漆板、镜面和瓷器也都曾用作装饰品；见厄克伦斯（Erkelens）1996，第18页。然而，这时的漆器装饰不太可能像费因斯描述的那样涂上了釉色。有关马洛特的设计，请参考杰克森-斯特普斯（Jackson-Stops）1988，第208页。
52.史蒂芬·斯威策，《贵族、绅士和园丁的消遣》（*The Nobleman, Gentleman and Gardner's Recreation*），伦敦，1715，第57—58页，被引用于朗斯塔夫-高恩（Longstaffe-Gowan）2005，第56页。
53.伦敦自然历史博物馆（Natural History Museum）现存了一批从汉普顿宫移来的干燥植物样本，其中部分样本是在伦纳德·普拉肯内特（Leonard Plukenet，1642年受洗，1706年卒）担任威廉和玛丽御用园艺师时制作的。在担任汉普顿宫园艺师期间，普拉肯内特通过他的《图像集》（*Phytographica*，1691—1705）发布了成千上万张植物版画作品，其中很多作品中描绘的植物都能在自然历史博物馆斯隆标本馆（Sloane Herbarium）中找到对应的植物标本。
54.厄克伦斯（Erkelens）1996，第30页。
55.阿尔彻（Archer）1984，第18页；有关这些例证的日期，请查阅莱恩（Lane）1949，第20页。
56.球茎植物花瓶最初由17世纪的波斯人发明，后来传播至荷兰共和国；见莱恩（Lane）1949，第21页。
57.见第八章，图247。
58.查尔斯·哈顿（Charles Hatton），1697年8月7日，《哈顿家族的通信》（*Correspondence of the Family of Hatton*），由E. M. 汤普森（E. M. Thompson）编辑，卡姆登学会（Camden Society）出版，新版，第23卷，第二部分，1878，第228页，在米勒（Millar）1963，第165页中被引用。
59.米勒（Millar）1963，第165页；弗图（Vertue）1929—1930，第127页。
60.《凡尔赛宫园林中的雕塑、喷泉和花瓮》（*Statues, fontaines, vases au jardin de Versailles*），巴黎，1676。
61.迪克森-亨特（Dixon Hunt）和德·勇（de Jong）1988，第177—179页。
62.雅克（Jacques）和范·德·霍尔斯特（van der Horst）1998，第132页和插图16。
63.该花瓮现藏于佛罗伦萨乌菲兹美术馆；见克雷顿（Clayton）1990，第65、74页和注释88。
64.戴维斯（Davis）1991，第147页。
65.出自马提亚尔（Martial）《警句集》（*Epigramata*）。
66.斯特朗（Strong）1979，第167—168页。
67.同上，第171页。
68.苏尔赫·普耶·德·拉·塞赫（Sieur Puget de la Serre），《王太后进入英国的历史》（*Histoire de l'Entrée de la Reine Mère dans la Grande Bretagne*），伦敦，1639，被引用于帕塔西尼（Pattacini）1998，第4页。
69.斯特普斯（Stopes）1912，第282页。
70.《国王物品库存及估值》（*The Inventories and Valuations of the Kings Goods*，1649—1651），沃波尔学会（Walpole Society），第43卷，1970—1972，第143页。
71.《博尔盖塞角斗士》，现存于英国皇家收藏，编号71436；勒·苏佑赫还为威尔顿庄园的第四代彭布鲁克伯爵（Earl of Pembroke，1584—1650年）菲利普·赫尔博特（Philip Herbert）制作了另一个版本的角斗士雕塑，该作品现存于诺福克郡（Norfolk）霍顿庄园（Houghton Hall）。1611年在意大利安齐奥（Anzio）附近的博尔盖塞别墅（Villa Borghese）发现的原版角斗士雕塑现存于卢浮宫；见哈斯克尔（Haskell）和佩妮（Penny）1981，第221页。
72.维尼（Whinney）1988，第36页。该作品以曾经伫立在罗马保守宫（Palazzo dei Conservatori）的古代雕塑为蓝本制作；见哈斯克尔（Haskell）和佩妮（Penny）1981，第308页。
73.斯科特-埃利奥特（Scott-Elliott）1959，第221页。
74.英国主事官（Master of the Rolls）唐士塔尔主教（Cardinal Tunstall）1520年10月12日写给沃尔西主教的信，贾格尔（Jagger）1983，第5页。
75.见萨默威尔（Somerville）1987和斯蒂文森（Stevenson）1988。普雷斯顿潘斯（Prestonpans）和纽斯特德（Newstead）拥有非常早期的共济会小屋，而且都很活跃，这些地区密布着早期日晷作品的遗迹。
76.《阿尔伯特·德·曼德尔斯罗游记》（*Les voyages di Sieur Albert de Mandelslo*），莱顿（Leiden），1719，第749页，被引用于帕塔西尼（Pattacini）1998，第4页。
77.《飞报》（*Flying Post*），1698年1月4—6日。
78.《伦敦邮报》（*London Post*），1699年8月25—28日。
79.威廉·温德（William Winde，约1647—1722年）1699年11月2日写给玛丽·布里奇曼女士（Lady Mary Bridgeman）的信；斯塔福德郡记录室，布拉德福德收藏（Bradford Collection）D1287/18/4/1/2，1699年11月。
80.苏富比拍卖行于2014年6月15日在伦敦拍卖，编号46。
81.J. 戴维斯（J. Davis），英国日晷学会大会（Conference of the British Sundial Society）上的讲座，2008年3月28—30日，拉提莫尔（Latimer），白金汉郡（Buckinghamshire）。

第六章　天然景观园林

1.马林斯（Malins）1966，第141页。
2.雅克（Jacques）1983，第40页。
3.有关改变农业模式的意义以及当时圈地的大肆流行，请参考威廉姆森（Williamson）1995，第3、9—15页。
4.迪克森-亨特（Dixon-Hunt）1993，第45页。
5.迪克森-亨特（Dixon-Hunt）和威利斯（Willis）1975，第11页。
6.这出现在了克劳德·洛兰现存四十余幅作品中；见赛克尔（Thacker）1979，第185页。
7.祖卡雷利的这幅作品为仿作，约创作于18世纪60年代，彼时克劳德·洛兰的画作已经流传到了英国，其中之一即为《阿耳戈斯守护图》（*Landscape with Argus Guarding lo*）。该作品现存于莱斯特伯爵（Earl of Leicester）的霍尔克姆庄园（Holkham Hall）；见利维（Levey）1991，no. 692。
8.迪克森-亨特（Dixon-Hunt）1993，第120页。
9.被引用于赛克尔（Thacker）1979，第182页。
10.约瑟夫·斯宾塞，《书籍和人类的观察及轶事》（*Observations, Anecdotes of Books and Men*），共2卷，J. M. 奥斯本（J. M. Osborne）版本，牛津，1966，第1卷，第252页，no. 606，被引用于斯特朗（Strong）2000，第197页。
11.霍勒斯·沃波尔，《园林现代品位的发展历史》（*The History of the Modern Taste in Gardening*），收录于《英国绘画相关轶事》（*Anecdotes of Painting in England*），伦敦，1771，第4卷，被引用于《乔治时代早期天然景观园林》（*The Early Georgian Landscape Garden*）1983（展览图录）第7页。
12.艾博鲍姆（Applebaum）2004，第5页。
13.有关"天然景观园林"的介绍，请见《乔治时代早期天然景观园林》（*The Early Georgian Landscape Garden*）1983（展览图录），第1、8页和注释2。
14.英国皇家收藏，编号：403514、403515、403516、403517和403519。
15.霍勒斯·沃波尔，《园林现代品位的发展历史》（*The History of the Modern Taste in Gardening*），收录于《英国绘画相关轶事》（*Anecdotes of Painting in England*），伦敦，1771，第4卷，被引用于迪克森-亨特（Dixon-Hunt）1986，第181页。
16.威尔逊在1761—1762年创作了两幅邱园风景图：《邱园：佛塔和小桥》（*Kew Gardens: The Pagoda and Bridge*），现存于耶鲁大学英国艺术中心（Yale Center for British Art），编号B1976. 7. 172；《邱园拱门残迹》（*The Ruined Arch in Kew Gardens*），现存于伦敦布林斯利·福特收藏（Brinsley Ford Collection），编号BB18，但后来乔治三世拒绝购买这两幅作品；见《理查德·威尔逊》（*Richard Wilson*）2014（展览图录），第262—263页，no. 76、77。
17.兰斯洛特·"全能"·布朗写给托马斯·戴尔牧师（Revd Thomas Dyer）的信件，被引用于威廉姆森（Williamson）1995，第79页。
18.第三代沙夫茨伯里伯爵（Earl of Shaftesbury）安东尼·阿什利·库珀（Anthony Ashley Cooper），《道德主义者们：一首哲学狂想曲》（*The Moralists: A Philosophical Rhapsody*），伦敦，1709，被引用于迪克森-亨特（Dixon-Hunt）和威利斯（Willis）1975，第123页。
19.托马斯·罗宾逊爵士（Sir Thomas Robinson）1734年12月23日写给卡莱尔爵士（Lord Carlisle）的信件，《卡莱尔伯爵的手稿》（*The Manuscripts of the Earl of Carlisle*），第六卷，第143—144页（历史手稿委员会），被引用于库姆斯（Coombs）1997，第154、167页和注释5。
20.弗雷德里克亲王在汉诺威长大，因与其母安斯巴赫的卡罗琳（Caroline of Ansbach）分开居住，所以并未受到她的影响，直至他1728年返回伦敦。
21.库姆斯（Coombs）1997，第159页；见《乔治时代早期天然景观园林》（*The Early Georgian Landscape Garden*）1983（展览图录），第19页。
22.《乔治时代早期天然景观园林》（*The Early Georgian Landscape Garden*）1983（展览图录），第67页。
23.斯特朗（Strong）1992，第61页。
24.约瑟夫·斯宾塞，《书籍和人类的观察及轶事》，共2卷，J. M. 奥斯本（J. M. Osborne）版本，牛津，1966，第1卷，第405页，被引用于迪克森-亨特（Dixon-Hunt）1986，第217页。
25.有关奇斯威克别墅园林的图像总结，请见斯特朗（Strong）2000，201—211页。
26.卡雷（Carré）1982，第139页。
27.例如扬·范·德·阿弗伦（Jan van de Avelen）在大约1691年为汉斯·威廉·本廷克位于佐弗利特（Zorgvliet）的乡村庄园和园林制作的版画，周围就围绕着十二幅蚀刻版画，该图的复制品请见迪克森-亨特（Dixon-Hunt）和德·勇（de Jong）1988，插图32。霍克制作的地图并非奇斯威克园林首次向公众亮相，克劳德·杜·博斯克（Claude du Bosc）在彼得·安德烈亚斯·莱斯布莱克之后于1734年发布了一系列奇斯威克园林的风景图；见克雷顿（Clayton）1997，第156页。有关约翰·霍克，请参考欧奈尔（O'Neil）1988。
28.有关伯林顿庄园园林建筑的完整论述，请参考《帕拉第奥主义的复兴》（*The Palladian Revival*）1994—1995（展览图录），以及斯卡（Sicca）1982。
29.霍克的地图版画中包括了那条充满乡村野趣的流水瀑布，但这一工程直至1736年才完工；见克雷顿（Clayton）1997，第156页。
30.这一作者归属问题由麦克·思姆斯（Michael Symes）提出，并且提出了令人信服的证据；见思姆斯（Symes）1987，第43页。
31.罗伯特·卡斯特尔（Robert Castell），《图解古代先贤别墅》（*The Villas of the Ancients Illustrated*），伦敦，1728，第118页，被引用于斯卡（Sicca）1982，第56页。
32.见威廉姆森（Williamson）1995，第61—65页，《政治造园》（*Political Gardening*）；以及斯卡（Sicca）1982，第65页。
33.威廉·基尔宾（William Gilpin），博德利图书馆（Bodleian Library），MSS. Eng. misc. e. 522，第70对页，被引用于《乔治时代早期天然景观园林》（*The Early Georgian Landscape Garden*）1983（展览图录），第23页。
34.弗图（Vertue）1935—1936，第64页；有关希古绘画的完整讨论，请见卡雷（Carré）1982，第133页。
35.奎恩斯（Quaintance）1999，第141页。
36.斯托庄园第一本专属导览书由本顿·斯雷（Benton Seely）编著，即《科巴姆子爵园林概述》（*A Description of the Gardens of Lord Viscount Cobham*），伦敦，1744；克雷顿（Clayton）1998，第51页。
37.苏格拉底（Socrates，哲学）、荷马（Homer，诗歌）、来库古（Lycurgas，法律）、伊巴密浓达（Epaminondas，军事力量）；《乔治时代早期天然景观园林》(*The Early Georgian Landscape Garden*) 1983(展览图录)，第28页。
38.第一批圣人像包括威廉三世(William III)、伊丽莎白一世(Elizabeth I)、莎士比亚(Shakespeare)、约翰·汉普登(John Hampden)、约翰·洛克(John Locke)、弗兰西斯·培根(Francis Bacon)、艾萨克·牛顿(Isaac Newton)以及约翰·弥尔顿(John Milton)，后来加入了托马斯·格雷沙姆爵士(Sir Thomas Gresham)、约翰·巴纳德爵士(Sir John Barnard)、弗朗西斯·德雷克爵士(Sir Francis Drake)、沃尔特·雷利爵士(Sir Walter Raleigh)、伊尼戈·琼斯(Inigo Jones)、亚历山大·波普(Alexander Pope)、阿尔弗雷德大帝(King Alfred)以及黑王子爱德华(Edward, The Black Prince)。
39.BL 1860, 0714. 40。
40.雅克·希古，《克莱尔蒙特庄园风景图》(*View of Claremont*)，约1733—1734年，英国皇家收藏，编号917463，《英国皇家收藏中的大师级绘画》(*Master Drawings in the Royal Collection*) 1986(展览图录)，第150页；该作品于1750年被希古制作成为版画。
41.唐宁(Downing) 2009，第22页。
42.被引用于福克斯(Fox) 1987，第81页。
43."天气暖和的时候，每晚七点到十点，冬天时则是下午一点至三点，社会上的各色人等都会聚集在这里……届时这座公园将变得十分拥挤，人们蜂拥而至，摩肩接踵。其中有人来此是为了欣赏美景，有人则是成为他人眼中的风景，有人是向掌管爱与美丽的维纳斯女神寻求好运……所有人都在盼望一场冒险"。塞萨尔·德·索绪尔(César de Saussure)，《来自伦敦的信件》(*Letters from London*)，1725—1730，由保罗·斯科特(Paul Scott)翻译，伦敦，2007，被引用于《群体肖像画》(*The Conversation Piece*) 2009(展览图录)，第94页。
44.庚斯博罗拥有华托署名为"Recueil Julienne"的一系列版画作品；见《群体肖像画》(*The Conversation Piece*) 2009(展览图录)，第64、148页。
45.见詹姆斯·诺斯科特(James Northcote，1746—1831年)的描述；威廉·黑兹利特(William Hazlitt)，《诺斯科特先生的对话》(*Mr. Northcote's Conversations*)，见P. P. 豪威(P. P. Howe)版本，《完整作品集》(*The Complete Works*)，第11卷，伦敦和多伦多，1932，被引用于《群体肖像画》(*The Conversation Piece*) 2009(展览图录)，第150页。
46.有关华托对这一作品构图的详细影响，请见曼宁斯(Mannings) 1973，第89—91页。
47.《赫尔曼、保罗和托马斯·桑德比》(*Herrmann, Paul and Thomas Sandby*)，伦敦，1986，第23—25页，被引用于罗伯茨(Roberts) 1995，第20页。
48.罗伯茨(Roberts) 1997，第287页。
49.这些人物由保罗·桑德比完成；见罗伯茨(Roberts) 1995，第124页。
50.罗伯茨(Roberts) 1995，第124页。
51.在摄政王于1815年迁居此处之后，这栋建筑被建筑师约翰·纳什(John Nash)和杰弗里·瓦特(Jeffry Wyatt)改建，但在乔治四世死后，这栋早期的建筑几乎全部被威廉四世拆除殆尽，摄政王当初居住的宅邸只剩下残迹，而这就是皇家小屋的基础。皇家小屋后来在1931年成为约克公爵和公爵夫人(Duke and Duchess of York)，即后来的乔治六世和伊丽莎白王后(Queen Elizabeth)的居所，目前为约克公爵的乡村宅邸；有关皇家小屋历史的详细论述，请见罗伯茨(Roberts) 1997，第310—330页。
52.见斯特朗(Strong) 2000，第70页，插图334。
53.赛克尔(Thacker) 1979，第227页。
54.威廉·梅森于1794年12月26日写给威廉·基尔宾的信件，博德利图书馆(Bodleian Library)，MS Eng. misc. d. 571. f. 224，被引用于威廉姆森(Williamson) 1995，第144页。
55.卡特(Carter)、古德(Goode)和罗利(Laurie) 1982，第107页。
56.有关乔治四世时期该花园的改建情况，请参考斯特朗(Strong) 1992，第100页；阿诺德(Arnold) 1993；布朗(Brown) 2004，第56—65页。
57.《阿克曼的库存》(*Ackermann's Repository*)，系列三，第一卷，no. 3，1823年3月1日，第128页，被引用于罗伯茨(Roberts) 1997，第226页。
58.《致威廉·钱伯斯爵士的英雄诗》(*The Heroic Epistle to Sir William Chambers*)中沃波尔的注释，P. 托伊毕(P. Toynbee)版本，牛津，1926，被引用于《早期乔治王时代》(*The First Georgians*) 2014(展览图录)，第278页。
59.同上。
60.亚历山大·波普，《仿贺拉斯》(*Imitations of Horace*)，第二封信，ii。
61.见《风景，一首教化诗》(*The Landscape, A Didactic Poem*, 1794)，被引用于迪克森-亨特(Dixon-Hunt)和威利斯(Willis) 1975，第345页。

第七章　植物培育园

1.这一技术从羊毛业的剪毛机发展而来，19世纪40年代，马拉割草机开始投入使用，而到了60年代，单人操作、不需他人协助的割草机出现在市场；艾金(Ikin) 2012，第27页；埃利奥特(Elliot) 1986，第16页。
2.查尔斯·史密斯(Charles Smith)，建筑师，引用约翰·克劳迪奥思·劳顿(John Claudius Loudon)的观点，见史密斯(Smith) 1852，第156页。
3.有关皇家园艺学会肯辛顿花园的完整描绘，请见埃利奥特(Elliot) 1986，第140—143页。
4."我们英格兰是一座花园，美丽风景比比皆是：种满花草的边界、花床、灌木丛，青翠的草坪和宽敞的步行道，露台上伫立着雕塑，艳丽的孔雀徜徉其中；然而，花园的荣光却并非只存在于目之所及之处。"拉迪亚德·吉卜林，《花园赞歌》，1911。
5.1845年8月20日的日记。
6.维多利亚女王只委托制作了三小幅花园风景作品，分别为：奥古斯特·贝克尔(August Becker，1822—1887年)的《奥斯本庄园：上露台》(*Osborne: The Upper Terrace*，现存于英国皇家收藏，编号400811)和《奥斯本庄园：下露台》(*Osborne: The Lower Terrace*，现存于英国皇家收藏，编号400823)以及威廉·莱顿·莱奇的《奥斯本庄园上露台》(*The Upper Terrace at Osborne*，现存于英国皇家收藏，编号400813)。
7.见《群体肖像画》(*The Conversation Piece*) 2009(展览图录)，第17—18页。
8.1846年3月10日的日记。
9.《女王配偶1831—1861年的信件》(*Letters of the Prince Consort 1831—1861*)，K. 杰古(K. Jagow)版本，纽约和伦敦，1938，第21页，被引用于《维多利亚 & 阿尔伯特：艺术与爱》(*Victoria & Albert: Art & Love*) 2010(展览图录)，第17页。
10.斯特朗(Strong) 1992，第112页。
11.见哈斯克尔(Haskell)和佩妮(Penny) 1981，第247—250页。
12.杰弗里·威雅特维尔爵士(Sir Jeffrey Wyatville)在1810年前后曾为贝德福德公爵(Duke of Bedford)的装饰小屋设计了一处瑞士屋，位于德文郡米尔顿阿伯特(Milton Abbott)附近的恩兹利(Endsleigh)；瑞士屋附近还有雷普顿于1814年设计的儿童屋和儿童花园；格雷(Gray) 2013，第195—199页。
13.格雷(Gray) 2013，第217—221页。
14.关于"哈登堡式"花篮，请参考杰克森-斯特普斯(Jackson-Stops) 1992，第111页。
15.威(Way) 2011，第41页中引用。
16.有关乡村花园理念的倡导，请查阅M. 普斯特尔(M. Postle)关于"乡村花园"(Country Gardens)的论述，见《英国艺术中的园林》(*The Garden in British Art*) 2004(展览图录)，第12—22页。
17.从路易斯(Lewis) 1984第25页中引用。目前现存最早的草本边界位于柴郡(Cheshire)的阿雷庄园(Arley Hall)，可追溯至1846年。但事实上，威廉·科贝特(William Cobbett)早在1829年就在《英国园丁》(*The English Gardener*)中提出了利用混合的多年生草本植物营造出草本边界这一概念；赛克尔(Thacker) 1979，第247页。
18.路易斯(Lewis) 1984，第26页。
19.同上，第14页。
20.弗罗格莫尔家园公园(Home Park)的皇家厨房花园(Royal Kitchen Gardens)截至1849年规模已经达到了22公顷，为大规模种植蔬果产品提供了先例。维多利亚女王和阿尔伯特亲王都热衷于带领访客参观厨房花园；罗伯茨(Roberts) 1997，第241—245页。
21.弗兰西斯·培根，《论花园》，1625，见迪克森-亨特(Dixon-Hunt)和威利斯(Willis) 1975，第52页。
22.感谢罗博·谢博德(Rob Shepherd)和斯蒂芬·拉特克利夫(Stephen Ratcliffe)与我分享有关阿尔贝托·桑格斯基和弗兰西斯·桑格斯基的相关信息。
23.哈里森(Harrison) 1933。
24.弗兰西斯·培根，《论花园》，1625，见迪克森-亨特(Dixon-Hunt)和威利斯(Willis) 1975，第52页。
25.同上，第53、54、55页。霍勒斯·沃波尔，《园林现代品位的发展历史》(*The History of the Modern Taste in Gardening*)，收录于《英国绘画相关轶事》(*Anecdotes of Painting in England*)，伦敦，1771，第4卷，被引用于迪克森-亨特(Dixon-Hunt) 1975，第313页。
26.弗兰西斯·培根，《论花园》，1625，见迪克森-亨特(Dixon-Hunt)和威利斯(Willis) 1975，第52页。
27.同上，第51页。

第八章　室内园林艺术

1.牛顿·威尔伯(Newton Wilber) 1976，第8页。
2.伍德豪斯(Woodhouse) 1999a，第12页。
3.威尔斯(Willes) 2011，第129页。
4.由列奥纳多·达·布雷西亚(Leonardo da Brescia，卒于1598年)设计并由扬·卡彻尔(Jan Karcher，活跃于1517—1562年)在意大利费拉拉(Ferrara)制作完成。这套挂毯中目前现存一件作品，即《蔓藤架》(现存于巴黎装饰艺术博物馆)，见《文艺复兴时期的挂毯》(*Tapestry in the Renaissance*) 2002(展览图录)，第487页。
5.现存于英国皇家收藏，编号分别为28160、28161、28162和28163，见斯温(Swain) 1988，第9—11页。亨利八世于1547年去世之后，他生前的挂毯库存中有几件作品符合"玩耍的男孩"的描述，其中部分已经被列为"老阿拉斯"风格(Old Arras)，包括汉普顿宫存放的"两件带有玫瑰花边和攀爬儿童的'老阿拉斯'、三件带有男孩和树木的'老阿拉斯'"，以及存放于奥特兰兹庄园(Oatlands)的"六件带有树枝和玩耍男孩的挂毯作品、五件树枝和玩耍男孩的挂毯仿品，并且带有'F'标识"；汤姆森(Thomson) 1973，第249、251页。
6.这一系列的图像学基础为《斐洛斯特拉图斯像》(*Eikones of Philostratus*)，其中描绘了一组3世纪的那不勒斯绘画，包括一幅丘比特在果园中玩耍的作品。
7.其中第二幅画稿现存于查茨沃思庄园，有关这一系列作品的讨论，请见《文艺复兴时期的挂毯》(*Tapestry in the Renaissance*) 2002(展览图录)，第507页，no. 58。
8.这组作品中其中一件与威廉·派尼梅克(William Pannemaker，活跃于1538—1578年，卒于1581年)于16世纪中期在布鲁塞尔制作的一件织板作品采用了同样的图案。关于朱里诺·罗马诺的设计稿传播至低地国家的重要线索是，来自曼托瓦的制版师乔治欧·祁齐(Giorgio Ghisi)于1551年来到安特卫普，并在此地与当时顶尖的版画出版商海欧纳莫斯·考克开展了合作。他们在安特卫普的合作持续至约1556年，在后来的60年代，祁齐来到法国继续他的工作。尽管祁齐并没有"玩耍的男孩"系列作品存世，但有证据表明他拥有朱里诺的设计稿，并在他职业生涯的晚期在法国根据这些画稿制作了版画；见波尔什(Boorsh) 1985，no. 25、26、41、50。
9.莫里利尔(Marillier) 1930，第24—28页。
10.一件以"花盆和立柱"(Flower potts and pillars)为图案的挂毯作品在1651年查理一世物品拍卖会上被保留了下来；其他的"花盆和立柱"挂毯作品则在国王去世后的物品拍卖会上被售卖；见斯温(Swain) 1980，第420页。
11.有关这一挂毯类型的存世作品，请见斯温(Swain) 1980，第420—423页。
12.查理五世曾购买了一套此类作品，后来菲利普二世也购买了一套以相同画稿制作的挂毯作品，有关这些作品的信息，请参考赫雷洛·卡雷特罗（Herrero Carretero）1991。
13.伊恩斯（Innes）1995，第329页。
14.例如，请参考"玩耍的男孩花园挂毯"（Garden tapestry with playing putti）。该作品带有安特卫普西蒙·鲍温（Simon Bouwen）挂毯工坊的商标，约制作于1650年，现存于安特卫普斯多克夏夫州立博物馆（Provinciaalmuseum Het Sterckshof），见杜维吉尔（Duverger）1977，第276页，图1。
15.1997年5月2日在伦敦佳士得拍卖行举办的拍卖会上售出，编号236。
16.查普曼（Chapman）2007，第130页。
17.科佩（Koeppe）2008，第336页；这件橱柜与威斯威勒制作的另外两件橱柜作品具有密切联系，其中一件现存于瑞典皇家收藏，另外一件则收藏于纽约J. 保罗·盖蒂博物馆。英国皇家收藏中的这件橱柜中采用的彩色硬石嵌板是这几件作品中最古老的。
18.托马斯（Tomasi）和赫尔稍尔（Hirschaur）2002，第58页。
19.同上，第59页。
20.同上。
21.佳士得拍卖行，伦敦，2005年6月9日，编号50；桌面由意大利彩石镶嵌工艺制成，基座则被认为由英国家具工匠乔治·布洛克（George Bullock）于大约1810—1815年制作完成。几乎可以确认这件作品由英国议员乔治·拜因（George Byng Esq. MP，卒于1847年）为其位于伦敦圣詹姆士广场（St James's Square）的居所而委托制作。拜因是一名激进的辉格党人，并且与辉格党领袖查尔斯·詹姆斯·福克斯（Charles James Fox）有着密切的关系，所以他极有可能通过与福克斯的关系了解并且欣赏到了摄政王的收藏。英国皇家收藏中还存有两件由17世纪或稍晚时期的彩石嵌板与后来制作的框架相结合的作品（编号分别为11179和2588）。
22.怀特黑德（Whitehead）1992，第170页。
23.见科瓦雷斯基-沃雷思（Kowaleski-Wollace）的讨论，1995—1996。
24.查尔斯顿（Charleston）1968，第238页。
25.怀特黑德（Whitehead）1992，第171页。
26.黑尔曼（Hellman）2010，第43页。
27.现存于德累斯顿茨温格宫（Dresden Zwinger）。
28.查普曼（Chapman）2007，第19页。
29.《吕伊内公爵有关路易十五宫廷的回忆录》（*Mémoires du Duc de Luynes sur la Cour de Louis XV*），1735—1758年，共17卷，巴黎L. Dussieux and E. Soulié出版社出版，1860—1865年，第9卷（1862年），第9页，被引用于德·贝拉格（de Bellaigue）2009，第1卷，第94页。
30.《国王御用珠宝商拉扎赫·杜沃的日记》（*Livre-Journal de Lazare Duvaux, marchand-bijoutier ordinaire du roy*），1748—1758，共2卷，巴黎Louis Courajod出版社出版，1873，no. 3120，见1758年5月3日的日记，被引用于德·贝拉格（de Bellaigue）2009，第1卷，第132页。
31.德·贝拉格（de Bellaigue）2009，第1卷，第185页。
32.查普曼（Chapman）2007，第28页。
33.R.桑顿（R. Thornton），《林奈性别系统最新图解》（*The New Illustrations of the Sexual System of Linnaeus*），伦敦，1807，被引用于里兹（Rees）1993，第111页；见罗伯茨（Roberts）1997，第64—69页、77—85页。
34.斯特罗贝尔（Strobel）2011，第126—127页。
35.同上。
36.同上。
37.比尔德（Beard）1997，第145页。
38.辛格（Synge）2001，第175页。
39.见贝克（Beck）1992，第45页。
40.布朗特（Blunt）和斯蒂尔恩（Stearn）1995，第151页。
41.例如，顶尖丝织品设计师安娜·玛利亚·伽斯威特（Anna Maria Garthwaite，1690—1763年）的作品中从1741年开始就越来越注重植物学细节，请参考《洛可可》（*Rococo*）1984（展览图录），第214—215页。
42.麦克肯纳（MacKenna）1951，第10页。
43.戴（Day）1998。
44.切尔西草药园的所有方伦敦药剂师学会（Society of Apothecaries）在1742年6月9日发布了一则命令，即"非该学会会员者，未有学会工作人员陪同不得随意入园"；伦敦，药剂师学会，MS no. 15。药剂师学会之所以发布这条声明，是因为曾有游客随意在园中摘取植物样本。
45.《早期乔治王时代》（*The First Georgians*）2014（展览图录），第312页；玛雷特（Mallet）1980。
46.麦克肯纳（MacKenna）1951，第22页。
47.考茨（Coutts）1994，第46页。
48.该系列最初包含994件餐具，目前有770件现存于圣彼得堡隐士庐博物馆（Hermitage, St. Petersburg）。与"丹麦之花"餐具相似，后来复制的"青蛙系列瓷器"也未被投入使用。
49.文斯通（Winstone）1984，第44、48页。
50.同上，第49页。
51.同上，第50页。
52.科尔（Cole）1877，no. 86；"午餐餐具"共6件，瓷器，其上印有玫瑰、郁金香、壁花等花卉图案。德国（德累斯顿），其中一只杯子和两只托碟带有国王的标识，以及日期1770年，其余作品则带有"马克里尼"（Marcolini）的标识，以及日期1796—1814不等。托盘长度约为49厘米。
53.鲍（Bow）和科尔波特（Coalport）陶瓷厂生产的产品通常不会带有标识，但据记载科尔波特生产的部分产品会带有"科尔布鲁克代尔"（Coalbrookdale）的标志，而且这一标志通常为釉底色，所以可能是根据距离较远的零售商的要求而定制的，这一做法的目的是向消费者保证该陶瓷厂产品的质量，见梅森吉尔（Messenger）1996，第192页。确实，图270中的花瓶实为鲍厂制造，但玛丽王后1927年在距离科尔波特陶瓷厂仅20英里的什鲁斯伯里（Shrewsbury）把它们当作科尔波特制品购买了回来。亚历山德拉王后热衷于购买梅森茶具来装饰她所居住的马尔博罗庄园（Marlborough House）。通过购买鲍厂的这些瓷器，玛丽女王也延续了这一对传统英式陶瓷的浓厚兴趣。这对科尔波特陶瓷厂生产的瓷碗为亚历山德拉王后或玛丽王后购得。
54.柯克思（Cox）1975，第90页。
55.柯克思（Cox）和柯克思（Cox）2001，第247页。
56.同上。
57.斯托（Storr）的其他作品还包括一架装饰有花篮的烛台，该烛台现存于肯特郡（Kent）的诺尔（Knoll）收藏，另外现存于约克郡黑尔伍德（Harewood）的烛台作品基座附近也装饰有类似的古代人物造型。这些作品的制作时期都在1813—1814年。另外，剑桥郡（Cambridgeshire）的安格尔西修道院（Anglesey Abbey）现存有一套斯托制作的蔬菜盘，它们分别带有西红柿、豌豆、黄瓜和辣椒形状的把手。这些器具的制作时间可追溯至1829—1830年；见彭泽（Penzer）1954，第164、176页。
58.其他还包括现存于美国俄亥俄州（Ohio）托莱多艺术博物馆（Toledo Museum of Art）以及葡萄牙里斯本（Lisbon）佩纳宫（Pena Palace）的吊灯作品。这两件作品只选择了牵牛花作为装饰花卉，包括插头部分。
59.哈肯布鲁奇（Hackenbroch）1956，第190页。
60.玛丽·沃特利·蒙塔古夫人（Lady Mary Wortley Montagu），《完整信件》（*The Complete Letters*），第1卷：1708—1720，R. Halsband出版社出版，牛津，1965，第388—389页，被引用于古迪（Goody）1993，第233页。
61.有关维多利亚时期花语发展历程的完整讨论，请参考埃利奥特（Elliott）2013。
62.同上，第28页。
63.1833年5月24日的日记。
64.风信子的花语根据颜色的不同而有着不同的解读：白色象征可爱，蓝色代表坚定不移，紫色表示道歉，红色或粉色意为有趣。但这枚胸针并未被保存下来。
65.古德（Goode）1968，插图125中展示了一件相似的作品。
66.同上，第46页。
67.伦敦罗斯伯里（Rosebery's）拍卖行2009年9月8日拍出了一件相同的托盘，这件托盘被作为砚台使用，编号30。
68.阿特尔伯里（Atterbury）和贝特肯（Batkin）1990，第87页。
69.《泰晤士报》（*The Times*），1840年2月11日，第4页。
70.盖尔（Gere）2010，第30—31页。
71.《女王配偶1831—1861年的信件》（*Letters of the Prince Consort 1831—1861*），K. 杰古（K. Jagow）版本，纽约和伦敦，1938，第29页，被引用于《维多利亚 & 阿尔伯特：艺术与爱》（*Victoria & Albert: Art & Love*）2010（展览图录），第335页。
72.泰奥菲尔·戈蒂耶（Theophile Gautier，1811—1872），被引用于斯威兹（Swezey）和拉斯克·里德（Lasky Reed）2004，第48页。
73.有关亚历山德拉王后作为收藏家的相关信息，请参考C. 德·吉陶特（C. de Guitaut），《他最大的赞助人：亚历山德拉王后与法贝热的工艺花卉》（*His Great Patroness: Queen Alexandra and Fabergé's Flowers*），见斯威兹（Swezey）和拉斯克·里德（Lasky Reed）2004，第81—118页。
74.见罗伯茨（Roberts）1987，第167页；以及斯特朗（Strong）1992，第130—131页。
75.斯威兹（Swezey）和拉斯克·里德（Lasky Reed）2004，第92页。
76.同上，第66页。
77.迪克森-亨特（Dixon-Hunt）1993，第232页。

附录：本书展示艺术品一览表

关于英国皇家收藏信托基金的更多信息，请查阅
WWW.ROYALCOLLECTION.ORG.UK

第一章　天堂式乐园

《花园中的七对情侣》，约绘制于1510年，收录于阿里希尔·纳沃伊创作于1492年的《纳沃伊五行诗集》。
纸本手稿，洒金纸本，设色（不透明色、金色）
34.4厘米×23.0厘米（书页尺寸）
23.5厘米×15.1—15.3厘米（细密画尺寸）
艺术品出处：该手抄本由赫拉特统治者苏丹侯赛因·贝卡拉委托制作；后于1506年或之后流传至布哈拉；之后传入莫卧儿帝国皇帝贾汉吉尔和沙·贾汉手中；后被印度中部阿瓦德邦统治者阿萨夫·乌道拉（Asaf-ud-daula）最迟于1776年之前购得；印度总督廷茅斯爵士（Lord Teignmouth）于1799年将其进献给英王乔治三世。
文献记载：*Waley*1992，第14、22页；*George III and Queen Charlotte* 2004（展览图录），no. 473。
英国皇家收藏，编号：1005032
图1

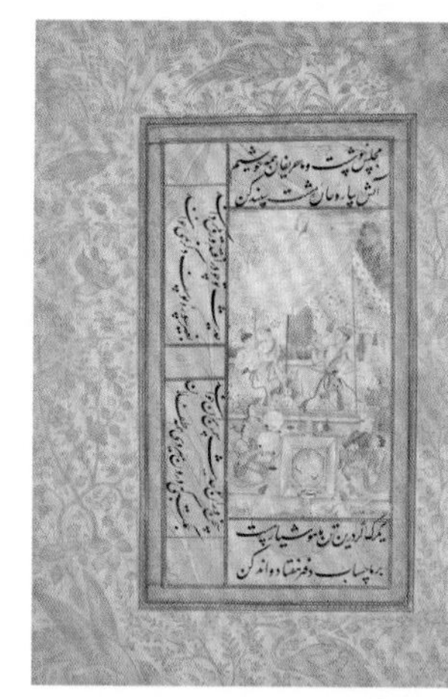

《华盖下端坐的年轻王子》，据传由画家拉尔创作于约1590—1600年。
纸本，设色（水彩、金色、墨色、不透明色），装裱于装饰纸上，装于涂金画框内。装饰纸上有题字。
37.0厘米×23.8—23.9厘米（书页尺寸）
15.7厘米×8.4厘米（细密画尺寸）
艺术品出处：可能于19世纪末之前收录于英国皇家收藏。
文献记载：*Waley* 1992，第17、18页。
英国皇家收藏，编号：1005047
图6

《谈诗论道的两位年轻王子》，据传由画家拉尔创作于约1590—1600年。
纸本，设色（水彩、金色、墨色），装裱与装饰纸之上，外框涂金
36.8—36.9厘米×23.8厘米（书页尺寸）
17.0—17.1厘米×10.8—10.9厘米（细密画尺寸）
艺术品出处：可能于19世纪末之前收录于英国皇家收藏。
文献记载：*Waley* 1992，第17、18页。
英国皇家收藏，编号：1005039
图8

《花园中的四青年》，约创作于1610年。
洒金纸本，设色（不透明色、金色）装订成册
32.8厘米×22.2厘米（书页尺寸）
21.9厘米×10.6—10.7厘米（细密画尺寸）
艺术品出处：该图册或为印度中部阿瓦德邦统治者阿萨夫·乌道拉制作，成书时间为1775—1880年；后该图册可能被进献给英王乔治三世。
英国皇家收藏，编号：1005069，fol. 19r
图5

第二章：宗教相关园林

《亚当和夏娃被逐出伊甸园》，收录于由纽伦堡人文主义学者哈特曼·舍德尔编著并由纽伦堡出版商安东·科贝格（Nuremberg: Anton Koberger）于1493年印刷出版的《纽伦堡编年史》，图见该书第七对页右页。
纸质印刷品，猪皮封面，内有乔治五世藏书标签。
49.6厘米 × 35.87厘米
艺术品出处：1501年发现于德国雷滕豪斯拉修道院（Raittenhaslach Monastery），后被乔治五世购得。
文献记载：ISTC, is00307000
英国皇家收藏，编号：1071477
图11

《圣母子与圣凯瑟琳和圣芭芭拉》，根据佛兰德斯画家霍赫斯特拉滕大师的创作风格绘制于约1520—1530年。
木板油画
51.3厘米 × 38.1厘米
艺术品出处：原为厄廷根-瓦勒施泰因大公路德维希（Prince Ludwig von Oettingen-Wallerstein）藏品；1847年被出让给阿尔伯特亲王。
文献记载：*Campbell* 1985，no. 50
英国皇家收藏，编号：407812
图17

《两个天使加冕圣母玛利亚和圣子》，由绘画大师阿尔布雷特·丢勒创作于约1518年。
蚀刻版画
14.7厘米 × 10.0厘米
文献记载：*Bartsch* 1980—1981，no.39；*Northern Renaissance* 2011（展览图录），no. 44
英国皇家收藏，编号：800052
图23

《伊甸园中的亚当和夏娃》，由扬·勃鲁盖尔绘制于1615年。
铜板油画
48.6厘米 × 65.6厘米
艺术品出处：由威尔士亲王弗雷德里克于1750年7月之前购得。
文献记载：*White* 2007，no. 10；*Bruegel to Rubens* 2007（展览图录），no. 19。
英国皇家收藏，编号：405512
图14

《圣母玛利亚和圣子坐在长满草的长凳之上》，由绘画大师阿尔布雷特·丢勒创作于约1503年。
蚀刻版画
11.5厘米 × 7.1厘米
艺术品出处：约1810年之前进入英国皇家收藏。
文献记载：*Bartsch* 1980—1981，no.34
英国皇家收藏，编号：800044
图21

《约克主教的时祷书》，由让·皮可制作于约1510年。
该图位于4月日历页，即第三对页左页。
牛皮纸手卷，上施金色和不透明色；粉色丝绒封皮，封面和封底都带有在18世纪末完成的约克主教作为亨利九世（Henry IX）的纹章，纹章以丝线和金线绣成，并装饰以涂金亮片和旋钮。
25.8厘米 × 17.4厘米
艺术品出处：委托赞助人不详；后归基辅总督亚历山大·德·奥斯特罗（Alexander de Ostrog）所有；1683年前落入波兰国王约翰·索别斯基（John Sobieski）之手；后于约1718年被索别斯基孙女，即詹姆斯·斯图亚特（James Stuart）之妻玛丽亚·克莱门蒂娜·索比斯卡（Maria Clementina Sobieska，1702–1735年）获得；后被玛丽亚遗赠给自己的小儿子约克主教亨利·本尼迪克特·斯图亚特（Henry Benedict Stuart，1725—1807年）；之后被约克主教遗赠给约翰·柯克思·希皮斯利爵士（Sir John Coxe Hippisley，1745/1746—1825年）；希皮斯利爵士在1807年之后将其进献给时为威尔士亲王的乔治四世。
文献记载：*Northern Renaissance* 2011（展览图录），no. 109
英国皇家收藏，编号：1005087, fol. 3 v
图27

《坟墓旁的基督和抹大拉的圣玛利亚》，由绘画大师伦勃朗·凡·莱因创作于1638年。
木板油画
61.0厘米 × 49.5厘米
艺术品出处：或为H. F. 沃特卢斯（H. F. Waterloos）绘制于阿姆斯特丹；后被沃特卢斯遗孀于1750年出售给黑森-卡塞尔伯爵威廉八世；1806年归入拿破仑皇后约瑟芬（Empress Josephine）的收藏；后被约瑟芬继承人出售至画商P. J. 拉方丹（P. J. Lafontaine）；1819年11月9日被摄政王乔治四世购入英国皇家收藏。
文献记载：*White* 1982，no. 161；*Enchanting the Eye* 2005（展览图录），第136—139页。
英国皇家收藏，编号：404816
图15

《树边的圣母玛利亚和圣子》（*Madonna and Child by the Tree*），由绘画大师阿尔布雷特·丢勒创作于约1513年。
蚀刻版画
11.7厘米 × 7.4厘米
艺术品出处：约1810年之前进入英国皇家收藏。
文献记载：*Bartsch* 1980—1981，no.35
英国皇家收藏，编号：800045
图22

第三章：文艺复兴时期的园林

《亨利八世全家福》，由英国画派（British School）画家创作于约1545年。
布面油画
144.5厘米 × 355.9厘米
艺术品出处：可能是为亨利八世而作，首次展示于白厅宫会见厅（Presence Chamber）。
文献记载：*Millar* 1963，no. 43。
英国皇家收藏，编号：405796
图29

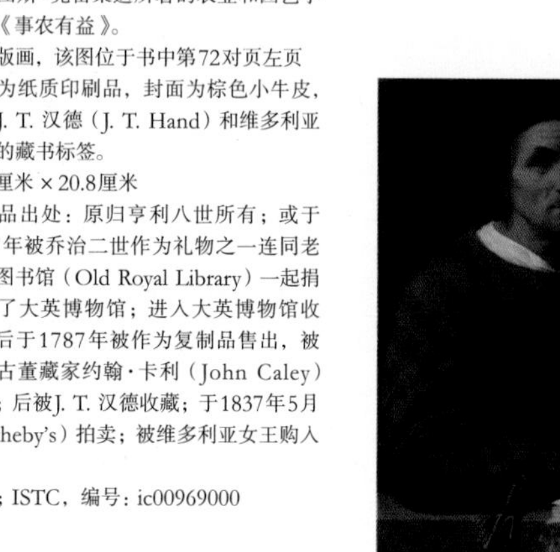

《事农有益》插图，由生于德国斯派尔的版画家彼得·德哈赫（Peter Drach）创作于约1490—1495年，收录于博洛尼亚学者柏图斯·克雷桑迪所著的农业和园艺学著作《事农有益》。
木刻版画，该图位于书中第72对页左页
图书为纸质印刷品，封面为棕色小牛皮，内有J. T. 汉德（J. T. Hand）和维多利亚女王的藏书标签。
29.0厘米 × 20.8厘米
艺术品出处：原归亨利八世所有；或于1757年被乔治二世作为礼物之一连同老皇家图书馆（Old Royal Library）一起捐赠给了大英博物馆；进入大英博物馆收藏；后于1787年被作为复制品售出，被英国古董藏家约翰·卡利（John Caley）收藏；后被J. T. 汉德收藏；于1837年5月12日被汉德委托伦敦苏富比拍卖行（Sotheby's）拍卖；被维多利亚女王购入皇家图书馆收藏。
文献记载：*Calkins* 1986；*Baumann* 2002；ISTC，编号：ic00969000
英国皇家收藏，编号：1057436
图33

收录于托马斯·希尔所著的《大有裨益的园林艺术》，该书由伦敦出版商罗伯特·沃尔德格雷夫（London: Robert Waldegrave）于1586年出版（第三版，首印于1568年）。
木刻版画，见该书第11对页
纸质印刷品，棕色小牛皮封皮，封底重新装订，内含维多利亚女王藏书标签。
18.1厘米 × 13.8厘米
艺术品出处：由威廉四世购得。
文献记载：*Henrey* 1975，第199页。
英国皇家收藏，编号：1057482
图34

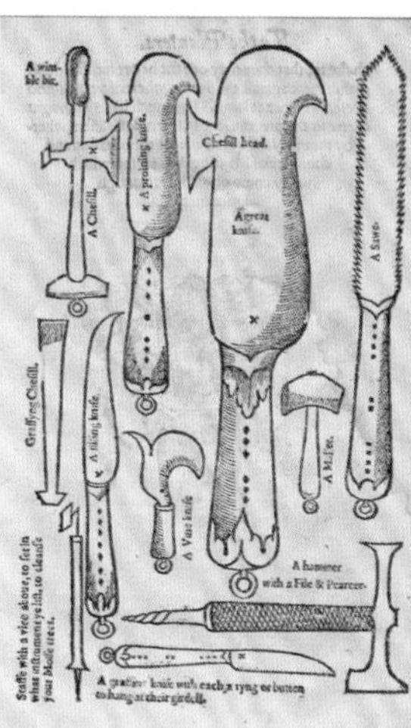

收录于里奥纳德·马斯卡尔所著的《各种树木的种植方法和艺术》。该书于1592年由伦敦出版商T. 伊斯特（London: T. East）为作家托马斯·赖特（Thomas Wright）出版（首印于1572年）。
木刻版画，第一页前页
纸质印刷品，棕色小牛皮封皮，封底重新装订
17.9厘米 × 13.8厘米
艺术品出处：初归圣詹姆士宫和肯辛顿宫皇家园林园长威廉·佛西斯所有，后被威廉四世获得。
文献记载：*Henrey* 1975，第20、22页
英国皇家收藏，编号：1057481
图35

《雅各布·切尼尼肖像》，由被称为弗朗斯毕哥的佛罗伦萨画家弗朗西斯科·迪·克里斯托法罗创作于1523年。
木板油画
65.4厘米 × 49.6厘米
艺术品出处：首见于查理一世的收藏。
文献记载：Shearman 1983，no. 99。
英国皇家收藏，编号：405766
图36

奥维德的《变形记》插图版，由法国诗人、翻译家伊萨克·德·邦赛哈德翻译、巴黎皇家出版社（Paris: L'Imprimerie Royale）于1676年出版。
图见第246页，"变幻成为一只鸟的乌梅尔之女"（Fille d'Eumele en Oiseau）
纸质印刷品，封皮为大理石纹小牛皮，封底重新装订；封面和封底都带有乔治五世仍为威尔士亲王时期的纹章；封面内部带有乔治五世和维多利亚女王的藏书标签。
28.4厘米 × 22.4厘米
艺术品出处：乔治五世在卡尔顿庄园时期的藏书之一。
英国皇家收藏，编号：1050932
图37

收录于据传由意大利天主教多明我会修道士弗朗切斯科·科隆纳所著，并由威尼斯顶级出版社阿尔杜斯·马努提乌斯于1499年出版的《寻爱绮梦》。
木刻版画，图见fol. z. ix v
纸质印刷品，封皮为红色羊皮
29.9厘米 × 21.0厘米
艺术品出处：由威廉四世购得。
文献记载：*Royal Treasures* 2002（展览图录），no. 326；ISTC，编号：ic00767000
英国皇家收藏，编号：1057947
图38、48、53、58、232

《迷宫乐园》，由意大利文名字为波索塞拉图的佛兰德斯画家路德维克·突博特创作于大约1579—1584年。
油布油画
147.4厘米 × 200.0厘米
艺术品出处：1615年由第一代萨默塞特伯爵罗伯特·卡尔（Robert Carr，？1585/1586—1645年）购买自威尼斯；当年晚些时候进入查理一世的收藏。
文献记载：*Shearman* 1983，no. 263；*The Art of Italy* 2007，no. 79。
英国皇家收藏，编号：402610
图39

两个迷宫设计方案，收录于意大利建筑师塞巴斯蒂亚诺·塞利奥创作于1600年的《塞利奥建筑与透视学著作全集》。
木刻版画，图见第918页[198]
纸质印刷品，封皮为红色猪皮
24.8厘米 × 18.8厘米
艺术品出处：维多利亚女王于1860年之后获得。
英国皇家收藏，编号：1073122
图41

《十二月令图之5月——挂毯纹样设计草图》，由佛兰德斯画家扬·范·戴·史特拉特创作于约1568—1578年，由俗称史特拉丹奴斯的佛兰德斯画家扬·范·戴·史特拉特创作于约1568—1578年。
钢笔画，涂有灰色水彩和不透明色
39.7厘米×40.7厘米
艺术品出处：约1810年之前进入英国皇家收藏。
文献记载：*White and Crawley* 1994，no. 178。
英国皇家收藏，编号：906854
图46

收录于英国作家杰维斯·马克姆所著的《英国农夫》。该书由伦敦出版商亨利·汤顿（London: Henry Taunton）出版于1635年（首印于1613年）。
木刻版画，该图见第218、219页
纸质印刷品，封皮为小牛皮，封底重新装订
19.0厘米×14.4厘米
艺术品出处：由威廉四世购得。
英国皇家收藏，编号：1057476
图49

《树下端坐的年轻人》，由英国微型肖像画家艾萨克·奥利弗创作于约1590—1595年。
牛皮纸板水彩
12.4厘米×8.9厘米
艺术品出处：初归伦敦著名收藏家、鉴赏家理查德·米德医生所有，后被威尔士亲王弗里德里克购得。
文献记载：*Reynolds* 1999，no. 50；*Strong* 2000，第95页。
英国皇家收藏，编号：420639
图51

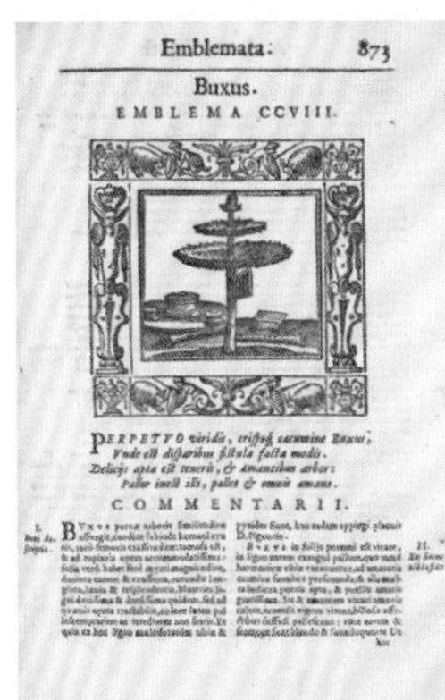

Emblemata. 873
Buxus.
EMBLEMA CCVIII.
COMMENTARII.

收录于意大利作家安德烈亚·阿尔恰托所著的《寓言图像集》。该书由意大利帕多瓦出版商佩特罗斯·帕奥鲁斯·多兹修斯（Petrus Paulus Tozzius）出版于1621年。
木刻版画，图见该书第873页
纸质印刷，后用小牛皮重新装订
22.8厘米×17.0厘米
艺术品出处：1860年后由维多利亚女王购得。
英国皇家收藏，编号：1052280
图54

《露台上的人们》，由荷兰巴洛克风格画家小亨德里克·范·史汀威克创作于约1615年。
铜板油画
直径11.9厘米
艺术品出处：首见于查理二世的收藏。
文献记载：*White* 2007，no. 90；*Bruegel to Rubens* 2007（展览图录），no. 22。
英国皇家收藏，编号：404718
图55

第四章：植物园

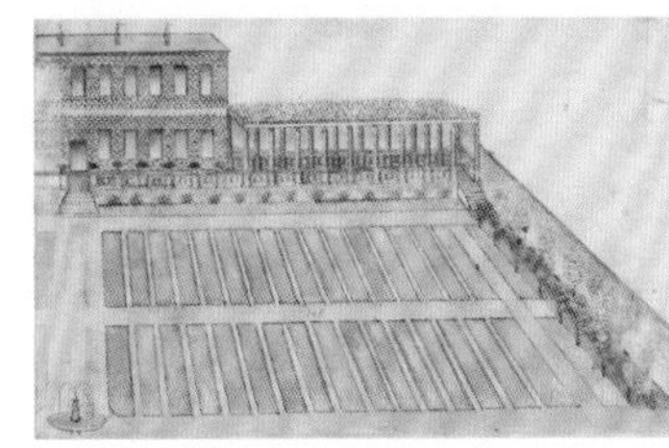

《带有柱廊的乡村别墅建筑立面以及被围墙圈起的花园》，创作者为意大利人，身份不详，创作时间约为1550年。
钢笔画、红粉笔、水彩
17.4厘米×27.0厘米
艺术品出处：初被遗赠给意大利画家弗朗西斯科·梅尔齐；后于约1582—1590年被雕塑家蓬佩奥·莱奥尼（Pompeo Leoni，1531—1608年）购得；1630年之前归入艺术鉴赏家第二代阿伦德尔伯爵托马斯·霍华德的收藏；后或由查理二世购得；1690年之前进入英国皇家收藏。
文献记载：*Clark* 1968，no. 12689。
英国皇家收藏，编号：912689
图61

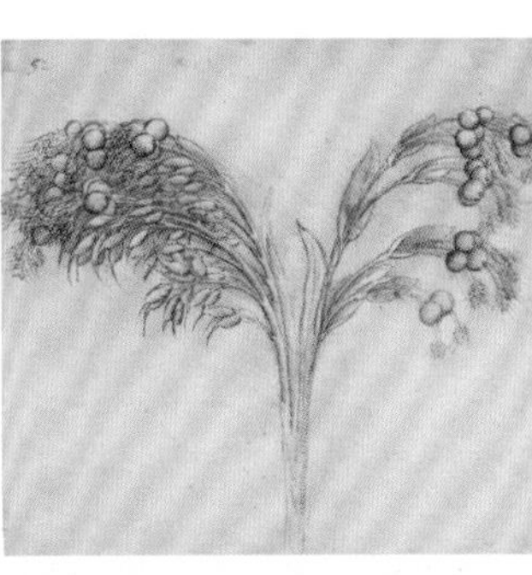

《薏苡》，由列奥纳多·达·芬奇绘制于约1510年。
黑粉笔和钢笔、水墨
21.2厘米×23.0厘米
艺术品出处：初被遗赠给意大利画家弗朗西斯科·梅尔齐；后于约1582—1590年被雕塑家蓬佩奥·莱奥尼购得；1630年之前归入艺术鉴赏家第二代阿伦德尔伯爵托马斯·霍华德的收藏；后或由查理二世购得；1690年之前进入英国皇家收藏。
文献记载：*Clark* 1968，no. 12429；*Pedretti*，1982，no. 25；*Attenborough* 2007，图10。
英国皇家收藏，编号：912429
图62

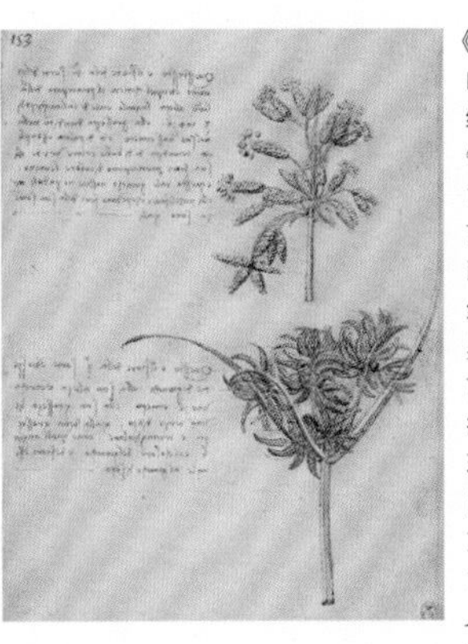

《两种灯芯草植物（蘸草和莎草）的种子穗》，由列奥纳多·达·芬奇绘制于约1510年。
钢笔、水墨
19.5厘米×14.5厘米
艺术品出处：初被遗赠给意大利画家弗朗西斯科·梅尔齐；后于约1582—1590年被雕塑家蓬佩奥·莱奥尼购得；1630年之前归入艺术鉴赏家第二代阿伦德尔伯爵托马斯·霍华德的收藏；后或由查理二世购得；1690年之前进入英国皇家收藏。
文献记载：*Clark* 1968，no. 12427；*Pedretti*，1982，no. 24；*Attenborough* 2007，图13。
英国皇家收藏，编号：912427
图63

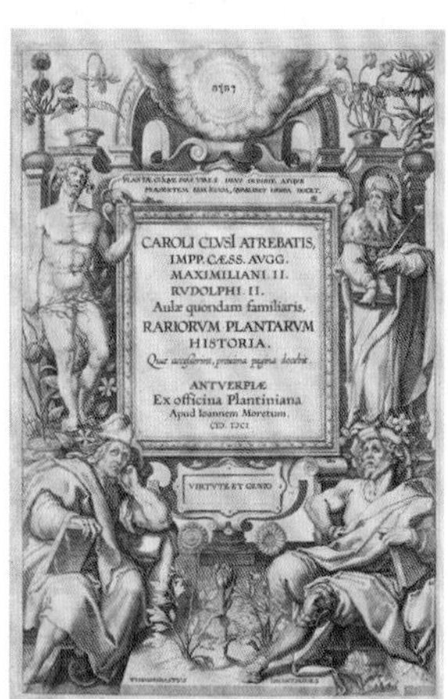

《珍稀植物史》标题页版画，该书由著名植物学家卡罗卢斯·克卢修斯撰写并由安特卫普出版社佑哈讷斯·莫瑞特斯（Antwerp Officia Plantin by Johannes Moretus）出版于1601年。
纸本印刷品，封皮为棕色牛皮，封底重新装订，内含维多利亚女王的藏书标签。
36.1厘米 × 23.7厘米
艺术品出处：可能由威廉四世获得。
英国皇家收藏，编号：1057452
图64

《植物志》标题页版画，该书由伦敦园艺家约翰·杰勒德撰写并由伦敦出版商亚当·艾斯利普（Adam Islip）、詹姆斯·诺顿（James Norton）和理查德·惠特克（Richard Whitaker）出版于1636年（第三版，首印于1597年）。
木刻版画《早紫兰》，该图见第207页
纸本印刷品，封皮为棕色牛皮，封底重新装订。
35.2厘米 × 25.5厘米
艺术品出处：可能由威廉四世获得。
英国皇家收藏，编号：1057467
图65

《植物剧场》一书内页，该书由伦敦药剂师约翰·帕金森创作并由伦敦出版商托马斯·科茨（Thomas Cotes）出版于1640年。
木刻版画《西印度菠萝树》（*West Indian delttous pines*），该图见第1626页。
纸本印刷品，后用栗色山羊皮重新装订，内含斯特拉斯莫尔伯爵夫人希里亚（Countess of Strathmore，1862—1938年）的藏书标签。
34.6厘米 × 23.0厘米
艺术品出处：初归斯特拉斯莫尔和金霍恩伯爵夫人（Countess of Strathmore and Kinghorne）塞西莉亚·鲍斯·莱昂（Cecilia Bowes Lyon）所有；后被遗赠给伯爵夫人之女伊丽莎白王太后。
英国皇家收藏，编号：1167737
图66

《带有药用芍药根部的南欧芍药》，由意大利画派画家创作于约1610—1620年。
黑粉笔、水彩和不透明色
36.2厘米 × 27.0厘米
艺术品出处：由研究古罗马文物的意大利学者卡西亚诺·德尔·波佐委托制作；后于1703年被教宗克勉十一世（Pope Clement XI）购得；1762年被易手给乔治三世；后被乔治五世继承；之后被艺术收藏家雷克斯·南·基维尔爵士（Sir Rex Nan Kivell）在伦敦艺术市场上购得；最后于1976/1977年被呈献给伊丽莎白二世女王。
文献记载：*Garbari amd Tongiorgi Tomasi* 2007，no. 253；*Attenborough* 2007，图 35。
英国皇家收藏，编号：919401
图67

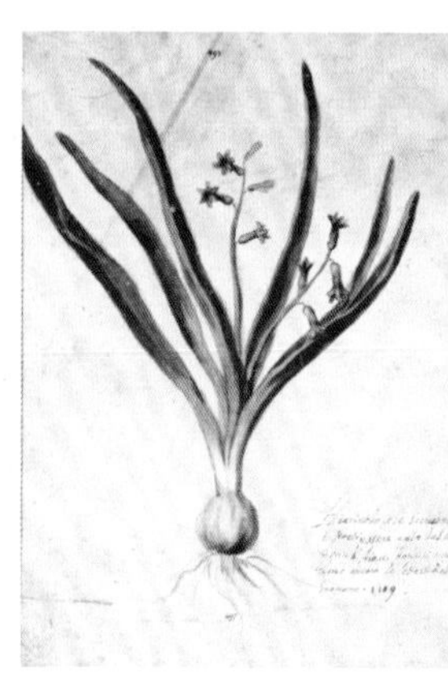

《风信子》，由意大利画派画家创作于约1600—1625年。
铅笔、水彩
36.9厘米 × 26.1厘米
艺术品出处：由研究古罗马文物的意大利学者卡西亚诺·德尔·波佐委托绘制；后于1703年被教宗克勉十一世购得；1762年被易手给乔治三世；后被乔治五世继承；之后被艺术收藏家雷克斯·南·基维尔爵士在伦敦艺术市场上购得；最后于1976/7年被呈献给伊丽莎白二世女王。
文献记载：*Garbari and Tongiorgi Tomasi* 2007，no. 253；*Attenborough* 2007，no. 276。
英国皇家收藏，编号：919414
图68

《上趴一只无名蜗牛的无毛紫露草、属名不详的蔷薇、西班牙黑种草、双瓣黑种草、匈牙利千叶玫瑰和法国或兰卡斯特，由亚历山大·马歇尔创作于约1650—1682年。
水彩、不透明色
45.9厘米 × 33.0厘米
艺术品出处：由来自伯克郡赫利村（Hurley）的约翰·曼格斯（John Mangles）呈献给乔治四世。
文献记载：*Leith-Ross* 2000，第192页。
英国皇家收藏，编号：924344
图69

《无名郁金香、普通远志和双瓣白花毛茛》，由亚历山大·马歇尔创作于约1650—1682年。
水彩、不透明色
45.9厘米 × 33.0厘米
艺术品出处：由来自伯克郡赫利村的约翰·曼格斯呈献给乔治四世。
文献记载：*Leith-Ross* 2000，第110页。
英国皇家收藏，编号：924303
图70

《半花水仙、红口水仙、花贝母和绒毛报春花》，由亚历山大·马歇尔创作于约1650—1682年。
水彩、不透明色
45.7厘米 × 33.1厘米
艺术品出处：由来自伯克郡赫利村的约翰·曼格斯呈献给乔治四世。
文献记载：*Leith-Ross* 2000，第64页；*Attenborough* 2007，图 40。
英国皇家收藏，编号：924280
图72

《绒毛报春花》，由亚历山大·马歇尔创作于约1650—1682年。
水彩、不透明色
45.7厘米 × 32.9厘米
艺术品出处：由来自伯克郡赫利村的约翰·曼格斯呈献给乔治四世。
文献记载：*Leith-Ross* 2000，第64页；*Attenborough* 2007，图 41。
英国皇家收藏，编号：924281
图73

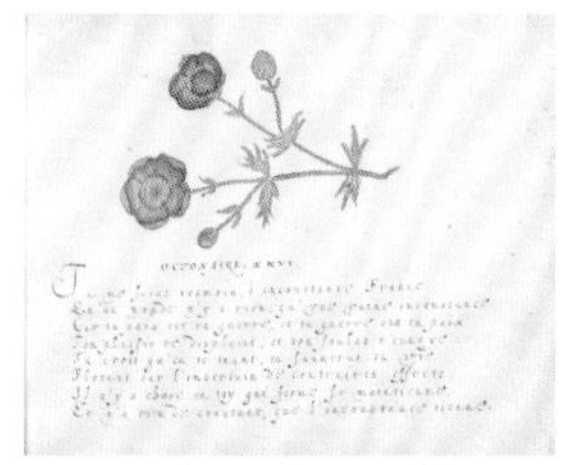

《50首为世界的无常与虚幻而作的八行诗》插图，由埃丝特·英格利斯于1607年誊写和绘制，并于同年作为礼物进献给威尔士亲王。
该图见书中第29对页右页，第26首八行诗（Octonaire XXVI）
纸本手稿，水彩、金漆和棕色墨，封皮为粉丝丝绒，上带可替换丝带
12.0厘米 × 16.6厘米
艺术品出处：1805年由第15代埃罗尔伯爵詹姆斯（James, 15th Earl of Erroll）之女杰迈玛·海夫人（Lady Jemina Hay）持有；于约1900年归阿姆斯特朗小姐（Miss Armstrong）所有；后易手给Miss R. B. 马特尔小姐（R. B. Myrtle）；而后被遗赠给马特尔的外甥女I. M. 萨德洛小姐（I. M. Sudlow）；最后于1952年被归入皇家图书馆收藏。
英国皇家收藏，编号：1047001
图74

《花卉和蝴蝶静物画》，由荷兰花卉画家玛丽亚·凡·奥斯特维克创作于1686年。
木板油画
47.3厘米 × 36.8厘米
艺术品出处：该作品记录首见于安妮女王在位期间的英国皇家收藏。
文献记载：*White* 1982，no. 125；*Enchanting the Eye* 2005（展览图录），第108—110页。
英国皇家收藏，编号：405626
图76

《花卉、昆虫和贝壳静物画》，由荷兰花卉画家玛丽亚·凡·奥斯特维克创作于1686年。
木板油画
47.4厘米 × 36.5厘米
艺术品出处：该作品记录首见于安妮女王在位期间的英国皇家收藏。
文献记载：*White* 1982，no. 126；*Enchanting the Eye* 2005（展览图录），第111—112页。
英国皇家收藏，编号：405625
图77

《一串葡萄》，由荷兰花卉画家西蒙·韦雷斯特创作于约1670—1675年。
布面油画
46.4厘米 × 36.0厘米
艺术品出处：可能是为查理二世而作。
文献记载：*Millar* 1963，no. 295。
英国皇家收藏，编号：405506
图79

《花环装饰的神像相框》，由佛兰德斯静物画家丹尼尔·西格斯创作于约1640—1649年。
铜板油画
87.0厘米 × 60.9厘米
艺术品出处：可能在尚为威尔士亲王的查理二世于1649年拜访安特卫普西格斯工作室时被呈现给这位未来的国王。
文献记载：*White* 2007，no. 78；*Bruegel to Rubens* 2007（展览图录），no. 40。
英国皇家收藏，编号：405617
图80

《酿酒葡萄（*Vitis vinifera*）藤枝与成虫、幼虫和蚕蛹时期的天蛾》，由玛丽亚·西比拉·梅里安创作于约1705年。
小牛皮纸水彩画（外加不透明色、阿拉伯胶和蚀刻轮廓）
37.4厘米 × 28.1厘米
艺术品出处：初归伦敦著名收藏家、鉴赏家理查德·米德医生所有；后被尚为威尔士亲王的乔治三世购得。
文献记载：*Attenborough* 2007，图60。
英国皇家收藏，编号：921190
图83

《成熟的菠萝和幼虫、蚕蛹、成虫时期的绿袖蝶（*Philaetria dido*）以及一只甲虫》，由玛丽亚·西比拉·梅里安创作于约1705年。
小牛皮纸水彩画（外加不透明色、阿拉伯胶和蚀刻轮廓）
43.5厘米 × 28.8厘米
艺术品出处：初归伦敦著名收藏家、鉴赏家理查德·米德医生所有；后被尚为威尔士亲王的乔治三世购得。
英国皇家收藏，编号：921154
图84

《向查理二世进献菠萝》，由英国画派画家创作于大约1677年。
布面油画
96.6厘米 × 114.5厘米
艺术品出处：初归布莱德拜恩收藏（Breadabane Collection）所有；后由芒特斯蒂芬女士（Lady Mountstephen）呈献给玛丽王后。
文献记载：*Millar* 1963，no. 316；*In Fine Style* 2013（展览图录），第102—103页。
英国皇家收藏，编号：406896
图86

银质方桌，由伦敦银匠安德鲁·摩尔打造于1698—1699年。
白银、橡木
85.0厘米 × 122.0厘米 × 75.5厘米
艺术品出处：1698年威廉三世为肯辛顿宫委托制作的一套家具之一，于1699年完工并运送至肯辛顿宫。
文献记载：*Royal Treasures* 2002（展览图录），no. 78；*George III and Queen Charlotte* 2004（展览图录），no. 258。
英国皇家收藏，编号：35301
图87

第五章：巴洛克风格园林

《凡尔赛宫的猎鹿赛》，被认为由法国画家让-巴蒂斯特·马丁创作于约1700年。
布面油画
120.0厘米 × 180.4厘米
艺术品出处：由乔治四世从巴黎的M. 德·拉·亨特（M. de la Hante）手中购得。
文献记载：*de Bellaigue* 1979，第81页
英国皇家收藏，编号：406958
图88

《从北向南看到的克利夫斯蒂尔加滕园林中的圆形露天剧场》，由荷兰画派画家创作于约1671年。
布面油画
222.4厘米 × 33.59厘米
艺术品出处：该作品记录首见于1688年温莎城堡的藏品。
文献记载：White 1982，no. 272。
英国皇家收藏，编号：406170
图99

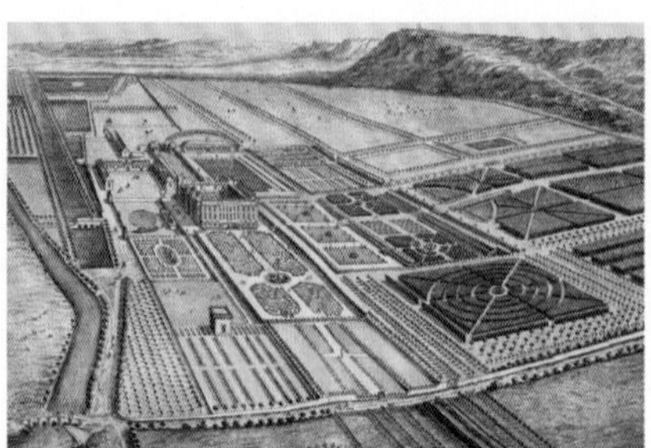

《查茨沃思庄园》，仿里奥纳德·奈夫创作风格作品，收录于由伦敦出版商大卫·莫提耶（London: David Mortier）于1708年出版的《大不列颠新庄园：大不列颠女王公殿以及王公贵胄庄园图集》（*Nouveau Théâtre de la Grand Bretagne: ou description exacte des palais de la reine et des maisons les plus considerables des seigneurs et des gentilshommes de la Grande Bretagne*）。该图为第17图。
纸质印刷品，以棕色羊皮重新装订
38.3厘米 × 56.7厘米
艺术品出处：维多利亚女王于1860年之前购得。
英国皇家收藏，编号：1070432
图107

《马尔利宫的游猎赛》，被认为由法国画家让-巴蒂斯特·马丁创作于约1700年。
布面油画
120.0厘米 × 180.6厘米
艺术品出处：由乔治四世从巴黎的M. 德·拉·亨特手中购得。
英国皇家收藏，编号：406957
图89

《汉普顿宫》，由亨德里克·丹克斯创作于约1665—1667年。
布面油画
102.5厘米 × 99.7厘米
艺术品出处：可能是为查理二世而作。
文献记载：*Millar* 1963，no. 397。
英国皇家收藏，编号：402842
图104

《亨利·怀斯肖像》，由英国著名肖像画家戈弗雷·内勒爵士创作于约1715年。
布面油画
75.6厘米 × 63.1厘米
艺术品出处：初归伍斯特郡利克伍顿（Leek Wootton）伍德科特（Woodcote）的亚瑟·沃勒爵士（Sir Arthur Waller）所有；1947年12月12日于伦敦佳士得拍卖行拍卖，编号155；被乔治六世购买纳入英国皇家收藏。
文献记载：*Millar* 1963，no. 350。
英国皇家收藏，编号：405636
图108

《汉普顿宫风景图》，由里奥纳德·奈夫创作于约1703年。
布面油画
153.1厘米 × 216.3厘米
艺术品出处：据推测该作品最初归第一代科宁斯比伯爵托马斯所有，保存在科宁斯比在赫里福德郡名为汉普顿宫的庄园里；后被伍斯特郡斯陶尔布里奇市（Stourbridge）克伦特村（Clent）锡永庄园（Sion House）的主人汉弗·莱沃茨（Humphry Watts）购得；之后于1948年易手给乔治六世，从而进入英国皇家收藏。
文献记载：*Millar* 1963，no. 423。
英国皇家收藏，编号：404760
图106

《一处形制规整的园林中被一位绅士打扰的三位贵妇人》，由荷兰黄金时代画家鲁道夫·德·勇创作于约1670—1679年。
布面油画
60.1厘米 × 70.7厘米
艺术品出处：乔治四世于1806年之前购得。
文献记载：*White* 1982，no. 94；*The Conversation Piece* 2009（展览图录），no. 7。
英国皇家收藏，编号：400596
图96

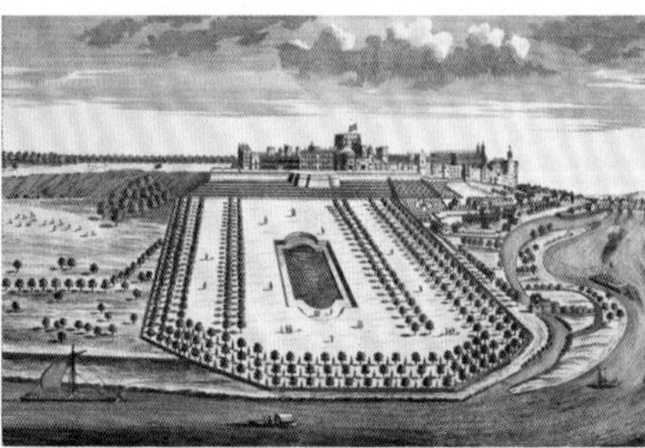

《温莎城堡皇家宫殿》，由约翰·鲍尔斯于大约1723—1733年出版。
被约翰·鲍尔斯在位于伦敦齐普赛街（Cheapside）的绸布商大厅（Mercers' Hall）出售。
蚀刻版画
32.2厘米 × 46.4厘米（页面尺寸）；28.3厘米 × 45.7厘米（刻板尺寸）
艺术品出处：约1900年之前进入英国皇家收藏。
英国皇家收藏，编号：700169
图110

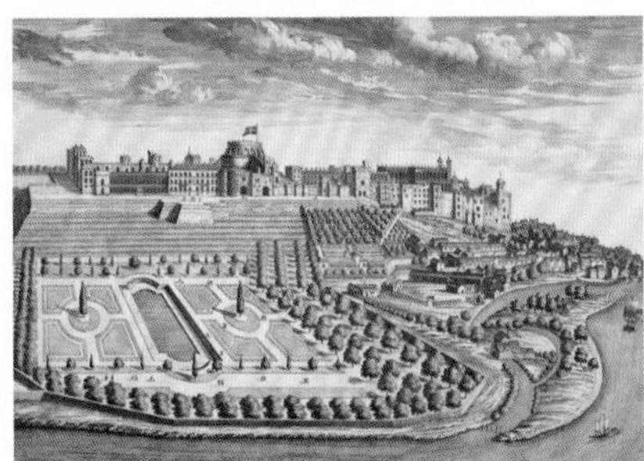

《温莎皇宫及温莎镇》，由佑哈讷斯·基普根据马克·安特尼·哈德罗伊的作品风格创作于约1720年。
由版画和地图销售商托马斯·鲍尔斯在圣保罗教堂广场（St. Paul's Church Yard）集会侧楼临近的建筑中出售。
蚀刻版画
48.2厘米 × 66.6厘米（页面尺寸）；48.9厘米 × 66.8厘米（刻板尺寸）
艺术品出处：约1900年之前进入英国皇家收藏。
英国皇家收藏，编号：700142
图111

《温莎城堡》，由英国画派画家创作于约1710年。
布面油画
68.0厘米 × 83.0厘米
艺术品出处：初归伯克郡洛金庄园（Lockinge House）主人，即奥弗斯通男爵塞缪尔·琼斯·洛伊德（Samuel Jones Loyd，1796—1883年）所有；后由克里斯托弗·路易斯·洛伊德（Christopher Lewis Loyd，1923—2013年）继承，之后被克里斯托弗于1944年呈献给伊丽莎白王太后。
英国皇家收藏，编号：400926
图113

《一座花园子》，由英国画派画家创作于约1700年。
布面油画
61.3厘米 × 114.0厘米
艺术品出处：该作品记录可能首见于安妮女王1705—1710年收藏画作清单中，悬挂于马尔博罗公爵夫人（Duchess of Marlborough）位于温莎城堡花园庄园中的卧室内。花园庄园后来成为女王的下榻之所。
文献记载：*Millar* 1963，no. 458。
英国皇家收藏，编号：400526
图114

《圣詹姆士宫及附近区域》，由英国版画师威廉·汤姆斯创作于1736年。
蚀刻版画
20.6厘米 × 33.1厘米
艺术品出处：约1900年之前进入英国皇家收藏。
英国皇家收藏，编号：703041
图116

《肯辛顿皇宫》，由亨利·欧维顿与J.胡尔出版于约1720—1730年。
蚀刻版画
58.2厘米 × 90.2厘米（页面尺寸）；56.9厘米 × 87.6厘米（刻板尺寸）
艺术品出处：约1900年之前进入英国皇家收藏。
文献记载：*The First Georgians* 2014（展览图录），no. 24。
英国皇家收藏，编号：702920
图117

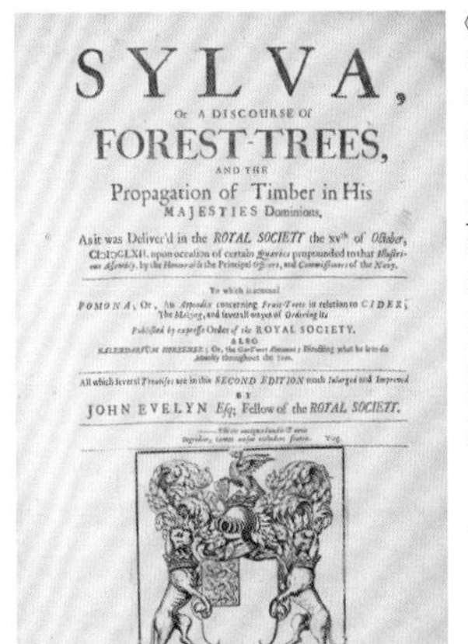

SYLVA,
Or A DISCOURSE Of
FOREST-TREES,
AND THE
Propagation of Timber in His
MAJESTIES Dominions,
As it was Deliver'd in the ROYAL SOCIETY the xv[th] of October,
...
To which is annexed
POMONA; Or, An Appendix concerning Fruit-Trees in relation to CIDER;
...
Published by expresse Order of the ROYAL SOCIETY.
ALSO
...
All which several Treatises are in this SECOND EDITION much Inlarged and Improved
BY
JOHN EVELYN Esq; Fellow of the ROYAL SOCIETY.
LONDON,
Printed for Jo. Martyn, and Ja. Allestry, Printers to the Royal Society MDCLXX.

《森林志》，又名《森林树木的话语》标题页，由英国作家约翰·伊夫林撰写并由伦敦出版商约翰·马丁和詹姆斯·埃利斯特里（London: John Martyn and James Allestry）印制于1670年（第二版，首印于1664年）。
纸质印刷品，封皮为杂色小牛皮
艺术品出处：由伊丽莎白王太后购得。
英国皇家收藏，编号：1167072
图118

《灌木公园水之园流水景观图》，由威尼斯画家马尔科·里奇画室创作于约1715年。
布面油画
150.4厘米 × 248.0厘米
艺术品出处：该作品记录首见于伊丽莎白二世女王统治期间的英国皇家收藏。
文献记载：*Millar* 1963，no. 462。
英国皇家收藏，编号：402592
图120

《美景中的群鸟》，由雅各布·博格达尼创作于约1691—1714年。
布面油画
214.0厘米 × 124.0厘米
艺术品出处：为安妮女王而创作的绘画作品。
文献记载：*Millar* 1963，no. 482。
英国皇家收藏，编号：402812
图122

《汉普顿宫精确远景图》，由版画师萨顿·尼科尔斯创作于约1700年。
由约翰·金（John King）在伦敦家禽街（Poultry）环球剧场（Globe）印刷和出售。
蚀刻版画
51.9厘米 × 61.0厘米（页面尺寸）；50.8厘米 × 59.6厘米（刻板尺寸）
艺术品出处：约1900年之前进入英国皇家收藏。
英国皇家收藏，编号：702878
图123

一套八件墙帷作品中的两件，由英国工匠根据法国建筑师、家具设计师丹尼尔·马洛特设计的花坛图案制作于约1700年。
彩色刺绣花纹羊毛制品
339.0厘米 × 65.0厘米（英国皇家收藏编号：28228.7）
341.5厘米 × 57.5厘米（英国皇家收藏编号：28228.8）
艺术品出处：首见于1742年的皇家收藏记录。
文献记载：*Swain* 1988，第72页，no. 30；*Coutts* 1988，第232—233页；*Jackson-Stops* 1988，第208页。
英国皇家收藏，编号：28228.7-8
图125

郁金香花瓶（Tulip vase），由阿德里安·柯克思陶瓷厂制作于约1694年。
锡釉陶器
147.2厘米（高度）
艺术品出处：由玛丽二世委托制作。
文献记载：*Archer* 1984，第15页；*Royal Treasures* 2002（展览图录），no. 116。
英国皇家收藏，编号：1085.1
图127

郁金香花瓶（Tulip vase），由阿德里安·柯克思陶瓷厂制作于约1689—1694年。
锡釉陶器
100.0厘米（高度）
艺术品出处：由玛丽二世购得。
英国皇家收藏，编号：1082.1
图128

《花瓮插花》（*Flowers in a Vase*），由画家雅各布·博格达尼创作于约1691—1714年。
布面油画
173.4厘米 × 84.1厘米
艺术品出处：为安妮女王而创作的绘画作品。
文献记载：*Millar* 1963，no. 483。
英国皇家收藏，编号：402811
图130

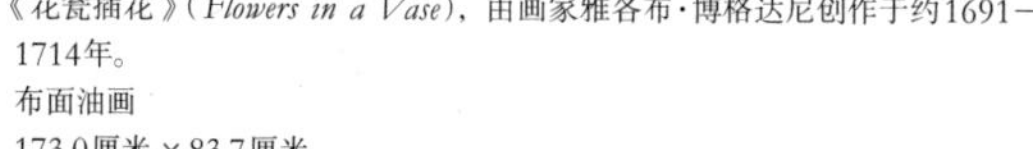

《花瓮插花》（*Flowers in a Vase*），由画家雅各布·博格达尼创作于约1691—1714年。
布面油画
173.0厘米 × 83.7厘米
艺术品出处：为安妮女王而创作的绘画作品。
文献记载：*Millar* 1963，no. 484。
英国皇家收藏，编号：402807
图131

《汉普顿宫皇家园林中的花瓮》（*A Vase in the Royal Gardens at Hampton Court*），由英国建筑师约翰·瓦尔迪创作于1749年。
蚀刻版画
49.1厘米 × 22.1厘米（页面尺寸）
46.4厘米 × 18.8厘米（刻板尺寸）
艺术品出处：约1900年之前进入英国皇家收藏。
英国皇家收藏，编号：702891.b
图133

铅质花瓮（*Lead urn*），由荷兰雕塑家约翰·诺斯特制作于约1701年。
铅
75.0厘米 × 66.0厘米 × 38.0厘米
艺术品出处：威廉三世为装饰汉普顿宫御花园于1701年委托约翰·诺斯特制作。
英国皇家收藏，编号：95183.1和95183.2
图136

《白金汉庄园》，据传由荷兰画家阿德里安·范·迪斯特创作于约1705年。
布面油画
85.1厘米 × 110.4厘米
艺术品出处：由伊丽莎白二世女王于1991年9月购得。
文献记载：*Brown* 2004，第36页。
英国皇家收藏，编号：404350
图137

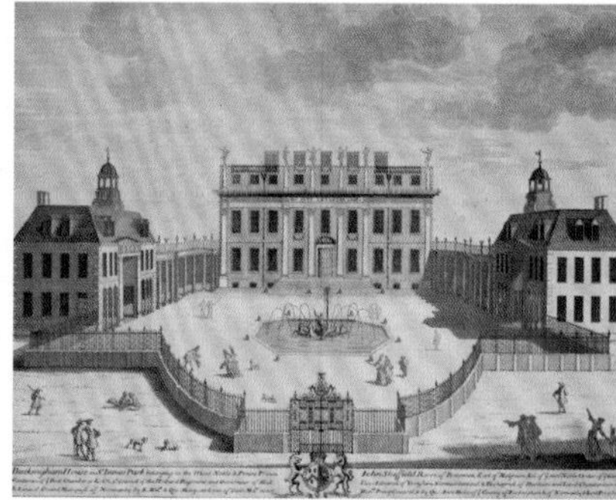

《圣詹姆士公园白金汉庄园》（*Buckingham House in St. James Park*），由荷兰版画师佑哈讷斯·基普制作于1714年。
蚀刻版画
51.6厘米 × 62.1厘米（页面尺寸）；47.9厘米 × 59.8厘米（刻板尺寸）
艺术品出处：约1900年之前进入英国皇家收藏。
英国皇家收藏，编号：702778
图138

第六章：天然景观园林

《挑脚刺的少年：斯皮那里欧》（*Boy with a thorn in his foot: 'Spinario'*），由法国雕塑家雨贝赫·勒·苏佑赫制作于1636—1637年。
青铜
78.0厘米 × 53.0厘米 × 60.0厘米
艺术品出处：查理一世于1636/1637年以50英镑购得；后摆放于圣詹姆士宫御花园；1651年10月23日被出售给埃德蒙德·哈里森（Edmund Harrison）等人；后于1819年被尚为摄政王的乔治四世购得。
文献记载：*Pyne* 1819，见第147页跨页；*Miller* 1972，第143页，no. 91；*Marsden* 2002，第48页。
英国皇家收藏，编号：26319
图140

日晷（*Sundial*），由托马斯·汤姆皮恩制作于约1699年。
黄铜
41.0厘米 × 52.2厘米；日晷高度：37.5厘米；日晷加基座总高度：148.0厘米
艺术品出处：为威廉三世时期的汉普顿宫制作的一对日晷作品之一。
文献记载：*Symonds* 1951，第298—299页；*Jagger* 1983，第72页；*Evans* 2006，第108页。
英国皇家收藏，编号：11959
图141

日晷（*Sundial*），由托马斯·汤姆皮恩制作于约1699年。
黄铜
31.5厘米 × 52.2厘米；日晷高度：37.5厘米；日晷加基座总高度：148.0厘米
艺术品出处：为威廉三世时期的汉普顿宫制作的一对日晷作品之一。
文献记载：*Symonds* 1951，第298—299页；*Evans* 2006，第108页。
英国皇家收藏，编号：95190
图142

《神庙、瀑布、人物和羊群风景图》，由意大利巴洛克晚期画家弗朗西斯科·祖卡雷利创作于约1760—1769年。
布面油画
86.7厘米 × 118.1厘米
艺术品出处：该作品记录首见于乔治三世统治时期的英国皇家收藏。
文献记载：*Levey* 1991，no. 692。
英国皇家收藏，编号：404391
图144

《乔治二世全家福》，由英国画家威廉·贺加斯创作于约1731—1732年。
布面油画
63.8厘米 × 76.4厘米
艺术品出处：由伊丽莎白二世女王于1955年购得。
文献记载：*Millar* 1963，no. 559；*The Conversation Piece* 2009（展览图录），no. 14。
英国皇家收藏，编号：401358
图145

《邱园风景图》，由瑞士画家约翰·雅各布·沙尔什创作于1759年。
布面油画
75.6厘米 × 102.1厘米
艺术品出处：由威尔士亲王王妃奥古斯塔于1759年委托绘制。
文献记载：*Millar* 1969，no. 1064。
英国皇家收藏，编号：403517
图146

《蓓尔美尔街卡尔顿庄园，即威尔士亲王遗孀公主殿下宫殿的园林景观》（*A View of the Garden at Carlton House in Pall Mall, a palace of Her Royal Highness the Princess Dowager of Wales*），由英国版画师威廉·沃雷特创作于约1766年。
由约翰·蒂尼于1760年出版，后于1766年被再次刊发。
曾分别被亨利·帕克（Henry Parker）在伦敦科恩希尔街（Cornhill）、罗伯特·塞耶（Robert Sayer）在舰队街（Fleet Street）、约翰·鲍尔斯在科恩希尔街、卡灵顿·鲍尔斯（Carington Bowels）在圣保罗教堂广场以及约翰·博伊德尔（John Boydell）在齐普赛街（Cheapside）出售。
蚀刻版画
41.7厘米 × 57.1（页面尺寸）；38.0厘米 × 55.3（刻板尺寸）
艺术品出处：约1900年之前进入英国皇家收藏。
文献记载：*London* 1753 2003（展览图录），第211—212页。
英国皇家收藏，编号：702850
图151

《邱园皇家园林中从草坪观赏到的皇宫景象》（*A View of the Palace from the Lawn, in the Royal Gardens at Kew*），由英国版画师威廉·沃雷特根据约书亚·柯比的画作制作于1763年。
蚀刻版画
34.7厘米 × 50.8厘米（页面尺寸）；31.4厘米 × 46.7厘米（刻板尺寸）
艺术品出处：约1900年之前进入英国皇家收藏。
英国皇家收藏，编号：702947.a
图152

《邱园皇家园林中的鸟舍和花坛景观》，由英国版画师查尔斯·格里尼翁（Charles Grignion，1721—1810年）根据托马斯·桑德比的画作制作于1763年。
蚀刻版画
34.3厘米 × 49.0厘米（页面尺寸）；31.2厘米 × 46.4厘米（刻板尺寸）
艺术品出处：约1900年之前进入英国皇家收藏。
英国皇家收藏，编号：702947.l
图153

《山野风景之中的阿尔罕布拉风格宫殿、佛塔和清真寺景观》，由英国版画师爱德华·卢克尔根据风景画家威廉·马洛的画作制作于约1763年。
蚀刻版画
44.0厘米×59.3厘米（页面尺寸）；31.6厘米×46.3厘米（刻板尺寸）
艺术品出处：约1900年之前进入英国皇家收藏。
英国皇家收藏，编号：702947.v
图154

《从湖面北侧观赏到的皇宫景观》，由威廉·埃利奥特根据威廉·沃雷特的画作制作于约1766年。
1763年首次出版，约1766年再次刊发。
曾分别被罗伯特·塞耶（Robert Sayer）在舰队街（Fleet Street）、卡灵顿·鲍尔斯在圣保罗教堂广场以及约翰·博伊德尔在齐普赛街出售。
蚀刻版画
40.3厘米×57.4厘米（页面尺寸）；37.0厘米×54.0厘米（刻板尺寸）
艺术品出处：约1900年之前进入英国皇家收藏。
英国皇家收藏，编号：702947.d
图155

《从湖面南侧观赏到的皇宫景观》，由法国版画师皮埃尔·查尔斯·卡努根据威廉·沃雷特的画作制作于约1766年。
曾分别被约翰·鲍尔斯在伦敦科恩希尔街、罗伯特·塞耶在舰队街、卡灵顿·鲍尔斯在圣保罗教堂广场发布。
蚀刻版画
38.8厘米×55.9厘米（页面尺寸）；36.7厘米×53.5厘米（刻板尺寸）
艺术品出处：约1900年之前进入英国皇家收藏。
英国皇家收藏，编号：702947.h
图156

《从园中主路欣赏到的伯林顿伯爵阁下奇斯威克庄园建筑景观》（*A View fo the Rt. Hon.ble the Earl of Burlington's House at Chiswick; taken from the Road*），根据建筑制图师约翰·多诺韦尔的画作制作于约1760—1766年。
曾分别被T. 鲍尔斯（T. Bowles）在圣保罗教堂广场、约翰·鲍尔斯父子在科恩希尔街、罗伯特·塞耶在舰队街以及约翰·赖亚尔（John Ryall）在舰队街出售。
蚀刻版画
26.2厘米×41.8厘米（裁剪至刻板印痕处）
艺术品出处：约1900年之前进入英国皇家收藏。
文献记载：*Symes* 1987，第47、51页；*The Palladian Revival* 1994—1995年（展览图录），no. 117。
英国皇家收藏，编号：701784.d
图158

《伯林顿伯爵奇斯威克庄园园林中瀑布、蛇形河以及庄园建筑西立面部分景观图》（*A View of the Cascade, of part of the Serpentine River, and of the west Front of the House of the Earl of Burlington, at Chiswick*），根据建筑制图师约翰·多诺韦尔的画作制作于约1760—1766年。
曾分别被罗伯特·塞耶在舰队街、T. 鲍尔斯在圣保罗教堂广场、约翰·鲍尔斯父子在科恩希尔街、以及约翰·赖亚尔在舰队街出售。
蚀刻版画
26.6厘米×41.8厘米（裁剪至刻板印痕处）
艺术品出处：约1900年之前进入英国皇家收藏。
文献记载：*Symes* 1987，第44、51页；*The Palladian Revival* 1994—1995年（展览图录），no. 120。
英国皇家收藏，编号：701784.f
图159

《伯林顿伯爵奇斯威克庄园园林中的浴房与蛇形河（尽头为流水瀑布）部分景观图》（*A View of the back part of the Cassina & part of the Serpentine river, terminated by the cascade, in the Garden of the Earl of Burlington, at Chiswick*），根据建筑制图师约翰·多诺韦尔的画作制作于约1760—1766年。
曾分别被约翰·赖亚尔在舰队街、约翰·鲍尔斯父子在科恩希尔街、T. 鲍尔斯在圣保罗教堂广场罗伯特·塞耶在舰队街出售。
蚀刻版画
26.8厘米×41.8厘米（裁剪至刻板印痕处）
艺术品出处：约1900年之前进入英国皇家收藏。
文献记载：*Symes* 1987，第46、51页；（*The Palladian Revival*）1994—1995年（展览图录），no. 121。
英国皇家收藏，编号：701784.c
图160

《伯林顿伯爵奇斯威克庄园园林中三条步道景观图（尽头分别为浴房、圆顶亭和农庄）》（*A view of the three walks terminated by the Cassina, the Pavilion and the Rustic House in the Garden of the Earl of Burlington,* at Chiswick），根据建筑制图师约翰·多诺韦尔的画作制作于约1760—1766年。
曾分别被T. 鲍尔斯在圣保罗教堂广场、约翰·鲍尔斯父子在科恩希尔街、罗伯特·塞耶在舰队街以及约翰·赖亚尔在舰队街出售。
蚀刻版画
26.7厘米×42.1厘米（裁剪至刻板印痕处）
艺术品出处：约1900年之前进入英国皇家收藏。
文献记载：*Symes* 1987，第48、51页；（*The Palladian Revival*）1994—1995年（展览图录），no. 122。
英国皇家收藏，编号：701784.a
图161

《从通往大画廊后门的台阶顶端欣赏到的伯林顿伯爵奇斯威克庄园园林景观》（*A View of the Garden of the Earl of Burlington, at Chiswick; taken from the Top of the Flight of Steps leading to ye Grand Gallery in ye Back Front*），根据建筑制图师约翰·多诺韦尔的画作制作于约1760—1766年。
曾分别被约翰·鲍尔斯父子在科恩希尔街、T. 鲍尔斯在圣保罗教堂广场、罗伯特·塞耶在舰队街以及约翰·赖亚尔在舰队街出售。
蚀刻版画
27.5厘米×42.2厘米（裁剪至刻板印痕处）
艺术品出处：约1900年之前进入英国皇家收藏。
文献记载：*Symes* 1987，第49、55页；（*The Palladian Revival*）1994—1995年（展览图录），no. 119。
英国皇家收藏，编号：701784.e
图162

《伯林顿伯爵奇斯威克庄园建筑后立面及园林部分景观图》(*A View of the Back Front of the House and part of the Garden of the Earl of Burlington at Chiswick*)，根据建筑制图师约翰·多诺韦尔的画作制作于约1760—1766年。
曾分别被罗伯特·塞耶在舰队街、T. 鲍尔斯在圣保罗教堂广场、约翰·鲍尔斯父子在科恩希尔街以及约翰·赖亚尔在舰队街出售。
蚀刻版画
26.8厘米×42.1厘米（裁剪至刻板印痕处）
艺术品出处：约1900年之前进入英国皇家收藏。
文献记载：*Symes* 1987，第49、55页；(*The Palladian Revival*) 1994—1995年（展览图录），no. 118。
英国皇家收藏，编号：701784.g
图163

《从湖端建筑处观赏到的区域》，由法国版画师伯纳德·巴伦根据雅克·希古的画作制作于1739年。
由S. 布里奇曼（S. Bridgeman）于1739年5月12日出版。
蚀刻版画
40.2厘米×78.2厘米（页面尺寸）
艺术品出处：约1900年之前进入英国皇家收藏。
英国皇家收藏，编号：701141.a
图164

《（斯托园林中）从砖庙看到的景观》[*View from the Brick Temple (Stowe)*]，由法国版画师伯纳德·巴伦根据雅克·希古的画作制作于1739年。
由S. 布里奇曼于1739年5月12日出版。
蚀刻版画
35.7厘米×50.8厘米（页面尺寸）
艺术品出处：约1900年之前进入英国皇家收藏。
英国皇家收藏，编号：701141.i
图165

《（斯托园林中）从圆厅建筑看到的女王剧院景观》[*View of the Queen's Theatre from the Rotunda (Stowe)*]，由法国版画师伯纳德·巴伦根据雅克·希古的画作制作于1739年。
由S. 布里奇曼于1739年5月12日出版。
蚀刻版画
33.7厘米×49.2厘米（页面尺寸）
艺术品出处：约1900年之前进入英国皇家收藏。
英国皇家收藏，编号：701141.g
图166

《斯托园林：从吉布斯亭看到的景观》[*Stowe: View from the Gibbs Building (Stowe)*]，由法国版画师伯纳德·巴伦根据雅克·希古的画作制作于1739年。
由S. 布里奇曼于1739年5月12日出版。
蚀刻版画
33.2厘米×49.5厘米（页面尺寸）
艺术品出处：约1900年之前进入英国皇家收藏。
英国皇家收藏，编号：701141.f
图167

《从汉普顿宫园林遥望宫殿建筑》(*Prospect of Hampton Court from the Garden side*)，据传由巴塞洛缪·霍克根据雅克·希古的画作于1738年制作成为版画作品。
蚀刻版画
38.5厘米×67.1厘米（页面尺寸）
艺术品出处：约1900年之前进入英国皇家收藏。
英国皇家收藏，编号：702881
图168

《汉普顿宫园林中的斜角步道、喷泉和人工河》(*The Diagonal Walk, Fountain and Canal in the Garden of Hampton Court*)，由版画出版商约翰·蒂尼根据画家安东尼·海默的画作制作于约1766年。
首次出版于约1744年，该图为约1766年再次出版发行的版本。
曾分别被罗伯特·塞耶在舰队街、约翰·鲍尔斯在科恩希尔街13号以及卡灵顿·鲍尔斯在圣保罗教堂广场69号出售。
蚀刻版画
43.2厘米×58.7厘米（页面尺寸）；34.0厘米×49.3厘米（刻板尺寸）
艺术品出处：约1900年之前进入英国皇家收藏。
英国皇家收藏，编号：702885.e
图169

《汉普顿宫建筑东立面斜角图以及部分园林景观》(*An Oblique View of the East Front of Hampton Court, with part of the Garden*)，由版画出版商约翰·蒂尼根据画家安东尼·海默的画作制作于约1766年。
首次出版于约1744年，该图为约1766年再次出版发行的版本。
曾分别被罗伯特·塞耶在舰队街、约翰·鲍尔斯在科恩希尔街13号以及卡灵顿·鲍尔斯在圣保罗教堂广场69号出售。
蚀刻版画
43.9厘米×58.9厘米（页面尺寸）；34.5厘米×49.5厘米（刻板尺寸）
艺术品出处：约1900年之前进入英国皇家收藏。
英国皇家收藏，编号：702885.c
图170

《克莱夫爵士阁下家族庄园之一——克莱尔蒙特庄园中一处小岛之上的圆形露天剧场、大湖泊一角以及新建筑景观图》(*A View of the Amphitheatre & Part of the Great Lake & the New House in the Island Situated in the Garden of Claremont, One of the Seats of the Right Hon.ble Lord Clive*)，由英国版画师彼得·保罗·班纳扎克（Peter Paul Benazech，? 1730—1798年）根据法裔英籍版画师让·巴蒂斯特·克劳德·沙特兰的绘画制作于约1765—1770年。
由罗伯特·塞耶在舰队街53号出售。
蚀刻版画
36.9厘米×53.4厘米（页面尺寸）；35.3厘米×52.1厘米（刻板尺寸）
艺术品出处：约1900年之前进入英国皇家收藏。
英国皇家收藏，编号：702863.b
图171

《圣詹姆士公园和林荫道》，由英国画派画家创作于约1745年。
布面油画
103.5厘米 × 138.5厘米
艺术品出处：由乔治四世购得。
文献记载：*Millar* 1963，no. 617；*The Conversation Piece* 2009（展览图录），no. 18；*The First Georgians* 2014（展览图录），no. 251。
英国皇家收藏，编号：405954
图174

《带有吹笛人的花园派对》（*Fête champêtre with a Flute Player*），由法国画家让-巴蒂斯特-约瑟夫·帕特创作于约1720—1730年。
布面油画
50.2厘米 × 60.3厘米
艺术品出处：该作品首见于1819年白金汉庄园藏品记录，或由威尔士亲王弗雷德里克购得。
文献记载：*Ingersoll-Smouse* 1928，第3、39、102页；*de Bellaigue* 1979，第82—83页
英国皇家收藏，编号：400673
图181

《温莎大公园副守林人小屋》，由英国风景画家保罗·桑德比创作于1798年。
铅笔、不透明色和水彩
51.9厘米 × 41.3厘米
艺术品出处：初归威廉·桑德比所有；后被伊丽莎白二世女王在佳士得拍卖行于1959年5月26日举行的威廉·桑德比藏品拍卖（第二部分）上购得（编号41）；之后被呈献给伊丽莎白王太后。
文献记载：*Watercolours and Drawings from the Collection of Queen Elizabeth The Queen Mother* 2005（展览图录），no. 19。
英国皇家收藏，编号：453594
图185

《坎伯兰公爵亨利、坎伯兰公爵夫人及伊丽莎白·拉特雷尔女士》，由英国肖像和风景画家托马斯·庚斯博罗创作于约1785—1788年。
布面油画
163.5厘米 × 124.5厘米
艺术品出处：由乔治四世购得。
文献记载：*Millar* 1969，no. 797。
英国皇家收藏，编号：400675
图176

《克兰伯恩小屋的步行道和露台》，由英国画家托马斯·桑德比创作于1752年。
铅笔、钢笔、水墨、不透明色和水彩
44.0厘米 × 118.0厘米
艺术品出处：初归坎伯兰公爵威廉·奥古斯塔斯所有；后被乔治三世获得。
文献记载：*Oppé* 1947，no. 111；*Roberts* 1995，no. 42。
英国皇家收藏，编号：914636
图182

《诺曼入口和护城河花园》，由保罗·桑德比创作于约1770年。
铅笔、钢笔、水墨、不透明色和水彩
37.4厘米 × 51.0厘米
艺术品出处：初归约瑟夫·班克斯爵士（Sir Joseph Banks，1743—1820年）所有；后被威廉·纳奇布尔爵士（Sir William Knatchbull，1804—1871年）在佳士得拍卖行于1876年5月23日举行的拍卖会上购得（编号20）；之后易手给威廉·锡布鲁克（William Seabrook）；1892年之前进入英国皇家收藏。
文献记载：*Oppé* 1947，no. 13；*Roberts* 1995，no. 12。
英国皇家收藏，编号：914535
图186

《花园派对》（*Fête champêtre*），由法国画家让-巴蒂斯特-约瑟夫·帕特创作于约1730年。
油布油画
50.6厘米 × 60.5厘米
艺术品出处：该作品首见于1819年白金汉庄园藏品记录，或由威尔士亲王弗雷德里克购得。
文献记载：*Ingersoll-Smouse* 1928，第40、103页；*de Bellaigue* 1979，第82—83页
英国皇家收藏，编号：400671
图180

《副守林人小屋花园风景图》（*The garden of the Deputy Ranger's Lodge*），由英国风景画家保罗·桑德比创作于约1798年。
钢笔、水墨、不透明色和水彩
39.9厘米 × 59.2厘米
艺术品出处：初由海伦娜·维多利亚公主（Princess Helena Victoria，1870—1948年）和玛丽·路易丝公主（Princess Marie Louise，1872—1956年）在罗宾森与福斯特公司（Robinson & Foster Ltd.）于1947年3月24—25日期间在绍姆贝格庄园（Schomberg House）的售卖会上购得（编号274）；后由沙宾先生（Messrs Sabin）获得；1948年被购入英国皇家收藏。
文献记载：*Oppé* 1947，no. 42；*Roberts* 1995，no. 40。
英国皇家收藏，编号：917596
图184

《布莱顿英皇阁设计方案：建筑朝向园林的西外立面》（*Designs for the Pavilion at Brighton: West Front of the Pavilion, towards the Garden*），由景观设计大师汉弗莱·雷普顿创作于1806年。
铅笔、钢笔、水墨和水彩
32.1厘米 × 47.1厘米
艺术品出处：被呈献给尚为威尔士亲王的乔治四世。
英国皇家收藏，编号：918084
图187

《布莱顿英皇阁设计方案：建筑朝向园林的西外立面》，由约瑟夫·康斯坦丁·塔德勒根据景观设计大师汉弗莱·雷普顿的绘画制作于1808年。
由约瑟夫·康斯坦丁·塔德勒在伦敦出版。
纸质印刷品，封皮为红色山羊皮，蚀刻版画
54.0厘米 × 37.5厘米（页面尺寸）；34.5厘米 × 46.0厘米（刻板尺寸）
艺术品出处：1901年之前进入皇家图书馆收藏。
英国皇家收藏，编号：1150259，第41页后插图
图188

《白金汉宫：越过湖面观赏到的园林正面景观》（*Buckingham Palace: Garden front from across the lake*），由英国画家卡莱布·罗伯特·斯坦利（Caleb Robert Stanley，1795—1868年）创作于1839年。
不透明色、水彩
27.8厘米 × 40.8厘米
艺术品出处：由肯特公爵夫人委托制作并于1839年8月17日作为生日礼物呈献给维多利亚女王。
文献记载：*Millar* 1995，II，no. 5110；*Victoria & Albert: Art & Love* 2010（展览图录），no. 283。
英国皇家收藏，编号：919891
图189

《白金汉宫：园林、湖泊和亭阁》（*Buckingham Palace: gardens, lake and Garden Pavilion*），由英国画家卡莱布·罗伯特·斯坦利创作于约1845年。
不透明色、水彩
28.2厘米 × 43.2厘米
艺术品出处：由维多利亚女王或阿尔伯特亲王获得。
文献记载：*Millar* 1995，II，no. 5112。
英国皇家收藏，编号：919889
图190

《夏日农居设计图》，由托马斯·桑德比创作于约1780年。
铅笔、钢笔、水墨和水彩
22.2厘米 × 23.7厘米
艺术品出处：或由乔治三世获得，或为皇家图书馆1892年馆藏中由威廉·桑德比注释的“弗吉尼亚景观湖多幅手绘图”之一。
文献记载：*Oppé* 1947，no. 142；*George III and Queen Charlotte* 2004（展览图录），no. 101。
英国皇家收藏，编号：914715
图191

《古代茅屋》，由著名建筑师威廉·钱伯斯爵士创作于约1759年。
铅笔、钢笔、水墨和水彩
50.0厘米 × 35.4厘米
艺术品出处：可能是为乔治三世而创作。
文献记载：*George III and Queen Charlotte* 2004（展览图录），no. 86。
英国皇家收藏，编号：924812
图195

《弗罗格莫尔庄园的隐居草庐》，由英国画家塞缪尔·豪威特创作于约1802年。
铅笔、钢笔、水墨和水彩
13.9厘米 × 20.8厘米
艺术品出处：或由德比伯爵在伦敦佳士得拍卖行1953年10月19日拍卖会上购得（编号137）；后由沙宾先生获得；之后进入皇家图书馆收藏。
英国皇家收藏，编号：917753
图197

第七章：植物培育园

《南肯辛顿植物培育园》（*The Horticultural Gardens, South Kensington*），由英国风景水彩画家威廉·莱顿·莱奇创作于1861年。
水彩画
27.8厘米 × 44.0厘米
艺术品出处：由维多利亚女王在1861年委托绘制。
文献记载：*Millar* 1995，II，no. 3409。
英国皇家收藏，编号：920252
图198

《1897年6月28日的白金汉宫花园派对》，由丹麦画家、雕塑家劳瑞茨·塔克森创作于1897—1900年。
布面油画
167.3厘米 × 228.3厘米
艺术品出处：由维多利亚女王委托绘制。
文献记载：*Svanholm* 1990，第119—122页；*Millar* 1992，no. 792。
英国皇家收藏，编号：405286
图200

《汉普顿宫的一个夏日午后》，由英国风景画家詹姆斯·迪格曼·温菲尔德创作于1844年。
布面油画
48.3厘米 × 76.2厘米
艺术品出处：由阿尔伯特亲王在1845年购得。
文献记载：*Millar* 1992，I，no. 807。
英国皇家收藏，编号：405371
图201

《透过罗塞瑙庄园建筑中的走廊窗口看到的风景》（*View from the Window in the Corridor of the Rosenau*），由画家费迪南·切克（Ferdinand Zschäck，1801—1877年）创作于1841年。
布面油画
40.0厘米 × 34.8厘米
艺术品出处：该作品记录首见于温莎城堡1872年的藏品。
英国皇家收藏，编号：402500
图202

《从瑞士屋花园看到的罗塞瑙庄园》（*The Rosenau from the gardens of the Swiss Cottage*），由德国画家海因里希·布鲁克纳（Heinrich Brückner，1805—1892年）创作于约1845年。
铅笔、不透明色、水彩
17.2厘米 × 23.5厘米
艺术品出处：由维多利亚女王或阿尔伯特亲王获得。
文献记载：*Millar* 1995，II，no. 517。
英国皇家收藏，编号：920437
图203

《现代的温莎城堡：维多利亚女王、阿尔伯特亲王和维多利亚长公主》（*Windsor Castle in modern times: Queen Victoria, Prince Albert and Victoria, Princess Royal*），由画家埃德温·兰德希尔创作于1840—1845年。
布面油画
113.0厘米 × 143.8厘米
艺术品出处：为维多利亚女王而创作。
文献记载：*Millar* 1992，I，no. 396；*The Conversation Piece* 2009（展览图录），no. 34。
英国皇家收藏，编号：406903
图204

《黑森-卡塞尔伯爵威廉九世，即后来的黑森选侯威廉一世与妻子威廉敏娜·卡罗琳，以及孩子威廉即后来的黑森选侯威廉二世弗里德里克和卡罗琳》［*Wilhelm IX, Landgrave of Hesse-Cassel*（1743–1821），*later Elector Wilhelm I, his wife Wilhelmine Caroline*（1747–1820）*and their children, Wilhelm*（1777–1847），*later Elector Wilhelm II, Friederika*（1768–1839），*and Caroline*（1771–1848）］，由德国画家威廉·伯特纳创作于1791年。
布面油画
113.4厘米 × 146.4厘米
艺术品出处：该作品记录首见于邱园1843年的藏品。
英国皇家收藏，编号：401351
图205

《维多利亚女王与亚瑟王子，即后来的康诺特公爵》（*Queen Victoria with Prince Arthur, later Duke of Connaught*），由德国画家弗朗兹·克萨韦尔·温特哈尔特创作于1850年。
布面油画
59.7厘米 × 75.2厘米
艺术品出处：由维多利亚女王委托绘制，并在1850年8月26日作为生日礼物送给阿尔伯特亲王。
文献记载：*Millar* 1992，I，no. 826；*Victoria & Albert: Art & Love* 2010（展览图录），no. 30。
英国皇家收藏，编号：405963
图206

《从露台下方观赏到的奥斯本庄园》（*Osborne House from below the terrace*），由英国风景水彩画家威廉·莱顿·莱奇创作于1851年。
水彩画
16.0厘米 × 23.1厘米
艺术品出处：由维多利亚女王获得。
文献记载：*Millar* 1992，I，no. 3422。
英国皇家收藏，编号：919847
图209

儿童花园耙，19世纪晚期英国人制造。
山毛榉木、钢
82.5厘米 × 14.0厘米 × 6.0厘米
艺术品出处：为维多利亚女王子女的园艺工具之一，记录于瑞士屋1904年物品清单中。
英国皇家收藏，编号：34860
图213

一对儿童独轮手推车，19世纪中期英国人制造。
钢
38.0厘米 × 37.2厘米 × 109.6厘米
艺术品出处：为维多利亚女王子女的园艺工具之一，记录于瑞士屋1904年物品清单中。
英国皇家收藏，编号：42998.1和42998.2
图214

《奥斯本庄园瑞士屋》（*The Swiss Cottage, Osborne House*），由英国风景水彩画家威廉·莱顿·莱奇创作于1855年。
铅笔、不透明色、水彩
19.7厘米×27.8厘米
艺术品出处：维多利亚女王于1856年9月24日购买的两幅奥斯本庄园风景图之一。
文献记载：*Millar* 1995，II，no. 3424。
英国皇家收藏，编号：919867
图215

《苏赛克斯郡汉德克罗斯村阿什福德庄园的7月边界》，由英国园林主题画家比阿特丽斯·艾玛·帕森斯创作于约1910—1920年。
水彩画
35.0厘米×46.3厘米
艺术品出处：可能由亚历山德拉王后或玛丽王后获得。
英国皇家收藏，编号：452364
图220

《桑德林汉姆府东花园的蔓藤架》，由画家西里尔·沃德创作于约1912年。
水彩画
29.5厘米×44.5厘米
艺术品出处：或由爱德华七世或亚历山德拉王后获得。
英国皇家收藏，编号：452865
图223

《温莎家园公园阿德莱德小屋》（*Adelaide Cottage, Windsor Home Park*），由英国画家卡莱布·罗伯特·斯坦利创作于1839年。
不透明色、水彩
26.7厘米×39.9厘米
艺术品出处：由维多利亚女王获得。
文献记载：*Millar* 1995，II，no. 5116。
英国皇家收藏，编号：919766
图217

《苏赛克斯郡斯特普菲尔德村石庭的7月边界》（*July Border, Stonecourt, Staplefield, Sussex*），由英国园林主题画家比阿特丽斯·艾玛·帕森斯创作于约1910—1920年。
水彩画
34.8厘米×45.8厘米
艺术品出处：可能由亚历山德拉王后或玛丽王后获得。
英国皇家收藏，编号：452366
图221

《杜鹃花和三色堇》（*Azalea and Pansies*），由法国画家亨利·方丹-拉图尔创作于1881年。
布面油画
55.3厘米×69.8厘米
艺术品出处：由A. E. 普莱德尔-布弗里伯爵阁下在1968年遗赠给伊丽莎白王太后。
文献记载：*Floury* 1911，第106页，no. 1024。
英国皇家收藏，编号：409075
图225

《巴尔莫勒尔城堡：温室内部图》（*Balmoral: Interior of the conservatory*），由著名风景水彩画家威廉·威德创作于1852年。
水彩画
22.9厘米×33.5厘米
艺术品出处：由维多利亚女王获得。
文献记载：*Millar* 1995，II，no. 5965。
英国皇家收藏，编号：919481
图219

《波克霍尔庄园园林》（*The garden at Birkhall*），据传由亚历山德拉王后创作于约1863—1925年。
铅笔水彩画
23.7厘米×25.7厘米
英国皇家收藏，编号：981715
图222

GOD ALMIGHTY
first Planted a Garden; and, indeed, it is the purest of human pleasures; it is the greatest refreshment to the spirits of man; without which buildings and palaces are but gross handiworks: and a man shall ever see that when ages grow to civility and elegancy, men come to build

《论花园：弗兰西斯·培根随笔散文》（*Of Gardens: an essay by Francis Bacon*），由画家、书法家阿尔贝托·桑格斯基制作于1904年。
手稿（内页为泥金装饰小牛皮、封面为小牛皮）
25.4厘米×18.1厘米
艺术品出处：由雷金纳德·利斯特（Reginald Lister，1865—1912年）在1904年12月1日呈献给亚历山德拉王后。
英国皇家收藏，编号：1047540
图226

第八章：室内园林艺术

《苹果树间的男孩》(*Boys among apple trees*)，由默特雷克挂毯工坊制作于约1650年。
丝绸、羊毛织物
343.0厘米 × 332.0厘米
艺术品出处：1864年从R. G. 埃利斯（R. G. Ellis）庄园购入爱丁堡荷里路德宫（Palace of Holyroodhouse），悬挂于达恩利居室（Darnley Apartments）内。
文献记载：*Swain* 1988，第8页，no. 1a。
英国皇家收藏，编号：28160
图230

《藤架挂毯》(*Tapestry of a pergola*)，由雅各布·沃特斯制作于约1650年。
丝绸、羊毛织物
302.0厘米 × 381.0厘米
艺术品出处：1906年之前存放于爱丁堡荷里路德宫汉密尔顿公爵居室（Duke of Hamilton's Apartments）内。
文献记载：*Swain* 1980，第423页；*Swain* 1988，第17页，no. 3a。
英国皇家收藏，编号：28029
图234

《形制规整的园林》，由里尔挂毯工坊制作于约1700—1730年。
丝绸、羊毛织物
312.4厘米 × 426.7厘米
艺术品出处：伊丽莎白二世女王于1958年7月24日从伦敦佳士得拍卖行举行的拍卖会上购得（编号144）。
英国皇家收藏，编号：110203
图235

橱柜，由橱柜工艺大师亚当·威斯威勒制作于约1785年，其中两幅嵌板为制作于17世纪的彩色硬石镶嵌板。
橡木、乌木、硬石、玳瑁、黄铜、白镴、桃花心木、黄杨木、紫心木、镀金铜、凸花缎、大理石
100.3厘米 × 149.8厘米 × 49.0厘米
艺术品出处：或由尚为威尔士亲王的乔治四世在巴黎绸布商多米尼克·达盖尔的藏品拍卖会上购得（1791年3月25日，佳士得拍卖行，编号59，110畿尼）；或为1793年卡尔顿庄园议事厅中记录的"超级橱柜"（Superb Commode）。
文献记载：*Roberts* 2001，第204页，no. 491；*Koeppe* 2008，第336、337页。
英国皇家收藏，编号：2593
图236

茶具，由万塞讷陶瓷厂制作于1755—1757年。
白底镀金软质瓷
托盘（藏品编号39900）3.2厘米 × 46.2厘米 × 31.0厘米
茶壶（藏品编号39930. a-b）12.1厘米 × 17.4厘米 × 9.2厘米
牛奶罐（藏品编号39896）13.1厘米 × 11.0厘米 × 8.1厘米
糖碗（藏品编号39899. a-b）10.2厘米 × 9.0厘米
茶杯（藏品编号39897. 1-4a）5.9—6.0厘米 × 9.0—9.5厘米 × 7.0厘米
茶碟（藏品编号39897. 1-4b）3.0—3.1厘米 × 13.6—13.8厘米
艺术品出处：或由弗朗索瓦·伯努瓦（François Benoit）于1814年5月从巴黎为尚为摄政王的乔治四世购得。
文献记载：*de Bellaigue* 2009，III，no. 257。
英国皇家收藏，编号：39900、39930、39896、39899、39897
图237

向日葵钟表，由万塞讷陶瓷厂制作于约1752年。
镀金软质瓷、漆绿铜丝（花枝）、镀金铜
105.4厘米 × 66.7厘米 × 54.0厘米
艺术品出处：或由弗朗索瓦·伯努瓦于1819年11月从巴黎为尚为摄政王的乔治四世购得。
文献记载：*de Bellaigue* 1979，第17页；*de Bellaigue* 2009，I，no. 1。
英国皇家收藏，编号：30240
图238

荷兰瓶，由成立于1756年的塞弗尔陶瓷厂制作于约1757年。
白绿底镀金软质瓷
19.0厘米 × 19.8厘米 × 14.5厘米
艺术品出处：1907年之前进入英国皇家收藏。
文献记载：*de Bellaigue* 2009，I，no. 14。
英国皇家收藏，编号：21653
图239

贡多拉状带盖百花香瓶（*Pot-pourri Vase and Cover*），由成立于1756年的塞弗尔陶瓷厂制作于约1757—1758年。
渐变粉底镀金装饰铜鎏金配件软质瓷
41.3厘米 × 35.8厘米 × 19.4厘米
艺术品出处：由尚为威尔士亲王的乔治四世于1809年6月从罗伯特·佛哥（Robert Fogg）手中购得，为一套三件装饰品的其中一件。
文献记载：*Royal Treasures* 2002（展览图录），第202、203页，no. 120；*de Bellaigue* 2009，I，no. 18。
英国皇家收藏，编号：36099
图240

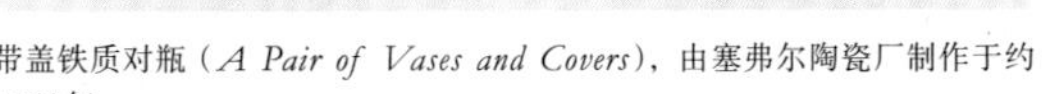

带盖铁质对瓶（*A Pair of Vases and Covers*），由塞弗尔陶瓷厂制作于约1768年。
绿底镀金装饰铜鎏金配件软质瓷
藏品编号：2294. 1. a-b：43.4厘米 × 18.8厘米 × 18.8厘米；46.7厘米（整体高度）
藏品编号：2294. 2. a-b：43.5厘米 × 19.0厘米 × 19.0厘米；46.1厘米（整体高度）
艺术品出处：由爱德华·霍姆斯·鲍尔多克（Edward Holmes Baldock）于1829年5月21日在格温戴爵士（Lord Gwydyr）的藏品拍卖会上为尚为摄政王的乔治四世购得。
文献记载：*de Bellaigue* 2009，I，no. 28。
英国皇家收藏，编号：2294. 1-2. a-b
图241

对瓶（*A Pair of Flower Vases*），由塞弗尔陶瓷厂制作于1759—1760年。
蓝底镀金软质瓷
藏品编号：36083.1：14.5厘米 × 19.4厘米 × 13.5厘米
藏品编号：36083.2：14.3厘米 × 19.1厘米 × 13.4厘米
艺术品出处：1907年之前进入英国皇家收藏。
文献记载：*de Bellaigue* 2009，I，no. 6。
英国皇家收藏，编号：36083.1-2
图242

带盖百香花花瓶（*Combined Flower and Pot-pourri Vase and Cover*），由塞弗尔陶瓷厂制作于约1760年。
蓝色及苹果绿底镀金装饰铜鎏金配件金软质瓷
33.1厘米 × 24.0厘米 × 19.5厘米（整体尺寸）
28.7厘米 × 16.2厘米 × 14.0（除去装置于其上的配件之后的尺寸）
艺术品出处：由弗朗索瓦·伯努瓦（François Benoit）从巴黎为尚为摄政王的乔治四世购得，卡尔顿庄园的记录中提到曾于1827年9月8日收到该作品。
文献记载：*de Bellaigue* 2009，I，no. 24。
英国皇家收藏，编号：36074
图243

桃金娘花枝装饰花瓶，由塞弗尔陶瓷厂制作于约1775—1780年。
绿底镀金装饰铜鎏金配件软质瓷
31.5厘米 × 23.5厘米 × 15.4厘米
艺术品出处：或由尚为威尔士亲王的乔治四世于1812年从罗伯特·佛哥（Robert Fogg）手中购得。
文献记载：*de Bellaigue* 2009，I，no. 45。
英国皇家收藏，编号：36072
图244

花瓶（*Vase*），由塞弗尔陶瓷厂制作于约1773年。
亮蓝色底镀金装饰铜鎏金配件软质瓷
41.6厘米 × 23.2厘米 × 19.5厘米
艺术品出处：或由尚为威尔士亲王的乔治四世于1818年从罗伯特·佛哥手中购得。
文献记载：*de Bellaigue* 2009，I，no. 90。
英国皇家收藏，编号：4967
图245

带盖百花香花瓶（*Pot-pourri Vase and Cover*），由塞弗尔陶瓷厂制作于1763年。
苹果绿底镀金装饰铜鎏金配件软质瓷
44.2厘米 × 28.3厘米 × 18.7厘米（整体尺寸）；36.8厘米（花瓶及瓶盖高度）
艺术品出处：为中间商菲利普-克劳德·迈尔荣特（Philippe-Claude Maelrondt）的库存之一，于1824年在巴黎被拍卖；由查尔斯·朗爵士（Sir Charles Long）于1825年为尚为摄政王的乔治四世购得。
文献记载：*de Bellaigue* 2009，I，no. 20。
英国皇家收藏，编号：2361. a-b

《众神系列遮门毯：维纳斯》（*Les Portières des Dieux: Venus*），由成立于1602年的高布兰挂毯工厂制作于约1768年。
丝绸、羊毛织毯
335.28厘米 × 287.0厘米
艺术品出处：为一套八幅高布兰"众神系列"遮门毯之一，由查尔斯·朗爵士于1825年从汉堡商人夏普乌日（Chapeaurouge）的继承人手中为乔治四世购得，存放于温莎城堡内。
英国皇家收藏，编号：45255
图246

扶手椅（Armchair），据传椅子由橱柜工匠罗伯特·坎贝尔制作，刺绣装饰由以南希·波西夫人（Mrs Nancy Pawsey，1747—1814年）带领的皇家刺绣女工学校绣女团队根据玛丽·莫泽（Mary Moser，1744—1819年）的设计绣制于约1780年。
涂金山毛榉木、丝绸刺绣
153.0厘米 × 74.0厘米 × 83.0厘米
艺术品出处：为夏洛特王后制作的作品。
文献记载：*Hedley* 1975，第130页；*George III and Queen Charlotte* 2004（展览图录），no. 282。
英国皇家收藏，编号：1141.1-2
图247

椭圆形餐盘（*Oval Dish*），由切尔西造瓷厂制造于约1755年。
软质瓷
3.0厘米 × 28.6厘米 × 22.6厘米
艺术品出处：由伊丽莎白王太后购得。
英国皇家收藏，编号：102343
图249

椭圆形餐盘（*Oval Dish*），由切尔西造瓷厂制造于约1755年。
软质瓷
4.2厘米 × 37.0厘米 × 29.2厘米
艺术品出处：由伊丽莎白王太后购得。
英国皇家收藏，编号：102339
图250

圆形餐盘（*Circular Plate*），由切尔西造瓷厂制造于约1755年。
软质瓷
4.5厘米 × 36.0厘米（直径）
艺术品出处：由伊丽莎白王太后购得。
英国皇家收藏，编号：100711
图251

圆形餐盘（*Circular Plate*），由切尔西造瓷厂制造于约1755年。
软质瓷
3.1厘米 × 28.2厘米（直径）
艺术品出处：由伊丽莎白王太后购得。
英国皇家收藏，编号：107338

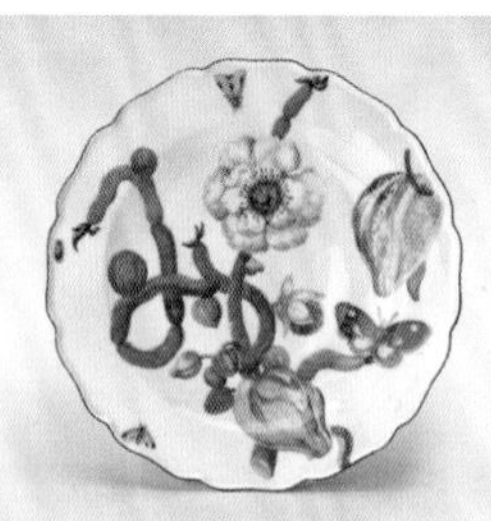

圆形餐盘（*Circular Plate*），由切尔西造瓷厂制造于约1755年。
软质瓷
3.2厘米 × 28.0厘米（直径）
艺术品出处：初归比达尔夫爵士（Lord Biddulp）所有，后由伊丽莎白王太后购得。
文献记载：*Royal Treasures* 2002（展览图录），第10页。
英国皇家收藏，编号：107337

卷心菜叶装饰对碗（*A Pair of Cabbage Leaf Bowls*），由切尔西造瓷厂制造于约1755年。
9.3厘米 × 16.8厘米
艺术品出处：乔治六世在1948年送给伊丽莎白二世女王的圣诞礼物。
英国皇家收藏，编号：107367

甜瓜盖碗（*Melon Tureen*），由切尔西造瓷厂制造于约1755年。
软质瓷
17.5厘米 × 17.0厘米 × 12.8厘米
艺术品出处：由伊丽莎白王太后购得。
英国皇家收藏，编号：107345
图252

菜花盖碗（Cauliflower Tureen），由切尔西造瓷厂制造于1755—1760年。
软质瓷
12.9厘米 × 13.0厘米 × 13.0厘米
艺术品出处：由伊丽莎白王太后购得。
文献记载：*The First Georgians* 2014（展览图录），no. 260。
英国皇家收藏，编号：107366.1.a-b
图253

生菜盖碗（*Lettuce Tureen*），由切尔西造瓷厂制造于约1755年。
软质瓷
10.6厘米 × 13.2厘米 × 9.8厘米
艺术品出处：由伊丽莎白王太后购得。
英国皇家收藏，编号：107361.1.2 a-b
图254

苹果盖碗（Apple Tureen），由切尔西造瓷厂制造于约1755年。
软质瓷
10.5厘米 × 10.8厘米 × 8.5厘米
艺术品出处：由伊丽莎白王太后购得。
文献记载：*Royal Treasures* 2002（展览图录），第5页。
英国皇家收藏，编号：107365
图255

柠檬盖碗（*Lemon Tureen*），由切尔西造瓷厂制造于约1755年。
软质瓷
8.0厘米 × 10.3厘米 × 7.3厘米
艺术品出处：由伊丽莎白王太后于1947年5月16日在苏富比拍卖行举行的拍卖会上购得。
文献记载：*Royal Treasures* 2002（展览图录），第6页。
英国皇家收藏，编号：107364
图256

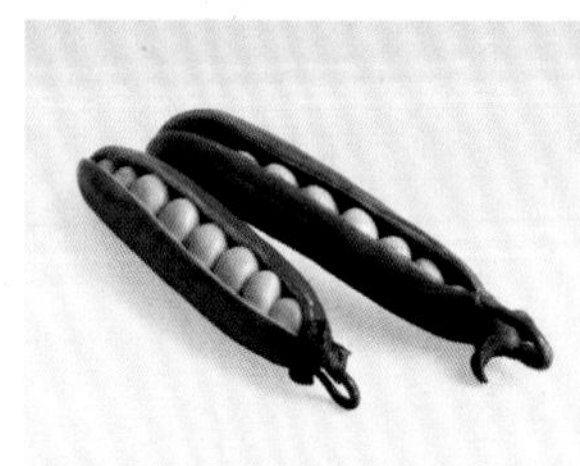

裂开的豆荚（*Open Pea Pods*），由切尔西造瓷厂制造于约1755年。
软质瓷
藏品编号107349.3：7.5厘米 × 2.7厘米
藏品编号107349.4：7.5厘米 × 1.4厘米
艺术品出处：由伊丽莎白王太后购得。
英国皇家收藏，编号：107349.3–4
图257

芦笋盖碗（*Asparagus Tureen*），由切尔西造瓷厂制造于约1755年。
软质瓷
藏品编号107360.1.b：10.9厘米×18.5厘米×9.8厘米
藏品编号107360.2.b：11.4厘米×18.0厘米×9.5厘米
艺术品出处：由伊丽莎白王太后购得。
文献记载：*The First Georgians* 2014（展览图录），no. 261；*Royal Treasures* 2002（展览图录），第5页。
英国皇家收藏，编号：107360.1-2. a-b
图258

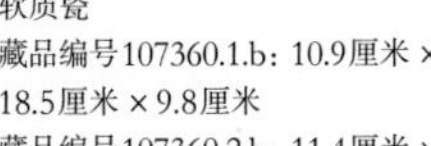

“丹麦之花”带盖汤碗（*Floral Danica Tureen*），由皇家哥本哈根造瓷厂制造于约1863年。
陶瓷
26.0厘米×38.0厘米×25.7厘米
艺术品出处：丹麦女性委员会送给威尔士亲王阿尔伯特·爱德华与丹麦公主亚历山德拉的新婚贺礼——一套晚宴和甜点餐具之一，于1864年交货。
文献记载：*Coutts* 1984，第46页。
英国皇家收藏，编号：58021.4.a-d
图259

两只“丹麦之花”带盖蛋奶杯（*Two Floral Danica Custard Cups and Covers*），由皇家哥本哈根造瓷厂制造于约1863年。
陶瓷
7.5厘米×8.0厘米×6.0厘米
艺术品出处：丹麦女性委员会送给威尔士亲王阿尔伯特·爱德华与丹麦公主亚历山德拉的新婚贺礼——一套晚宴和甜点餐具之一，于1864年交货。
文献记载：*Coutts* 1984，第46页。
英国皇家收藏，编号：58013.12和58013.58
图260

“丹麦之花”贝壳状酱料船（*Two Floral Danica Shell-shaped Sauce Boats*），由皇家哥本哈根造瓷厂制造于约1863年。
陶瓷
13.5厘米×21.6厘米×8.6厘米（整体尺寸）
艺术品出处：丹麦女性委员会送给威尔士亲王阿尔伯特·爱德华与丹麦公主亚历山德拉的新婚贺礼——一套晚宴和甜点餐具之一，于1864年交货。
文献记载：*Coutts* 1984，第46页。
英国皇家收藏，编号：58018. 1-2.a-b
图261

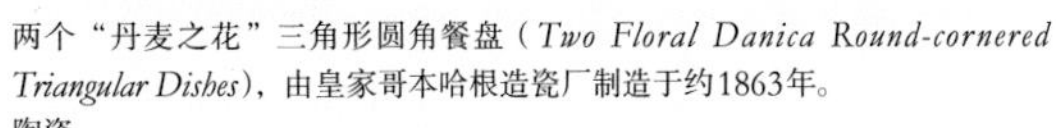

两个“丹麦之花”三角形圆角餐盘（*Two Floral Danica Round-cornered Triangular Dishes*），由皇家哥本哈根造瓷厂制造于约1863年。
陶瓷
3.3厘米×22.8厘米×21.4厘米
艺术品出处：丹麦女性委员会送给威尔士亲王阿尔伯特·爱德华与丹麦公主亚历山德拉的新婚贺礼——一套晚宴和甜点餐具之一部分，于1864年交货。
文献记载：*Coutts* 1984，第46页。
英国皇家收藏，编号：58004.6和58004.8
图262

两个“丹麦之花”方形餐盘（*Two Floral Danica Rectangular Dishes*），由皇家哥本哈根造瓷厂制造于约1863年。
陶瓷
3.6厘米×29.7厘米×23.0厘米
艺术品出处：丹麦女性委员会送给威尔士亲王阿尔伯特·爱德华与丹麦公主亚历山德拉的新婚贺礼——一套晚宴和甜点餐具之一，于1864年交货。
文献记载：*Coutts* 1984，第46页。
英国皇家收藏，编号：58003.3-4

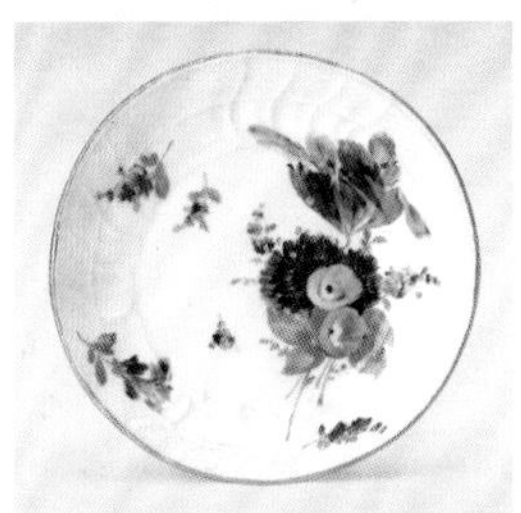

以上均由梅森陶瓷工厂制造：
一套卡巴莱茶具，制造于1774—1814年。
硬质瓷
咖啡壶（Coffee pot，英国皇家收藏，编号：39866）：15.8厘米×13.3厘米×9.0厘米
带盖牛奶罐（Milk jug and cover，英国皇家收藏，编号：39868）：11.0厘米×10.7厘米×6.5厘米
托盘（Tray，英国皇家收藏，编号：39867）：3.5厘米×36.5厘米×27.0厘米
带盖糖碗（Sugar bowl and cover，英国皇家收藏，编号：39865）：9.7厘米×7.8厘米×7.8厘米
杯子（Cup，英国皇家收藏，编号：39869.1-2.a）：4.6-4.7厘米×10.0—10.5厘米×8.0厘米；
托碟（Saucer，英国皇家收藏，编号：39869.1-2.b）：2.8厘米×13.3厘米
艺术品出处：由尚为威尔士王妃的亚历山德拉王后购得，首次记录出现在伦敦马尔博罗庄园（Marlborough House）1877年的物品清单中。
图263—268

双人茶具套装，包括咖啡壶、牛奶罐、糖碗和一对带托碟咖啡杯（*A tête à tête comprising tray, coffee pot, milk jug, sugar bowl and a pair of cups and saucers*），由梅森陶瓷工厂。
硬质瓷
双耳托盘（藏品编号7661）：4.3厘米 × 44.3厘米 × 29.2厘米
带盖咖啡壶（藏品编号7662）：17.5厘米 × 1.5厘米 × 12.4厘米
牛奶罐（藏品编号7663）：9.0厘米 × 9.3厘米 × 8.5厘米
咖啡杯（藏品编号7665.1–2.a）：4.7厘米 × 10.2厘米 × 8.5厘米
托碟（藏品编号7665.1–2.b）：2.5厘米 × 12.5厘米（直径）
艺术品出处：由尚为威尔士王妃的亚历山德拉王后购得，首次记录出现在桑德林汉姆府1877年的物品清单中。
英国皇家收藏，编号：7661、7661、7663、7665. 1–2
图269

一对花瓶（*A Pair of Vases*），由鲍陶瓷工厂（Bow China Works，约1747—约1776）制造于约1765年。
软质瓷
16.7厘米 × 11.0厘米
艺术品出处：由玛丽王后于1927年在什鲁斯伯里（Shrewsbury）购得。
英国皇家收藏，编号：17740
图270

双耳盖碗（*Two-handled Bowl and Cover*），由科尔波特制瓷厂（Coalport Porcelain Company，成立于约1796年）制造于约1835—1845年。
骨瓷
12.0厘米 × 14.5厘米 × 9.5厘米（整体尺寸）
艺术品出处：或由亚历山德拉王后购得。
英国皇家收藏，编号：17710
图271

双耳盖碗（*Two-handled Bowl and Cover*），由科尔波特制瓷厂制造于约1830—1840年。
骨瓷
11.0厘米 × 12.5厘米 × 9.0厘米（整体尺寸）
艺术品出处：或由亚历山德拉王后购得。
英国皇家收藏，编号：17707
图272

一套罗金厄姆甜点餐具中的三层甜点托盘（*Three-tier dessert stand from the Rockingham Dessert Service*），由罗金厄姆陶瓷厂制造于1830—1837年。
骨瓷
62.5厘米 × 29.0厘米 × 29.0厘米
艺术品出处：由威廉四世于1830年委托制作并于1837年完工。首次使用是在维多利亚女王的加冕晚宴上。
文献记载：*Cox* 1975；*Royal Treasures* 2002（展览图录），no. 113。
英国皇家收藏，编号：58375. 1
图273

一套罗金厄姆甜点餐具中的菠萝托盘（*Pineapple comport from the Rockingham Dessert Service*），由罗金厄姆陶瓷厂制造于1830—1837年。
骨瓷
27.2厘米 × 23.8厘米 × 23.8厘米
艺术品出处：由威廉四世于1830年委托制作并于1837年完工。
文献记载：*Cox* 1975；*Royal Treasures* 2002（展览图录），no. 113。
英国皇家收藏，编号：58378
图274

一套罗金厄姆甜点餐具中的桑树叶装饰托盘（*Mulberry leaf comport from the Rockingham Dessert Service*），由罗金厄姆陶瓷厂制造于1830—1837年。
骨瓷
25.5厘米 × 24.0厘米 × 24.0厘米
艺术品出处：由威廉四世于1830年委托制作并于1837年完工。
文献记载：*Cox* 1975；*Royal Treasures* 2002（展览图录），no. 113。
英国皇家收藏，编号：58379

一套四件餐桌中央装饰之一（*Centrepiece from a set of four*），由银匠保罗·斯托制作于1812—1821年。
镀金银
57.2厘米 × 64.0厘米 × 64.0厘米
艺术品出处：由尚为摄政王的乔治四世购得。
英国皇家收藏，编号：51981.1–2
图275

吊灯（*Chandelier*），据传由维也纳罗伯迈玻璃制品公司制造于约1855年。
玻璃、镀金金属
150.0厘米 × 122.0厘米
艺术品出处：1867年之前进入英国皇家收藏。
英国皇家收藏，编号：41785
图276

《象征之花：花语指南》，由英国园艺作家亨利·菲利普斯创作并由伦敦桑德斯&奥特利出版社（London: Saunders & Otley）出版的新版图书（首印于1825年）。
图见该书第83页，名为《被爱的纽带连接起来的青春和美貌》
印刷纸本、手工上色插图
22.1厘米×14.2厘米
艺术品出处：由伊丽莎白王太后购得。
英国皇家收藏，编号：1164011
图278

钢笔托盘（*Pen Tray*），由明顿陶瓷厂制造于1833年。
软质瓷
6.0厘米×34.0厘米×24.5厘米
艺术品出处：尚为肯特的亚历山德丽娜·维多利亚公主（Princess Alexandrina Victoria of Kent）的维多利亚女王在1833年5月24日生日之际收到的礼物。
英国皇家收藏，编号：41596
图279

橙花首饰套装（*Orange blossom parure*），制作于1839—1846年，制作者不详。
黄金、陶瓷、珐琅和丝绒
花环（英国皇家收藏，编号：65305）：5.5厘米×约22.0厘米
两枚胸针（英国皇家收藏，编号：65306. 1-2）：8.3厘米×3.2厘米×3.0厘米以及8.6厘米×4.1厘米×3.0厘米
一对耳环（英国皇家收藏，编号：65307. 1-2）：7.6厘米×2.5厘米×2.2厘米以及7.5厘米×2.7厘米×2.4厘米
艺术品出处：阿尔伯特亲王在1839—1846年陆续送给维多利亚女王的礼物。
文献记载：*Victoria & Albert: Art & Love* 2010（展览图录），no. 248；*Roberts* 2007，第6、16页。
英国皇家收藏，编号：65305、65306和65307
图280

《吊钟海棠状吊坠耳环》（*Pendant and earrings in the shape of fushsias*），由奢华珠宝制造商R. & S.加勒德制作于约1864年。
镶金珐琅内嵌碧翠丝公主乳牙
吊坠：4.0厘米×1.6厘米×0.7厘米，英国皇家收藏，编号：52540
耳环：4.0厘米×1.1厘米×0.5厘米，英国皇家收藏，编号：52541
艺术品出处：初归维多利亚女王所有；后由西班牙王后维多利亚·尤金妮亚赠送给玛丽王后。
文献记载：*Victoria & Albert: Art & Love* 2010（展览图录），第339页；*Gere* 2012，第3页。
英国皇家收藏，编号：52540和52541。
图281

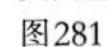

长公主绘制的折扇（*The Princess Royal's fan*），由维多利亚长公主绘制于1856年。
皮革扇面（铅笔线稿上施以水彩、不透明色和金色）、透雕象牙扇骨（背面贴有珠母贝）
26.7厘米（扇骨长度）
艺术品出处：由维多利亚长公主绘制，并在1856年5月24日作为生日礼物赠送给维多利亚女王。
文献记载：*Roberts* 1987，第125页，图12；*Unfolding Pictures* 2005（展览图录），no. 43；*Victoria & Albert: Art & Love* 2010（展览图录），no. 275。
英国皇家收藏，编号：25102
图283

维多利亚女王的生日礼物——折扇（*Queen Victoria's birthday fan*），由法国工匠制作于1858年。
丝绸扇面（水彩、不透明色、金色）、镶金透雕珠母贝扇骨
28.0厘米（扇骨长度）
艺术品出处：阿尔伯特亲王在1858年5月24日送给维多利亚女王的生日礼物。
文献记载：*Unfolding Pictures* 2005（展览图录），no. 45。
英国皇家收藏，编号：25411
图284

《三色堇》（*pansy*），由俄罗斯珠宝工艺大师卡尔·法贝热制作于约1900年。
白水晶、黄金、珐琅、西伯利亚软玉和明亮切工钻石
15.2厘米×10.2厘米×4.6厘米
艺术品出处：或由亚历山德拉王后购得；1953年之前进入英国皇家收藏。
文献记载：*Royal Treasures* 2002（展览图录），no. 245；*Fabergé* 2003（展览图录），no. 119。
英国皇家收藏，编号：40505
图286

《三色堇》（*pansy*），由俄罗斯珠宝工艺大师卡尔·法贝热制作于约1900年。
白水晶、黄金、珐琅、西伯利亚软玉和钻石
10.2厘米×3.3厘米
艺术品出处：或由亚历山德拉王后购得；1953年之前进入英国皇家收藏。
文献记载：*Royal Treasures* 2002（展览图录），no. 246；“法贝热”*Fabergé* 2003（展览图录），no. 118。
英国皇家收藏，编号：40210
图287

《玫瑰花苞》（*Rosebuds*），由俄罗斯珠宝工艺大师卡尔·法贝热制作于约1900年。
黄金、珐琅、西伯利亚软玉和白水晶
12.3厘米×7.7厘米×4.5厘米
艺术品出处：由亚历山德拉王后购得。
文献记载：*Royal Treasures* 2002（展览图录），no. 253；*Fabergé* 2003（展览图录），no. 127。
英国皇家收藏，编号：40216
图288

《野玫瑰》(*Wide rose*)，由俄罗斯珠宝工艺大师卡尔·法贝热制作于约1900年。
白水晶、黄金、西伯利亚软玉、珐琅和钻石
14.6厘米 × 5.9厘米 × 4.0厘米
艺术品出处：或由亚历山德拉王后购得，1953年之前进入英国皇家收藏。
文献记载：*Royal Treasures* 2002（展览图录），no. 247；“法贝热” *Fabergé* 2003（展览图录），no. 129。
英国皇家收藏，编号：40223
图289

《野玫瑰》(*Wide rose*)，由俄罗斯珠宝工艺大师卡尔·法贝热制作于约1900年。
白水晶、黄金、珐琅、明亮切工钻石和西伯利亚软玉
14.8厘米 × 7.8厘米 × 6.4厘米
艺术品出处：或由亚历山德拉王后购得，1953年之前进入英国皇家收藏。
文献记载：*Royal Treasures* 2002（展览图录），no. 258；*Fabergé* 2003（展览图录），no. 128。
英国皇家收藏，编号：8958
图290

《荷包牡丹》(*Bleeding heart*)，由俄罗斯珠宝工艺大师卡尔·法贝热制作于约1900年。
白水晶、黄金、西伯利亚软玉、蔷薇辉石和石英岩
19.0厘米 × 15.3厘米 × 6.2厘米
艺术品出处：由玛丽王后于1934年购得。
文献记载：*Royal Treasures* 2002（展览图录），no. 256；“法贝热” *Faberge* 2003（展览图录），no. 131。
英国皇家收藏，编号：40502

《山梅花》(*Philadelphus*)，由俄罗斯珠宝工艺大师卡尔·法贝热制作于约1900年。
白水晶、黄金、西伯利亚软玉、石英岩和橄榄石
14.2厘米 × 7.0厘米 × 9.0厘米
艺术品出处：由亚历山德拉王后购得。
文献记载：*Bainbridge* 1949，第95页；*Royal Treasures* 2002（展览图录），no. 252；*Fabergé* 2003（展览图录），no. 116。
英国皇家收藏，编号：40252
图291

《铃兰》(*Lily of the valley*)，由俄罗斯珠宝工艺大师卡尔·法贝热制作于约1900年。
白水晶、黄金、西伯利亚软玉、珍珠和玫瑰切工钻石
14.5厘米 × 7.8厘米 × 5.5厘米
艺术品出处：由俄国沙皇尼古拉斯二世与皇后亚历山德拉·费奥多罗芙娜于1899年12月从法贝热处购得，而后作为礼物赠送给亚历山德拉王后；后由亚历山德拉王后遗赠给其女维多利亚公主；之后由维多利亚公主遗赠给其兄乔治五世。
文献记载：*Royal Treasures* 2002（展览图录），no. 247；*Fabergé* 2003（展览图录），no. 138。
英国皇家收藏，编号：40217
图292

《矢车菊和燕麦》，由俄罗斯珠宝工艺大师卡尔·法贝热制作于约1900年。
白水晶、錾金、珐琅、明亮切工及玫瑰切工钻石
18.5厘米 × 12.3厘米 × 8.5厘米
艺术品出处：由玛丽王后和伊丽莎白王太后于1944年6月27日从伦敦珠宝商沃尔塔斯基（Wartski）处（以145英镑）购得。
文献记载：*Royal Treasures* 2002（展览图录），no. 255；*Fabergé* 2003（展览图录），no. 162。
英国皇家收藏，编号：100010
图293

《旋花》，由俄罗斯珠宝工艺大师卡尔·法贝热制作于约1900年。
蛇纹石玉、西伯利亚软玉、珐琅和玫瑰切工钻石
11.1厘米 × 6.5厘米 × 2.5厘米
艺术品出处：由英国小说家、诗人和园艺家薇塔·萨克维尔·韦斯特于1908年3月30日在伦敦从法贝热处购得；后由伯纳德·埃克斯坦爵士（Sir Bernard Eckstein）于1949年伦敦苏富比拍卖行的拍卖会上购得（编号119）；之后在1949年5月26日被作为生日礼物呈献给玛丽王后。
文献记载：*Royal Treasures* 2002（展览图录），no. 236；*Fabergé* 2003（展览图录），no. 123。
英国皇家收藏，编号：8943
图294

参考文献

PUBLISHED SOURCES

Adams and Redstone 1991 E. Adams and D. Redstone, *Bow Porcelain*, London and Boston

Applebaum 2004 Johann Wolfgang Goethe, *The Sorrows of Young Werther*, trans. and ed. S. Applebaum, New York

Archer 1984 M. Archer, 'Dutch delft at the court of William and Mary', *International Ceramics Fair and Seminar*, London, pp. 15–20

Arnold 1993 D. Arnold, 'The Buckingham Palace Gardens today', *Apollo*, CXXXVIII (September), Buckingham Palace, special issue, pp. 134–5

Attenborough 2007 D. Attenborough, ed., *Amazing Rare Things*, London

Atterbury and Batkin 1990 P. Atterbury and M. Batkin, *The Dictionary of Minton*, Woodbridge

Bainbridge 1949 H.C. Bainbridge, *Peter Carl Fabergé: His Life and Work 1846–1920*, London

Bartlett Giamatti 1966 A. Bartlett Giamatti, *The Earthly Paradise and the Renaissance Epic*, Princeton

Bartsch 1980–81 W.L. Strauss, ed., *The Illustrated Bartsch X: Sixteenth-century German Artists. Albrecht Dürer*, 2 vols, New York

Bauman 2002 J. Bauman, 'Tradition and transformation: the pleasure garden in Piero de Crescenzi's *Liber Ruralium commodorum', Studies in the History of Gardens and Designed Landscapes, 22(2)*, pp. 99–134

Bazin 1990 G. Bazin, *Paradeisos: The Art of the Garden*, London

Beard 1997 G. Beard, *Upholsterers and Interior Furnishing in England, 1530–1840*, New Haven, Conn. and London

Beauman 2005 F. Beauman, *The Pineapple: King of Fruits, London*

Beck 1992 T. Beck, *The Embroiderer's Flowers*, London

Beveridge 1921 *The Baburnama: Memoirs of Babur*, trans. A.S. Beveridge, 2 vols, London

Bezemer-Sellers 1990 V. Bezemer-Sellers, 'The Bentinck Garden at Zorgvliet', in Dixon Hunt 1990a, pp. 99–129

Biddle 1966 M. Biddle, 'Nicholas Bellin of Modena: an Italian artificer at the courts of Francis I and Henry VIII', *Journal of the Archaeological Association*, XXIX, pp. 106–21

Biddle 1999 M. Biddle, 'The gardens of Nonsuch: sources and dating', *Garden History*, 27(1), pp. 145–83

Blunt and Stearn 1995 W. Blunt and W. Stearn, *The Art of Botanical Illustration*, Woodbridge

Boorsch 1985 S. Boorsch, *The Engravings of Giorgio Ghisi*, New York

Boudon 1991 F. Boudon, 'Illustrations of gardens in the sixteenth century: "The Most Excellent Buildings in France"', in M. Mosser and G. Teyssot, eds, 1990, pp. 100–102

Bowen and Imhof 2008 K. Bowen and D. Imhof, *Christopher Plantin and Engraved Book Illustrations in Sixteenth-century Europe*, Cambridge

Brookes 1987 J. Brookes, *Gardens of Paradise: The History and Design of the Great Islamic Gardens*, London

Brown 2004 J. Brown, *The Garden at Buckingham Palace: An Illustrated History*, London

Büttner 2008 N. Büttner, *The History of Gardens in Painting*, New York and London

Calkins 1986 R. Calkins, 'Piero de' Crescenzi and the medieval garden', in MacDougall 1986, pp. 157–73

Campbell 1985 L. Campbell, *The Early Flemish Paintings in the Collection of Her Majesty The Queen*, Cambridge

Carley 2009 J. Carley, 'Henry VIII's library and the British Museum duplicate sales: a newly discovered de-accession', in G. Mandelbrote and B. Taylor, eds, *Libraries within the Library: The Origins of the British Library's Printed Collections, London*, pp. 11–23

Carpeggiani 1991 P. Carpeggiani, 'Labyrinths in the gardens of the Renaissance', in M. Mosser and G. Teyssot, 1990

Carré 1982 J. Carré, 'Through French eyes: Rigaud's drawings of Chiswick', *Journal of Garden History*, 2(2), pp. 133–42

Carter, Goode and Laurie 1982 G. Carter, P. Goode and K. Laurie, *Humphry Repton: Landscape Gardener*, 1752–1818, London

Chapman 2007 M. Chapman, ed., *Marie Antoinette and the Petit Trianon at Versailles*, San Francisco

Charleston 1968 R. Charleston, ed., *World Ceramics*, London

Clark 1968 K. Clark, *The Drawings of Leonardo da Vinci in the Collection of Her Majesty The Queen at Windsor Castle*, 2nd edn rev. with the assistance of C. Pedretti, 3 vols, London

Clarke 1989 H. Clarke, ed., *Vergil's Æneid and Fourth ('Messianic') Eclogue in the Dryden Translation*, Pennsylvania

Clayton 1990 V. Tuttle Clayton, *Gardens on Paper Prints and Drawings, 1200–1900*, Washington

Clayton 1997 T. Clayton, *The English Print, 1688–1802*, New Haven, Conn.

Clayton 1998 T. Clayton, 'Publishing houses: prints of country seats', in D. Arnold, ed., *The Georgian Country House: Architecture, Landscape and Society*, Sutton

Cole 1877 A.S. Cole, *A Catalogue of the works of art at Marlborough House, London, and at Sandringham, Norfolk, belonging to… the Prince and Princess of Wales*, London

Colvin 1976 H.M. Colvin, gen. ed., *The History of the King's Works V: 1660–1782*, ed. J. Mordaunt Crook, K. Downes, J. Newman, London

Cook 2007 H. Cook, *Matters of Exchange: Commerce, Medicine and Science in the Dutch Golden Age*, New Haven, Conn.

Coombs 1997 D. Coombs, 'The garden at Carlton House of Frederick Prince of Wales and Augusta, Princess Dowager of Wales: bills in their household accounts, 1728 to 1772', *Garden History*, 25(2), pp. 153–77

Conan 2002 M. Conan, ed., *Bourgeois and Aristocratic Cultural Encounters in Garden Art, 1550–1850*, Washington, DC

Conan 2008 M. Conan, ed., *Gardens and Imagination: Cultural History and Agency*, Washington, DC

Couch 1992 S. Couch, 'The practice of avenue planting in the seventeenth and eighteenth centuries', *Garden History*, 20(2), pp. 173–200

Coutts 1988 H. Coutts, 'Hangings for a royal closet', *Country Life*, 13 October, pp. 232–3

Coutts 1994 H. Coutts, 'Lay it with flowers', *Country Life*, 17 November, pp. 44–8

Cox 1975 A. Cox, 'The Rockingham Dessert Service for William IV: a royal extravaganza', *Connoisseur*, 188, pp. 90–97

Cox and Cox 2001 A. Cox and A. Cox, *Rockingham*, 1745–1842, Woodbridge

Crisp 1924 Sir F. Crisp, *Mediaeval gardens: 'flowery medes' and other arrangements of herbs, flowers and shrubs grown in the middle ages; with some account of Tudor, Elizabethan and Stuart gardens, 2 vols*, London

Crosato Larcher 1988 L. Crosato Larcher, 'I piaceri della villa nel Pozzoserrato', in S. Mason Rinaldi and D. Luciani, eds, *Toeput a Treviso: Ludovico Pozzoserrato, Lodewijk Toeput, pittore neerlandese nella civiltà venetal del tardo cinquecento (atti del seminario Treviso, 6–7 Novembre, 1987)*, Asolo

Curran 1998 B. Curran, 'The Hypnerotomachia Poliphili and Renaissance Egyptology', *Word & Image*, 14(1–2), pp. 156–85

Daley 1986 B. Daley, 'The "Closed Garden" and the "Sealed Fountain": Song of Songs 4:12 in the late medieval iconography of Mary', in MacDougall 1986, pp. 255–78

Dattenberg 1967 H. Dattenberg, *Niederrheinansichten Holländischer Künstler des 17. Jahrhunderts*, Dusseldorf

Davis 1991 J. Davis, *Antique Garden Ornament*, Woodbridge

Day 1998 I. Day, 'Sculpture for the eighteenth-century garden dessert', *Proceedings of the Oxford Symposium on Food and Cookery*, pp. 57–66

de Bellaigue 1979 G. de Bellaigue, *Sèvres Porcelain from the Royal Collection*, London

de Bellaigue 2009 G. de Bellaigue, *French Porcelain in the Collection of Her Majesty The Queen*, 3 vols, London

de Jong 1988 E. de Jong, '"Netherlandish Hesperides": garden art in the period of William and Mary, 1650–1702', in Dixon Hunt and de Jong 1988, pp. 15–40

Deelder 1999 T. Deelder, 'Andrew Moore of Bridewell: almost forgotten and disguised?', *Silver Studies: the journal of the Silver Society*, 11 (Autumn), pp. 178–84

Desmond 1984 R. Desmond, *Bibliography of British Gardens*, Winchester

Diedenhofen 1979 W. Diedenhofen, *'Johan Maurits and his gardens'*, in E. van den Boogart, H.R. Hoetink and P.J.P. Whitehead, eds, *Johan Maurits van Nassau-Siegen (1604–1679): A Humanist Prince in Europe and Brazil*, The Hague

Diedenhofen 1990 W. Diedenhofen, '"Belvedere" or the principle of seeing and looking in the gardens of Johan Maurits van Nassau-Siegen at Cleves', in Dixon Hunt 1990a, pp. 49–80

Dixon Hunt 1986 J. Dixon Hunt, *Garden and Grove: The Italian Renaissance Garden in the English Imagination, 1600–1750*, London

Dixon Hunt 1990a J. Dixon Hunt, ed., *The Dutch Garden in the Seventeenth Century*, Washington, DC

Dixon Hunt 1990b J. Dixon Hunt, '"But who does not know what a Dutch garden is?" The Dutch garden in the English imagination', in Dixon Hunt 1990a, pp. 175–206

Dixon Hunt 1993 J. Dixon Hunt, ed., *The Oxford Book of Garden Verse*, Oxford and New York

Dixon Hunt 2012 J. Dixon Hunt, *A World of Gardens*, London

Dixon Hunt and de Jong 1988 J. Dixon Hunt and E. de Jong, eds, *The Anglo-Dutch Garden in the Age of William and Mary*, London and Amsterdam

Dixon Hunt and Willis 1975 J. Dixon Hunt and P. Willis, eds, *The Genius of the Place: The English Landscape Garden, 1620–1820*, London

Downing 2009 S. Downing, *The English Pleasure Garden*, 1660–1860, Oxford

Duthie 1988 R. Duthie, *Florists' Flowers and Societies*, Princes Risborough

Duverger 1977 E. Duverger, 'Antwerp tapestries of the seventeenth century', *Connoisseur*, 194, pp. 274–87

Elliott 1986 B. Elliott, *Victorian Gardens*, London

Elliott 2012 B. Elliott, 'The world of the Renaissance herbal', in A. Samson, ed., *Locus Amœnus*, Oxford

Elliott 2013 B. Elliott, 'The Victorian language of flowers', *Occasional Papers from the RHS Lindley Library*, 10 (April), pp. 3–94

Emboden 1987 W. Emboden, *Leonardo da Vinci on Plants and Gardens*, London

Erkelens 1996 A. Erkelens, *Queen Mary's 'Delft Porcelain'*, Apeldoorn

Evans 2006 J. Evans, *Thomas Tompion at the Dial and Three Crowns*, Ticehurst

Evelyn 1906 J. Evelyn, *The Diary of John Evelyn*, ed. A. Dobson, 3 vols, London

Faucheux 1857 L.E. Faucheux, *Catalogue Raisonné de toutes les estampes qui forment l'œuvre d'Israel Silvestre précédé d'une notice sur la vie*, Paris

Floury 1911 Henri Floury, ed., *Catalogue de l'œuvre complet de Fantin-Latour*, Paris

Fox 1987 C. Fox, *Londoners*, London

Garbari and Tongiorgi Tomasi 2007 F. Garbari and L. Tongiorgi Tomasi, *Flora: The 'Erbario Miniato' and Other Drawings*, 2 vols, Paper Museum of Cassiano dal Pozzo, Series B, Part VI (series ed. B. Elliott and M. Clayton), London

Garbari, Tongiorgi Tomasi and Tosi 2002 F. Garbari, L. Tongiorgi Tomasi and L. Tosi, *Giardino dei Semplici/Garden of Simples*, Pisa

Gere 2010 C. Gere, *Jewellery in the Age of Queen Victoria: A Mirror to the World*, London

Gere 2012 C. Gere, *Love and Art: Queen Victoria's Personal Jewellery*, London

Godden 1968 G. Godden, *Minton Pottery and Porcelain of the First Period, 1793–1850*, London

Goldgar 2007 A. Goldgar, *Tulipmania*, Chicago and London

Goody 1993 J. Goody, *The Culture of Flowers*, Cambridge

Gothein 1928 M.L. Gothein, *A History of Garden Art from the Earliest Times to the Present Day*, 2 vols, New York

Gray 2013 T. Gray, *The Art of the Devon Garden: The Depiction of Plants and Ornamental Landscapes from the Year 1200*, Exeter

Grigson 1955 G. Grigson, *The Englishman's Flora*, London

Hachenbroch 1956 Y. Hachenbroch, *Meissen and Other Continental Porcelain, Faience and Enamel in the Irwin Untermeyer Collection*, London

Haley 1990 K.D. Haley, 'William III as builder of Het Loo',

in Dixon Hunt 1990a, pp. 3–11

Hannaway 1976 W. Hannaway, 'Paradise on Earth: the terrestrial garden in Persian literature', in MacDougall and Ettinghausen 1976, pp. 43–85

Harris 1979 J. Harris, *The Artist and the Country House: A History of Country House and Garden View Painting in Britain, 1540–1870*, London

Harris 2000 J. Harris, 'Water glittered everywhere', *Country Life*, 6 January, pp. 44–7

Harrison 1933 J. Harrison, *The Story of The Great Omar*, London

Harvey 1981 J. Harvey, *Medieval Gardens*, London

Haskell and Penny 1981 F. Haskell and N. Penny, *Taste and the Antique*, New Haven, Conn. and London (repr. 1994)

Hazlehurst 1980 F. Hamilton Hazlehurst, *Gardens of Illusion: The Genius of André Le Nostre*, Nashville

Hedley 1975 O. Hedley, *Queen Charlotte*, London

Hellman 2010 M. Hellman, 'The nature of artifice: French porcelain flowers and the rhetoric of the garnish', in A. Cavanagh and M. Yonan, eds, *The Cultural Aesthetic of Eighteenth-century Porcelain*, Farnham and Burlington, pp. 39–64

Henderson 2012 P. Henderson, 'Clinging to the past: medievalism in the English "Renaissance" garden', in A. Samson, ed., *Locus Amœnus: Gardens and Horticulture in the Renaissance*, Chichester and Malden, Mass., pp. 42–69

Henrey 1975 B. Henrey, *British Botanical and Horticultural Literature before 1800*, 2 vols, Oxford

Herrero Carretaro 1991 C. Herrero Carretaro, 'Vertumnus and Pomona', in A. Dominguez Ortiz, C. Herrero Carretaro and J. Godoy, eds, *Resplendence of the Spanish Monarchy: Renaissance Tapestries and Armors from the Patrimonio Nacional*, New York, pp. 88–94

Hesiod 1920 Hesiod, *The Homeric Hymns and Homerica*, trans. J.G. Evelyn-White, London

Hobhouse 1992 P. Hobhouse, *Plants in Garden History*, London (repr. 1994)

Hobhouse 2004 P. Hobhouse, *The Gardens of Persia*, London

Hollmann 2003 E. Hollmann, ed., *Maria Sibylla Merian: The St Petersburg Watercolours*, Munich, Berlin, London and New York

Hope 1913 W.H. St John Hope, *Windsor Castle: An Architectural History*, 3 vols, London

Hopper 1990 F. Hopper, 'Daniel Marot: a French garden designer in Holland', in Dixon Hunt 1990a, pp. 131–58

Hughes 1968 R. Hughes, *Heaven and Hell in Western Art*, London

Ikin 2012 C. Ikin, *The Victorian Garden*, Oxford

Impey 2003 E. Impey, *Kensington Palace: The Official Illustrated History*, London and New York

Ingersoll-Smouse 1928 F. Ingersoll-Smouse, *Pater: biographie et catalogue critiques*, Paris

Innes 1955 Ovid, Metamorphoses, ed. M. Innes, London, 1955

Jackson-Stops 1988 G. Jackson-Stops, 'Courtiers and craftsmen: the William and Mary style', *Country Life*, 13 October, pp. 200–209

Jackson-Stops 1992 G. Jackson-Stops, *An English Arcadia: Designing for Gardens and Garden Buildings in the Care of the National Trust, 1600–1990*, London

Jacques 1983 D. Jacques, *Georgian Gardens: The Reign of Nature*, London

Jacques 1999 D. Jacques, 'The compartiment system in Tudor England', *Garden History*, 27(1), pp. 32–53

Jacques 2002 D. Jacques, 'Who knows what a Dutch garden is?', *Garden History*, 30(2), pp. 114–30

Jacques and van der Horst 1988 D. Jacques and A.J. van der Horst, *The Gardens of William and Mary*, London

Jagger 1983 C. Jagger, *Royal Clocks: The British Monarchy and its Timekeepers, 1300–1900*, London

Jellicoe 1976 S. Jellicoe, 'The Mughal garden', in MacDougall and Ettinghausen 1976, pp. 109–24

Kern 1982 H. Kern, *Labyrinthe. Erscheinungsformen und Deutungen 5000 Jahre Gegenwart eines Urbilds*, Munich

Koch 1976 R.A. Koch, 'Martin Schongauer's Dragon Tree', *Print Review*, 5, pp. 114–20

Koeppe 2008 W. Koeppe, ed., *Art of the Royal Court: Treasures in Pietre Dure from the Palaces of Europe*, New York

Kolb 2005 A. Kolb, *Jan Brueghel the Elder: The Entry of the Animals into Noah's Ark*, Los Angeles

Komaroff 2011 L. Komaroff, ed., *Gifts of the Sultan: The Arts of Giving at the Islamic Courts*, New Haven, Conn. and London

Kowaleski-Wallace 1995–6 B. Kowaleski-Wallace, 'Women, China and Consumer Culture', *Eighteenth-Century Studies*, 29, pp. 153–67

Kren and McKendrick 2004 T. Kren and S. McKendrick, *The Renaissance: The Triumph of Flemish Manuscript Painting in Europe*, Los Angeles and London

Kumar Das 2012 A. Kumar Das, *Wonders of Nature: Ustad Mansur at the Mughal Court*, Mumbai

Lammertse and van der Veen 2006 F. Lammertse and J. van der Veen, *Uylenburgh & son: art and commerce from Rembrandt to De Lairesse, 1625–1675*, Amstrdam 2006

Landau and Parshall 1994 D. Landau and P. Parshall, *The Renaissance Print, 1470–1550*, New Haven, Conn. and London

Landsberg 1996 S. Landsberg, *The Medieval Garden*, London

Lane 1949 A. Lane, 'Daniel Marot: designer of delft vases and of gardens at Hampton Court', *Connoisseur*, 123, pp. 19–24

Lazzaro 1990 C. Lazzaro, *The Italian Renaissance Garden: From the Conventions of Planting, Design and Ornament to the Grand Gardens of Sixteenth-Century Central Italy*, New Haven, Conn. and London

Leith-Ross 1984 P. Leith-Ross, *The John Tradescants: Gardeners to the Rose and Lily Queen*, London (repr. 1998)

Leith-Ross 2000 P. Leith-Ross, *The Florilegium of Alexander Marshal in the Collection of Her Majesty The Queen at Windsor Castle*, London

Levey 1991 M. Levey, *The Later Italian Pictures in the Collection of Her Majesty The Queen*, Cambridge

Lewis 1984 C. Lewis, ed., *Gertrude Jekyll: The Making of a Garden. An Anthology of her writings, illustrated with her own photographs and drawings and watercolours by contemporary artists*, Woodbridge

Longstaffe-Gowan 2005 T. Longstaffe-Gowan, *The Gardens and Parks at Hampton Court Palace*, London

Luchinat 1996 C. Luchinat, ed., *Giardini Medicei. Giardini di palazzo e di villa nella Firenze del Quattrocento*, Milan

MacDougall 1986 E. MacDougall, ed., *Medieval Gardens*, Washington, DC

MacGregor 1985 A. MacGregor, 'The cabinet of curiosities in seventeenth-century Britain', in O. Impey and A. MacGregor, ed., *The Origins of Museums*, Oxford, pp. 147–58

MacKenna 1951 F. Severne MacKenna, *Chelsea Porcelain: The Red Anchor Wares*, Leigh-on-Sea

Malins 1966 E.G. Malins, *English Landscaping and Literature, 1660–1840*, London and New York

Mallett 1980 J.V.G. Mallet, 'Chelsea porcelain: botany and time', in *The Burlington House Fair 1980*, London, pp. 12–15

Mancoff 2011 D. Mancoff, *The Garden in Art*, London and New York

Mannings 1973 D. Mannings, 'Gainsborough's Duke and Duchess of Cumberland with Lady Luttrell', *Connoisseur*, 183, pp. 85–93

Marillier 1930 H. Marillier, *English Tapestries of the Eighteenth Century*, London

Marsden 2002 J. Marsden, 'A checklist of French bronzes in the Royal Collection', *Apollo*, CLV (July), pp. 47–9

Marvell 1985 A. Marvell, *The Complete Poems*, ed. E.S. Donno, London

Mason 2006 P. Mason, 'A dragon tree in the Garden of Eden: a case study of the mobility of objects and their images in early modern Europe', *Journal of the History of Collections*, 18(2), pp. 169–85

McKendrick, Lowden and Doyle 2011 S. McKendrick, J. Lowden and K. Doyle, *Royal Manuscripts: The Genius of Illumination*, London

Messenger 1996 M. Messenger, *Coalport, 1795–1926*, Woodbridge

Millar 1963 O. Millar, *The Tudor, Stuart and Early Georgian Pictures in the Collection of Her Majesty The Queen*, London

Millar 1969 O. Millar, *Later Georgian Pictures in the Collection of Her Majesty The Queen*, London

Millar 1992 O. Millar, *The Victorian Pictures in the Collection of Her Majesty The Queen*, 2 vols, Cambridge

Millar 1995 D. Millar, *The Victorian Watercolours in the Collection of Her Majesty The Queen*, 2 vols, London

Miller 1986 N. Miller, 'Paradise regained: medieval garden fountains', in MacDougall 1986, pp. 137–53

Moldenke and Moldenke 1952 H.N. Moldenke and A.L. Moldenke, *Plants of the Bible*, Waltham, Mass.

Morton 1981 A.G. Morton, *History of Botanical Science*, London and New York

Morton 1990 T.-M. Morton, *A Souvenir Album of Flowers from the Royal Library*, London

Mosser and Teyssot 1990 M. Mosser and G. Teyssot, eds, *The History of Garden Design: The Western Tradition from the Renaissance*, London

Newton Wilber 1976 D. Newton Wilber, *Persian Gardens and Garden Pavilions, Washington*, DC

O'Neill 1988 J. O'Neill, 'John Rocque as a guide to gardens', *Garden History*, 10(1), pp. 8–16

Oppé 1947 A.P. Oppé, *The Drawings of Paul and Thomas Sandby in the Collection of His Majesty The King at Windsor Castle*, London

Oppé 1950 A.P. Oppé, *English Drawings in the Collection of His Majesty The King at Windsor Castle*, London

Pattacini 1998 L. Pattacini, 'André Mollet, royal gardener in St James's Park, London', *Garden History*, 26(1), pp. 3–18

Paul 1985 M. Paul, 'Turf seats in French gardens of the Middle Ages (12th–16th centuries)', *Journal of Garden History*, 5, pp. 3–14

Pavord 1999 A. Pavord, *The Tulip*, London

Pearsall and Salter 1973 D. Pearsall and E. Salter, *Landscapes and Seasons of the Medieval World*, London

Pedretti 1982 C. Pedretti, ed., *The Drawings and Miscellaneous Papers of Leonardo da Vinci in the Collection of Her Majesty The Queen at Windsor Castle I: Landscapes, Plants and Water Studies*, London

Pennick 1998 N. Pennick, *Mazes and Labyrinths*, London

Penny 2004 N. Penny, *The Sixteenth-century Italian Paintings: Paintings from Bergamo, Brescia and Cremona*, London

Penzer 1954 N.M. Penzer, *Paul Storr: The Last of the Goldsmiths*, London

Pognon 1973 E. Pognon, 'Une nouvelle seduction. Les Livres de Fêtes et la propaganda officielle', in *L'Art du Livre à l'Imprimerie nationale*, Paris, pp. 142–61

Prest 1981 J. Prest, *The Garden of Eden, the Botanic Garden and the Re-Creation of Paradise*, New Haven, Conn. and London

Pyne 1819 W.H. Pyne, *The History of the Royal Residences of Windsor Castle, St James's Palace, Carlton House, Kensington Palace, Hampton Court, Buckingham House and Frogmore*, 3 vols, London

Quaintance 1999 R. Quaintance, 'Who's making the scene? Real people in eighteenth-century topographical prints', in G. Maclean, D. Landry and J. Ward, eds, *The Country and the City Revisited: England and the Politics of Culture, 1550–1850*, Cambridge, pp. 134–59

Radice 1985 B. Radice, ed., *The Letters of Pliny the Younger*, Harmondsworth

Rees 1993 R. Rees, *Interior Landscapes: Gardens and the Domestic Environment*, London

Reynolds, 1999 G. Reynolds, *The Sixteenth and Seventeenth Century Miniatures in the Collection of Her Majesty The Queen*, London, 1999

Roberts 1987 J. Roberts, *Royal Artists*, London

Roberts 1995 J. Roberts, *Views of Windsor: Watercolours by Thomas and Paul Sandby*, London

Roberts 1997 J. Roberts, *Royal Landscape: The Gardens and Parks of Windsor*, New Haven, Conn. and London

Roberts 2001 H. Roberts, *For the King's Pleasure: George IV's Apartments at Windsor Castle*, London

Roberts 2007 J. Roberts, *Five Gold Rings*, London

Rohde 1972 E.S. Rohde, *The Old English Gardening Books*, London

Royle 1995 G. Royle, 'Family links between George London and John Rose: new light on the "Pineapple Paintings"', *Garden History*, 23(2), pp. 246–9

Rubin and Harrington 2010 A. Rubin and D. Harrington, *À la recherché d'un paysage perdu. La Visit de Louis XIV au Château de Juvisy. A Painting by Pierre-Denis Martin*, London

Ruggles 2008 D.F. Ruggles, *Islamic Gardens and Landscapes*, Philadelphia

Scafi 2006 A. Scafi, *Mapping Paradise: A History of Heaven on Earth*, London

Scafi 2013 A. Scafi, *Maps of Paradise*, London

Scheliga 1997 T. Scheliga, 'A Renaissance garden in Wolfenbüttel, North Germany', *Garden History*, 25(1), pp. 1–27

Schimmel 1976 A. Schimmel, 'The celestial garden in Islam', in MacDougall and Ettinghausen 1976, pp. 11–41

Scott-Elliott 1959 A. Scott-Elliott, 'The statues from Mantua in the collection of Charles I', *Burlington Magazine*, 101, pp. 218–27

Scott-Elliott and Yeo 1990 A. Scott-Elliott and E. Yeo, 'Calligraphic manuscripts of Esther Inglis (1571–1624): a catalogue', *The Papers of the Bibliographical Society of America*, 84 (March), pp. 11–86

Segal 1990 S. Segal, *Flowers and Nature: Netherlandish Flower Painting of Four Centuries*, The Hague

Segre 1998 A. Segre, 'Untangling the knot: garden design in Francesco Colonna's *Hypnerotomachia Poliphili*', *Word & Image*, 14(1–2), pp. 82–108

Seyller 1997 J. Seyller, 'The inspection and valuation of manuscripts in the Imperial Mughal Library', *Artibus Asiae*, 57, pp. 243–349

Shearman 1983 J. Shearman, *The Early Italian Pictures in the Collection of Her Majesty The Queen*, Cambridge

Sicca 1982 C.M. Sicca, 'Lord Burlington at Chiswick: architecture and landscape, *Garden History*, 10(1), pp. 36–69

Skelton 1982 R. Skelton, ed., *The Indian Heritage: Court Life and Arts under Mughal Rule*, London

Skelton 1985 R. Skelton, 'Indian art and artefacts in early European collecting', in O. Impey and A. MacGregor, eds, *The Origins of Museums*, Oxford, pp. 274–80

Smith 1852 C.J. Smith, *Parks and Pleasure Grounds; or Practical Notes on Country Residences, Villas, Public Parks and Gardens*, London

Somerville 1987 A. Somerville, 'The ancient sundials of Scotland', *Proceedings of the Society of Antiquaries of Scotland*, 117, pp. 233–64

Stevenson 1988 D. Stevenson, *The Origins of Freemasonry: Scotland's Century, 1590–1710*, Cambridge

Stokstad 1986 M. Stokstad, 'The garden as art', in MacDougall 1986, pp. 177–87

Stokstad and Stannard 1983 M. Stokstad and J. Stannard, *Gardens of the Middle Ages*, Lawrence, Kan.

Stopes 1912 C. Stopes, 'Gleanings from the records of the reigns of James I and Charles I', *Burlington Magazine*, 22, p. 282

Strobel 2011 H.A. Strobel, *The Artistic Matronage of Queen Charlotte (1744–1818): How a Queen Promoted Both Art and Female Artists in English Society*, Lampeter

Strong 1979 R. Strong, *The Renaissance Garden in England*, London

Strong 1984 R. Strong, *The English Renaissance Miniature*, London

Strong 1992 R. Strong, *Royal Gardens*, London

Strong 2000 R. Strong, *The Artist and the Garden*, New Haven, Conn. and London

Stronge 2002 S. Stronge, *Painting for the Mughal Emperor: The Art of the Book, 1560–1660*, London

Svanholm 1990 L. Svanholm, *Laurits Tuxen: Europas Sidste Fyrstemaler*, Vibor

Swain 1980 M. Swain, 'Flowerpots and pilasters', *Burlington Magazine*, 122, pp. 420–23

Swain 1988 M. Swain, *Tapestries and Textiles at the Palace of Holyroodhouse in the Royal Collection*, London

Swezey and Lasky Reed 2004 M. Swezey and J. Lasky Reed, *Fabergé Flowers*, London

Symes 1987 M. Symes, 'John Donowell's views of Chiswick and other gardens', *Journal of Garden History*, 7(1), pp. 43–58

Symonds 1951 R.W. Symonds, *Thomas Tompion: His Life and Work*, London

Synge 2001 L. Synge, *Art of Embroidery: History of Style and Technique*, Woodbridge

Taylor 1995 P. Taylor, *Dutch Flower Painting, 1600–1720*, New Haven, Conn. and London

Thacker 1979 C. Thacker, *The History of Gardens*, London

Thacker 1994 C. Thacker, *The Genius of Gardening: The History of Gardens in Britain and Ireland*, London

Thackston 1996 W.M. Thackston, '*Mughal gardens in Persian poetry*', *in J.L. Wescoat and J. Wolschke-Bulmahn, eds, Mughal Gardens: Sources, Places, Representations and Prospects*, Washington, DC, pp. 233–57

Thomson 1973 W.G. Thomson, *A History of Tapestry from the Earliest Times until the Present Day*, Wakefield

Titley 1979 N. Titley, *Plants and Gardens in Persian, Mughal and Turkish Art*, London

Titley and Wood 1991 N. Titley and F. Wood, *Oriental Gardens*, London

Tomasi and Hirschaeur 2002 L.T. Tomasi and G.A. Hirschauer, *The Flowering of Florence: Botanical Art for the Medici, Washington*, DC

van Buren 1986 A.H. van Buren, 'Reality and literary romance in the park of Hesdin', in MacDougall 1986, pp. 117–34

van Grieken, Luijten and van der Stock 2013 J. van Grieken, G. Luijten and J. van der Stock, *Hieronymus Cock: The Renaissance in Print*, Brussels and New Haven, Conn.

Vasari 1988 G. Vasari, *Lives of the Artists*, trans. G. Bull, 2 vols, London (Bull trans. orig. pub. 1965)

Verma 1994 S.P. Verma, *Mughal Painters and their Work: A Biographical Survey and Comprehensive Catalogue*, Delhi

Vertue 1929–30 G. Vertue, *Note Books*, vol. I, *Walpole Society*, XVIII

Vertue 1935–6 G. Vertue, *Note Books*, vol. IV, *Walpole Society*, XXIV

Waley 1992 M.I. Waley, *Islamic Manuscripts in the British Royal Collection: A Concise Catalogue*, Leiden

Way 2011 T. Way, *The Cottage Garden*, Oxford

Welch et al. 1987 S. Welch, A. Schimmel, M. Swietochowski, and W.M. Thackston, *The Emperor's Album: Images of Mughal India*, New York

Wettengl 1998 K. Wettengl, ed., *Maria Sibylla Merian, 1647–1717: Artist and Naturalist*, Frankfurt

Whinney 1988 M. Whinney, *Sculpture in Britain, 1530–1830*, London

White 1982 C. White, *The Dutch Pictures in the Collection of Her Majesty The Queen*, Cambridge

White 2007 C. White, *The Later Flemish Pictures in the Collection of Her Majesty The Queen*, London

White (forthcoming) C. White, *The Dutch Paintings in the Collection of Her Majesty The Queen*, London, rev. edn (orig. pub. 1982)

White and Crawley 1994 C. White and C. Crawley, *The Dutch and Flemish Drawings at Windsor Castle*, Cambridge

Whitehead 1992 J. Whitehead, *The French Interior in the Eighteenth Century*, London

Whitehouse 2001 H. Whitehouse, *Ancient Mosaics and Wallpaintings*, Paper Museum of Cassiano dal Pozzo, Series A, Part I (series ed. A. Claridge), London

Wilber 1979 D. Wilber, *Persian Gardens and Garden Pavilions*, Washington, DC

Willes 2011 M. Willes, *The Making of the English Gardener: Plants, Books and Inspiration, 1560–1660*, New Haven, Conn. and London

Williamson 1995 T. Williamson, *Polite Landscapes: Gardens and Society in Eighteenth-century England*, Baltimore, Md.

Winstone 1984 H. Winstone, *Royal Copenhagen*, London

Winterbottom 2002 M. Winterbottom, '"Such massy pieces of plate". Silver furnishings in the English royal palaces', *Apollo*, CLV (August), pp. 19–26

Woodbridge 1986 K. Woodbridge, *Princely Gardens: The Origins and Development of the French Formal Style*, London

Woodhouse 1999a E. Woodhouse, 'Spirit of the Elizabethan garden', *Garden History*, 27(1), pp. 10–31

Woodhouse 1999b E. Woodhouse, 'Kenilworth: the Earl of Leicester's pleasure grounds following Robert Laneham's letter', *Garden History*, 27(1), pp. 127–44

Woudstra 2000 J. Woudstra, 'The use of flowering plants in late seventeenth- and early eighteenth-century interiors', *Garden History*, 28(2), pp. 194–208

Xenophon, *Œconomicus* Xenophon, *Memorabilia and Œconomicus*, trans. E.C. Marchant, London and New York 1923

Exhibition catalogues

Bruegel to Rubens 2007 D. Shawe-Taylor and J. Scott, *Bruegel to Rubens: Masters of Flemish Painting*

The Art of Italy 2007 L. Whitaker and M. Clayton, eds, *The Art of Italy in the Royal Collection*

The Conversation Piece 2009 D. Shawe-Taylor, *The Conversation Piece. Scenes of Fashionable Life*

The Early Georgian Landscape Garden 1983 K. Rorschach, *The Early Georgian Landscape Garden*

Enchanting the Eye 2005 C. Lloyd, *Enchanting the Eye: Dutch Paintings of the Golden Age*

Fabergé 2003 C. de Guitaut, *Fabergé in the Royal Collection*

The First Georgians 2014 D. Shawe-Taylor, ed., *The First Georgians: Art and Monarchy, 1714–1760*

The Garden in British Art 2004 N. Alfrey, S. Daniels and M. Postle, eds, Art of the Garden: *The Garden in British Art, 1800 to the Present Day*

George III and Queen Charlotte 2004 J. Roberts, ed., *George III and Queen Charlotte: Patronage, Collecting and Court Taste*

In Fine Style 2013 A. Reynolds, *In Fine Style: The Art of Tudor and Stuart Fashion*

Le Nôtre 2013 P. Bouchenot-Déchin and G. Farhat, eds, André *Le Nôtre in Perspective, 1613–2013*

Master Drawings in the Royal Collection 1986 J. Roberts, *Master Drawings in the Royal Collection*

Northern Renaissance 2011 K. Heard and L. Whitaker, The *Northern Renaissance: Dürer to Holbein*

The Palladian Revival 1994–5 J. Harris, *The Palladian Revival: Lord Burlington, His Villa and Garden at Chiswick*

Richard Wilson 2014 M. Postle and R. Simon, eds, *Richard Wilson and the Transformation of European Landscape Painting*

Rococo 1984 M. Snodin, ed., *Rococo: Art and Design in Hogarth's England*

Royal Treasures 2002 J. Roberts, ed., *Royal Treasures: A Golden Jubilee Celebration*

Sèvres 1979 G. Johnson, *Sèvres: Porcelain from the Royal Collection*

Tapestry in the Renaissance 2002 T. Campbell, *Tapestry in the Renaissance: Art and Magnificence*

Unfolding Pictures 2005 J. Roberts, ed., *Unfolding Pictures: Fans in the Royal Collection*

Victoria & Albert: Art & Love 2010 J. Marsden, ed., *Victoria & Albert: Art & Love*

London 1753 2003 S. O'Connell, *London 1753*

Watercolours and Drawings from the Collection of Queen Elizabeth The Queen Mother 2005 S. Owens, *Watercolours and Drawings from the Collection of Queen Elizabeth The Queen Mother*

索引

斜体页码指“见插图”

Royal Collection Trust 感谢版权方允许本书使用下列素材：
第 14、43、53、75 页 © 大英图书馆董事会（The British Library Board），编号 Ms 或 5302，BL. Harley MS 4425，Royal 11. E. xi, 37. L35/12
第 16、72、147、151、234、237 页 © 伦敦维多利亚与阿尔伯特博物馆（Victoria & Albert Museum，London）
第 21 页 © 巴尔的摩沃尔特斯艺术博物馆（Walters Art Gallery, Baltimore）
第 24 页 © 牛津大学博德利图书馆（Bodleian Library, University of Oxford）
第 25 页 © 巴黎大皇宫国立中世纪博物馆（RMN-Grand Palais, Musée de Cluny/ Musée national du Moyen-Âge）/ Franck Raux
第 34、41、182 页 © 大英博物馆信托人（The Trustees of the British Museum）
第 37、122 页 © 伦敦国家画廊（National Gallery, London）
第 44 页 © 巴黎大皇宫尚蒂伊城堡（RMN-Grand Palais, domain de Chantilly）/ René-Gabriel Ojeda
第 52 页 © 德国策勒城堡皇宫博物馆（Residenz Museum, Celler Schloss）/Fotostudio Loeper
第 61 页 © 维也纳艺术史博物馆（Kunst Historisches Museum, Vienna）
第 63 页 © 布鲁塞尔比利时皇家图书馆（Royal Library of Belgium），编号 S. 1.11530
第 97、237 页 © 伦敦皇家园艺学会林德利图书馆（Royal Horticultural Society, Lindley Library）
第 101 页 © 牛津大学阿什莫林博物馆（Ashmolean Museum, University of Oxford）
第 108 页 © 阿姆斯特丹博物馆（Amsterdam Museum）
第 122 页 © 荷兰海牙毛里茨皇家美术馆（Mauritshuis, The Hague）
第 124 页 © 阿姆斯特丹荷兰国立博物馆（Rijksmuseum, Amsterdam）
第 128 页 © 耶鲁大学英国艺术中心保罗 梅隆收藏（Yale Center for British Art, Paul Mellon Collection）
第 146 页 © 荷兰海牙皇家图书馆（Den Haag, Koninkijke Bibliotheek），编号 1303 A5
第 166 页 © 彭布鲁克伯爵收藏和威尔顿庄园信托基金受托人（Collection of the Earl of Pembroke and the Trustee of the Wilton House Trust）/ 耶鲁大学英国艺术中心保罗・梅隆收藏（Yale Center for British Art, Paul Mellon Collection）/ 布里奇曼图像（Bridgeman Images）
第 186 页 © 纽约弗里克收藏（The Frick Collection）
第 188 页 © bpk 图片库 / 德累斯顿国家艺术收藏馆（Staatliche Kunstsammlungen Dresden）/Hans-Peter Klu
第 192 页 © 伦敦泰特美术馆（Tate）
第 202、222、223 页 © Royal Collection Trust / 保留一切权利
第 250 页 私人收藏，图片 © 马克・费因斯（Mark Fiennes）/ 布里奇曼图像（Bridgeman Images）

第 2—3 页：《从露台下方观赏到的奥斯本庄园》（*Osborne House from below the terrace*），由英国风景水彩画家威廉・莱顿・莱奇创作于 1851 年。水彩画，16.0 厘米 × 23.1 厘米 英国皇家收藏，编号：919847（细节图）

第 4 页：双人茶具套装，包括咖啡壶、牛奶罐、糖碗和一对带托碟咖啡杯（*A tête à tête comprising tray, coffee pot, milk jug, sugar bowl and a pair of cups and saucers*），由梅森陶瓷工厂制造于约 1880 年。硬质瓷 英国皇家收藏，编号：7661、7661、7663、7665. 1-2

第 7 页：《从汉普顿宫园林遥望宫殿建筑》（*Prospect of Hampton Court from the Garden side*），据传由巴塞洛缪・霍克根据雅克・希古的画作于 1738 年制作成为版画作品。蚀刻版画，38.5 厘米 × 67.1 厘米（页面尺寸） 英国皇家收藏，编号：702881（细节图）

图书在版编目（CIP）数据

世界园林艺术史：500年经典绘画中的园林全书/（英）凡妮莎 · 雷明顿（Vanessa Remington）著；潘莉莉译.—武汉：华中科技大学出版社，2024.3
ISBN 978-7-5772-0081-1

Ⅰ.①世… Ⅱ.①凡… ②潘… Ⅲ.①园林艺术－艺术史－世界 Ⅳ.①TU986.61

中国国家版本馆CIP数据核字（2023）第191185号

First published in English by Royal Collection Trust 2015 under the title Painting Paradise: The Art of the Garden

世界园林艺术史：
500年经典绘画中的园林全书

[英] 凡妮莎・雷明顿（Vanessa Remington）著
潘莉莉 译

Shijie Yuanlin Yishushi: 500Nian Jingdian Huihua Zhong de Yuanlin Quanshu

出版发行：华中科技大学出版社（中国・武汉）　电话：（027）81321913
华中科技大学出版社有限责任公司艺术分公司　（010）67326910-6023
出 版 人：阮海洪

责任编辑：莽　昱　康　晨
责任监印：赵　月　郑红红　　封面设计：邱　宏

制　　作：北京博逸文化传播有限公司
印　　刷：深圳市精典印务有限公司
开　　本：889mm×1194mm　1/12
印　　张：26
字　　数：227千字
版　　次：2024年3月第1版第1次印刷
定　　价：398.00元

華中出版

本书若有印装质量问题，请向出版社营销中心调换
全国免费服务热线：400-6679-118　竭诚为您服务